粉末推进剂燃烧理论

Theory of Powder Propellant Combustion

何国强　胡春波　著

国防工业出版社

·北京·

图书在版编目(CIP)数据

粉末推进剂燃烧理论/何国强,胡春波著.—北京:国防工业出版社,2024.1

ISBN 978-7-118-13048-5

Ⅰ.①粉…　Ⅱ.①何…　②胡…　Ⅲ.①固体推进剂—推进剂燃烧—研究　Ⅳ.①TK16

中国国家版本馆 CIP 数据核字(2023)第 171262 号

※

国防工業出版社出版发行

(北京市海淀区紫竹院南路 23 号　邮政编码 100048)

北京龙世杰印刷有限公司印刷

新华书店经售

*

开本 710×1000　1/16　**插页** 6　**印张** 19¾　**字数** 342 千字

2024 年 1 月第 1 版第 1 次印刷　**印数** 1—1500 册　**定价** 135.00 元

(本书如有印装错误,我社负责调换)

国防书店:(010)88540777　　书店传真:(010)88540776

发行业务:(010)88540717　　发行传真:(010)88540762

致　读　者

本书由中央军委装备发展部**国防科技图书出版基金**资助出版。

为了促进国防科技和武器装备发展,加强社会主义物质文明和精神文明建设,培养优秀科技人才,确保国防科技优秀图书的出版,原国防科工委于1988年初决定每年拨出专款,设立国防科技图书出版基金,成立评审委员会,扶持、审定出版国防科技优秀图书。这是一项具有深远意义的创举。

国防科技图书出版基金资助的对象是:

1. 在国防科学技术领域中,学术水平高,内容有创见,在学科上居领先地位的基础科学理论图书;在工程技术理论方面有突破的应用科学专著。

2. 学术思想新颖,内容具体、实用,对国防科技和武器装备发展具有较大推动作用的专著;密切结合国防现代化和武器装备现代化需要的高新技术内容的专著。

3. 有重要发展前景和有重大开拓使用价值,密切结合国防现代化和武器装备现代化需要的新工艺、新材料内容的专著。

4. 填补目前我国科技领域空白并具有军事应用前景的薄弱学科和边缘学科的科技图书。

国防科技图书出版基金评审委员会在中央军委装备发展部的领导下开展工作,负责掌握出版基金的使用方向,评审受理的图书选题,决定资助的图书选题和资助金额,以及决定中断或取消资助等。经评审给予资助的图书,由国防工业出版社出版发行。

国防科技和武器装备发展已经取得了举世瞩目的成就,国防科技图书承担着记载和弘扬这些成就,积累和传播科技知识的使命。开展好评审工作,使有限的基金发挥出巨大的效能,需要不断摸索、认真总结和及时改进,更需要国防科技和武器装备建设战线广大科技工作者、专家、教授,以及社会各界朋友的热情支持。

让我们携起手来,为祖国昌盛、科技腾飞、出版繁荣而共同奋斗!

国防科技图书出版基金

评审委员会

国防科技图书出版基金
2020 年度评审委员会组成人员

前 言

粉末火箭发动机的工作过程,实质上是推进工质形态转化和能量转化的过程。首先,粉末推进剂工质和流化气体转化为便于稳定输送和充分燃烧的气固两相体系;而后,推进剂的化学能转变为燃烧产物的动能,进而转变为火箭飞行动能。

粉末推进剂主要由高能粉末颗粒、胶黏剂、助燃剂等组成,其在发动机中的储存形态为微小颗粒。通过多级配可以实现推进剂的高密度装填,通过优选配方可以实现优良的点火燃烧性能。

与传统固体推进剂相比,粉末推进剂通常具有以下优点:

(1) 流态化的粉末推进剂具有理想的流动、流变特性,推进剂供给具有较强的节流能力,便于推进剂输送的关停与流率控制。

(2) 粉末推进剂储存形态为固体颗粒,环境温度适应能力强,不存在低温玻璃化、低温凝结等问题,粉末输送与点火无须预热,这使推进系统在近地空间、外太空等高寒环境中可实现长期储存和即时响应。

(3) 粉末推进剂的储存、运输以及使用,对推进剂预处理、包装等工艺要求不如传统推进剂苛刻。

(4) 颗粒燃烧时间与颗粒原始粒径、流化破碎效果相关,颗粒燃烧初始条件为气固两相流中的弥散形态,因此颗粒聚团燃烧带来的负面影响大幅减小,颗粒掺混与燃烧效果显著提升。

(5) 粉末原料取材与来源广泛,粉末颗粒无毒、化学稳定性好、不易泄漏、便于储存与运输,符合推进剂绿色环保的发展趋势。

粉末发动机所使用的推进剂形态为微小固体粉末颗粒,根据实际使用需求可选用不同的粉末作为燃料,其中应用最为广泛的主要有铝基粉末推进剂、镁基粉末推进剂和硼基粉末推进剂。

各类型的粉末推进剂由于其理化性质不同,具有不同的应用方向:

(1) 铝基粉末推进剂的主要成分为金属铝,具有较高的体积能量密度、理想的点火和燃烧性能,主要用于铝/高氯酸铵(Al/AP)粉末火箭发动机。由于燃料和氧化剂均为离散粉末颗粒,具有良好的环境适应能力,同时流量可控可调,铝/高氯酸铵粉末火箭发动机是高空姿轨控发动机的理想动力之一。

(2) 镁基粉末推进剂的主要成分为金属镁,具有很高的反应活性,在二氧化碳气氛中依然具有优良的点火燃烧性能,主要用于镁二氧化碳发动机。由于火星大气含有丰富的二氧化碳,镁二氧化碳发动机可以充分发挥原位资源利用的优势,是火星探测的理想动力之一。

(3) 硼基粉末推进剂的主要成分为硼,具有很高的能量特性以及较小的两相流损失,同时单位质量耗氧量很大,主要用于冲压发动机。由于硼基粉末冲压发动机理论比冲高达1500s,是下一代空空导弹的理想动力之一。

粉末燃料颗粒燃烧性能的优劣直接决定了发动机比冲性能的高低,对其进行深入研究将有利于优化实际发动机结构的设计以及构建燃烧组织方案。本书旨在向航空宇航科学与技术学科专业方向以及相关工程领域的科研工作者或学生阐述粉末推进剂燃烧相关基础理论及其在发动机环境下的燃烧特性,从而促进多相流体燃烧领域及粉末发动机工程设计的研究进展。

全书以叙述粉末推进剂为主题,共6章。第1章系统性地介绍了热化学反应相关基础理论。第2章针对铝基粉末推进剂,开展了不同环境组分条件下的铝颗粒热氧化特性研究和随流点火燃烧特性实验研究,揭示了随流条件下的铝颗粒火焰结构和点火燃烧行为模式,建立了铝颗粒点火燃烧模型。

第3章针对镁基粉末推进剂,开展了镁/碳/氧均相、非均相体系反应动力学研究,获得了不同一氧化碳、二氧化碳气氛下镁颗粒的动态点火燃烧特性和机理,建立了镁/二氧化碳点火燃烧机理和模型,并基于此对镁颗粒进行改性处理,研究了改性后的镁基粉末燃料的点火燃烧性能。第4章针对硼颗粒,开展了量子化学反应动力学计算,研究了硼颗粒在不同环境条件下的燃烧特性及火焰结构,建立了硼颗粒点火燃烧模型。第5章对硼颗粒进行了改性,制备了硼镁粉末燃料,开展了硼镁颗粒热氧化特性研究,获得了硼镁粉末燃料燃烧特性。第6章详细介绍了上述不同粉末推进剂理论在实际粉末火箭发动机和粉末冲压发动机中的应用。

本书介绍了粉末推进剂燃烧的基础理论和相关特性,整理了相关实验研究经验与成果,所陈述的理论与结果均紧密贴合实际发动机工程应用背景,对发动机工程设计具有良好的指导和借鉴价值。本书具有以下特点:

(1) 先进性。总结了笔者在本领域内的最新研究成果,内容具有先进性和新颖性。

(2) 实用性。本书介绍了粉末推进剂燃烧基础理论并结合实验研究结果构建了燃烧物理模型和数学模型,对科研人员和工程技术人员具有重要的参考价值。

(3) 可读性。书中内容深入浅出,结构编排合理,既有基本原理,又有综合方法,便于加深读者对书中内容理解。

本书可作为高等院校飞行器动力工程专业和航空宇航推进理论与工程等二级学科专业课教材以及航天从业者参考用书。本书在撰写过程中,既注重系统、全面地介绍理论知识,又力求反映本领域的最新研究成果,书中所建立的相关模型和提出的推进剂改性方法可为工程实际应用提供指导和借鉴。

本书内容取材于作者及其课题组近些年来针对粉末推进剂燃烧开展的

一系列基础理论研究与工程实践的研究成果。感谢李悦博士、李超副教授、胡旭博士、朱小飞博士、胡加明博士生、李孟哲博士生、郭宇硕士、信欣硕士、蔡玉鹏硕士等在相关科研过程中的协助；感谢李超副教授（第5章）、李悦博士（第2章）、胡旭博士（第1、4章）、朱小飞博士（第3章）、胡加明博士生（第6章）在书稿撰写中所做的工作；感谢博士生胡加明、李孟哲、李俊杰、杨建刚、魏荣刚，硕士生车雁宏、王志琴在本书统稿和校对等方面中所付出的努力。

特别感谢国家自然科学基金对本书相关科研项目（52006169）的资助，以及国防科技图书出版基金对本书出版的资助。

由于作者水平有限，书中难免存在不当之处，我们诚恳地欢迎广大读者批评指正。

作者

2022年12月

目 录

Contents

第1章 化学反应基础

燃烧是化学反应中的一种特例,属于反应剧烈的化学反应过程。在热化学中,主要是利用热力学第一定律描述化学反应中化学能与热能之间的相互转换,而化学反应动力学主要是用于描述化学反应机理及相应的反应速率。对于反应速率,主要通过阿伦尼乌斯公式进行描述。本章将对燃烧所涉及的化学反应基础知识进行简要介绍。

1.1 热化学

1.1.1 反应混合物

1.1.1.1 化学计量学

氧化剂的化学当量值是刚好完全燃烧一定量的燃料所需要的氧化剂的量。当提供的氧化剂的量超过化学当量值时,混合物体系被称为富氧混合;反之,当提供的氧化剂的量未达到化学当量值时,混合物体系被称为富燃混合。假设粉末燃料的反应形成一组理想的产物,燃料与氧化剂(或空气)的化学当量比可以由原子平衡进行计算。对于金属粉末燃料冲压发动机而言,化学计量关系式可以表示为

$$xM(s) + (y/2)(O_2 + 3.76N_2) \longrightarrow M_xO_y(s/l) + 3.76(y/2)N_2$$

式中:s 和 l 表示物质的相态,s 为固态,l 为液态。为简化起见,认为空气主要是21%的氧气和79%的氮气混合而成的,当空气中含有1mol 氧气时,会存在有3.76mol 的氮气。

化学当量的空燃比可以表示为

$$(m_{air}/m_{fuel})_{stoic} = \left(\frac{\dot{m}_{air}}{\dot{m}_{fuel}}\right)_{stoic} = \frac{4.76y}{2x}\frac{M_{air}}{M_{fuel}} \tag{1-1}$$

式中：m_{air}、m_{fuel} 分别为空气和燃料的质量；$\dot{m}_{air}$、$\dot{m}_{fuel}$ 分别为空气和燃料的质量流率；M_{air} 和 M_{fuel} 分别为空气和燃料的分子量；下标 stoic 表示化学当量比。

当量比 Φ 常被用于定量地表述燃料与氧化剂混合体系，判断其是处于富氧状态、富燃状态抑或是处于恰当当量比。当量比可以表述为

$$\Phi = \frac{(m_{air}/m_{fuel})_{stoic}}{m_{air}/m_{fuel}} = \frac{m_{air}/m_{fuel}}{(m_{air}/m_{fuel})_{stoic}} \tag{1-2}$$

从这个定义可知，当 $\Phi>1$ 时，燃料与氧化剂混合体系为富燃混合；当 $\Phi<1$时，该体系为富氧混合；当且仅当 $\Phi=1$ 时，燃料与氧化剂处于当量比下的混合。在众多发动机工作条件下，当量比是确定系统性能的重要因素。另一个常被用于定义相对化学计量的参数是过量空气百分比，它与当量比之间的关系式为

$$\text{过量空气百分比} = \frac{1-\Phi}{\Phi} \times 100\% \tag{1-3}$$

1.1.1.2 焓与热值

绝对焓指的是物质的生成焓与显焓的总和，其中生成焓 h_f 是指考虑了与化学键（或无化学键）相关能量的焓，而显焓的变化量 Δh_s 是一个只与温度相关的焓。因此，一个物质的绝对焓可以表述为

$$\bar{h}(T) = \bar{h}_f^0(T_{ref}) + \Delta\bar{h}_s(T) \tag{1-4}$$

式中：$\Delta\bar{h}_s(T)$ 为从参考温度 T_{ref} 到温度 T 时显焓的变化量；$\bar{h}_f^0(T_{ref})$ 为物质标准参考状态下的生成焓。对于标准参考状态的定义，认为环境压力为 1atm（1atm = 101.3kPa）、温度为 298.15K 的条件是标准参考状态。此外，还选定在参考温度与压力下元素在其最自然状态时的生成焓为 0。例如，氧气在标准参考状态下，均以双原子分子的形式存在，其标准生成焓均为 0。

因此，在标准参考状态下，要使氧气分解成单独的氧原子，就需要破坏一个很强的化学键。在 298.15K 下，氧气分子化学键断裂所需的能量可以高达 498390kJ/mol。破坏这个化学键后就可以生成两个独立的氧原子。因此，氧原子的生成焓就是断裂氧气分子化学键所需能量的一半，即

$$(\bar{h}_{f,O}^0)_{298} = 249195\text{kJ/mol}$$

图 1-1 所示为氧原子和氧气分子的绝对焓随温度变化规律，温度起点为 0。在 298.15K 下，$\bar{h}_{O_2}=0$。由于在单一温度下物质显焓为 0，因而氧原子的绝对焓等于它的生成焓。

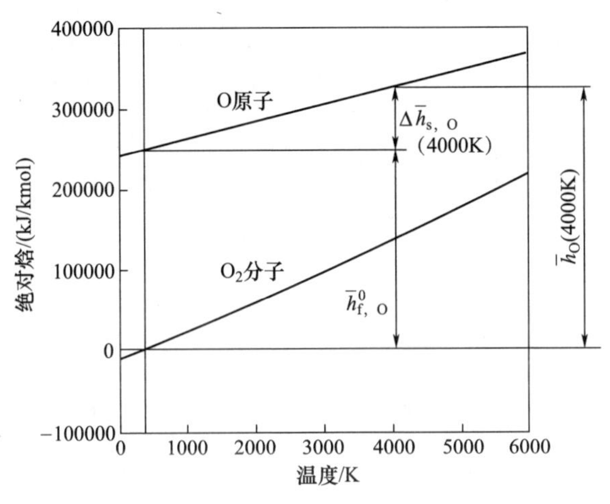

图 1-1　绝对焓、生成焓和显焓的图解

在知道了物质的绝对焓之后，就可以通过反应混合物体系中反应物和产物的绝对焓值来定义反应焓。在燃烧学中，反应焓也被称为燃烧焓。假设有一个稳定流动的碳氢燃料反应器，燃料与氧气满足化学当量比混合流入反应器，燃烧产物从反应器出口流出，反应物和产物均处在标准参考状态下。假定燃料为完全燃烧，即碳氢燃料和氧气反映全部转化为水和二氧化碳。为了使反应器出口的产物温度与入口温度相同，就需从反应器中取走相应的热能。根据热力学第一定律公式，就可以从反应物与产物的绝对焓来计算所需取走的热能，即燃烧焓 Δh_R 可以表示为

$$\Delta h_R = h_{prod} - h_{reac} \tag{1-5}$$

式中：h_{reac} 和 h_{prod} 分别为反应物和产物的绝对焓。需要注意的是，在反应混合体系中，反应物和产物的绝对焓都是随温度变化的，且变化趋势不同，因此燃烧焓也是会随温度的变化而发生改变的。

燃烧热 Δh_c（也常被称为热值），在数值上与反应焓相等，但符号相反。高位热值（HHV）是假设所有的产物处于较低温度下的相态，如碳氢燃料燃烧产物中的水以液态形式存在，此时反应所释放的能量最大。而低位热值（LHV）就是指燃烧产物中水等可凝结产物仍保持气态形式。对于甲烷燃料

而言,其高位燃烧热值约是低位燃烧热值的1.11倍。

1.1.2 绝热燃烧温度

绝热燃烧温度可以分为两种:一种是定压绝热燃烧温度;另一种是定容绝热燃烧温度。由于在火箭发动机及燃气轮机等动力机械工作体系中主要为定压体系,因此本节主要针对定压绝热燃烧温度进行介绍。

当燃料和氧化剂混合物在定压条件下进行燃烧时,反应物在初态的绝对焓等于产物在终态的绝对焓,即

$$h_{\mathrm{reac}}(T_1,p)=h_{\mathrm{prod}}(T_2,p) \tag{1-6}$$

其中

$$h_{\mathrm{reac}}(T_1,p)=\sum_{\mathrm{reac}} n_i h_{\mathrm{f},i}^0+\sum_{\mathrm{reac}}\int_{298}^{T_1} n_i c_{p,i}\mathrm{d}T$$

$$h_{\mathrm{prod}}(T_2,p)=\sum_{\mathrm{prod}} n_j h_{\mathrm{f},j}^0+\sum_{\mathrm{prod}}\int_{298}^{T_2} n_j c_{p,j}\mathrm{d}T$$

式中:n_i和n_j分别为反应物和产物组分中单位质量下物质i和j的摩尔数;$h_{\mathrm{f},i}^0$和$h_{\mathrm{f},j}^0$分别为反应物和产物中物质i和j的标准生成焓;p为环境压力;T_1为反应初始温度;T_2为反应终态温度也就是定压绝热燃烧温度;$c_{p,i}$和$c_{p,j}$分别为物质i和j的定压比热;$\sum\limits_{\mathrm{prod}}$和$\sum\limits_{\mathrm{reac}}$分别为对所有产物和反应物求和。

对式(1-6)进行整合,得

$$\sum_{\mathrm{prod}}\int_{298}^{T_2} n_j c_{p,j}\mathrm{d}T=\sum_{\mathrm{reac}} n_i h_{\mathrm{f},i}^0+\sum_{\mathrm{reac}}\int_{298}^{T_1} n_i c_{p,i}\mathrm{d}T-\sum_{\mathrm{prod}} n_j h_{\mathrm{f},j}^0 \tag{1-7}$$

从概念上说,绝热燃烧温度很简单,但要计算该值就需要知道燃烧产物的组成。在典型的火焰温度下,燃烧产物会发生离解,致使混合物内包含的组分数量增加,需要通过化学反应平衡来确定各组分浓度,进而求解绝热燃烧温度。对于反应平衡的相关知识将在下一节中进行介绍。

1.1.3 反应平衡

在高温燃烧过程中,燃烧产物不是简单的理想混合物,也就不能用确定化学当量的原子平衡的方法进行求解。这主要是由于在高温条件下,燃烧产物会发生离解,生成许多次要组分,在某些条件下,被认为是次要组分的比重会比较高。反应平衡就是要用来解决如何在给定的温度和压力下,约束条件为各元素物质的量与其初始混合物中物质的量守恒时,求解混合物的摩尔分数。对于该问题的求解最常用的方法是吉布斯函数。

对于理想气体混合物,第 i 个组分的吉布斯函数可以表示为

$$\bar{g}_{i,T}=\bar{g}_{i,T}^{0}+R_{u}T\ln(p_{i}/p_{0}) \tag{1-8}$$

式中: $\bar{g}_{i,T}^{0}$ 为标准状态下($p_i=p_0$)纯物质的吉布斯函数;p_i为物质的分压;p_0为标准压力;R_u 为通用气体常数。对于含有化学反应的体系,其吉布斯形成函数可以表示为

$$\bar{g}_{f,i}^{0}(T)=\bar{g}_{i}^{0}(T)-\sum_{j}\nu'_{j}\bar{g}_{j}^{0}(T) \tag{1-9}$$

式中: ν'_j 为形成1mol 化合物所需元素 j 的化学当量系数。与焓相似,吉布斯形成函数在参考状态下自然元素状态的值为0。

理想气体混合物的吉布斯函数可以表示为

$$G_{mix}=\sum_{i}N_{i}\bar{g}_{i,T}=\sum_{i}N_{i}[\bar{g}_{i,T}^{0}+R_{u}T\ln(p_{i}/p_{0})] \tag{1-10}$$

式中:N_i为第 i 个物质的量。

在低压定温的条件下,反应平衡条件为

$$\sum_{i}dN_{i}[\bar{g}_{i,T}^{0}+R_{u}T\ln(p_{i}/p_{0})]+\sum_{i}N_{i}d[\bar{g}_{i,T}^{0}+R_{u}T\ln(p_{i}/p_{0})]=0 \tag{1-11}$$

若总压为常数,则所有分压变化的和等于0,即 $d(\ln p_i)=dp_i/p_i$ 以及 $\sum_i dp_i=0$, 这样式(1-11)中的第二项就等于0了,此时式(1-11)就可以表述为

$$G_{mix}=\sum_{i}dN_{i}[\bar{g}_{i,T}^{0}+R_{u}T\ln(p_{i}/p_{0})]=0 \tag{1-12}$$

对于一般的反应,如

$$aA+bB\longleftrightarrow cC+dD \tag{1-13}$$

各物质的量的变化与其化学当量比系数成正比,则

$$\begin{cases}dN_{A}=-\kappa a\\ dN_{B}=-\kappa b\\ dN_{C}=\kappa c\\ dN_{D}=\kappa d\end{cases}$$

将上式代入式(1-12)并消去比例常数 κ,对数项进行整合后得

$$-(c\bar{g}_{C,T}^{0}+d\bar{g}_{D,T}^{0}-a\bar{g}_{A,T}^{0}-b\bar{g}_{B,T}^{0})=R_{u}T\ln\frac{(p_{C}/p_{0})^{c}\cdot(p_{D}/p_{0})^{d}}{(p_{A}/p_{0})^{a}\cdot(p_{B}/p_{0})^{b}} \tag{1-14}$$

式中：$-(c\bar{g}^0_{C,T}+d\bar{g}^0_{D,T}-a\bar{g}^0_{A,T}-b\bar{g}^0_{B,T})$ 为标准状态吉布斯函数差 ΔG^0_T；$R_u T\ln\frac{(p_C/p_0)^c\cdot(p_D/p_0)^d}{(p_A/p_0)^a\cdot(p_B/p_0)^b}$ 为反应平衡常数 K_p。

根据上述定义，在定压定温条件下的反应平衡表达式就可以写成

$$\Delta G^0_T=-R_u T\ln K_p \tag{1-15}$$

通过式(1-15)便可以定性地确定反应在平衡状态下是偏向产物(趋于完全反应)还是反应物(几乎不反应)。如果 ΔG^0_T 是正的反应，则偏向产物；反之，则偏向反应物。

1.2 化学反应动力学基础

1.2.1 总包反应与基元反应

1mol 的燃料 F 和 $a$mol 的氧化剂 Ox 形成 $b$mol 的燃烧产物 Pr，该反应的总反应可以用下面的总包反应机理来表示：

$$F+a\mathrm{Ox}\longrightarrow b\mathrm{Pr} \tag{1-16}$$

在该反应中燃料的消耗速率可以表示为

$$\frac{\mathrm{d}[X_F]}{\mathrm{d}t}=-k_G(T)\ [X_F]^n\ [X_{Ox}]^m \tag{1-17}$$

式中：$[X_i]$为混合物中组分 i 的浓度，式(1-17)表明燃料的消耗速率与各反应物浓度的幂次方成正比；比例系数 k_G 是总包反应速率常数，通常情况下这是一个与温度有关的函数；负号表示燃料的浓度随时间变化是减小的；指数 n 和 m 分别为相应的反应级数，对于总包反应，n 和 m 的值不一定是整数，通常情况下是通过实验数据曲线进行拟合而获得的。一般而言，如式(1-17)的特定总包反应速率表达式只适用于特定的温度和压力范围，并且与用于确定反应速率的实验装置密切相关。

在一定条件下是可以用总包反应描述化学反应机理的，但这并不能真实地表达实际化学反应过程。事实上，在一个总包反应过程中包含一系列含有中间组分的反应。以高能粉末燃料硼与氧气的燃烧为例，该燃烧过程的总包反应为

$$B(s)+3/4O_2\longrightarrow 1/2B_2O_3(l)$$

要实现上述总包反应，以下几个基元反应在所有反应机理中最为重要：

$$2B(s)+O_2\longrightarrow B_2O_2 \tag{1-18}$$

$$BO + BO + M \longleftrightarrow B_2O_2 + M \tag{1-19}$$

$$BO + O \longleftrightarrow O_2 + B \tag{1-20}$$

$$B_2O_2 + O \longleftrightarrow BO + BO_2 \tag{1-21}$$

$$BO + BO_2 + M \longleftrightarrow B_2O_3 + M \tag{1-22}$$

在硼与氧气燃烧过程中的部分反应机理中，由基元反应(1-18)可以看出，当氧气分子与硼表面接触时，发生的异相反应产物并不是 B_2O_3，而是形成了一个中间组分 B_2O_2分子。通过反应(1-18)所生成的 B_2O_2会分解成为 BO 分子，而后通过 BO 和 B_2O_2的氧化进而反应生成气相 B_2O_3。气相 B_2O_3在从发动机喷管流出时遇冷凝结而最终形成凝相 B_2O_3。当然对于硼颗粒的燃烧过程不仅是上述所列基元反应，整个完整的反应过程包含 30 余个基元反应，而这些用于描述硼燃烧过程的一组基元反应可以被称为反应机理。对于反应机理而言，其可能只包含几个基元反应，也可以由数百个基元反应组成。

1.2.2　化学反应速率

化学反应速率就是指化学反应的快慢。快慢是一种概念，并非科学定量的概念，因此需要有明确严谨的定义。对于化学反应速率的定义可以分为用化学反应进展度定义反应速率和用浓度变化量定义反应速率。

1.2.2.1　用化学反应进展度定义反应速率

假定有一个基元反应：

$$\sum \alpha_i A_i \longrightarrow \beta_j B_j \tag{1-23}$$

式中：α_i和 β_j分别为反应物 A_i和 B_j化学计量方程的系数。

式(1-23)的物理意义可以表述为一个基元反应中反应物组元 A_i被反应掉了的化学粒子数和产物组元 B_j中所生成的化学粒子数。若开始反应前反应物和产物组元的粒子数为 $N_{A_i}^0$ 和 $N_{B_j}^0$，当反应进行至 t 时刻时，式(1-23)中的反应已经进行了若干次。由于每次反应都有 α_i个 A_i粒子被消耗，并生成 β_j个 B_j粒子。认为在 t 时刻内反应已经进行了 ξ 次，则 A_i和 B_j的粒子数可以表示为

$$\begin{cases} N_{A_i} = N_{A_i}^0 - \alpha_i \xi \\ N_{B_j} = N_{B_j}^0 + \beta_j \xi \end{cases} \tag{1-24}$$

式中：ξ 为反应进展度。这个概念最早是出现在不可逆过程热力学学科中，一般常用摩尔为单位。此时反应进展度 ξ 就有了明确的含义，主要表示基元反应的次数。

利用反应进展度来描述反应速率，则反应速率 r 可以表示为

$$r=\frac{1}{V}\frac{\mathrm{d}\xi}{\mathrm{d}t} \tag{1-25}$$

式中：V 为反应体系总体积。式(1-25)可以理解为在单位体积内，每个单位时间内所进行的基元反应的数目。此时，对于式(1-23)，其反应物 A_i 和产物 B_j 的反应速率可以表示为

$$\begin{cases} r_{A_i}=\dfrac{1}{V}\dfrac{\mathrm{d}N_{A_i}}{\mathrm{d}t}=-\dfrac{\alpha_i}{V}\dfrac{\mathrm{d}\xi}{\mathrm{d}t}=-\alpha_i r \\ r_{B_j}=\dfrac{1}{V}\dfrac{\mathrm{d}N_{B_j}}{\mathrm{d}t}=+\dfrac{\beta_j}{V}\dfrac{\mathrm{d}\xi}{\mathrm{d}t}=+\beta_j r \end{cases} \tag{1-26}$$

这样就可以把反应的反应速率和组元的反应速率进行区分，根据式(1-26)可以获得它们之间的相互关系：

$$r:r_{A_i}:r_{B_j}=1:(-\alpha_i):(+\beta_j) \tag{1-27}$$

通过式(1-27)就可以从某一组元的反应速率求出反应及其余组元的反应速率。

虽然以上推导都是建立在基元反应的基础之上，但上述公式也是可以应用于总包反应体系的，只不过在应用过程中需要考虑具体的条件和意义上的差异。当总包反应中不包含稳定的中间体时，式(1-25)和式(1-26)可以用于描述化学反应速率；当总包反应中存在稳定的中间体时，一般就不能用一个化学计量方程表示，此时只能通过对组成该总包反应的各个基元反应分别讨论其反应速率。

1.2.2.2 用浓度变化量定义反应速率

采用粒子数单位定义反应速率虽然比较直观，由于一般在动力学研究中常用的单位为摩尔，因此该方法在实际应用中并不是很方便。此时，对于定容反应体系，由于体积 V 为定值并不随时间的改变而发生变化，因而对于式(1-25)和式(1-26)来说，可以将体积项 V 移入反应速率定义式的微分括号内，即

$$\begin{cases} r=\dfrac{\mathrm{d}(\xi/V)}{\mathrm{d}t}=\dfrac{\mathrm{d}\zeta}{\mathrm{d}t} \\ r_{A_i}=\dfrac{\mathrm{d}(N_{A_i}/V)}{\mathrm{d}t}=\dfrac{\mathrm{d}a_i}{\mathrm{d}t} \\ r_{B_j}=\dfrac{\mathrm{d}(N_{B_j}/V)}{\mathrm{d}t}=\dfrac{\mathrm{d}b_j}{\mathrm{d}t} \end{cases} \tag{1-28}$$

式中：ζ、a_i和b_j分别为单位体积中的摩尔进展度、反应物A_i的摩尔浓度和产物B_j的摩尔浓度。若$\zeta=1$，则在单位体积中有N_0个基元反应。

1.2.3 质量作用定律

质量作用定律是Guldberg和Waage通过总结实验数据而提出的一种用于描述反应速率和反应物浓度之间的关系。对于基元反应，在一定的温度条件下，均相反应体系的反应速率与参加反应的各物质瞬时浓度的积成正比，以反应式(1-23)为例，其反应速率可以表示为

$$r = k\prod \alpha_i^{\nu_i} \tag{1-29}$$

式中：k为一个与浓度无关的比例系数，称为反应速率常数，其物理意义为参与反应的物质都处于单位浓度时的反应速率；ν_i为反应化学当量系数。k的数值与反应关系密切，不同的反应式对应不同的k值，而且数值差异可能会很大，这是因为它主要与反应进行时的温度、介质以及催化剂有关。k值的大小直接体现反应进行的难易程度，是一个重要的动力学参数。质量作用定律只适用于基元反应，浓度指数等于基元反应方程式的当量系数。

除了用浓度来表示反应速率，还可以用组分密度、质量分数以及摩尔分数表示反应速率，具体表达式为

$$\begin{cases} r = k\prod (\rho_i/M_i)^{\nu_i} \\ r = k\rho^{\sum \nu_i}\prod (Y_i/M_i)^{\nu_i} \\ r = k\left(\dfrac{P}{RT}\right)^{\sum \nu_i}\prod X_i^{\ \nu_i} \end{cases} \tag{1-30}$$

式中：ρ_i和ρ分别为某一组分和体系的密度；M_i为物质的摩尔质量；X_i和Y_i分别为物质的摩尔分数和质量分数；P和T分别为压力和温度；R为通用气体常数。

1.3 阿伦尼乌斯速率定律与过渡态理论

1.3.1 阿伦尼乌斯速率定律

在质量定律提出之前，一些学者就曾提出大多数反应是随温度的升高而加速的。范德霍夫首先定量地研究了反应速率和温度之间的相互关系，发现温度每上升10℃反应通常可以加速2~4倍。随后，他又从热力学的角

度提出了如下方程:

$$\frac{\mathrm{dln}k}{\mathrm{d}T}=A/RT^2+B \tag{1-31}$$

1889 年,阿伦尼乌斯根据他对蔗糖转换反应的研究结果,提出了活化分子与活化能的概念,并逐步建立了阿伦尼乌斯定律,并以此描述反应速率常数对温度的依赖关系。阿伦尼乌斯定律指出,在恒定温度的条件下,基元反应的速率与反应体系所处的温度之间的关系式可用如下三种不同的数学形式来表示,即

积分式的指数式 $$k=A\mathrm{e}^{-E_a/RT} \tag{1-32}$$

积分式的对数式 $$\ln k=\ln A-E_a/RT \tag{1-33}$$

微分式 $$\frac{\mathrm{dln}k}{\mathrm{d}T}=E_a/RT^2 \tag{1-34}$$

式中:k 为当反应温度为特定值时的反应速率常数;A 和 E_a 是两个与反应温度及浓度无关,其数值取决于反应本性的常数,其中 A 为指前因子,E_a 为活化能。比较式(1-31)和式(1-34),当式(1-31)中的 B 为 0 时,该式中的 A 即相当于活化能。根据式(1-33),用 $\ln k$ 对 $1/T$ 作图,可得一条直线,通过直线的斜率和截距可以获得反应的指前因子和活化能的数值。

阿伦尼乌斯定律虽然主要是针对基元反应所提出的,但对于许多复杂反应,特别是具有简单级次的复杂反应也适用。

从唯象角度考察阿伦尼乌斯定律,发现该理论并非完全精确的,这只是一个近似的定律。其中关于指前因子 A 与温度的无关的假设是不精确的。实际上,指前因子 A 与温度之间往往表现出一种函数关系,即

$$A\propto T^m \quad 或 \quad A=A_0T^m$$

式中:A_0 为与温度无关的常数;m 通常为绝对值不大于 4 的整数或半整数,此时阿伦尼乌斯表达式可以写为

$$k=A_0T^m\mathrm{e}^{-E_a/RT} \tag{1-35}$$

除了之前因子 A,活化能 E_a 也是无关的。综合实验结果,阿伦尼乌斯对活化能的概念提出了一种设想,即不是反应物分子之间的任何一次直接作用都能发生反应,只有那些能量相当高的分子之间的直接作用才能发生反应。那些能量足够高、直接作用时能发生反应的分子称为活化分子,活化分子的平均能量与所有分子平均能量之差称为活化能。事实上,部分反应的反应速率常数表达式并不满足阿伦尼乌斯定律,以 $\ln k$ 对 $1/T$ 作图并不能获得一条直线,这也就间接说明了活化能可能与温度相关。

在化学动力学的研究中,以 $\ln k$ 对 $1/T$ 作图是常用的方法。无论是否能得到直线,所得的曲线均被称为活化能曲线。如果所得曲线为直线,则可用式(1-34)获得活化能的表达式:

$$E_a = -R\frac{d(\ln k)}{d(1/T)} \tag{1-36}$$

当所获得的曲线不为直线时,此时即可认为活化能与温度相关,在不考虑振动能的影响时可以表示为

$$E_T = E_0 + mRT \tag{1-37}$$

式中:E_0为与温度无关的常数;m 为绝对值不大于 4 的整数或半整数。为了区分将直接由阿伦尼乌斯定律表达式(1-34)中的 E_a称为微分活化能,式(1-37)中的 E_0被称为积分活化能。

1.3.2　反应速率的过渡态理论

过渡态理论最早是由艾林和波兰尼提出的。该理论是以量子力学和统计力学为基础,仅通过分子的一些基本性质(如振动频率、质量、核间距、转动惯量等)来计算基元反应的反应速率常数,故该理论也被称为绝对反应速率理论。该理论认为化学反应不是具有做功能量的反应分子一经碰撞就可以完成的,而是要经过一个反应的过渡状态。反应分子相互接近时,分子的键价要经过重新排列,能量也需要进行重新分配,形成由反应物分子以一定构型存在的活化络合物。然而处于过渡状态上的活化络合物是极其不稳定的,它既可以分解变成反应产物,也可以返回到反应物的状态。对于基元反应的反应速率,主要取决于活化络合物本身的振动频率,频率越快则化学键越容易断裂,从而反应速率也越快。

在反应过程中,首先具有一定数量能量的分子相互碰撞,形成活化络合物,即过渡状态:

$$A + BC \longrightarrow [A \cdots B \cdots C] \tag{1-38}$$

碰撞所产生的活化络合物可以与原来的反应物很快建立起热力学平衡,并同时又可分解成产物:

$$A + BC \underset{k_r}{\overset{k_f}{\rightleftharpoons}} [A \cdots B \cdots C]^{\neq} \xrightarrow{k_p} AB + C \tag{1-39}$$

$$K^{\neq} = k_f/k_r \tag{1-40}$$

式中:k_f 为正向反应速率;k_r为逆向反应速率;$K^{\neq}$ 为反应平衡常数;k_p为活络化合物分解速率。

由于活化络合物分解成产物是一个慢反应步骤，因此该分解过程的速率就决定了整个反应的速率，即

$$r = k_{\mathrm{p}} c_{M^{\neq}} \tag{1-41}$$

在活化络合物中必有一个键容易断裂，假定该键的振动频率为 γ，即单位时间内导致一个活化络合物分子分解成产物的振动次数。因此，$c_{M^{\neq}}$ 就是单位时间单位体积内活化络合物分解成产物的数目，即

$$-\frac{\mathrm{d}c_{M^{\neq}}}{\mathrm{d}t} = \gamma c_{M^{\neq}} \tag{1-42}$$

根据量子理论 $\varepsilon = h\nu$，基于能量均分定理，则式(1-37)可以改写成

$$-\frac{\mathrm{d}c_{M^{\neq}}}{\mathrm{d}t} = \frac{k_{\mathrm{B}}T}{h}K^{\neq} c_{\mathrm{A}} c_{\mathrm{BC}} \tag{1-43}$$

式中：k_{B} 为玻尔兹曼常数；h 为普朗克常数；c_{A}、c_{BC} 分别为物质 A 和物质 BC 的浓度。反应速率常数的表达式可以写成

$$k = \frac{k_{\mathrm{B}}T}{h}K^{\neq} \tag{1-44}$$

设 $G^{\neq}$、$H^{\neq}$ 和 $S^{\neq}$ 分别为平衡步骤中的标准活化吉布斯自由能、标准活化焓和标准活化熵，则

$$K^{\neq} = \exp\left(\frac{\Delta G^{\neq}}{RT}\right) = \exp\left(\frac{\Delta S^{\neq}}{R}\right)\exp\left(\frac{\Delta H^{\neq}}{RT}\right) \tag{1-45}$$

将式(1-45)代入式(1-44)，得反应速率常数表达式为

$$k = \frac{k_{\mathrm{B}}T}{h}\exp\left(\frac{\Delta S^{\neq}}{R}\right)\exp\left(\frac{\Delta H^{\neq}}{RT}\right) \tag{1-46}$$

第2章 铝基粉末推进剂

铝颗粒具有较高的体积能量密度、理想的点火和燃烧性能，是一种理想的能量添加剂，广泛应用于航天推进领域。铝/高氯酸铵（Al/AP）推进组合是当前双组元粉末火箭发动机研究的主要形式，开展多组分流动燃气环境中铝颗粒动态点火燃烧机理及模型研究是十分必要的。该研究一方面可以填补近些年来金属颗粒在高温流动环境中点火燃烧研究的空白；另一方面可以对粉末火箭发动机推力室结构及内部燃烧流动过程的研究提供设计依据与理论指导，具有较高的工程价值和理论研究意义。

2.1 铝颗粒反应热力学

在颗粒受热反应的众多实验方法中，热重（TG）分析方法是一种可以精确获得样品质量随环境温度变化整体过程的研究方法，这对定量分析颗粒热氧化过程、判断颗粒氧化机理具有重要意义，该方法研究范畴如图2-1所示。

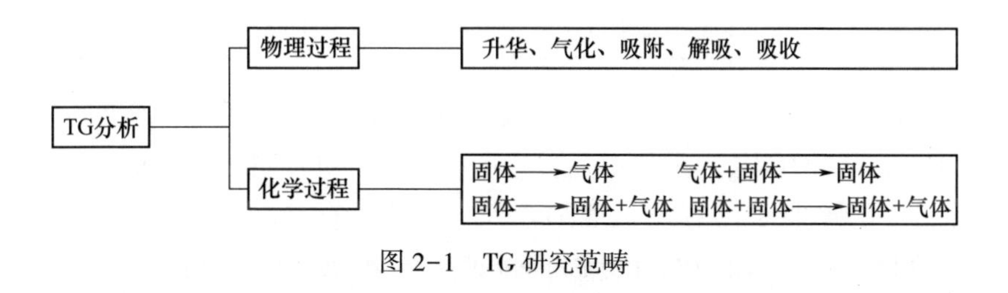

图2-1　TG研究范畴

采用动态热重分析方法获取动力学过程有以下几个优点：①只要少量

的实验样品,实验可操作性比较强;②连续升温过程可以获得连续的动力学参数,更易于理解颗粒升温的宏观过程;③有效规避了多样品实验带来的样品间误差;④相对于恒温法更令人信服。

2.1.1 样品理化分析

2.1.1.1 实验样品及处理方法

实验使用的颗粒样品可分为两种类型,即铝颗粒源粉筛选样品和包覆团聚预处理样品。其中,颗粒源粉采购于上海水田材料科技有限公司,商品标识纯度为99.9%,源粉中颗粒粒径为1~300μm不等。由于粉末颗粒粒径信息是影响颗粒点火燃烧特性的重要因素,需要对颗粒的粒度分布进行测试。研究中采用马尔文激光粒度分析仪测试粉末样品的粒度分布。

为减小实验源粉的粒径分布离散程度,采用筛网对实验源粉进行筛选分类。选取临近尺寸筛网,取筛网间的粉体作为实验样品,并进行编号,筛后样品信息及采用的筛网如表2-1所示。定义参数 ε 表征颗粒离散程度:

$$\varepsilon = \frac{d_{90} - d_{10}}{2d_{50}} \tag{2-1}$$

式中:d_{50}为中位粒径,是指累积分布百分数达到50%时对应的粒径值;d_{10}、d_{90}分别为颗粒粒度分布中,从小到大累积分布百分数达到10%和90%时对应的粒径值。后文类似变量表示意义与此相似。

表2-1 筛选粉末粒径信息

样品编号	#S-1	#S-2	#S-3	#S-4	#S-5
筛间粒径	1μm	30~40μm	40~61μm	61~75μm	75~98μm
样品编号	#S-6	#S-7	#S-8	#S-9	#S-10
筛间粒径	98~105μm	105~125μm	125~150μm	150~200μm	200~300μm

图2-2、图2-3和图2-4所示为筛后样品粉末的粒度分布,表2-2所示为源粉和筛后的样品离散信息,由此可见:①无论是源粉还是筛后粉末样品,较小的颗粒样品粒径离散度都较大,较大的粉末颗粒粒径离散度都较小;②在同等粒度水平条件下,筛后的颗粒粒径的离散度有所降低。本书采用的粉末样品为筛后样品,对于粒径小于20μm铝粉,由于筛网无法再对其进行处理,选取样品#Y-1作为研究样品。

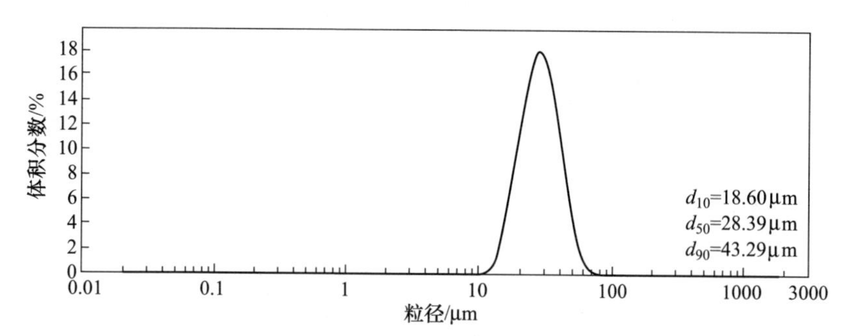

图 2-2　筛后样品# S-2 粒度分布

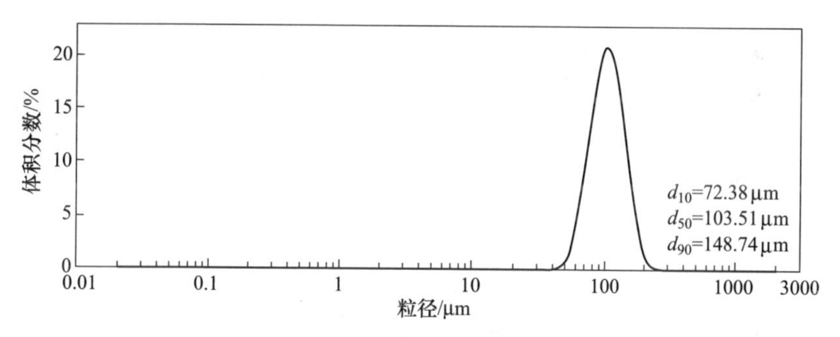

图 2-3　筛后样品# S-5 粒度分布

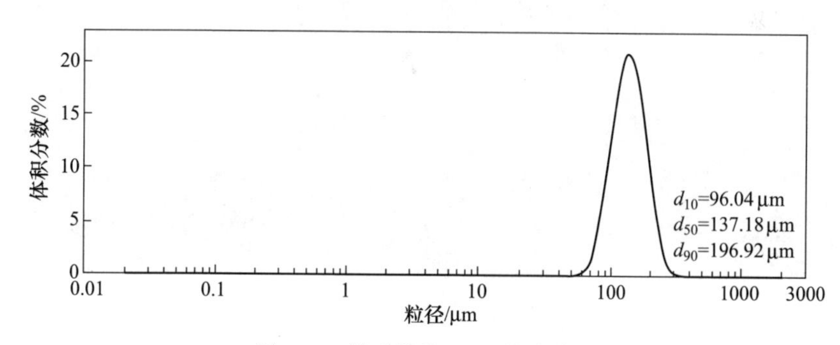

图 2-4　筛后样品# S-7 粒度分布

表 2-2　样品离散度

源粉样品	#Y-1	#Y-3	#Y-6	筛后样品	# S-2	# S-5	# S-7
平均粒径/μm	3. 93	23. 0	106. 8	平均粒径/μm	28. 4	103. 5	137. 2
粒径离散度 ε/%	95. 6	57. 9	48. 5	粒径离散度 ε/%	43. 5	36. 9	36. 8

2.1.1.2　样品形貌分析(SEM)

铝颗粒氧化机理对铝点火机理研究具有重要的指导意义,而颗粒粒径、表观形态、氧化层分布、内部结构等微观特性则是颗粒氧化机理分析的基础。

本书对实验采用的颗粒样品在不同粒径范围条件下的颗粒形态和表面特征进行了 SEM 扫描和 EDS 元素组分分析。图 2-5 所示为不同粒径条件下实验用 Al 颗粒样品的微观形貌,粒径范围为 1~300μm。由图 2-5 可见,样品#Y-1,颗粒具有较好的球形度,颗粒尺寸差别较大,说明粒径分布具有较大的离散度,颗粒空间位置分布较为紧密,颗粒与颗粒之间相互依附,颗粒受范德华力影响较为明显,颗粒聚团现象较为明显;随着颗粒的增大(20~40μm),颗粒的球形度有所下降,颗粒主要由在粒径范围内的大颗粒组成,大颗粒尺寸差别较小,少量小颗粒吸附在大颗粒表面,颗粒在空间的分布较为松散,颗粒受范德瓦耳斯力影响消失,未出现明显的颗粒聚团现象;随着颗粒粒径的继续增大(80~300μm),颗粒形态的畸变逐渐明显,颗粒形态表现为类球形、棒形、槌形等。

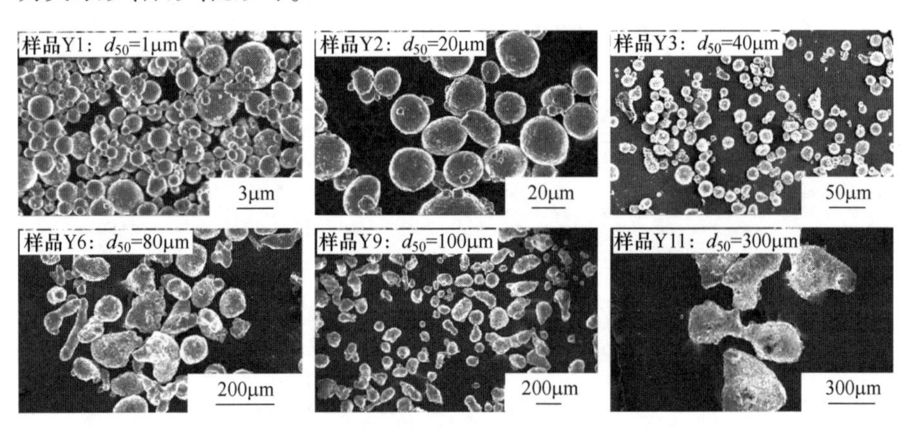

图 2-5　原始样品电镜扫描形态

研究中进一步增加扫描电镜放大倍率,获得了不同粒径样品颗粒表面形貌特性。对于 0.5~10μm 范围的 Al 颗粒,颗粒表面黏附大量的亚微米 Al 颗粒,颗粒表面缺陷主要包括凹陷、缺损、空隙等;对于 30~60μm 范围的 Al 颗粒,由颗粒表面形态可以发现,颗粒的构成主要分为两种:一种是单个雾化液滴凝结而成,颗粒形状为类球形,表面氧化纹理比较清晰,充满褶皱;另一种是雾化的小颗粒黏结而成,该类型的颗粒表面没有规则的型面,表层存在明显的凸起,颗粒比表面积较大,氧化层分布不均匀,局部区域存在重叠现象,颗粒内部也会存在 Al_2O_3 等组分;90~125μm 条件下的雾化 Al 颗粒时表面张力已经无法维持颗粒规则的形状,颗粒畸变更加明显,颗粒表面黏结少量的细小颗粒;对于 200~300μm 的颗粒,颗粒雾化时张力对颗粒形态的影响微弱,颗粒表现出更加明显的畸变,颗粒表面粗糙度增加,附着有大小不一的球形小颗粒。

2.1.2 铝颗粒同步热实验参数及方案

由于反应装置升温能力有限(普通气氛环境 1400~1800℃,含 CO 气氛 1100℃),采用同步热重分析方法只能针对 Al 颗粒的点火氧化反应阶段进行定量分析,当前热重技术并不能完全模拟发动机条件 Al 颗粒的热重实验过程。为简化实验复杂程度,本书中主要针对 O_2、H_2O、CO_2 进行热重实验气氛的模拟,剩余成分采用 N_2 填补。以下主要介绍同步热重分析参数选择,包括升温速率、温度区间组分浓度以及实验工况。

2.1.2.1 升温速率

对于单阶段吸热反应,样品初始反应温度 T_i、终止反应温度 T_f 与升温速率的关系如下:

$$(T_i)_F > (T_i)_S \tag{2-2}$$

$$(T_f)_F > (T_f)_S \tag{2-3}$$

$$(T_f - T_i)_F > (T_f - T_i)_S \tag{2-4}$$

式中:下标 F 和 S 分别为高升温速率和低升温速率; $T_f - T_i$ 为反应间隔。

在实验过程中,一般希望选取较高的升温速率,这样可以大大缩短实验流程,提高实验效率,实现对反应中间产物的捕捉,对于铝颗粒燃烧条件,实际升温速率往往达到 $10^2 \sim 10^3$ K/s,这对于热重实验装置来说是不可能达到的。但是,对于任何给定的温度,升温速率越慢,反应程度越大。对于 Al 这种多阶段反应的样品,在高升温速率条件下,样品温度和炉温之间的差异也越大,选取合适的升温速率可以使各个阶段反应分开,这对样品分阶段燃烧分析是十分重要的。一般来说,升温速率为 2.5K/min、5K/min 和 10K/min 时,样品可近似认为与环境温度一致,因此,本文选取升温速率为 10K/min。

2.1.2.2 温度区间

热重分析实验装置的温度探头为 Pt 制材料,当温度高于 873K 时,Pt 会与 CO 发生反应致使传感器出现中毒现象,因此,热重环境气氛中应杜绝 CO

的产生。图 2-6 所示为通过热力计算获得的 CO_2 环境中的 CO 生成率随温度变化，由图 2-6 可见，在环境温度约为 1500K 时，CO_2 气氛开始分解，生成少量的 CO 和 O_2，因此在有 CO_2 作为反应气氛的工况中，实验温度不能超过 1500K，本书中选取的温度区间为 300～1400K。对于不含 CO_2 的实验工况，研究中选取的温度区间为 300～1800K。

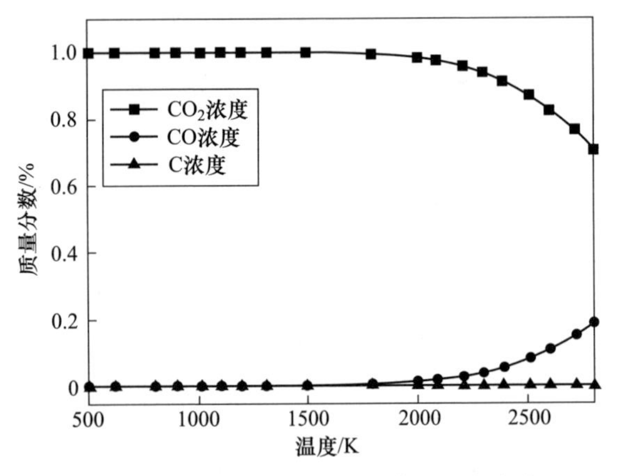

图 2-6　CO_2 环境中 CO 生成率随温度变化

2.1.2.3　组分浓度和实验工况

实验采用热同步分析仪获得实验样品的失重和放热数据，实验样品包括#Y-1(3.93μm)、#S-2(28.4μm)、#S-7(137.2μm)、#S-9(187.3μm)。反应气氛环境组分包括水蒸气、CO_2、O_2 和 N_2。Al/AP 粉末推进剂组合工作氧燃比一般在 3～5，HTPB 含量一般为包覆源粉质量 6%～12%。本书选择氧燃比为 4、HTPB 含量为 AP 含量 9%的推进剂燃烧组分作为设计点，H_2O、CO_2、O_2 等有效氧化组分的设计摩尔分数分别为 40%、12%、5%。

上述组分气体中，水蒸气由蒸气发生器加热液态水产生，通过吹扫气将其输送至实验器中，CO_2 由气瓶供应，反应气氛下 O_2 由空气气瓶供给，剩余气氛由氮气瓶补充。表 2-3 所列为铝及铝基颗粒热同步特性研究实验工况，反应气氛下含有 H_2O 的实验工况只测试样品失重数据，不含 H_2O 气氛的工况测试获取样品失重-释热(TG-DSC)联动数据。

实验内容包括：①氧化气氛组元对 Al 颗粒热氧化特性的影响，Al 颗粒的氧化过程为阶梯式氧化，针对 S-2(28.4μm)颗粒，分别研究 O_2、H_2O、CO_2 气氛的热氧化特性，气氛浓度为设定发动机环境浓度；②混合组分条件对 Al

颗粒热氧化特性影响,模拟发动机混合环境组分,对比单一组分与多组分混合后 Al 颗粒热氧化特性;③粒径对 Al 颗粒热氧化特性的影响,当颗粒粒径由 1μm 量级增加到 100μm 量级时,观察颗粒氧化阶梯参数的变化;④团聚 Al 颗粒热氧化特性研究,团聚 Al 颗粒粉源为样品#Y-1,团聚颗粒粒径与样品#S-7 相当,在混合组分条件下开展团聚 Al 颗粒热氧化特性研究,研究其与源粉和同等粒径粉末阶梯式氧化过程的差异。

表 2-3 铝及铝基颗粒热同步特性研究实验

实验编号	粉末种类	吹扫气/(mL/min)			蒸气载气/(mL/min)		水蒸气/(mL/min)	$O_2/H_2O/CO_2$ 摩尔比例	升温速率/(K/min)	温度范围/℃
		空气	N_2	CO_2	N_2	CO_2				
#1-1	#Y-1	30	100	—	—	—	—	4.8%/0%/0%	10	40~1400
#1-2	#Y-1	—	60		20	—	50	0%/39%/0%	10	40~1100
#1-3	#Y-1	—	100	20	—	—	—	0%/0%/16.6%	10	40~1100
#1-4	#Y-1	30	30	—	—	20	50	4.8%/39%/16%	10	40~1100
#2-1	#S-2	30	100	—	—	—	—	4.8%/0%/0%	10	40~1400
#2-2	#S-2	—	60	—	20		50	0%/39%/0%	10	40~1100
#2-3	#S-2	—	100	20	—	—	—	0%/0%/16.6%	10	40~1100
#2-4	#S-2	30	30			20	50	4.8%/39%/16%	10	40~1100
#3-1	#S-7	30	100	—	—	—	—	4.8%/0%/0%	10	40~1400
#3-4	#S-7	30	30			20	50	4.8%/39%/16%	10	40~1100
#4-4	#BS-3	30	30			20	50	4.8%/39%/16%	10	40~1100

2.1.3 铝颗粒热重特性分析

2.1.3.1 单一氧化气氛环境条件下铝颗粒热氧化特性

1)含氧气氛

图 2-7 所示为氧化组分为 O_2条件下的 Al 颗粒的热氧化过程,对应实验编号为#1-1,颗粒粒径为 3.93μm,气氛环境含氧量为 4.8%,升温速率为 10K/s。

实验热重曲线一般由样品增重百分数 W 的变化来表征颗粒的氧化过程,其中:

$$W = \frac{m}{m_0} \tag{2-5}$$

式中:m 为当前样品质量;m_0 为初始样品质量。

由图 2-7 可见,该实验条件下热重(TG)曲线表现显著的台阶式增重,显著的增重区间有 3 个:800~950K 区间、1100~1300K 区间、>1450K 区间。由于 TG 实验升温极限的制约,实验未能获取 1700K 以后的 TG 数据。根据基础物性分析结果,#Y-1 粉末样品活性 Al 含量为 83.1%,根据式(2-5)可计算得到样品的增重极限 W_f:

$$W_f = 1.5\varepsilon W_0 M_O / M_{Al} + W_0 \tag{2-6}$$

式中:ε 为样品活性铝含量;M_O、M_{Al} 分别为氧、铝的分子量;W_0 为初始氧化增重。

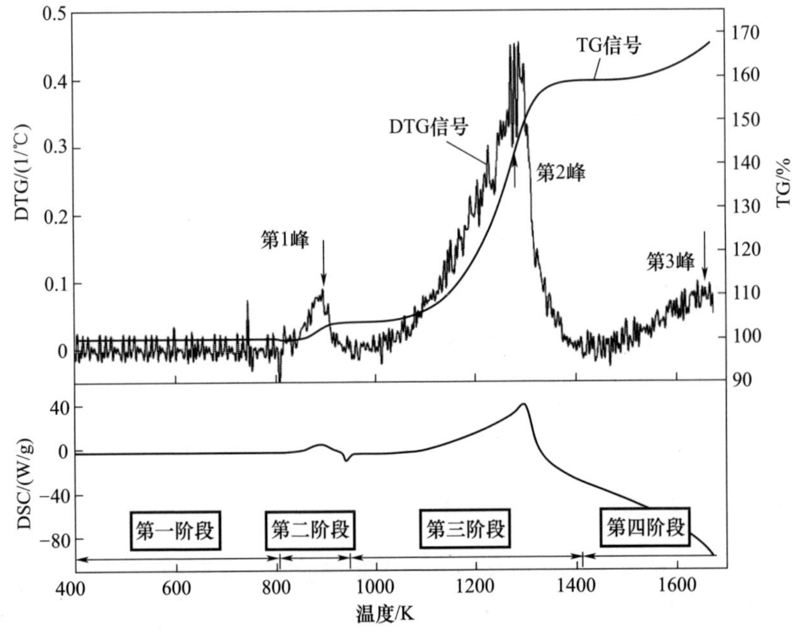

图 2-7　样品#Y-1 热氧化过程(O_2含量为 4.8%)

注:DTG 曲线为 TG 的一次微分曲线;DSC 曲线为释热曲线,表示单位质量样品的释热功率。

由此可见,该样品的增重极限 W_f = 173.90%,根据 1700K 之前的数据走势,样品会在 1800K 左右时达到氧化极限,TG 曲线达到第四个平台。

对样品的 TG 曲线进行微分处理,获得了样品的 DTG 曲线,DTG 曲线中有 3 个凸起，分别对应 3 个氧化增重过程，由图 2-7 可见，该条件下样品氧化过程独立分开，每个过程中均有明显的增重峰，对应不同阶段的最大反应速率。

以每个反应起始温度为分界点，将样品的氧化增重分为 4 个阶段，结合样品的 DSC 曲线可以发现：

（1）第一阶段，温度区间为 300～814K，颗粒没有明显的增重和热量传递。

（2）第二阶段，温度区间为 814～986K，样品重量随着温度的增加逐渐增重，该阶段增重幅度约为 3.83%，最大反应速率 0.075/s，峰值温度为 888.6K，DSC 分析显示该阶段出现一个释热峰和一个吸热峰，其中释热峰对应温度为反应最大速率的峰值温度，吸热峰为 941K，这是由 Al 粉熔化吸热导致。

（3）第三阶段，温度区间为 986～1383K，样品重量在经过短暂的停滞后继续增加，该阶段样品增重幅度 54.96%，最大反应速率为 $0.401s^{-1}$，峰值温度为 1291.5K。与其他阶段相比，该阶段样品重量增幅最大，反应速率最高。

（4）第四阶段，温度区间为 1383～1800K，该阶段缺少更高温度的数据，实际重量增幅为 8.85%，外推增幅为 15.06%，最大反应速率为 $0.081s^{-1}$，峰值温度 1657.6K。

2）含水蒸气气氛

图 2-8 所示为氧化组分为 H_2O 条件下的 Al 颗粒热氧化过程，对应实验编号为#1-2。

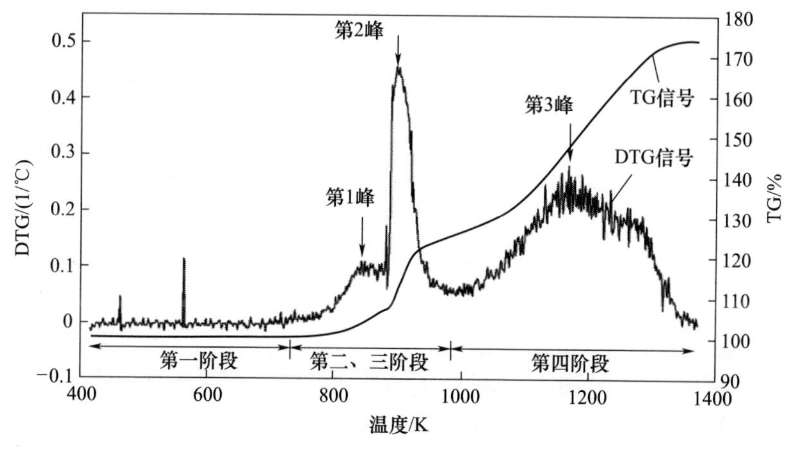

图 2-8　样品#Y-1 热氧化过程（H_2O 含量为 40%）

如图 2-8 所示，H_2O 条件下的样品颗粒在增重过程中没有出现明显的平台，DTG 曲线有 3 个明显的增重峰，但是增重峰之间并没有独立分开，使增重阶段的起点与终点难以判断。这与含 O_2 气氛环境中的增重情况表现出明显差异。为方便分析，以两个增重峰之间的速率最低点为边界点，同样将颗粒的增重过程分为 4 个阶段。

（1）第一阶段，温度区间为 300~730K，样品未出现明显的增重。

（2）第二阶段，温度区间为 730~880K，样品增重幅值为 7.9%，最大反应速率为 0.101s^{-1}，峰值温度为 860K。

（3）第三阶段：温度区间为 880~997K，样品增重幅值为 18.56%，最大反应速率 0.454s^{-1}，峰值温度为 899K。

在 TG 曲线上，该阶段增重曲线与前一阶段临界点处出现了明显的拐点，这说明在该阶段突然启动时，前一阶段的增重过程并未结束，该阶段 DTG 曲线为一个瘦高的反应峰，反应温度区间接近 Al 颗粒熔点，由于该阶段无法与第二阶段增重过程解耦，可以认为该阶段发生在第二阶段并与第二阶段具有某种较强的关联作用。

（4）第四阶段：温度区间为 997~1368K，样品增重幅值为 47.44%，最大反应速率为 0.245s^{-1}，峰值温度为 1171K。

3）结果对比

CO_2 环境下 Al 颗粒的氧化过程与 O_2 环境条件下的氧化过程类似，此处不再赘述。为方便分析不同气氛条件下颗粒氧化特性的差异，将表征颗粒氧化过程的主要指标参数进行对比，如表 2-4 所示。其中，T_i 为该阶段的起始增重温度；T_P 为增重峰值温度；T_F 为该阶段增重终止温度。

表 2-4 单一氧化气氛条件下样品#Y-1 粉末氧化特性

组分	第一阶段					第二阶段				
	ΔW/%	T_i/K	T_P/K	T_F/K	R_{max}	ΔW/%	T_i/K	T_P/K	T_F/K	R_{max}
O_2(4.8%)	—	—	—	814	—	3.83	814	941	986	0.075
H_2O(39%)	—	—	—	730	—	7.90	730	860	880	0.101
CO_2(16%)	—	—	—	851	—	3.61	826	893	935	0.071

组分	第三阶段					第四阶段				
	ΔW/%	T_i/K	T_P/K	T_F/K	R_{max}	ΔW/%	T_i/K	T_P/K	T_F/K	R_{max}
O_2(4.8%)	54.96	986	1291	1383	0.401	15.85	1383	1657	1800	0.081
H_2O(39%)	18.56	880	899	997	0.454	47.44	997	1171	1368	0.245
CO_2(16%)	62.40	935	1300	1457	0.396	7.89	1300	1627	1800	0.034

量化样品颗粒氧化区间，氧化速率可获得图 2-9 所示的单一组分条件下样品#Y-1 氧化过程示意图，纵轴为氧化速率，横轴为温度区间，直方体代表样品各阶段的氧化过程，面积代表该阶段增重量。由图可见，将氧化温度范围分为 4 个区间，区间Ⅰ上，3 个样品均未表现出明显的增重，样品的增重过程主要分布在温度区间Ⅱ、温度区间Ⅲ、温度区间Ⅳ上。

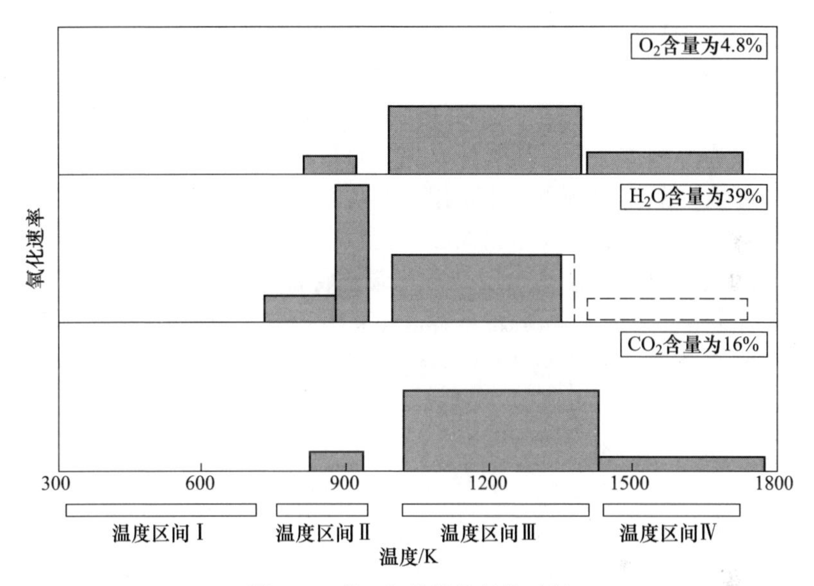

图 2-9　单一组分样品氧化过程

CO_2条件下样品的氧化过程与 O_2条件下的氧化过程较为接近，3 个增重过程分别分布在 3 个温度区间上。而 H_2O 条件下，温度区间Ⅱ存在两个增重阶段，温度区间Ⅲ上存在一个增重阶段，由于在温度区间Ⅲ上已经反应完全，温度区间Ⅳ不存在增重过程，相较于 CO_2与 O_2环境，反应完全所需要的时间和温度有所缩减。

温度区间Ⅱ：H_2O 条件下，样品颗粒最早进入增重阶段，O_2环境次之，CO_2反应阈值温度最高，从反应速率与增重程度上看，CO_2与 O_2环境在该温度区间内增重相当，H_2O 第一个增重过程与其他工况类似，但反应速率大幅提升，同时在 Al 熔点附近出现第二个增重过程，该增重过程在反应速率上与其他工况表现出较大差异。

温度区间Ⅲ：样品的氧化增重主要发生在该区间，CO_2环境增重最大，O_2环境次之，H_2O 环境增重最小；氧化剂环境对该区间影响并不明显；该区间内颗粒增重的起点温度略有区别，O_2最先发生，H_2O 其次，CO_2次之；对于该区间的终止温度，O_2条件下较小，CO_2条件下较高，增重反应的温度区间得到拓展（H_2O 条件下颗粒反应完全，不予讨论）。

温度区间Ⅳ：CO_2条件下，由于第二个增重阶段的拓宽，该区间内的第三个增重阶段与前一个阶段相邻，这与 O_2的情况有所差别；CO_2在该区间内的反应速率相对较慢，两种气氛条件下增重终止温度接近。

综上所述，在本书设计条件下，单一 H_2O 气氛中，Al 颗粒反应起点温度降低，在低温阶段热氧化速率较快，在 Al 颗粒熔点附近诱导产生了新的增重过程，这使颗粒整体氧化过程加快；单一 O_2和 CO_2环境条件下，反应过程相对 H_2O 环境较慢，在颗粒增重区间内，O_2环境与 CO_2环境相当，但在 CO_2条件下，第二个阶段增重区间拓宽，CO_2在温度区间Ⅲ上反应进程加快。

2.1.3.2 混合组分条件 Al 颗粒热氧化特性

粒径分布范围在 20~40μm 的样品#S-2 粉末具有理想的流动性和点火燃烧性能，常作为 Al/AP 粉末火箭发动机研究的燃料。本部分内容以其为研究对象，在单氧化气氛条件下和混合组分条件下对颗粒的热氧化特性进行对比分析和研究，组分浓度分别为模拟燃气环境中 O_2、H_2O、CO_2对应的反应浓度（表 2-3），惰性组分由 N_2补充，实验编号为#2-1、#2-2、#2-3、#2-4。实验结果如图 2-10 所示。

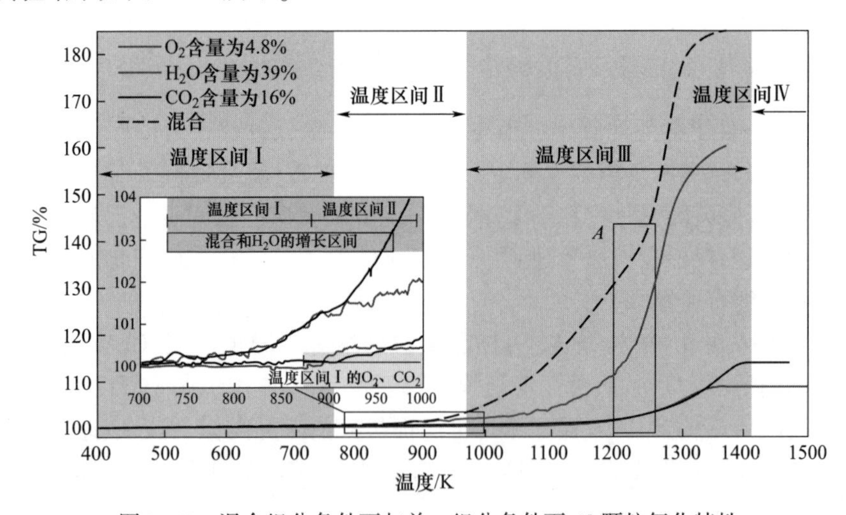

图 2-10 混合组分条件下与单一组分条件下 Al 颗粒氧化特性

由于实验条件的限制，实验温度范围为 300~1400K，可覆盖 3 个样品氧化区间。根据颗粒活化铝含量的分析可知,样品#S-2(28.4μm)活性铝含量为98.5%,当样品完全氧化时,由式(2-6)可知,理论增重极限 W_f = 187.6% 。由图 2-10 可见:

(1) 混合气氛条件下,Al 颗粒在温度 T = 1384K 时,TG 曲线增重量达到185.4%,可以认为 Al 颗粒样品反应完全,与单一组分条件热氧化增重过程相比,样品的氧化过程在温度区间上有了明显的减小,这说明混合条件加速了 Al 颗粒的氧化过程。

(2) O_2和 CO_2条件下样品的氧化过程相似,氧化速率较低,与之前的分析结果相似,CO_2条件下在温度区间Ⅲ上的增重区间有所拓展(图 2-10),混合条件下与 H_2O 条件下的增重比例更为接近,从总体氧化过程来看,混合气体中 H_2O 影响占主导作用。

(3) 样品的增重主要集中在温度区间Ⅱ、温度区间Ⅲ上。

图 2-10 中对温度区间Ⅱ上增重情况进行了放大,由图 2-10 可见,单一 H_2O 组分和混合条件下样品的热重曲线均出现了两个增重阶段,而单一 O_2 组分和 CO_2组分样品曲线只出现了一个增重过程,而且增重起点有明显的滞后。混合气氛在第一个增重阶段走势与 H_2O 环境条件相似,说明该阶段样品的氧化主要与 H_2O 相关;混合气氛在第二个增重阶段,O_2和 CO_2的影响逐渐表现出来,混合气氛 TG 曲线走势与 H_2O 的 TG 曲线走势逐渐分离,更多地表现为多种气氛条件下的合作效应,这种作用并不能简单地用增重加权表示。

在温度区间Ⅲ上,混合气氛的增重阶段最早启动,增重幅值最大,H_2O 次之,CO_2和 O_2环境最晚,温度区间Ⅲ为 CO_2与 O_2增重开始时的温度区间,在该区间上混合气体的增重速率(图 2-11)进一步增加,这也反映了多组分气体的合作效应。

2.1.3.3　混合组分条件下粒径影响研究

分别对样品#Y-1、样品#S-2 和样品#S-7 进行混合燃气条件下的热氧化研究,图 2-12 所示为 3 种粒径条件下热氧化实验增重实验结果。

由图 2-12 可见,在温度区间Ⅱ上,3 种粒径的样品均出现了不同程度的增重,其增重幅度随着粒径的减小而上升。表 2-5 所列为该阶段条件下 TG 曲线增重定量分析的统计结果,由于颗粒性质不同,颗粒的增重温度区间也会有所差异,但为了便于不同粒径结果之间的横向分析,认为颗粒第一增重阶段为 745~881K,第二增重阶段为 881~954K;由表 2-5 可知,虽然小颗粒在 TG 曲线上表现出较大增重,但颗粒表面氧化层增重厚度在颗粒初始阶段

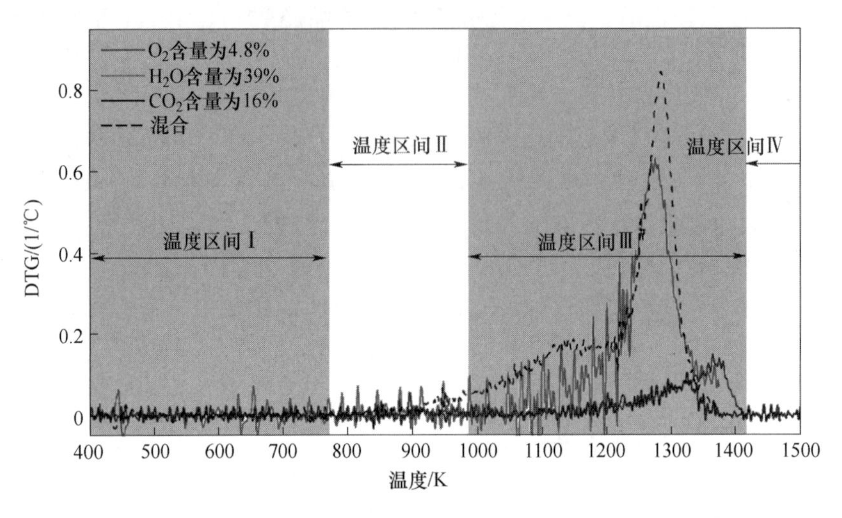

图 2-11　混合组分条件下与单一组分条件下 Al 颗粒氧化速率

和各增重阶段末期并未表现出较大差异，其中样品#Y-1 在两个阶段上增厚为 85nm 和 84nm，样品#S-2 增厚为 79nm 和 65nm，样品#S-7 增厚度为 90nm 和 107nm；总体来看，样品在两个阶段结束时，氧化层厚度约为原始厚度的 1~2 倍，由此可见，虽然不同粒径颗粒在增重上表现较大差异，但在氧化层增长速率上并未表现出明显区别。

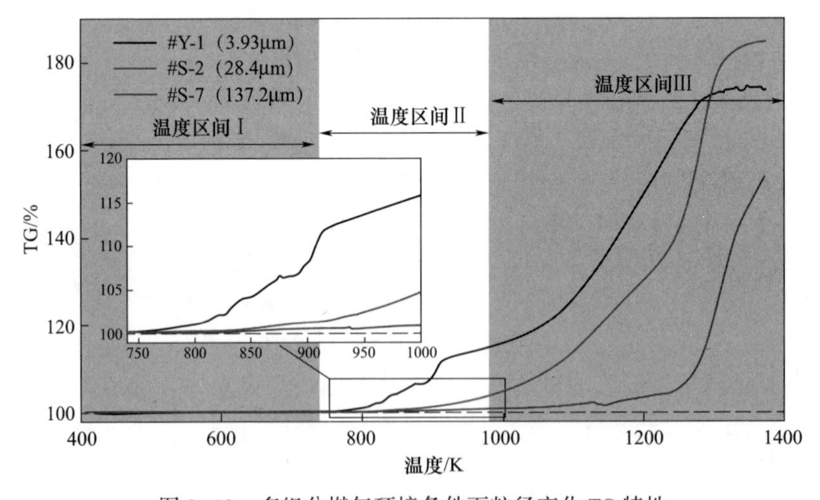

图 2-12　多组分燃气环境条件下粒径变化 TG 特性

表 2-5 温度区间Ⅱ样品增重与氧化层关系

阶段	参量	#Y-1	#S-2	#S-7
初始状态	氧化层含量/%	16.9	1.5	0.6
	氧化层厚度/nm	82	90	91
第一个增重阶段（745~881K）	增重范围	100.23%~106.45%	100.24%~101.07%	100.26%~100.48%
	增重百分数/%	6.22	0.83	0.22
	氧化层厚度/nm	167	169	181
	氧化层增厚/nm	85	79	90
第二个增重阶段（881~954K）	增重范围	106.45%~113.81%	101.07%~102.71%	100.48%~100.65%
	增重百分数/%	7.36	1.64	0.17
	氧化层厚度/nm	251	234	288
	氧化层增厚/nm	84	65	107

温度区间Ⅲ为 3 种颗粒样品的主要增重区间，样品#Y-1 在该区间上最先达到极限增重量，此时温度为 1290K，样品#S-2 在温度为 1372K 左右时达到极限增重量，样品#S-7 未能在该区间达到极限增重量。

图 2-13 所示为样品的增重速率曲线，由图可见，在温度区间Ⅱ上，样品#Y-1 的第一阶段和第二阶段增重速率较为明显，而样品#S-2 和样品#S-7

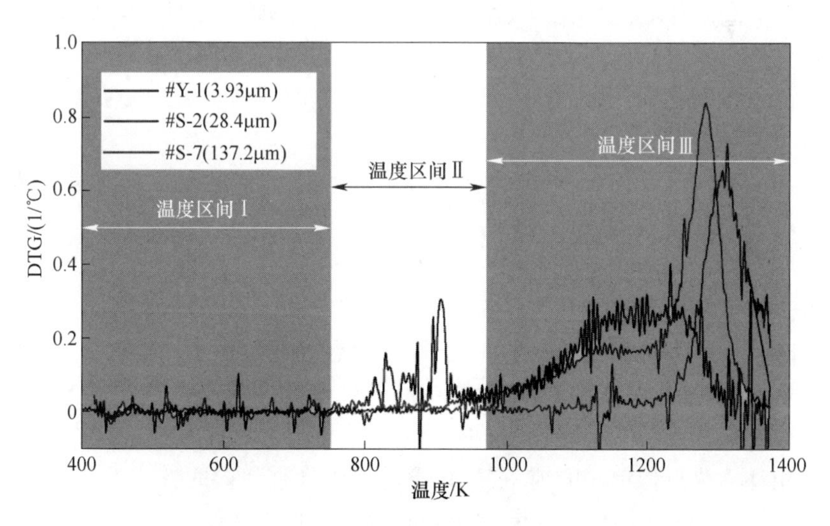

图 2-13 多组分燃气环境条件粒径变化 DTG 特性

很难分辨,根据以上分析,主要与颗粒整体尺寸和氧化层尺寸相关;在温度区间Ⅲ上,3 种样品均出现了增重峰,样品#Y-1 增重峰约为 1120~1250K,样品#S-2 增重峰约为 1282K,样品#S-7 增重峰约为 1312K,由此可见,样品的增重峰温度随着粒径的增大而增加,粒径越小,样品颗粒在该温度区间内增重越早,反应进程越快。

2.2 铝基粉末推进剂燃烧特性

2.2.1 发动机近似真实燃气环境模拟方法

开展铝颗粒的点火燃烧过程以及燃烧细节研究是揭示颗粒燃烧内在机理的重要手段,也是建立数学模型的重要依据。而颗粒的燃烧条件往往决定了颗粒燃烧模式和燃烧特性。因此,实验中燃烧环境的选取与模拟对铝颗粒的研究至关重要。目前,铝颗粒往往作为能量添加剂或者主燃料应用于固体火箭发动机、粉末火箭发动机、粉末组合动力系统中,铝颗粒的燃烧环境为高温多组分燃气流。

粉末火箭发动机中颗粒点火燃烧特点如下:

(1) 复杂的气相环境:气相环境为 AP 分解和少量 C—H 改性材料燃烧的多组元混合燃气环境,燃气有效组分包含 H_2O、CO_2、O_2及少量的 NO_x等。

(2) 高温环境:颗粒点火、燃烧环境为高温气相环境,颗粒与气相之间的换热主要源于对流换热。

(3) 流动状态:燃气处于流动状态,流动速度约为 10~30m/s,颗粒的燃烧过程为随流燃烧。

(4) 颗粒点火方式:颗粒的点火为冷态点火,颗粒以固定的尺寸进入高温流场,颗粒入场初温为 300K 左右。

针对粉末火箭发动机中颗粒点火燃烧特点,本书拟采用点燃固体推进剂方式模拟铝颗粒燃烧的近似真实环境。传统的固发燃烧器方法在制作推进剂时将铝颗粒掺入胶黏剂中,由于颗粒的点火通常发生在药面,伴随着颗粒的析出、聚团等过程的干扰,只能获得颗粒在推进剂表面进入燃烧状态时的有效影像信息。与之相比,本书平台与之不同之处在于推进剂燃烧产生的气相环境为近似单一的纯净气相,通过采用气缸弹射的方式,使颗粒以常温、离散状态进入流场中,排除颗粒之间相互作用以及碳氢化合物分解燃烧对 Al 颗粒燃烧的影响,可用于近似稳定化学组分环境中单个铝颗粒的研究。

本书采用固体燃气发生器的方法模拟颗粒流动燃烧环境，推进剂组元以 AP 和 HTPB 为主，燃气组分设计点为：H_2O 摩尔浓度 30%～40%，CO_2摩尔浓度 10～20%，O_2摩尔浓度 0～10%，温度设计点 2100～2600K，燃气设计流速 10～30m/s。

图 2-14 所示为本书制定的 Al 颗粒随流燃烧实验方案。实验系统的燃气环境源于固体推进剂的燃烧，实验前颗粒置于送粉器中，颗粒以离散形态进入流场并随着燃气的流动实现颗粒的点火与燃烧。实验系统在颗粒流动燃烧路径上开设窗口，采用阴影拍摄的方法研究颗粒的点火过程，采用直接拍摄的方法研究颗粒的燃烧过程，使用光谱仪获得颗粒燃烧的光谱信息。为研究颗粒的燃烧过程，采用自主设计的颗粒收集探针对不同燃烧程度的燃烧产物进行收集，通过分析可获得颗粒燃烧产物形貌与组分信息，为颗粒的点火燃烧机理研究提供更多的燃烧细节。

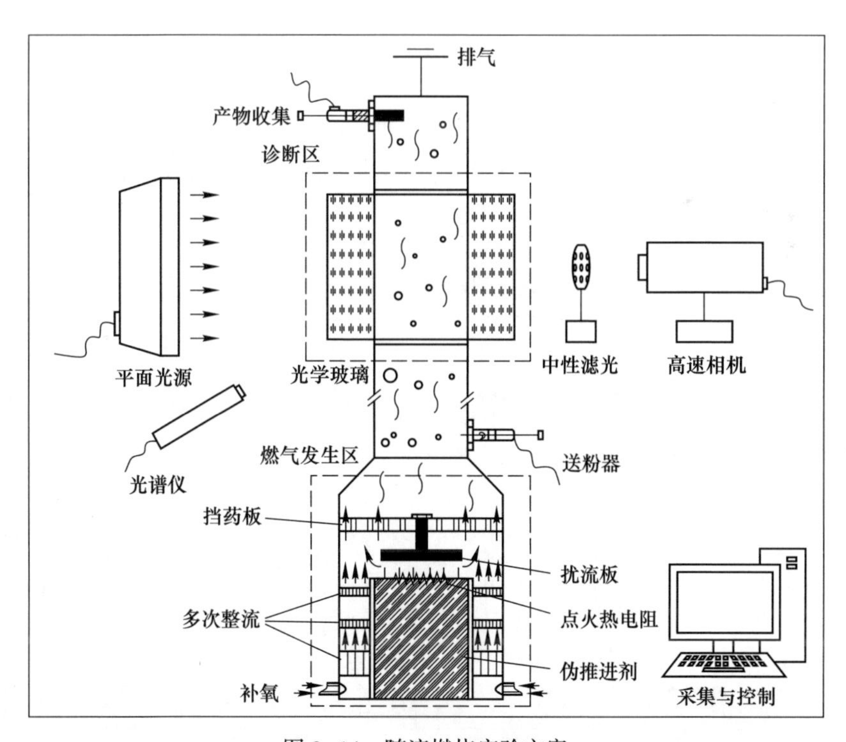

图 2-14 随流燃烧实验方案

2.2.2 压力模拟及样品收集方法

在发动机环境中,颗粒的燃烧为随流条件下的带压燃烧。早期研究表明,铝颗粒流动燃烧时间特性与环境压力关系并不明显,但 Al 颗粒的燃烧特性(如火焰半径、发光强度等细节)与环境压力具有较明显的依赖关系,尤其在颗粒由扩散燃烧控制向动力学控制过渡时具有较显著的影响作用,压力的控制对研究颗粒燃烧模式的转捩特性与机理具有重要作用。

为模拟 Al 颗粒燃烧实验的高压环境,设计了颗粒随流燃烧高压实验方案,如图 2-15 所示。该燃烧系统的燃气发生组件、燃气流通组件、颗粒弹射器以及观测组件与常压实验系统相同,燃烧器的排气端连接一个压力模拟器。压力模拟器在结构上由位于左侧的稳压腔和右侧的活塞腔组成,稳压腔内布置有玻璃收集板,可用于颗粒燃烧产物的收集,模拟器两端的端口布置了电磁阀、球阀、稳压阀、手阀等,可满足实验系统内部的压力控制(0~10MPa)、紧急泄压等功能。稳压腔与活塞腔之间由可以在轴向自由移动的活塞隔开,实验开展时活塞位于活塞腔左端,推进剂着火后,在燃气的推动下,活塞向右运动,稳压腔容积逐渐增加,活塞腔容积逐渐减小。实验期间,通过控制活塞腔的阀体使整个系统压力波动维持在预定参数上。由于活塞将压力模拟器分隔为两个独立的腔体,阀体可通过排出右侧活塞腔的常温

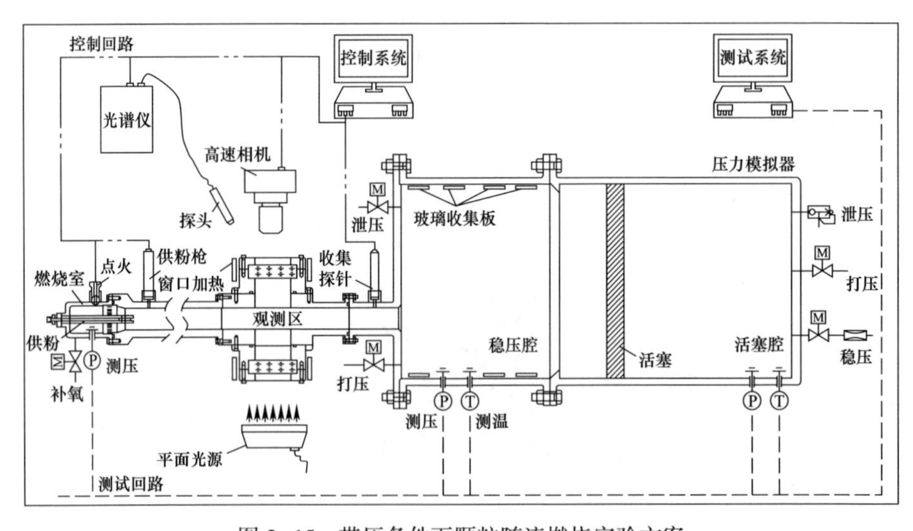

图 2-15 带压条件下颗粒随流燃烧实验方案

气体达到稳压的目的,因此避免了直接阀体接触高温燃气带来的技术难题,实验完成后,当稳压腔温度自然冷却至可控温度以内(<200℃)时,通过控制稳压腔阀体实现实验系统的泄压。

2.2.3　点火过程粒径影响分析

1) 颗粒辐射区间分析

对样品流动强自发光辐射区间信息进行统计分析可以获得颗粒随流点火燃烧进程与颗粒粒径之间的关系。表 2-6 所列为样品颗粒分布参数,颗粒样品的离散形式是导致颗粒点火区域离散型的重要原因之一。图 2-16 所示为颗粒随流过程中强辐射状态所在位置与样品粒径的关系。图 2-16 中虚线代表样品颗粒发光区域和粒径分布区间(粒径宽度为[d_{15} , d_{85}]),由图可见,颗粒辐射区域与颗粒的粒径表现为较好的相关性。

表 2-6　样品颗粒分布参数

参数	样品			
	#Y-1	#S-2	#S-3	#S-7
d_{15} /μm	2.20	21.33	45.12	96.36
d_{50} /μm	3.93	28.39	52.07	112.57
d_{85} /μm	6.72	38.02	60.38	134.28
样品粒径宽度 D_d /μm	4.52	16.69	15.26	37.92

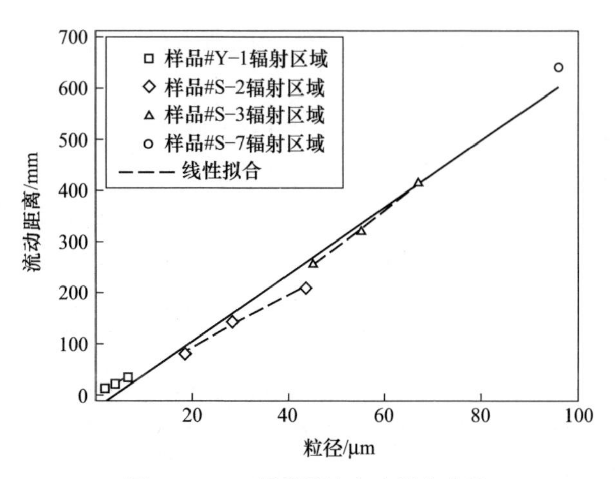

图 2-16　Al 颗粒随流点火拟合曲线

颗粒离散性、着火随机性和燃烧过程是影响颗粒在随流过程中辐射区域分布的主要因素。根据颗粒群体点火→燃烧→熄火顺序过程，可将颗粒强自发光过程分为 3 个阶段：①当颗粒群体中某个颗粒进入点火状态时，表现为颗粒群体在流动区间上辐射发光的开始，此时图片中的燃烧颗粒辐射区域较小；②随着流动距离的增加，更多的颗粒进入点火状态，群体中强自发光状态颗粒逐渐增多，同时部分颗粒燃烧完成，逐渐熄火，此阶段颗粒的点火、燃烧、熄火过程共存，颗粒辐射区域有所提高；③大部分颗粒完成点火，强自发光颗粒数目不再增加，颗粒在该阶段不会再出现颗粒的点火，发光颗粒均处于燃烧过程，燃烧颗粒的辐射影响区域较大。

由此可见，前两个阶段主要与颗粒的点火过程相关，区域长度大小与颗粒群体粒度分布和颗粒点火随机性相关，分析时将前两个阶段定义为点火影响区间 Q_{i}；后一个阶段主要与颗粒燃烧过程相关，其持续时间与样品颗粒中主粒径颗粒的燃烧时间相关，分析时将其定义为燃烧影响区间 Q_{c}。因此，颗粒样品在随流距离上的强自发光辐射区间 Q_{r} 可以表示为

$$Q_{\mathrm{r}} = Q_{\mathrm{i}} + Q_{\mathrm{c}} \tag{2-7}$$

颗粒的燃烧区间与颗粒的流动速度和燃烧时间相关，如果采用 Beckstead 的颗粒燃烧公式表征，Q_{c} 可以表示为

$$Q_{\mathrm{c}} = \bar{v}\tau_{\mathrm{p}} \tag{2-8}$$

$$\tau_{\mathrm{p}} = \frac{aD_{\mathrm{p}}^{1.5}}{X_{\mathrm{eff}}T^{0.2}p^{0.1}} \tag{2-9}$$

式中：$\bar{v}$ 为颗粒平均速度；τ_{p} 为颗粒燃烧时间；$a = 0.0244$；X_{eff} 为混合气氛影响系数。

基于实验数据和式(2-7)~式(2-9)即可获得不同流动区间上颗粒辐射区间、点火和燃烧影响区域的分布关系，如图 2-17 所示。

由图 2-17 可见：①随着颗粒粒径的增加，颗粒的强自发光辐射区域逐渐增加，颗粒点火的难度逐渐增加；②样品颗粒强自发光区域的范围随着粒径的增加而增加，颗粒燃烧的影响区域的范围也逐渐增加；③样品#Y-1 点火影响区域范围相对较小，而样品#S-2 点火影响范围较大，样品#S-3点火影响范围与样品#S-2 相当，这主要是与样品的粒度分布相关，本书采用 D_d 表征样品粒径宽度[式(2-10)]，样品#Y-1 粒度分布最小，样品#S-2、样品#S-3分布相当。

$$D_d = d_{85} - d_{15} \tag{2-10}$$

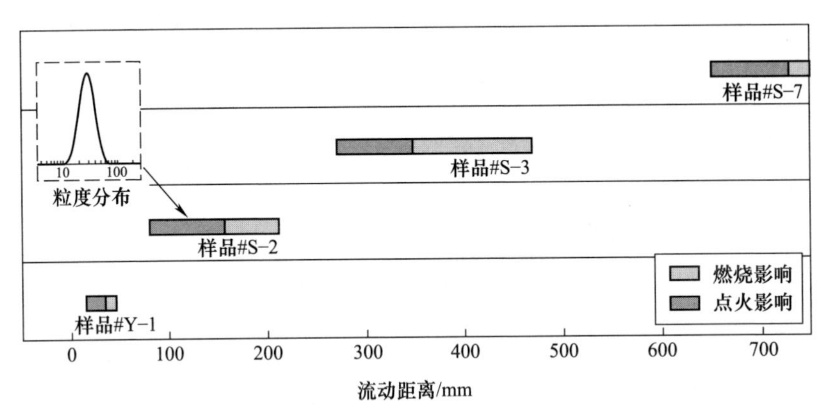

图 2-17　颗粒辐射随流区间与其点火燃烧之间关系

2）颗粒流动区间与时域区间对应关系

根据以上分析可以获得流动区间中点火区域与粒径之间的关系。但要获得颗粒点火时间相关信息还需补充颗粒随流速度统计数据。

本书分别利用颗粒曝光拖影和拍摄帧幅间颗粒移动位移计算颗粒随流速度。如图 2-18 所示，Δy_1 为颗粒在拍摄时两个相邻帧幅之间的位移，Δy_2 为摄像曝光所产生的颗粒影响拖影。颗粒速度可由下式表示：

$$v_p = \Delta y_1 f \tag{2-11}$$

$$v_p = \Delta y_2 / t_e \tag{2-12}$$

式中：v_p 为颗粒速度；f 为拍摄帧频；t_e 为拍摄曝光时间。

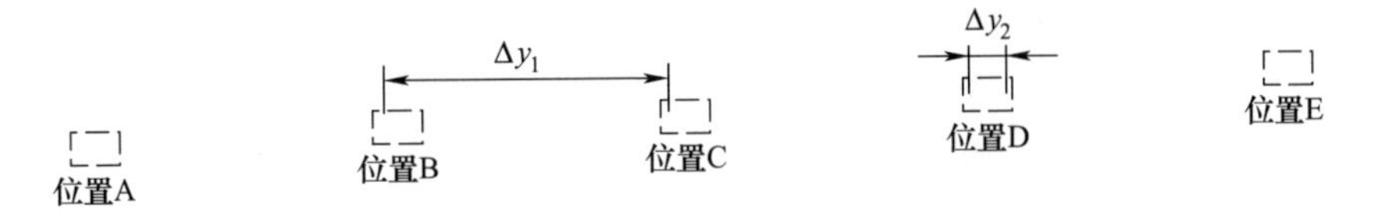

图 2-18　颗粒速度处理方法

由于颗粒曝光时间一般较短，因此更能反映颗粒的瞬时速度，但当曝光时间内颗粒流动轨迹不明显时，宜采用帧幅间颗粒移动距离计算。

图 2-19、图 2-20 和图 2-21 分别为样品#Y-1、样品#S-2 和样品#S-3 颗粒在流动区间上速率分布。由图可见：①样品颗粒会很快达到平衡速度，三种样品的平衡速度近似一致，约为 13.7～13.9m/s；②在颗粒达到平衡速

度之前,颗粒速度存在一个逐渐上升的阶段,样品#Y-1 颗粒加速最快,样品#S-2 颗粒次之,样品#S-3 加速最慢,颗粒加速区间与平均速度参数如表2-7所示。

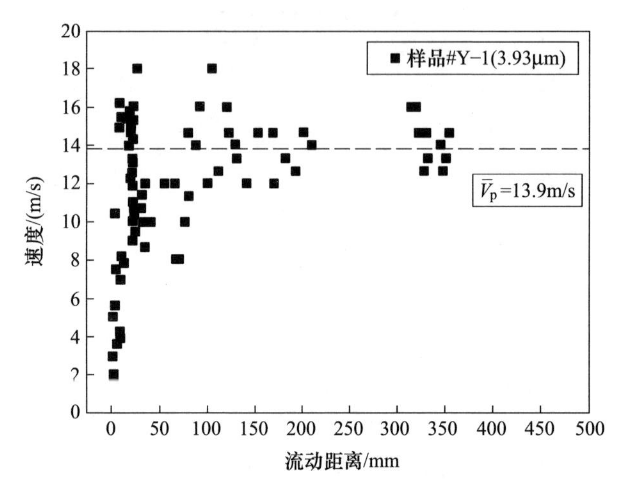

图 2-19 样品#Y-1 速度与流动距离关系

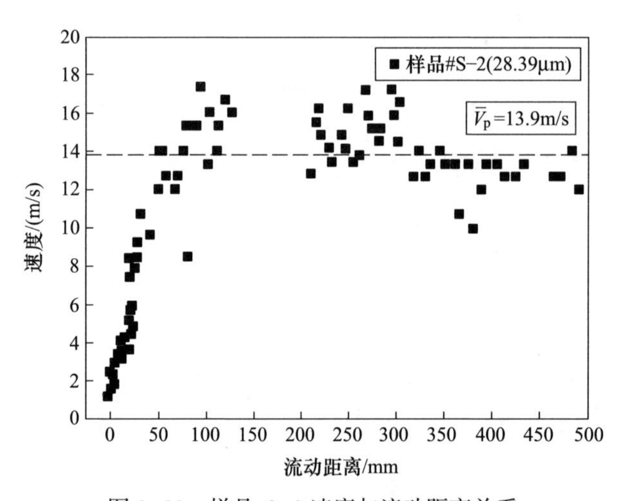

图 2-20 样品#S-2 速度与流动距离关系

只考虑颗粒粒径影响,忽略其点火随机性,那么颗粒点火影响区间可以表示为与颗粒直径相关的函数,即

$$Q_{\mathrm{i}} = Z(D_p)\varepsilon(D_p) \tag{2-13}$$

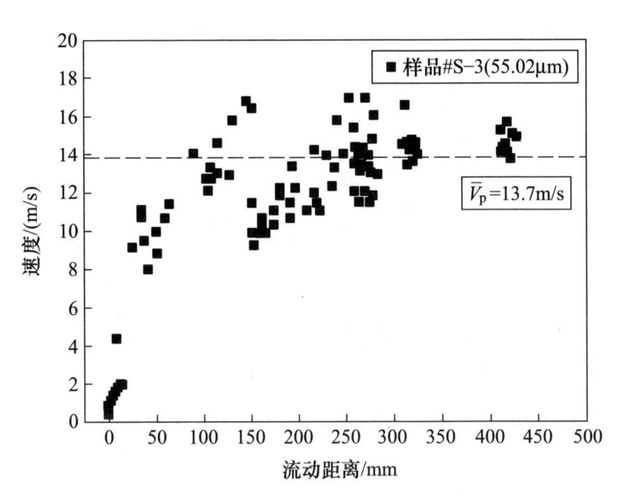

图 2-21 样品#S-3 速度与流动距离关系

式中：$Z(D_p)$ 为与颗粒点火时间相关的函数；$\varepsilon(D_p)$ 为中心粒径为 D_p 样品的粒径分布函数。

由此可见，点火影响区间的下限对应样品颗粒中较小尺寸颗粒点火距离（本书选取 d_{15}），而点火区间的上限对应样品中较大尺寸颗粒点火距离（本书选取 d_{85}），结合颗粒流动速度数据，可以获得颗粒尺寸与点火时间对应的关系，如图 2-22 所示。

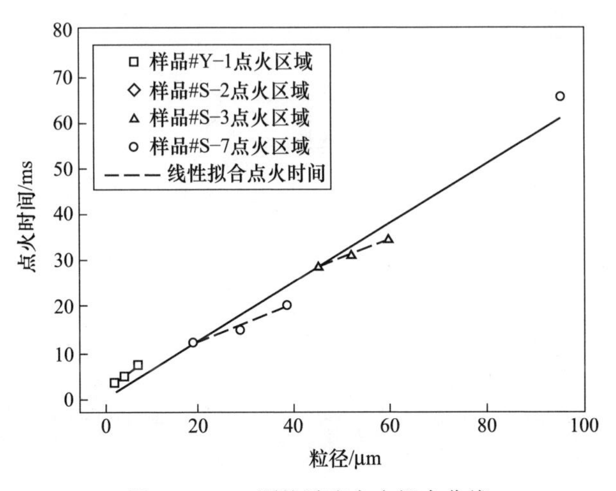

图 2-22 Al 颗粒随流点火拟合曲线

表 2-7　颗粒随流速度与随流距离之间关系

颗粒样品	加速区间/mm	平均速度/(m/s)	最终速度/(m/s)
#Y-1	0~50	7.0	13.9
#S-2	0~100	7.0	13.9
#S-3	0~135	6.7	13.7
#S-7	0~200	6.0	12.8

由图 2-22 所示,颗粒点火时间与颗粒尺寸表现出较强的线性关系,通过对数据进行线性拟合,可获得颗粒点火时间与颗粒尺寸之间的关系,即

$$t_{ig} = kd_p + b \tag{2-14}$$

式中:$k = 0.628$;$b = 0.371$;t_{ig} 为颗粒点火时间(ms);d_p 为颗粒直径(μm)。

3) 团聚颗粒随流特性

在保证安全的前提下,研究者总是希望粉末推进剂能满足快速点火和高速燃烧的要求。上述研究中,虽然粒径较小的 Al 颗粒群(样品#Y-1)可以实现快速点火和燃烧,但这种小粒径的 Al 颗粒群会产生大量聚团颗粒,实验研究表明,聚团 Al 颗粒尺寸在数十微米至上百微米(图 2-23),所以若按照样品#Y-1 颗粒燃烧特性设计燃烧室尺寸,则会造成粉末推进剂燃烧效率大幅降低,严重影响发动机性能。

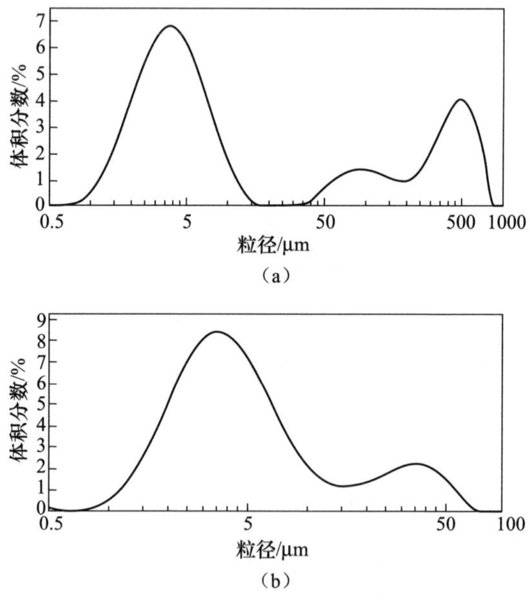

图 2-23　聚团样品#Y-1 颗粒样品

(a)大范围粒径测试;(b)小范围粒径测试。

因此,Al 颗粒的预处理(团聚、包覆)是粉末推进剂研究的重要课题之一。本书中针对两种团聚粉末颗粒开展了随流点火研究:样品#B-3 和样品#B-7,样品参数如表 2-8 所示,其中,样品#B-3 未添加氧化剂,样品#B-7 添加 $KClO_4$作为氧化剂。颗粒拍摄参数如表 2-9 所示。

表 2-8　团聚颗粒参数

样品编号	$KClO_4$含量/%	HTPB 含量/%	源粉样品	粒径/μm
#B-3	—	10	#Y-1	200~300
#B-7	8.8	10	#Y-1	200~300

表 2-9　颗粒拍摄参数

分辨率	观察区	像素尺寸	拍摄速率	曝光	光圈	颗粒速度	流场速度
2560 像素×960 像素	80mm×30mm	31.25μm	2000 帧/s	15μs	1/5.6	13~20m/s	30m/s

由于颗粒尺寸较大,样品#B-3 与样品#B-7 拍摄过程中选择较大的场域,这样便于在较大区域内观测颗粒的连续变化过程。图 2-24 为样品#B-3 在流动距离为 0~670mm 的随流点火特性拍摄效果,图片为原始拍摄效果。如图 2-24 所示:

子图①:颗粒喷射#12 位置,拍摄流域尺寸为 0~80mm,颗粒喷射出口在标尺位置 8mm 处。由图可见,颗粒的形态比较清晰,在标尺距离 8~42mm 的区间上只存在阴影状态颗粒,颗粒自发光可以忽略不计;随流距离 42~44mm 处,部分颗粒开始出现红色尾焰,该尾焰与燃烧状态的 Al 颗粒拖尾在亮度和颜色上具有显著区别,为碳氢燃烧分解所产生,此时颗粒进入团聚材料燃烧阶段;伴随着碳氢燃料的分解,拍摄区域内逐渐出现具有弱自发光能力的红色颗粒,颗粒形状细小,辐射亮度低,影响区域小,推测其由尺寸较小的团聚颗粒碎屑进入反应状态所致;44~80mm 处,部分团聚颗粒进入弱自发光状态,但数量较少,颗粒尺寸相对较小。

子图②:颗粒喷射为#8 位置,拍摄窗口对应颗粒随流距离为 230~310mm。由图可见,碳氢燃料燃烧产生的尾焰逐渐增加,辐射影响区域增大。图片中标尺位置 0~40mm 处,阴影颗粒、弱自发光颗粒和强自发光颗粒共存,标尺为 40~80mm,阴影颗粒、弱自发光颗粒所占比例急剧下降,颗粒群总体进入燃烧状态。该阶段颗粒亮度已达到过曝光状态,但强自发光颗粒辐射影响区域相对较小,颗粒辐射火焰直径主要分布在 350~500μm,为原始颗

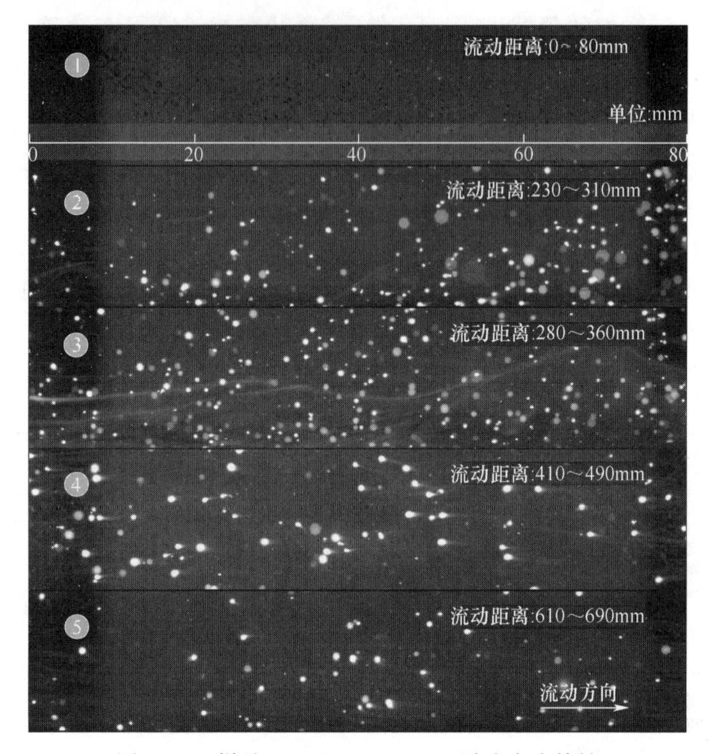

图 2-24　样品#B-3(200~300μm)随流点火特性

粒粒径的 1.5~2.0 倍,虽然该阶段颗粒处于燃烧状态,但颗粒燃烧强度仍然相对较弱。

子图③:颗粒喷射为#7 位置,拍摄窗口对应颗粒随流距离为 280~360mm。该窗口拍摄颗粒喷射位置与子图②中的位置接近,部分拍摄区域重合。由图可见,碳氢燃料燃烧产生的尾焰对流场区域影响达到最大,包覆剂 HTPB 完成分解燃烧;与上一位置相比,阴影状态颗粒完全消失,弱自发光状态颗粒所占总体比例进一步降低。

子图④:颗粒喷射为#5 位置,拍摄窗口对应颗粒随流距离为 410~490mm。由图可见,碳氢燃料火焰完全消失,碳氢燃烧过程终止;样品辐射状态为强辐射状态,颗粒辐射强度和影响区域达到最大,颗粒燃烧产生明显拖尾,颗粒燃烧强度达到峰值,此时颗粒辐射影响直径约为 500~900μm,约为颗粒原始直径的 2.0~3.0 倍;部分颗粒在燃烧时喷射出具有较强辐射能力的小颗粒,这些小颗粒与团聚颗粒之间具有明显的尺度差别,在流动一段距离后辐射能力迅速下降转化为弱自发光状态。

子图⑤：颗粒喷射为#1 位置，拍摄窗口对应颗粒随流距离为 610~690mm。由图可见，绝大部分颗粒处于强自发光状态，在流动方向上颗粒出现明显的拖尾，这说明颗粒仍处于燃烧状态；颗粒辐射影响区域相对子图④有所减小，部分颗粒转化为弱自发光状态，这说明样品颗粒中较小的颗粒已完成燃烧。

由于装置长度所限，在本书的流动区间上，样品#B-3 颗粒群并未完成完全燃烧。

图 2-25 所示为样品#B-7 在流动距离为 0~80mm 的随流点火特性拍摄效果，图片为原始拍摄效果。如图所示：标尺距离 8~20mm 距离上为颗粒预热状态，流动区间上的颗粒状态为阴影状态；从标尺位置 20mm 开始，部分颗粒碎屑表现出自发光状态，发生点火与燃烧，碎屑辐射光强和影响区域较小，与此同时，团聚颗粒出现红色燃烧尾焰，碳氢燃料开始分解与燃烧；自标尺位置 32mm 开始，部分颗粒出现弱自发光现象，40mm 以后部分颗粒突然进入强自发光状态，颗粒在弱自发光状态的过渡并不明显，这说明在该阶段颗粒的加热过程显著缩短，颗粒得以快速升温并进入燃烧阶段，该阶段燃烧颗粒火焰影响区域较小，直径为 310~500μm，约为原始颗粒直径的 1.5 倍，颗粒燃烧强度尚未到达峰值。

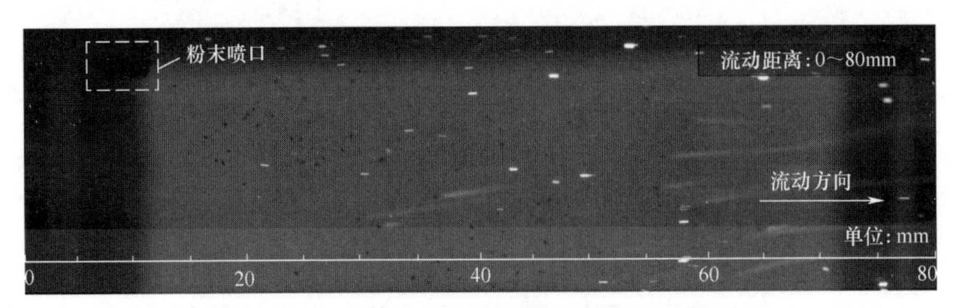

图 2-25 样品#B-7(200~300μm)随流点火特性

图 2-26 所示为样品#B-7 颗粒在 0~80mm 拍摄区间上完成点火—燃烧转化的过程图。图 2-27 所示为基于图像处理获得颗粒及颗粒火焰直径随流变化过程。结合二者分析：颗粒的原始粒径约为 260μm，颗粒刚刚喷出时速度较慢，颗粒处于阴影状态，随着颗粒流动，颗粒速度逐渐增加并处于稳定状态；颗粒在标尺位置 24mm 处，颗粒内部碳氢燃料开始分解燃烧，颗粒周

围出现自发光的火焰,但颗粒本身仍处于阴影状态;碳氢燃烧阶段所在的随流距离为24~44mm,时间为11~16ms,该阶段颗粒火焰影响区域先增大后减小,该过程中颗粒由阴影状态逐渐转化自发光状态,颗粒温度有了显著提高;标尺位置44mm后颗粒状态经历短暂的停滞后,从标尺位置50mm开始向燃烧状态转变,并迅速进入剧烈燃烧状态,颗粒由弱自发光状态迅速转变为强发光状态,颗粒辐射影响区域大幅提升,约为颗粒原始尺寸的3倍。

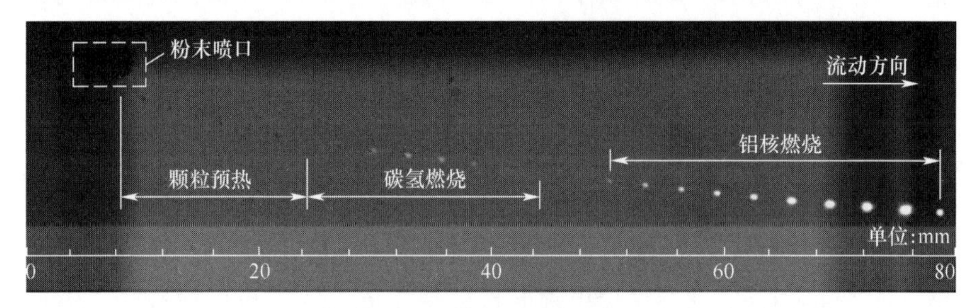

图 2-26　样品#B-7 颗粒点火过程

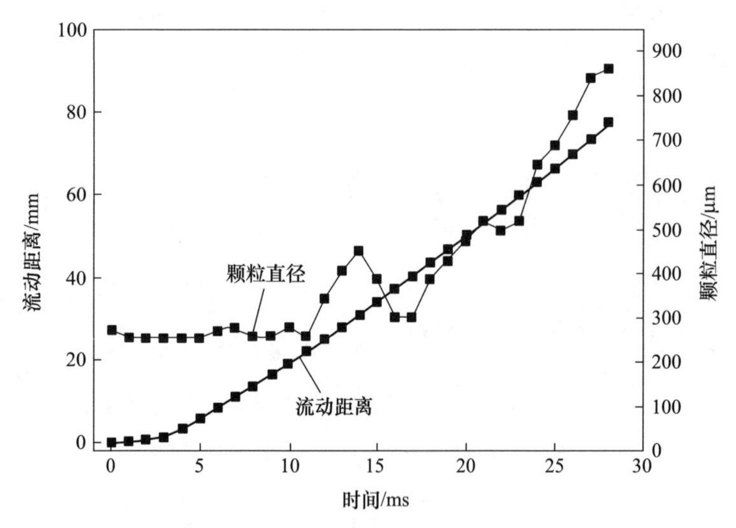

图 2-27　样品#B-7 颗粒随流点火过程颗粒直径与流动距离

根据以上分析可知:①随流过程中,团聚Al颗粒的升温过程主要分布在40~120mm上,120mm后颗粒群体开始逐渐转化为燃烧状态,团聚颗粒点火所需时间略高于源粉样品#Y-1,但远远小于同等尺寸样品#S-10铝颗粒点火所需时间;②团聚 Al 颗粒燃烧时表现出明显的颗粒喷射现象,但喷射颗粒相对于原颗粒体量较小,因此对颗粒燃烧的加速并不明显,这与颗粒爆裂具有明显的区别;③团聚颗粒在进入燃烧状态后的辐射影响区域先增大后减小,变化较为明显,变化持续时间较长;④至可观测流动区域极限位置处,部分颗粒完全燃烧,燃烧时间约为 50ms,与同等粒径(200μm) Al 颗粒相比,颗粒燃烧时间并未显著缩短;⑤添加氧化剂($KClO_4$)团聚颗粒升温过程明显加速,对碳氢燃料燃烧和铝颗粒升温过程具有较大的促进作用,颗粒点火所需时间显著缩短,颗粒的点火性能得到进一步提升。

2.2.4　基于直接拍摄方法的颗粒燃烧过程研究

在流动环境中,Al 颗粒的燃烧过程在空间上具有较大的跨度,直接拍摄颗粒在流动轨迹上的形态需要较高的拍摄频率和帧幅,对于相机而言,这两个拍摄参数往往不能兼得。因此,本书采用轨迹法来获取 Al 颗粒沿流动轨迹燃烧过程,该方法虽然不能获得细节的颗粒形貌,但能最大限度地获取 Al 颗粒随流燃烧过程,以便判断两相邻帧幅之间颗粒拍摄的关联性。

在研究颗粒点火过程中,拍摄参数对颗粒发光较为敏感,因此在颗粒进入燃烧状态后影像信息多处于过曝状态,并不能反映颗粒发光强度的变化,颗粒燃烧火焰强度及结构信息被抹除,这对颗粒燃烧过程的分析是不利的。

为了捕捉颗粒燃烧过程中辐射信息的变化,本书采用表 2-10 所示的颗粒拍摄参数,通过减小光圈降低拍摄过程中相机的 CCD 进光量,延长曝光时间获得颗粒的轨迹信息,降低颗粒轨迹在时域上的识别难度。

表 2-10　颗粒拍摄参数

拍摄区域	分辨率	拍摄速率	曝光时间	光圈	颗粒速度	流场速度
80mm×25mm	2560 像素×800 像素	1600~3200 帧/s	0.03μs	1/32	13~20m/s	30m/s

实验拍摄获得信息为颗粒群体的高速录像,同一颗粒的时域信息分布在多张图片中,为获得颗粒在流动区域内连续变化的轨迹信息,还需要对图片进行二次处理。图 2-28 所示为本书采用的图像处理方法:通过设定阈值判断燃烧状态的颗粒并将其提取出来,记录颗粒的位置信息、形状信息、光强信息等,并将其拼接成颗粒燃烧的完整轨迹。根据轨迹断点和拍摄参数获得颗粒瞬时速度,通过提取图片中颗粒辐射参数获得颗粒燃烧强度等相关信息。

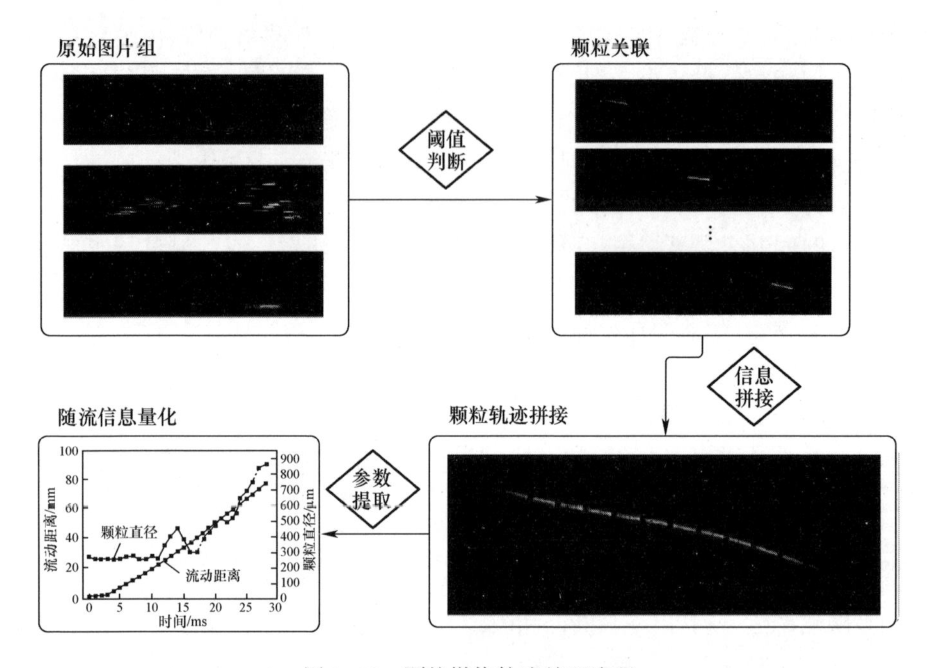

图 2-28　颗粒燃烧轨迹处理流程

2.2.4.1　样品群体随流燃烧特性

1）样品#Y-1

相对于本书的其他颗粒，样品#Y-1 颗粒粒径较小，相同喷射量的条件下，颗粒数目较多，颗粒轨迹干扰较大，这给相邻拍摄帧幅中颗粒关联带来较大干扰。为便于拍摄图像的后期处理和颗粒识别，拍摄样品#Y-1 时选取较小曝光时间（15μs），颗粒在燃烧时表现为图中的亮点，该亮点并未过曝，可以反映颗粒真实状态。

为便于分析颗粒在流动区间上燃烧状态的分布，针对颗粒群体采用图 2-28所示的处理流程，颗粒筛选的亮度阈值是颗粒亮度峰值的 5%，通过图像叠加处理获得图 2-29 所示的样品#Y-1 颗粒群体燃烧状态在流动区间上的分布图。由图 2-29 可见，忽略较大聚团颗粒的影响，采用该拍摄参数获得的颗粒燃烧区间为 22~45mm。

2）样品#S-2

图 2-30 所示为样品#S-2 在流动距离为 50~210mm 的燃烧影像。颗粒曝光时间为 500ms，颗粒以较长轨迹的形式呈现在辐射图像中，采用轨迹法

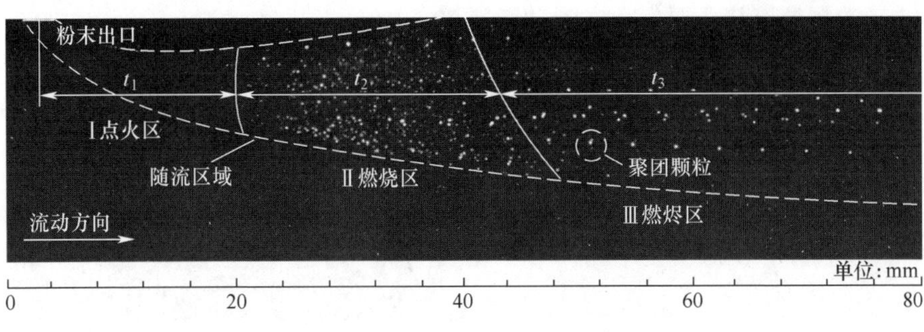

图 2-29　颗粒燃烧过程分布区域

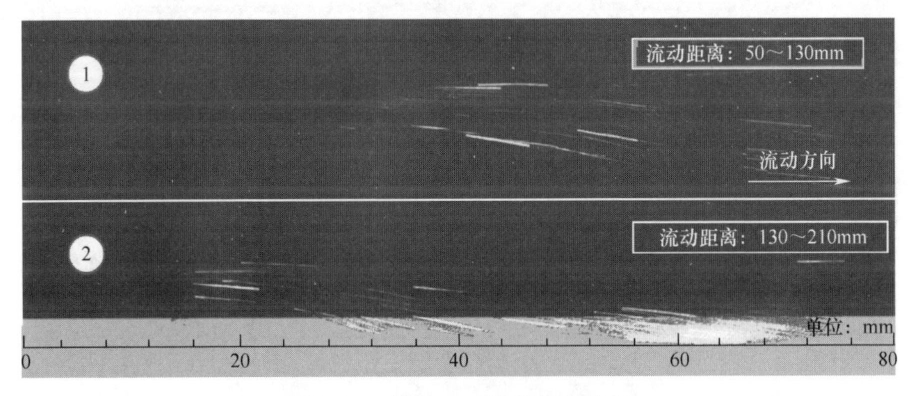

图 2-30　样品#S-2 颗粒燃烧状态

研究颗粒燃烧无须较高的拍摄速度，本工况中拍摄速率为 1600 帧/s。

子图①：颗粒喷射为#11 位置，颗粒的流动距离为 50～130mm。由图可见，可分辨的辐射轨迹出现在标尺位置为 20mm 左右，而后颗粒亮度逐渐增加；在标尺位置为 36mm 左右时，部分颗粒进入剧烈的发光阶段；该窗口范围内颗粒燃烧时的影响区域相对较小，辐射强度相对较低，推测其主要为样品#S-2 中较小粒径的颗粒。

子图②：颗粒喷射为#10 位置，颗粒的流动距离为 130～210mm。由图可见，强自发光状态的颗粒分布于窗口观测的流动范围内，该流动区间为颗粒燃烧的主要区域。颗粒亮度与辐射区域明显高于子图①中的颗粒，燃烧颗粒属于样品#S-2 中较大粒径颗粒；部分轨迹片段显示颗粒亮度沿流动方向逐渐减弱，说明颗粒在该阶段完成燃烧过程，进入熄火阶段。

后续颗粒喷注位置#1～#9 拍摄时未出现明显的颗粒轨迹，说明样品

#S-2的颗粒燃烧主要发生在流动区域 70~210mm。

3）样品#S-3

图 2-31 所示为样品#S-3 在流动距离为 230~460mm 的燃烧影像。颗粒曝光时间为 500ms,本工况中拍摄速率为 1600 帧/s。

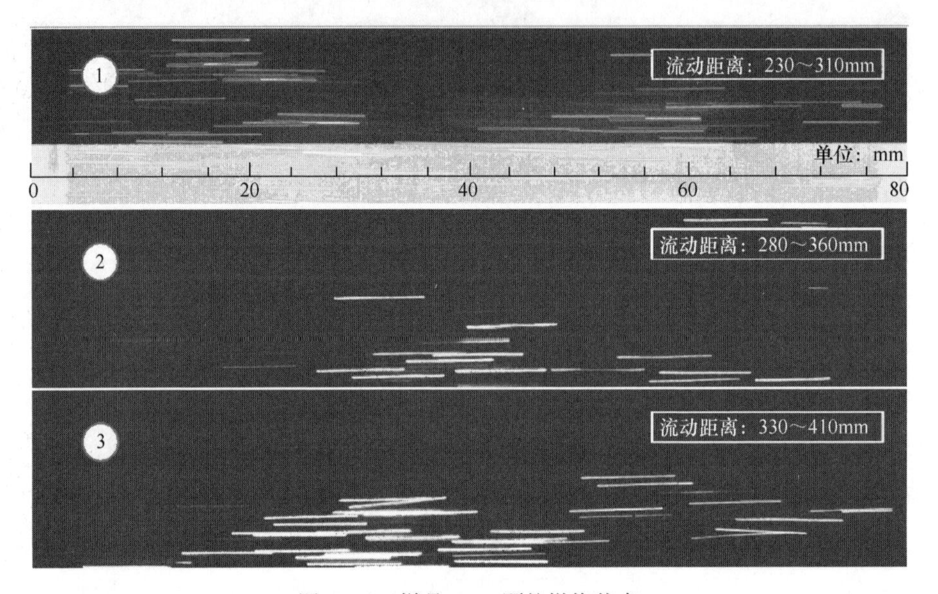

图 2-31　样品#S-3 颗粒燃烧状态

子图①:颗粒喷射为#8 位置,颗粒的流动距离为 230~310mm。由图可见,部分颗粒辐射轨迹出现在该流动区间上,在标尺 250mm 处部分颗粒辐射特性突然增加,进入燃烧状态。

子图②:颗粒喷射为#7 位置,颗粒的流动距离为 280~360mm。由图可见,在该流动区间上,进入燃烧状态的颗粒逐渐增加;相较于样品#S-2,该样品颗粒辐射轨迹增长,由于拍摄窗口的限制,图片不能完整捕捉颗粒完整的发光过程,但在燃烧时间定义区间上,对于部分颗粒,可以获得燃烧阶段的完整数据,这也是样品#S-3 单颗粒辐射强度随流变化研究和颗粒燃烧时间统计的基础。

子图③:颗粒喷射为#6 位置,颗粒的流动距离为 330~410mm。由图可见,该流动区间颗粒的辐射影响区域明显高于子图②中颗粒,区间上发生燃烧的颗粒属于样品中较大尺寸颗粒。

后续颗粒喷注位置#1~#6 拍摄时未出现明显的颗粒轨迹,说明样品

#S-3的颗粒燃烧主要发生在流动区域 250~410mm。

4）样品#S-4

图 2-32 所示为样品#S-4 在流动距离为 410~590mm 的燃烧影像。颗粒曝光时间为 500ms，本工况中拍摄速率为 1600 帧/s。

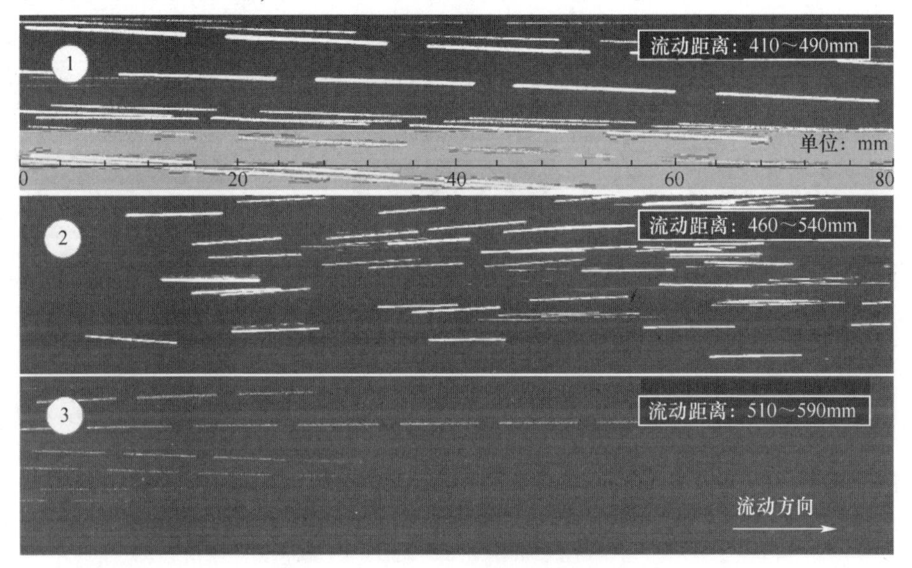

图 2-32　样品#S-4 颗粒燃烧状态

子图①：颗粒喷射为#5 位置，颗粒的流动距离为 410~490mm。由图可见，该流动区间上出现了处于强辐射状态的颗粒轨迹，说明颗粒群体逐渐进入强烈的燃烧状态；由颗粒轨迹可以看出，在拍摄窗口中颗粒辐射强度与辐射影响区域并不明显，未捕捉到完整的颗粒燃烧阶段，这说明颗粒的燃烧轨迹长度普遍大于随流拍摄区间，因此本书无法对样品#S-4 颗粒燃烧时间进行统计。

子图②：颗粒喷射为#4 位置，颗粒的流动距离为 460~540mm。由图可见，大部分颗粒处于强辐射状态，部分颗粒燃烧减弱，辐射强度逐渐降低。

子图③：颗粒喷射为#3 位置，颗粒的流动距离为 510~560mm。由图可见，颗粒处于熄火阶段，颗粒辐射强度逐渐减弱并消失。

后续颗粒喷注位置#1 和#2 拍摄时未出现颗粒轨迹，说明该区间上颗粒群体已经熄火，绝大部分颗粒已经完成燃烧。颗粒在进入燃烧状态时亮度存在突变，而颗粒在熄火时多为渐变，颗粒燃烧在流动区域上的分布区间为 410~540mm。

2.2.4.2 单颗粒燃烧时间处理方法

为获得颗粒燃烧状态随时间的变化,需要对颗粒群中的单个颗粒进行追踪研究。采用图 2-33 所示提取方法,从连续帧幅中提取单颗粒的燃烧状态和位置信息。获得图 2-34 所示样品#Y-1 颗粒在拍摄条件下的连续变化。由图可见,颗粒在流程中可分辨的帧幅为 19 帧,时间为 11.25ms;该区间上,颗粒的辐射影响区域和亮度均表现出由弱到强,再由强到弱的过渡阶段。

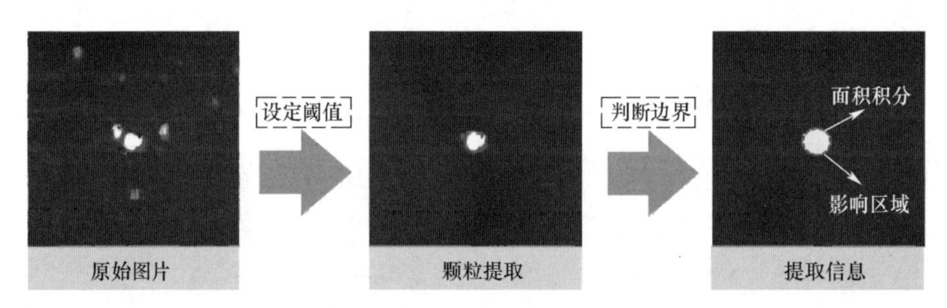

图 2-33 颗粒燃烧强度参数提取方法

图 2-34 中标尺 7~32mm 阶段颗粒处于逐渐升温的过程,辐射逐渐增强,标尺 32~42mm 阶段颗粒辐射达到最强,42~76mm 阶段颗粒辐射强度逐渐转弱,并最终消失。即使在该拍摄条件下,颗粒的辐射强度仍然表现出较大幅度的变化,且过渡阶段较长。由此可知,颗粒燃烧阶段判定条件会对颗粒燃烧的表征带来较大影响。

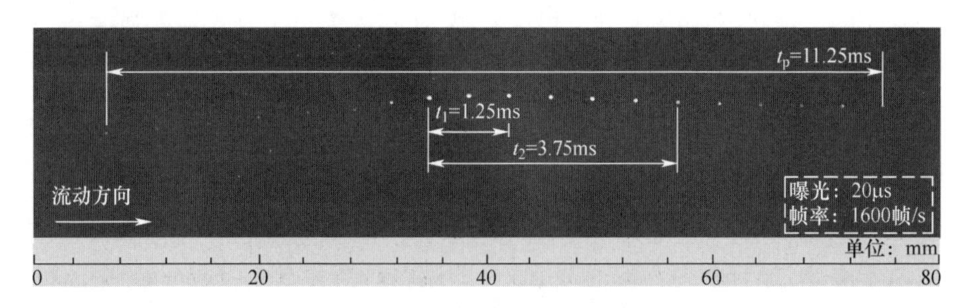

图 2-34 样品#Y-1 颗粒燃烧轨迹

颗粒辐射强度和影响区域为颗粒燃烧过程中可提取的重要参量。因此,需要通过量化颗粒辐射强度和影响区域来建立颗粒点火判断标准。本

书中采用图 2-34 所示的方法设定阈值提取颗粒影响区域 Q,通过像素点计量判断影响区域 Q 的面积大小,如下式所示:

$$d_{eq} = 2\alpha\sqrt{n/\pi} \tag{2-15}$$

式中:α 为像素点尺寸;d_{eq} 为图像可分辨亮点的等效直径;n 为 Q 影响区域内的像素点数量。

像素点辐射相对强度与图像 R、G、B 通道的强度相关,本书采用下式(2-16)所示关系:

$$e_{pix} = r + g + b \tag{2-16}$$

通过对 e_{pix} 在亮点区域进行积分获得颗粒的辐射强度 I_p:

$$I_p = \oiint_Q e\mathrm{d}s = \sum_{i=1}^{n} e_i \tag{2-17}$$

图 2-35 所示为样品#Y-1 颗粒辐射强度与辐射区域像素数(影响区域)随流变化过程,数据来源于图 2-33 中处于强辐射阶段的 19 帧颗粒图像。由图 2-35 可见,当颗粒进入剧烈辐射阶段时,颗粒辐射强度和影响区域大小都会出现显著的提高。颗粒辐射强度与影响区域大小均为先增大后减小,参数变化并未表现出明显的平台期,颗粒辐射强度与影响区域大小同时达到峰值;影响区域曲线时间跨度要明显高于颗粒辐射强度曲线的时间跨度。

本书采用辐射强度作为判断颗粒燃烧阶段的判据,认为颗粒辐射强度达到峰值(I_{max})时颗粒开始进入全面燃烧状态,采用两种方法定义燃烧阶段的结束,分别为颗粒辐射强度下降到峰值 10%(判据Ⅰ)和颗粒辐射强度下降到峰值 70%(判据Ⅱ)。由于颗粒辐射强度的下降主要与颗粒燃烧强度下降和颗粒自身的冷却作用相关,颗粒影像拍摄并不能剥离两种因素的影响,因此不能确定颗粒辐射强度下降到何种程度时颗粒完全燃烧。70%的定义方法受环境温度影响较小,而 10%的定义方法受环境温度影响较大。在两种定义判据条件下,图 2-35 中颗粒燃烧时间分别为 1.25ms 和 3.75ms,两种定义方法得到的数值大小相差 3 倍。由此可见,实验中燃烧时间的定义对于数据的分析十分重要,在判断标准不同的条件下横向分析样品#Y-1 粒径范围(1~10μm)内的燃烧时间意义不大,这主要是因为#Y-1 颗粒燃烧时未出现明显的平台期和分辨率较高的突变期。

图 2-36 为采用(a)和(b)两种判据对 200 颗样品#Y-1 颗粒燃烧时间的统计结果,根据燃烧时间大小对统计样品进行排序,去除样品中前 15%和后

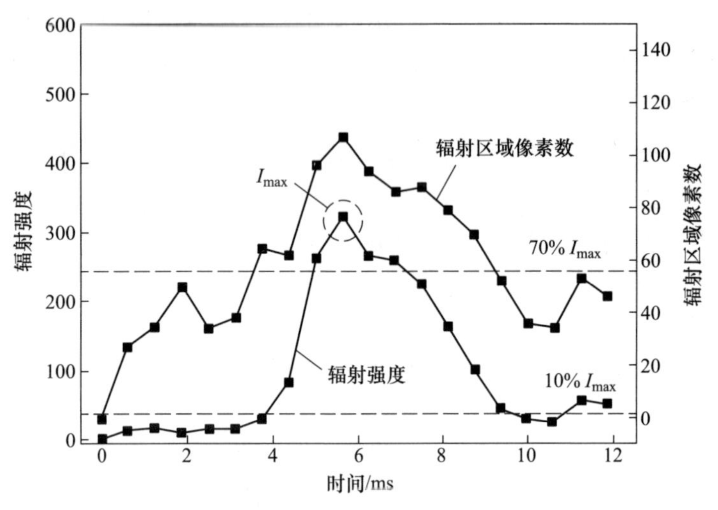

图 2-35　样品#Y-1 颗粒辐射强度与辐射区域像素数(影响区域)随流变化

15%的个体,取中间 70%进行统计分析。如图 2-36 所示,采用判据Ⅰ的统计结果中颗粒燃烧时间为 0.31~5ms,采用判据Ⅱ的统计结果中颗粒燃烧时间为 0.31~2.5ms,多数颗粒燃烧时间主要分布在点火时间较小的区间上,这主要是因为样品中小颗粒数目较多。为方便分析,以下主要采用判据Ⅱ来表征颗粒燃烧时间。

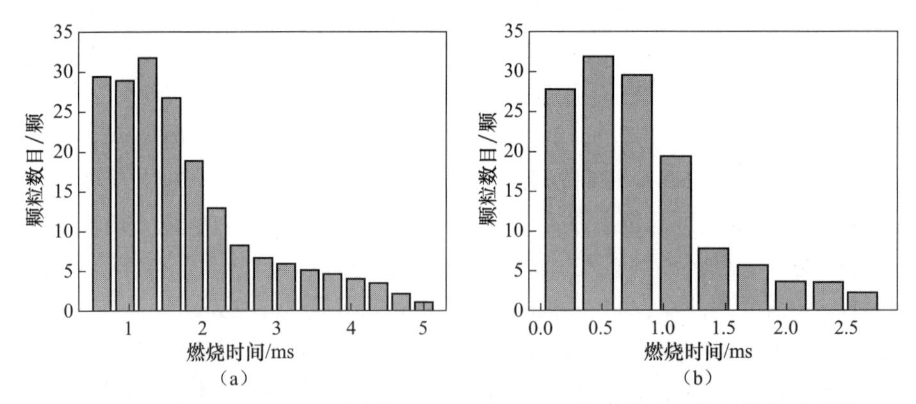

图 2-36　采用(a)和(b)两种判据对 200 颗#Y-1 颗粒燃烧时间统计的统计结果

(a)判据Ⅰ;(b)判据Ⅱ。

认为样品#Y-1 粒径分布区间为[d_{15} , d_{85}],采用 Beckstead 的理论进

行计算,计算结果与本书实验结果表现出较大的区别,如表2-11所示(表中d_{50}对应的实验值为最大值与最小值的均值)。由此可见,在颗粒较小的条件下,传统的估算公式精度大幅降低。

表2-11 样品#Y-1颗粒燃烧时间的Beckstead理论值与实验判据值的对比

尺寸	d_{15} = 2.2μm	d_{50} = 3.9μm	d_{85} = 6.7μm
Beckstead理论计算	0.06ms	0.13ms	0.30ms
判据Ⅰ	0.31ms	2.65ms	5.0ms
判据Ⅱ	0.31ms	1.41ms	2.5ms

根据以上数据分析可知,样品#Y-1颗粒燃烧时间的Beckstead理论计算值远远小于实验判据值,两者之间的差异主要来源于颗粒粒径变化引起的燃烧机理的转变。Beckstead理论主要基于颗粒的蒸发燃烧(机理B),一般在颗粒粒径为100μm左右时具有较高的准确性,当颗粒粒径较小时,该机理所描述的颗粒燃烧速率远远快于实验判据值,这表明颗粒燃烧存在一种异于机理B的新机理,由于速率相对较慢,这种机理应当偏向于颗粒的表面异相反应控制,属于氧化剂的扩散控制类型(机理A)。

2.2.4.3 样品燃烧时间分析

采用上述方法分别对样品#S-2和样品#S-3的单颗粒进行分析。

1) 样品#S-2

图2-37所示为样品#S-2颗粒燃烧轨迹。由图可见,颗粒在流程中可分辨的帧幅为16帧,时间为9.83ms;在该区间上,颗粒辐射先由弱到强,该过程分布在标尺位置5~16mm的区间上,而后颗粒的辐射状态进入相对稳定阶段,该过程分布在标尺位置16~64mm区间上,之后颗粒亮度进入快速衰退阶段,分布于64~80mm以后的区间上。

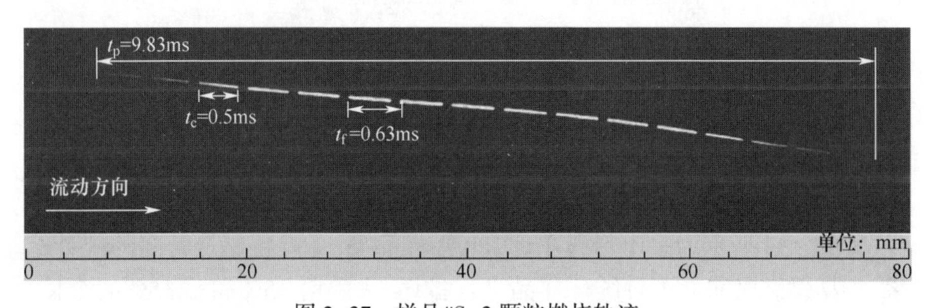

图2-37 样品#S-2颗粒燃烧轨迹

轨迹在一定范围内为连续性曲线,能够较为完整地反映颗粒在燃烧阶段的连续变化,因此在流动范围内获取的数据信息量较大,准确度较高。本书采用的颗粒辐射轨迹参数的提取方法与颗粒燃烧光点的提取方法略有不同,采用轨迹宽度表征颗粒辐射的影响区域,通过对流动切向进行亮度积分获得颗粒在该位置的辐射强度相对值。

图 2-38 所示为样品#S-2 颗粒在辐射区间上强度和辐射区域像素数影响区域变化。由图 2-38 可见,颗粒在发生燃烧前,颗粒的辐射强度与影响区域逐渐增加,而后进入较长时间的平台期,最后降低至颗粒消失。其中颗粒影响区域增加速度较快,达到峰值所需时间约为 1ms ,而辐射强度增加速度较慢,其达到峰值所需时间约为 2ms ,由此可见,颗粒在进入完全燃烧阶段前是一个渐变的过程。辐射衰减阶段,颗粒影响区域和辐射强度参量变化保持同步,约为 1.6ms。样品#Y-1 颗粒辐射曲线为“单峰”型,而#S-2 颗粒辐射曲线为显著的“平台”型,因此对其燃烧阶段的判定有所区别。本书定义辐射强度进入平台期时颗粒进入燃烧阶段,采用两种方法判断颗粒熄火,分别认为颗粒辐射强度降至 10%(判据Ⅰ)和 70%(判据Ⅱ)时燃烧阶段结束。两种方法获得的颗粒燃烧时间分别为 4.8ms 和 6.1ms,这种差异与样品#Y-1 的情况相比明显缩小,这主要与颗粒燃烧辐射特性相关。

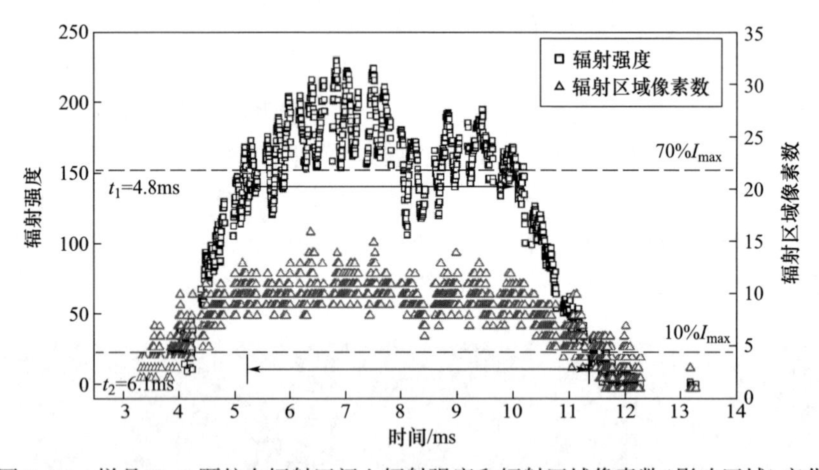

图 2-38 样品#S-2 颗粒在辐射区间上辐射强度和辐射区域像素数(影响区域)变化

图 2-39 所示为采用判据Ⅱ对 200 颗样品#S-2 颗粒燃烧时间的统计结果,根据燃烧时间大小对统计样品进行排序,去除前 15%和后 15%的个体,取中间 70%进行统计分析。如图 2-39 所示,采用判据Ⅱ的统计结果中颗粒

燃烧时间约为 0.82~5.20ms，多数颗粒燃烧时间主要分布在 1.50~2.50ms。

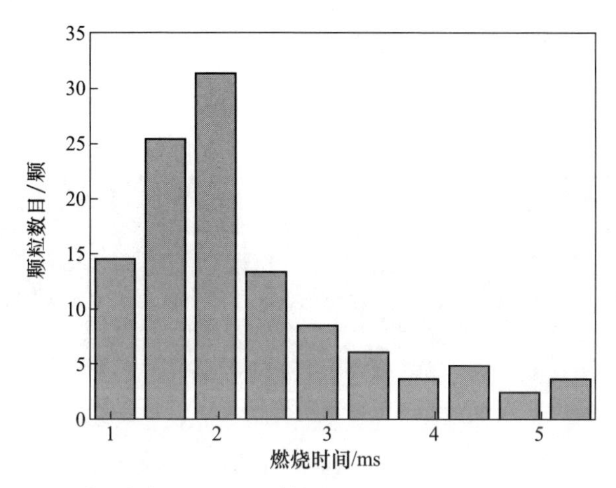

图 2-39　采用判据Ⅱ对 200 颗样品#S-2 颗粒燃烧时间的统计结果

由于样品#S-2 颗粒直径分布范围（$[d_{15},d_{85}]$）相对较窄，文中认为实验获得的颗粒燃烧时间最小值的对应颗粒直径为 d_{15}，颗粒燃烧时间分布最集中区域对应颗粒直径为 d_{50}，而燃烧时间最大值对应颗粒直径为 d_{85}。

表 2-12 所示为实验获得样品#S-2 燃烧时间与 Beckstead 理论计算值的对比。由表 2-12 所示，与 Beckstead 理论计算值相比，判据Ⅱ获得实验数据最小值较小，最大值较大，这说明理论计算值燃烧时间分布区域较窄，而在实验条件下，颗粒燃烧时间分布区域较宽。

表 2-12　实验获得样品#S-2 燃烧时间与 Beckstead 理论计算值的对比

尺寸	d_{15} = 18.6μm	d_{50} = 28.4μm	d_{85} = 38.2μm
Beckstead 理论计算	1.36ms	2.58ms	4.02ms
判据Ⅱ	0.82ms	1.92ms	5.52ms

由上文分析可知，样品#Y-1 燃烧为扩散控制（机理 A），该机理燃烧速率远远小于 Beckstead 基于蒸发控制机理（机理 B）的理论速率。样品#S-2 直径大于样品#Y-1，样品#S-2 应当处于两种机理的过渡阶段，部分颗粒燃烧过程偏向于机理 B 控制，颗粒燃速较快，受流动环境影响，燃速快于 Beckstead 理论计算值，表现为燃烧时间缩短；部分颗粒偏向于机理 A 控制，燃烧速率相对较慢，表现为颗粒燃烧时间变长。

2）样品#S-3

由于样品#S-3 辐射轨迹较长，拍摄窗口内无法捕捉颗粒的全部辐射过程，图 2-40 和图 2-41 所示分别为两个不同样品#S-3 颗粒 A、B 的辐射阶段，图 2-40 为颗粒 A 燃烧轨迹的前段，图 2-41 为颗粒 B 燃烧轨迹的中间阶段至末段。

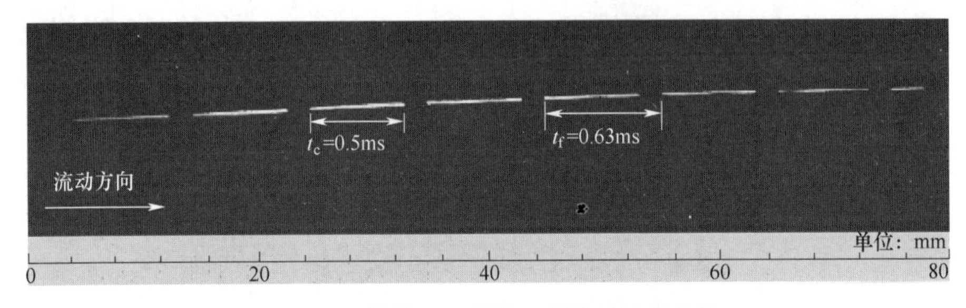

图 2-40　样品#S-3 颗粒 A 燃烧轨迹的前段

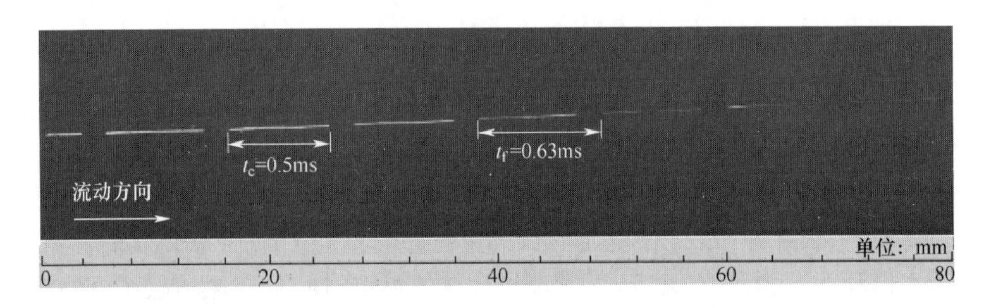

图 2-41　样品#S-3 颗粒 B 燃烧轨迹的中间阶段至末段

图 2-42 和图 2-43 所示分别为 A 和 B 颗粒燃烧强度与辐射区域像素数（影响区域）的量化变化。如图 2-42 所示，A 颗粒在进入燃烧阶段时速度较快；在颗粒燃烧中间阶段时颗粒辐射强度亦会表现出明显的变化；颗粒的熄火阶段会持续较长时间，辐射强度与影响区域逐渐降低，两者与样品#S-2 某颗粒熄火阶段的随流辐射趋势差别较大。由此可以推测，当样品#S-3 颗粒辐射强度逐渐降低时存在逐渐减弱的放热反应阶段，这种放热反应延缓了颗粒温度的降低。

仍然采用 70%峰值辐射强度作为颗粒燃烧阶段结束的判据，并对 81 颗样品#S-3 颗粒的燃烧时间进行统计，根据燃烧时间大小对统计样品进行排序，去除样品中前 15%和后 15%的个体，取中间 70%进行统计分析。获得颗

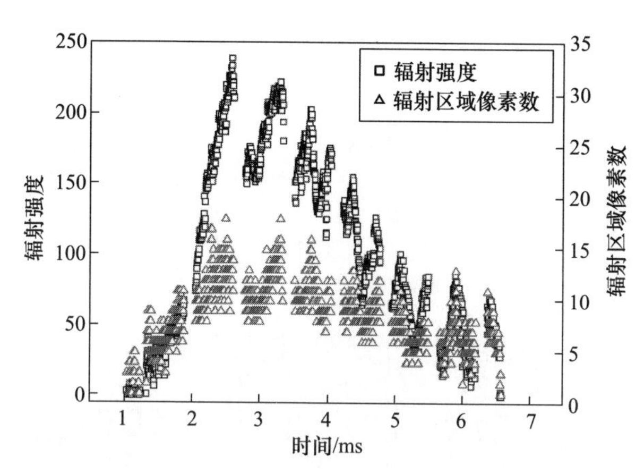

图 2-42 颗粒 A 燃烧强度与辐射区域像素数(影响区域)的量化变化

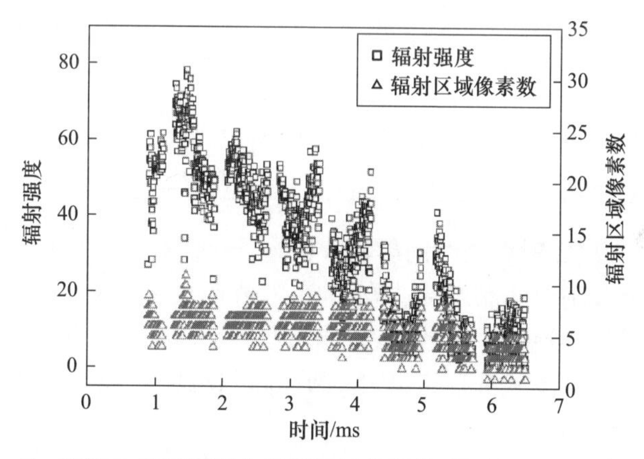

图 2-43 颗粒 B 燃烧强度与辐射区域像素数(影响区域)的量化变化

粒在燃烧时间上的分布如图 2-44 所示,样品#S-3 颗粒群体的燃烧时间主要分布在 2.62~5.88ms,多数颗粒主要分布在 3.2~4.0ms。

本书认为实验获得颗粒燃烧时间最小值的统计值对应颗粒直径为 d_{15} ,颗粒燃烧时间分布最集中区域对应颗粒直径为 d_{50} ,而燃烧时间最大值对应颗粒直径为 d_{85} 。表 2-13 为实验获得样品#S-3 燃烧时间与 Beckstead 理论计算值的对比。样品#S-3 颗粒燃烧时间约为经验公式计算值的 0.6 倍左右,其趋势基本保持一致,颗粒燃烧速度的提升主要与两方面因素相关:颗粒与气流的速度差以及随流扰动加速了颗粒燃烧时的传热传质过程。

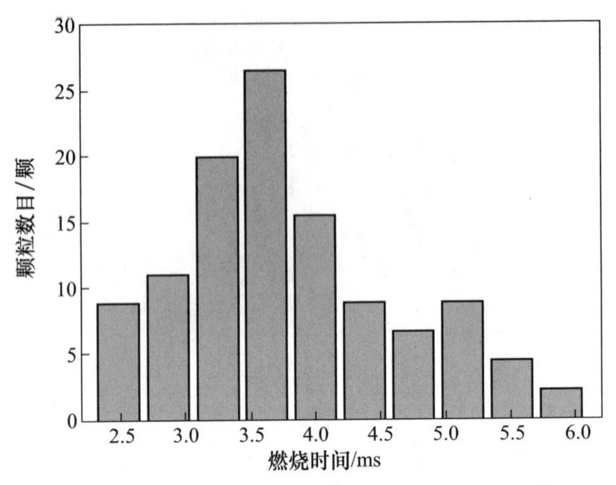

图 2-44　81 颗样品#S-3 颗粒燃烧时间统计结果

表 2-13　实验获得样品#S-3 燃烧时间与 Beckstead 理论计算值的对比

尺寸	d_{15} = 45. 1μm	d_{50} = 52. 4μm	d_{85} = 60. 1μm
Beckstead 公式计算	5. 16ms	6. 47ms	7. 95ms
判据 II	2. 62ms	3. 62ms	5. 88ms

2.2.4.4　粒径对燃烧时间影响分析

根据以上分别对样品#Y-1、样品#S-2、样品#S-3 中单颗粒燃烧时间统计分析,以及样品#S-2 中少数颗粒出现燃烧时间较大情况,假定样品#S-2 中较小颗粒(d_{15})按照机理 A 规则,则样品颗粒粒径预期燃烧时间分布的关系如图 2-45 所示。

图 2-45 中虚线为 Beckstead 公式曲线,实际流动环境中的铝颗粒燃烧表现出两种不同规律性,其中粒径较小(<10μm)的颗粒分布于公式曲线上侧(机理 A),颗粒燃烧时间与公式预测表现出明显的差异性。对于较大颗粒(>20μm),离散点分布于公式曲线下侧,并且与曲线趋势保持较好的相关性,颗粒燃烧时间符合公式表达的规律(机理 B),但因受到流体—颗粒相对速差和流体扰动影响,颗粒传热传质过程更快。对于 10~20μm 范围,颗粒处于燃烧机理 A 和机理 B 的过渡阶段,部分颗粒符合机理 A,部分颗粒符合机理 B。

为方便描述颗粒燃烧时间,拟合了 1~100μm 范围内颗粒燃烧时间与粒径之间的关系:

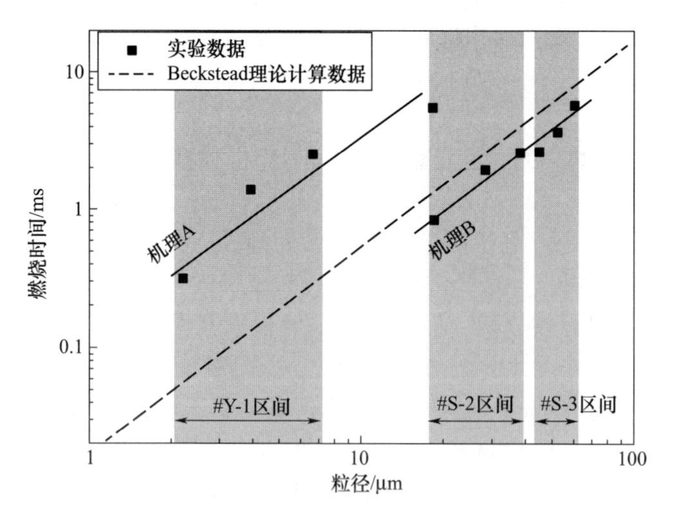

图 2-45　随流铝颗粒燃烧时间与粒径关系

$$\begin{cases} \tau_e = 8.89\tau_p & (D_p < D_{min}) \\ \tau_e = 0.63\tau_p & (D_p > D_{max}) \end{cases} \tag{2-18}$$

式中：τ_p 为采用 Beckstead 公式计算获得的颗粒燃烧时间。

由于实验过程中样品粒径筛选方法对粒度的限制，未能开展 10～25μm 范围内颗粒燃烧时间的过渡情况，本书采用引入权重的方法描述过渡阶段中颗粒燃烧时间，如下式所示：

$$\tau_e = \frac{(D_p - D_{min})8.89\tau_p + (D_{max} - D_p)0.63\tau_p}{D_{max} - D_{min}} \quad (D_{min} < D_p < D_{min}) \tag{2-19}$$

式中：D_{min} 为过渡区间下限粒径，本书取 10μm；D_{max} 为过渡区间粒径上限，本书取 20μm。

2.2.5　铝颗粒随流燃烧结构形态学研究

2.2.5.1　颗粒燃烧细节拍摄尺度

铝颗粒的燃烧是一个极其复杂的物理化学过程，其燃烧行为会随着颗粒尺度、气氛环境，以及燃烧进程表现出不同的形式和特征。研究通常希望尽可能描述颗粒在全时域（数十微秒至上百毫秒）和多尺度范围（微纳量级至数百微米量级）内描述颗粒燃烧特性，但由于受拍摄条件（时间分辨率和尺度分辨率）限制，获得颗粒的影响信息是有限的。由于本书研究对象为随

流状态的铝颗粒,受高速相机内置内存传输速度的限制,拍摄时间分辨率和高空间分辨率不能兼得,如下式所示:

$$G_{cam} = fQ \tag{2-20}$$

式中:G_{cam} 为相机内置内存传输速度;f 为相机拍摄速度;Q 为单帧相片分辨率。

为保证拍摄质量,在拍摄过程中,最大时间分辨率为 0.212ms(4700 帧/s),单点像素对应拍摄尺寸最小为 15.6μm。对于尺度较小的颗粒燃烧现象,该拍摄方法将不能有效分辨。根据上文中对铝颗粒燃烧的研究,颗粒燃烧特征的尺度多为颗粒尺寸的 2~5 倍。因此,对于燃烧尺度在 3~30μm 的颗粒,拍摄表现多为像素亮斑,无法辨认发光区域的形态特征;对于 30~70μm 的颗粒,拍摄过程可以观测亮斑的形状变化,粗略分辨亮斑区域内亮度梯度;对于 70μm 以上的颗粒,拍摄发光区域亮度梯度和色品梯度的辨识度增加,燃烧细节逐渐表现出来,燃烧火焰结构和核壳结构逐渐清晰。

2.2.5.2 颗粒点火燃烧演化过程

进入流场前,颗粒初温为 300K,速度约为 0~3m/s,方向水平;而流场温度约为 2500K,流速约为 25m/s,方向竖直。

根据以上分析可知,颗粒进入流场后,速度、温度与流场表现出较大梯度,伴随着燃气流动,颗粒速度迅速增加并逐渐稳定(13~19m/s),由于受到重力作用,颗粒与燃气速度保持一定的差值;当颗粒温度较低时,颗粒温度的增加主要来源于高温流体对颗粒的热传导,两相速差与流动扰动加速了热传导过程,随着颗粒温度增加,颗粒与流体之间的温差逐渐降低,热传导引起的颗粒温升速率逐渐放缓,而源于颗粒表面异相反应产生的放热量随着颗粒温度的增加而逐渐加速。当颗粒温度接近某一临界值时,颗粒的温度再次表现为爆发式增加,颗粒亮度急剧增加,表现出极强的辐射效应。在经历短暂的爆发之后,颗粒温度逐渐降低,辐射减弱,颗粒进入熄火阶段,结束燃烧过程。

不同尺度的颗粒均表现出升温、点火、燃烧和熄火 4 个阶段,其区别为颗粒在四个阶段表现出不同的形态和辐射特性。受拍摄条件限制,本书只对较大颗粒在上述 4 个阶段以及阶段之间的燃烧形貌进行追踪研究。

1) 颗粒升温阶段

图 2-46 所示为处于温升阶段的铝颗粒随流状态,颗粒的直径分别为 80μm、110μm、160μm。拍摄光圈为 16,曝光时间为 3ms。图中颗粒已经表现出明显的自发光现象,3 个颗粒辐射亮度由低到高,代表 3 种处于不同温

升阶段的颗粒。由图2-46可见，颗粒间发光区域为颗粒轮廓，形状不规则颗粒表面未见明显的火焰影像特征，说明颗粒表面氧化壳尚未熔化，颗粒保持着进入流场时的原始形态。处于不同温升阶段的颗粒温度变化速率相对缓慢，在图像拍摄区域内未见到明显的辐射突变和颗粒形态变化。

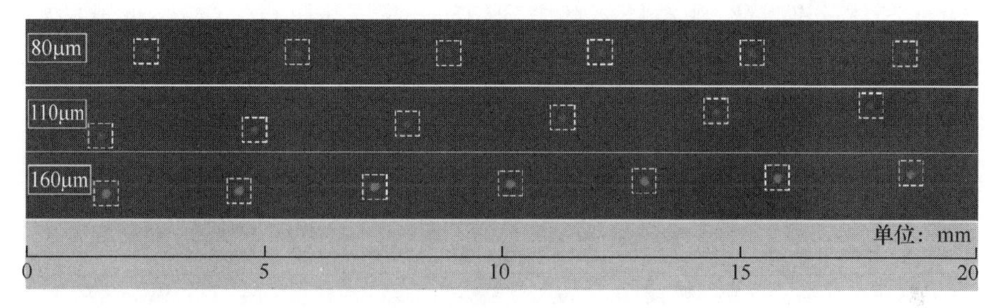

图2-46　温升阶段颗粒形态

2）颗粒点火过渡阶段

图2-47所示为处于点火阶段的Al颗粒随流状态，颗粒直径分别为69μm、120μm、180μm。由图2-47可见，3个直径不同的Al颗粒表现出类似的过程，颗粒点火之前，颗粒自身热辐射是光源的主要成因，颗粒形态为轮廓不规则的类球形颗粒，颗粒亮度与形状未发生较大改变，颗粒整体辐射均匀，色品单一，说明颗粒表面质地单一，未出现明显的温度梯度。在图中标示处颗粒亮度与形态发生突变，颗粒迅速过渡为轮廓柔和的球体，随后颗粒球形表面出现部分火焰锋面，颗粒表面亮度不再均一，这说明颗粒表面质地分布发生改变。随着颗粒的流动，颗粒反应加剧，火焰层厚度增加，受到颗粒与流场相对速度的影响形成轮廓清晰的半透明拖尾。

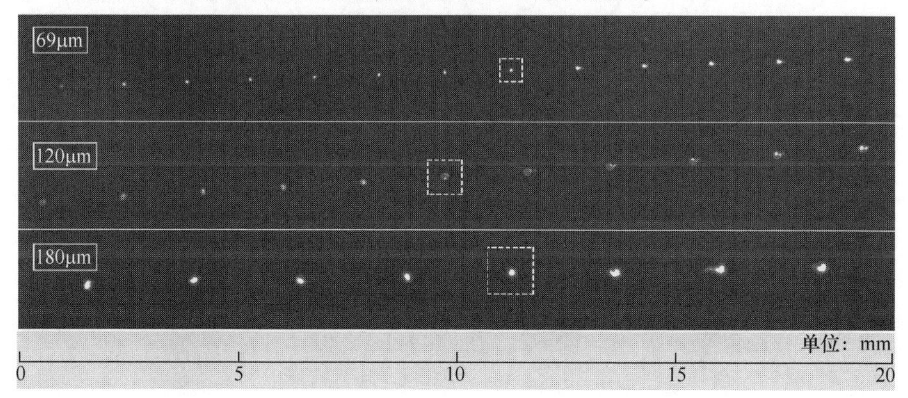

图2-47　颗粒点火阶段

随着颗粒尺寸的增加,颗粒自身热阻逐渐增加,已不能视为温度均一的理想等温体。图 2-48 所示为粒径为 300μm 左右的 Al 颗粒点火过程,由图 2-48可见,颗粒实现完全着火之前,颗粒局部已经出现蒸发燃烧,并形成多个火焰拖尾;随着颗粒的流动,颗粒温度逐渐升高,维持颗粒原始轮廓的 Al_2O_3壳体逐渐熔化,颗粒局部燃烧、形变、分裂同步进行,并最终形成两颗形状规则的球形颗粒,进入完全燃烧状态。

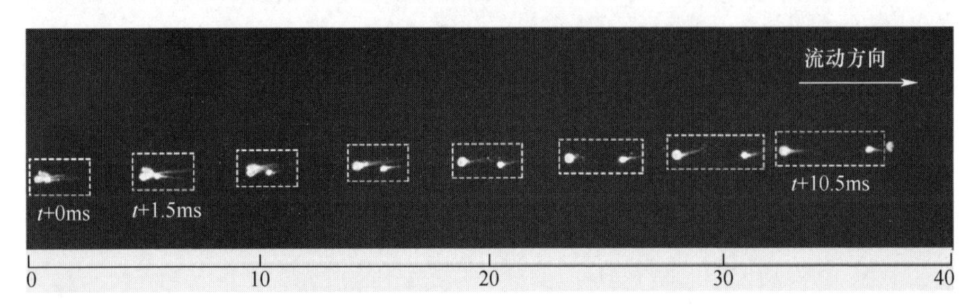

图 2-48　形变—点火—燃烧过程

2.2.5.3　颗粒燃烧阶段

1) 颗粒火焰结构

图 2-49 所示为颗粒燃烧形态,受温度差异、物质自身辐射系数以及物质相态的影响,颗粒局部在辐射亮度和色品上表现出明显差异,主要结构包括熔融 Al_2O_3 壳、熔融 Al 核和蒸发火焰层 3 个部分。其中,较亮区域为 Al_2O_3熔化后重新融合在颗粒表面形成的 Al_2O_3壳,受自身张力作用在 Al 核表面形成边缘规则的帽体;其中较暗区域为熔融 Al 核,Al 核辐射率相对较低,受自身蒸发吸热影响温度也相对较低,因此辐射亮度明显小于 Al_2O_3壳;包裹在颗粒表面的半透明状物质为 Al 核蒸发反应产生的高温 Al_2O_3颗粒群体,表现为颗粒燃烧火焰锋面,锋面主要出现在 Al 核表面一侧,受颗粒自旋和气流扰动部分蔓延至 Al_2O_3覆盖区域,这就是 Al 颗粒的非对称燃烧。

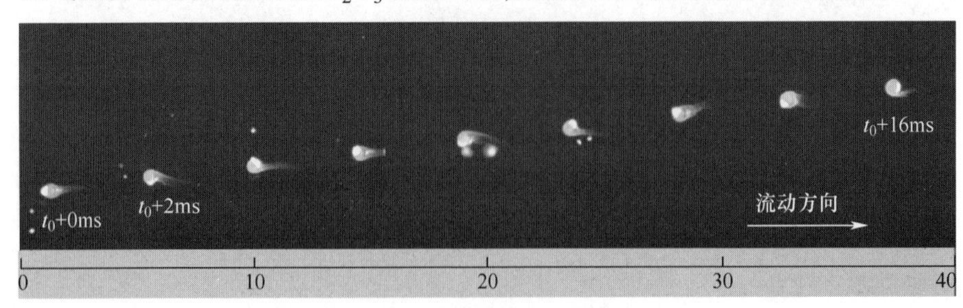

图 2-49　随流燃烧火焰结构

采用不同的拍摄参数对亮度敏感性具有较大差别，颗粒尺寸和环境参数也会对颗粒火焰内部燃烧扩散机理产生影响，因此各研究者观测到 Al 颗粒燃烧火焰大小也会有所区别。在本书中的拍摄条件下，颗粒火焰区域为非过曝状态，可以捕捉火焰亮度梯度剧烈变化的边界区域，因此图中显示的颗粒火焰锋面是可信的。

颗粒在燃烧过程中，会产生 AlO、Al_2O、AlO_2等一系列中间产物，并最终产生液态 Al_2O_3。由于中间产物为气相，其辐射多为非连续的带状光谱，辐射能力较弱，而产生凝相 Al_2O_3时释热量较高，具有极强的辐射能力，因此观测到的火焰层本质为高温状态的 Al_2O_3小颗粒云团。小颗粒云团受主颗粒蒸发燃烧机理控制附着在颗粒表面，并受流体的相对速度影响表现出拖尾，当小颗粒云团远离颗粒时温度迅速下降，辐射能力迅速降低，亮度下降梯度最高处表现为火焰前锋面，失去明显辐射能力的小颗粒云团则表现为颗粒燃烧的烟雾。逐渐扩散的小颗粒云团是 Al 颗粒燃烧释热的主要载体，这与火焰层的厚度和形状息息相关。

图 2-50 所示为我们研究中拍摄到较为清晰的颗粒火焰层图像，由于颗粒在流动时往往会出现自旋现象，因此颗粒 Al 核的飞行姿态会一直存在背风与迎风交替，颗粒火焰则出现周期性的拉伸[图 2-51(b)]与压缩[图 2-51(a)]情况。为方便对比颗粒火焰区域大小，本书中仍采用半径比 r/r_s 参数来衡量。

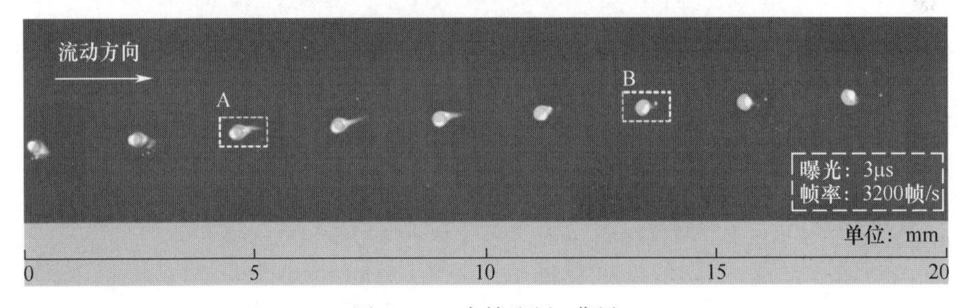

图 2-50 火焰迎风-背风

根据 Al 核区域、Al_2O_3壳区域和火焰区域在色品和亮度方面的差异，可以通过设定阈值区别不同区域的面积，火焰层厚度比值 r/r_s 可以通过下式进行描述(图 2-52)：

$$r/r_s = \sqrt{(S_{火焰} + S_{核})/S_{核}} \tag{2-21}$$

采用上述方法获得图 2-50 中颗粒的火焰厚度比值约为 1.12~1.64，当

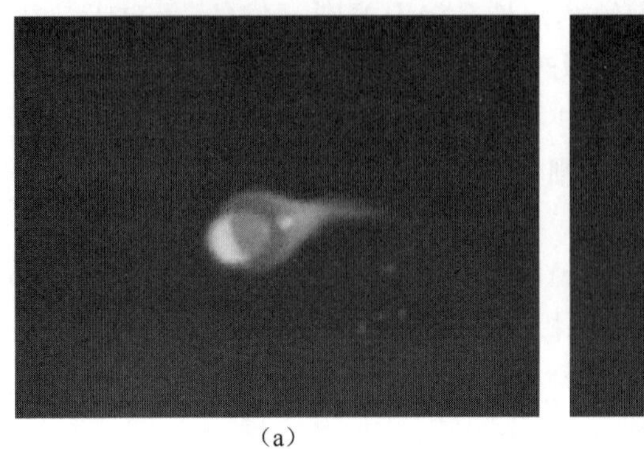

(a)　　　　　　(b)

图 2-51　核壳迎风结构

(a)氧化壳迎风;(b)内核迎风。

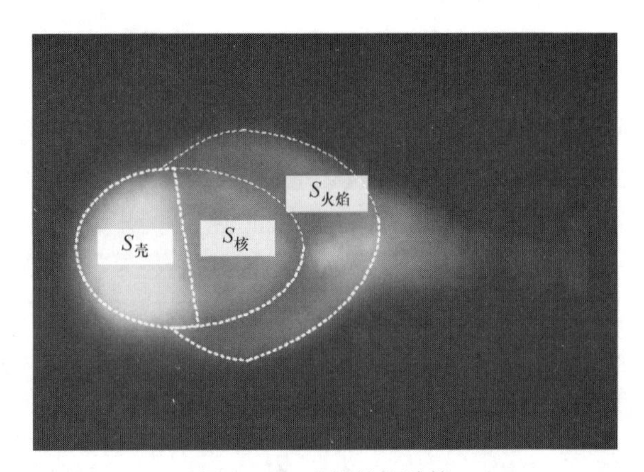

图 2-52　火焰结构计算

颗粒火焰层处于迎风区时,火焰层厚度最小,为 1.12 左右[图 2-51(b)],而当火焰层处于背风区时,火焰厚度最大,为 1.64 左右[图 2-51(a)]。相关文献中 AlO 火焰层的 r/r_s 约为 2 ,而 Al_2O_3 火焰层 r/r_s 约为 3 ,对于常压含 H_2O 的气氛环境中 Al_2O_3 火焰层,Widener 计算结果显示火焰层半径 r/r_s 约为 10 。我们拍摄图片中颗粒火焰层厚度为 Al_2O_3 火焰层,这与相关文献中火焰层厚度具有较大区别。这主要与本书中颗粒燃烧环境相关,其环境温度高、流动扰动大、颗粒与气流相对速度高,加速了颗粒火焰层内的传热传质过程,火焰层结构被严重压缩,这也是导致实验中火焰层厚度减小的主要原因,与文献中提到的观点是一致的。

颗粒火焰层产生机理是裸露在外的 Al 核发生的局部蒸发燃烧反应，因此，裸露 Al 核的大小决定了颗粒火焰大小乃至反应速率。由于 Al 颗粒燃烧姿态在流动过程中一直处于变化状态，从单一角度对 Al 颗粒表面氧化帽体覆盖情况进行统计是不准确的，通过对被追踪颗粒所有帧幅中覆盖参数取均值的方法来确定颗粒的氧化帽体表面覆盖率 C_{sh}。

图 2-53 中分别为不同表面覆盖率条件下 Al 颗粒的燃烧状态。由图 2-53可见，当颗粒 C_{sh} 较小时，颗粒火焰覆盖区域较大，反应较为剧烈，随着覆盖率的增加，颗粒火焰逐渐减小，反应逐渐减弱。当 $15\% < C_{sh} < 30\%$ 时，颗粒处于刚刚进入燃烧的阶段；当 $30\% < C_{sh} < 85\%$ 时，属于颗粒的中间燃烧阶段，火焰层内部回流的细小 Al_2O_3 在主颗粒表面的累积量逐渐增加，铝核质量减小，氧化帽在颗粒表面覆盖区域逐渐增加；当 $85\% < C_{sh} < 95\%$ 时，颗粒燃烧进入尾端，Al 核消耗殆尽，颗粒温度逐渐减低。

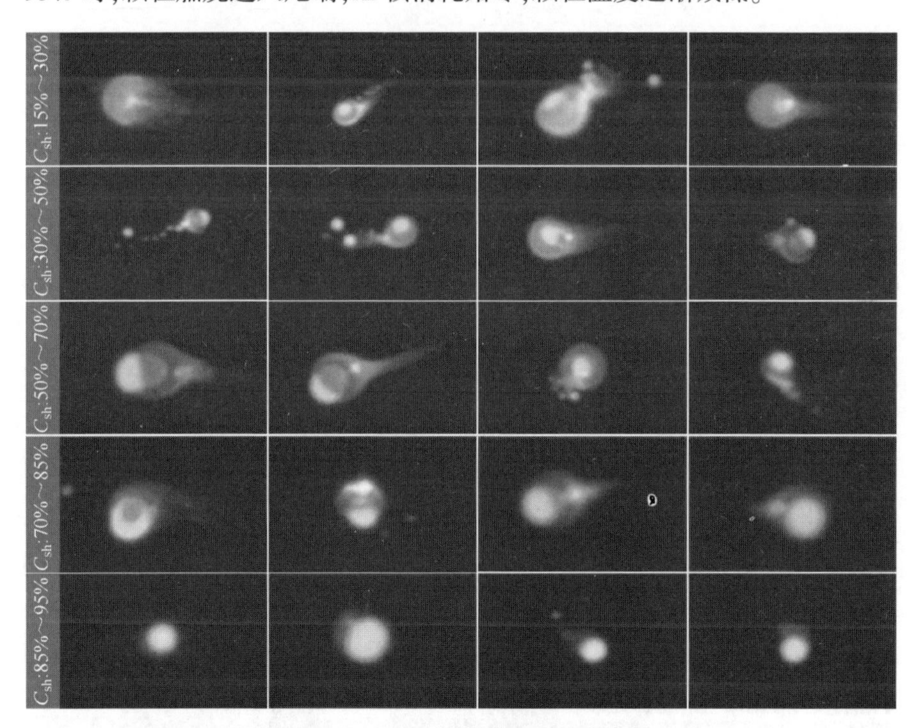

图 2-53　颗粒不同燃烧阶段核壳比例

2）颗粒喷射

Al_2O_3是 Al 核蒸发燃烧的最终产物，经过颗粒燃烧阶段，一部分 Al_2O_3

随着火焰层流动扩散,温度逐渐降低,最终以颗粒燃烧烟雾的形态存在,颗粒尺寸一般为 0.1~10μm,一部分经由火焰层回到主颗粒表面,并最终以氧化壳的形式存在,大小接近主颗粒尺寸。除此以外,还有部分氧化物或 Al 核在颗粒燃烧时喷射出颗粒表面,尺寸介于以上两种之间,如图 2-54 所示。

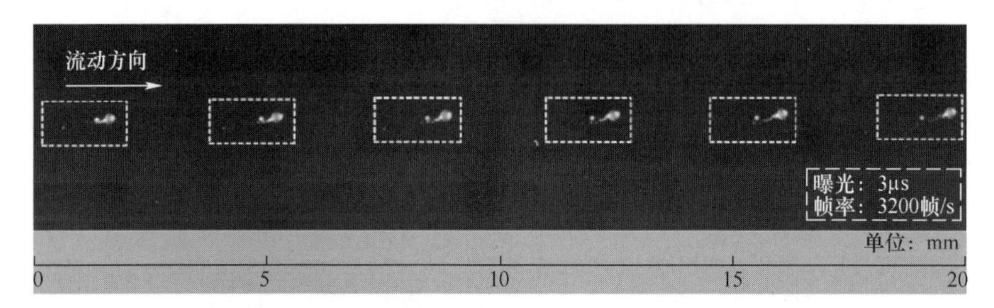

图 2-54　氧化铝喷射

图 2-55 所示为某颗粒燃烧过程中的颗粒喷射现象。由图 2-55 可见,该颗粒的喷射区域处于 Al 核与氧化帽交界区域,该处表面张力受两种物质结构的相互影响,核壳结构导致颗粒质心与形心偏离,颗粒在飞行过程中容易导致核-壳边界出现应力集中,导致颗粒喷射,还有部分学者认为颗粒内部成分的不均一性是导致颗粒喷射的原因。总之,研究者普遍认为该现象与 Al 颗粒非对称燃烧相关。

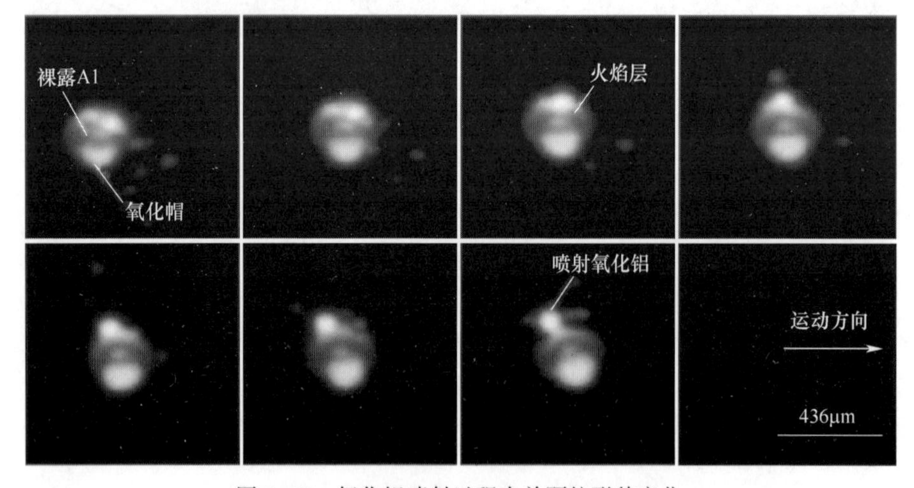

图 2-55　氧化铝喷射过程中单颗粒形貌变化

2.2.5.4　颗粒熄火

图 2-56 所示为处于熄火阶段的 Al 颗粒随流状态，颗粒直径分别为 63μm、147μm、189μm。颗粒辐射的主要来源为颗粒表面的氧化层，辐射亮度和色品分布均匀，氧化层覆盖率为 90%以上；颗粒火焰非常微弱，只存在于 Al 核覆盖的极小部分区域。在火焰消失后，颗粒辐射亮度逐渐降低，小颗粒在图示范围内消失不见。

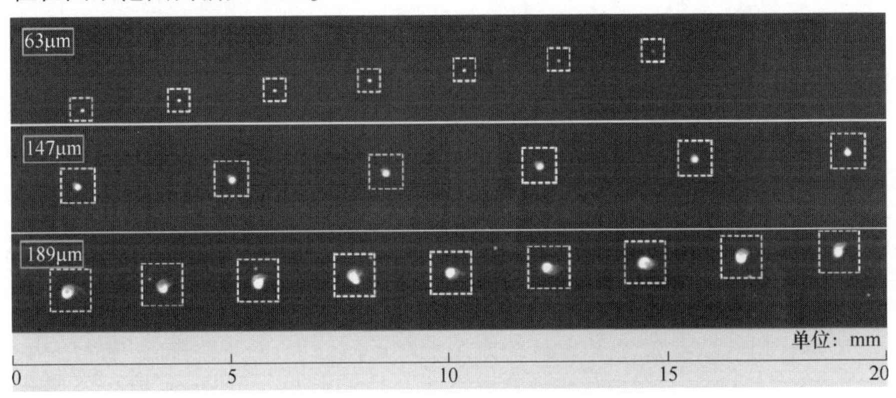

图 2-56　颗粒熄火阶段

2.3　铝颗粒点火燃烧行为模式及物理模型

2.3.1　燃烧产物分析

2.3.1.1　颗粒产物统观形貌

颗粒的燃烧产物去向分为 3 种（图 2-57）：①颗粒烟雾，颗粒火焰中部分 Al_2O_3凝结成微小颗粒并向周围环境扩散；②主颗粒表面氧化壳，颗粒火焰中部分 Al_2O_3颗粒向火焰层内部扩散，沉积在颗粒表面，通过颗粒表面结构重组转化为氧化壳的一部分，是主颗粒氧化壳体生长的物质来源；③核壳喷射颗粒，受颗粒自旋离心力、气流作用力、核壳表面张力的影响，部分 Al_2O_3 或 Al 核会在颗粒结构相对脆弱的核壳结合部位脱离主颗粒，表现为颗粒喷射现象。

2.3.1.2　原始颗粒、产物切片结构及 EDS 成分分析

1）原始颗粒

采用聚焦离子/电子双束切片方法和物理剖光方法分别对粒径较小

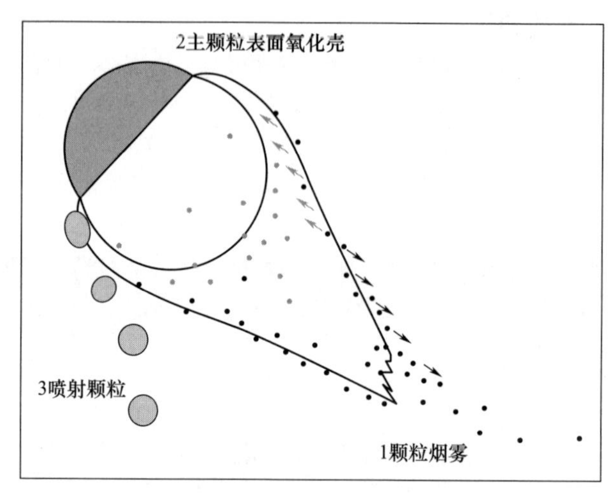

图 2-57　氧化产物物理形态

(<10μm)和粒径较大(>30μm)的原始颗粒进行处理,并观察颗粒内部结构。本书选取样品#Y-1 颗粒作为小颗粒代表,选取样品#S-2 和样品#S-5 颗粒作为大颗粒的代表,其他粒径颗粒在此不予赘述。

(1) 较小颗粒样品#Y-1。

图 2-58 所示为样品#Y-1 某颗粒聚焦离子/电子双束切片图。图 2-58(a)为原始颗粒,粒径约为 2.7μm,颗粒外轮廓具有较高的球形度,颗粒表面粗糙,成分为无定形 Al_2O_3,氧化壳体多为疏松的多孔结构;以颗粒主圆截面对切面加工,图 2-58(b)为颗粒切割视角;图 2-58(c)为颗粒切面视角,由图 2-58可见,切面结构光滑、紧致,金属内核无结构缺陷,这与颗粒表壳结构具有显著差异;对颗粒局部核壳界面[结构图 2-58(d)]进一步放大可见,由于壳结构的非完整性,颗粒壳厚度在不同区域表现有所区别,这也是颗粒往往由局部点燃的主要原因,如果认为颗粒表面凹凸不平结构为氧化壳厚度,总体来看,该样品壳体厚度为 50~100nm。通过对颗粒内部截面进行 EDS 分析(图 2-59),颗粒内核完全由 Al 单质构成。

(2) 较大颗粒样品#S-2 和样品#S-5。

图 2-60 所示为较大颗粒样品切面,颗粒内部为铝核,质地较软,切面处可见剖光划痕以及颗粒内部的空隙缺陷。氧化壳厚度较薄,剖光过程中延展性较好的铝质内核滑移至边界处,剖光切面不能观测到核壳界面。样品#S-2和样品#S-5 结构差异不大。

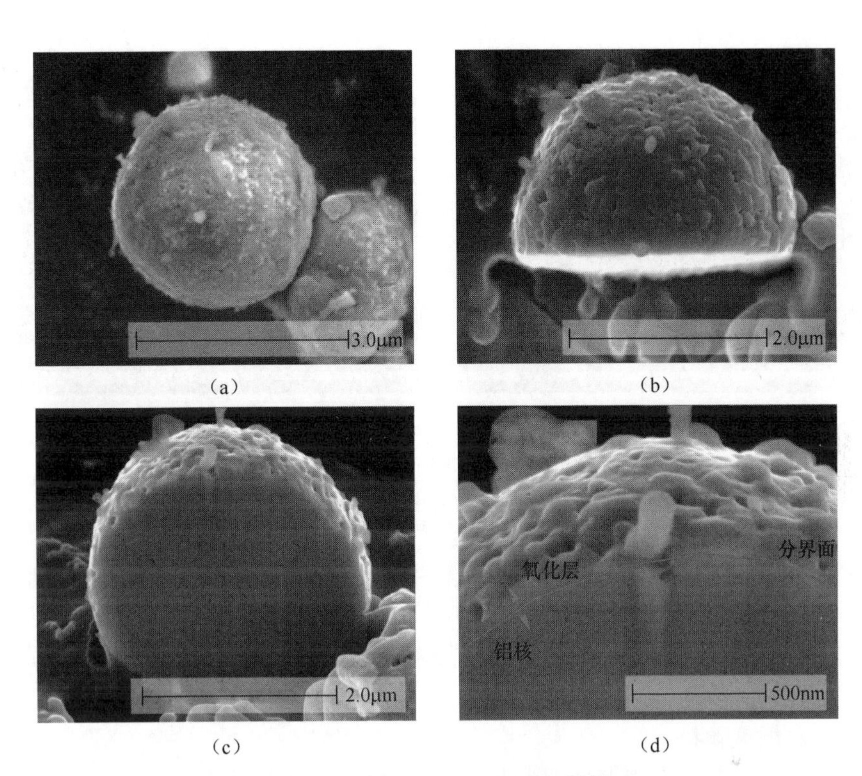

图 2-58　样品#Y-1 切面内部结构

(a)原始颗粒;(b)切割视角;(c)切面视角;(d)局部放大。

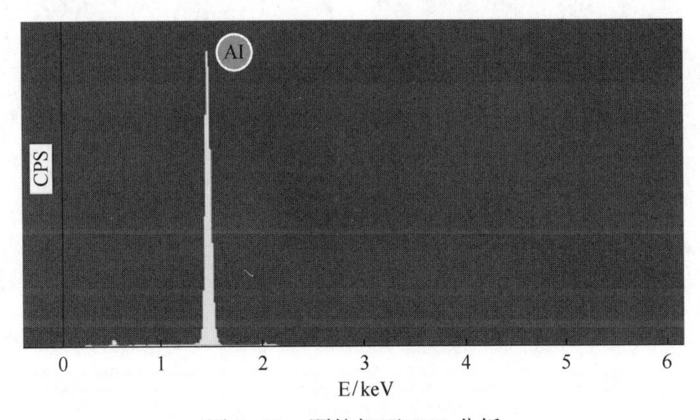

图 2-59　颗粒切面 EDS 分析

(a)

(b)

图 2-60　样品#S-2 和样品#S-5 原始颗粒剖光切面

(a)样品#S-2 产物;(b)样品#S-5 产物。

2.3.1.3　产物剖面分析

为研究实验中获得各种类型铝颗粒燃烧产物内部结构和成分,我们对颗粒烟雾进行了聚焦离子/电子双束切片,对主颗粒及喷射颗粒进行切面剖光处理。

1) 烟雾颗粒

图 2-61 所示为某烟雾颗粒聚焦离子/电子双束切片图。原始颗粒尺寸约为 1.4μm,由图 2-61(a)可见,颗粒黏结于主颗粒表面,外部轮廓表现出

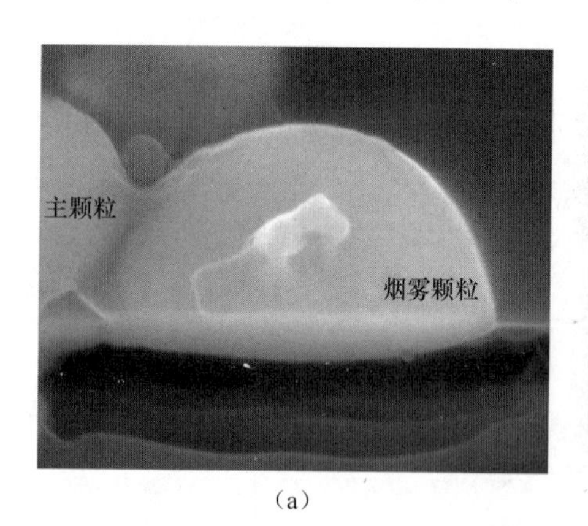

(a)

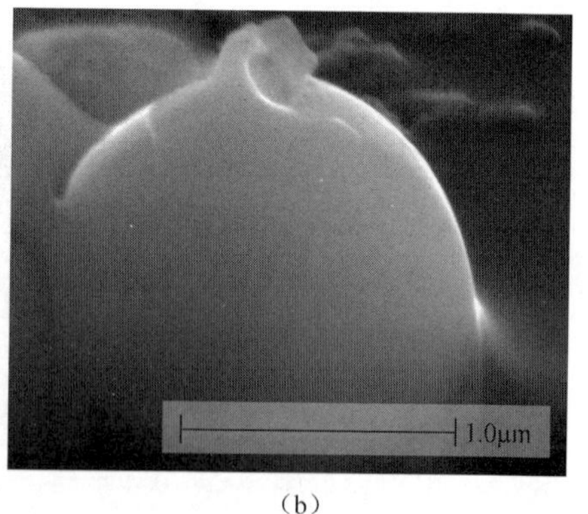

(b)

图 2-61　燃烧烟雾颗粒 fiber 切面内部结构

(a)切割视角;(b)切面视角。

较高球形度，外表面光滑，结构紧凑，成分为 $\alpha-Al_2O_3$；以颗粒主圆截面对颗粒进行切面加工，图 2-61(a) 为颗粒切割视角；图 2-61(b) 为颗粒切面视角，由图 2-61 可见，切面光滑，核内部无结构缺陷，颗粒内部结构与表面结构一致，无明显的边界。

通过对颗粒截面进行 EDS 分析(图 2-62)，颗粒成分组成主要为铝和氧，两者原子比例约为 1.42，与 Al_2O_3元素组成(1.5)比例十分接近，说明颗粒成分为 Al_2O_3，致密结构表明其晶型为 $\alpha-Al_2O_3$。这种致密球形结构和单一组分分析结果，表明了烟雾的成型机理，即火焰区域 Al_2O_3 首先凝结成核，随着温度降低经历液化、固化过程，最终形成结构致密的晶型结构。

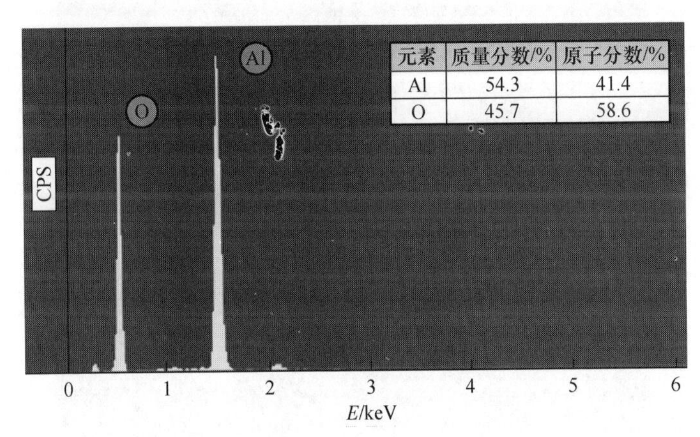

元素	质量分数/%	原子分数/%
Al	54.3	41.4
O	45.7	58.6

图 2-62　颗粒切面 EDS 分析

2）喷射颗粒与主颗粒

喷射颗粒与主颗粒尺寸差异较大，需要采用包埋法对其进行固定，再结合物理抛光法对切面进行处理。颗粒在抛光期间，部分包埋基底材料会对颗粒切面产生一定的干扰，为了便于切面组分分析，需要对包埋材质的 EDS 特性进行预先标定。

图 2-63 所示为颗粒包埋基底材料。由图 2-63 可见，打磨后的基底材料表面较为粗糙，分别对图中标示点 1、点 2、点 3、点 4 等位置进行 EDS 分析。图 2-64～图 2-67 所示分别为不同包埋位置处成分分析结果。

由图 2-64～图 2-67 可见，不同位置处包覆基底成分分析结果有所差异，碳元素与氧元素的原子数比值在一定范围内波动(0.9～1.3)，其原因与多种组分包覆材料调制过程相关；除此以外，基底中仍然含有其他类型元素，如铬、铁、氮等，主要来源于打磨沙板碎屑的残留，由于本书分析对象元

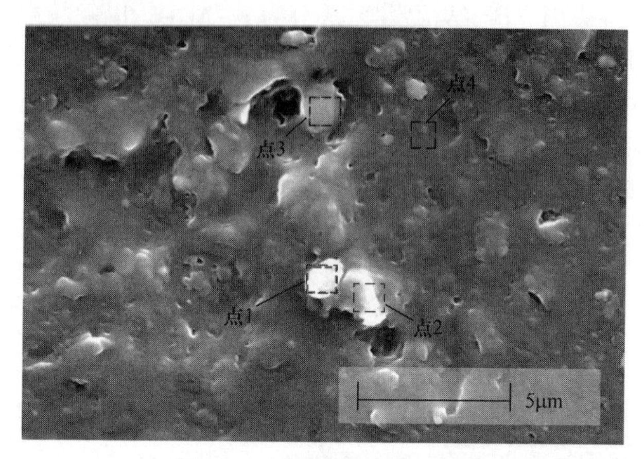

图 2-63　包埋基底 EDS 取样

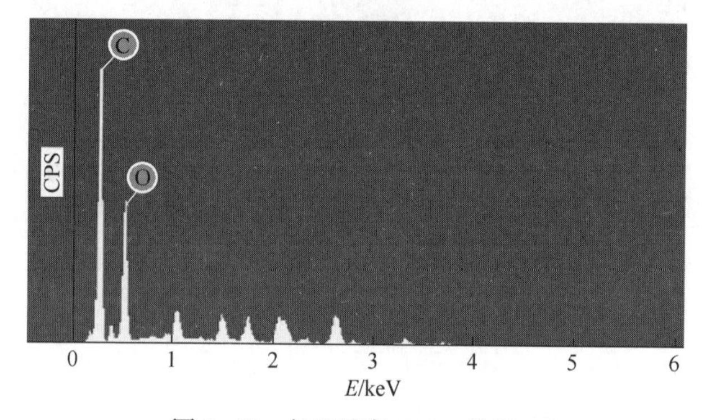

图 2-64　包埋基底 EDS—位置 1

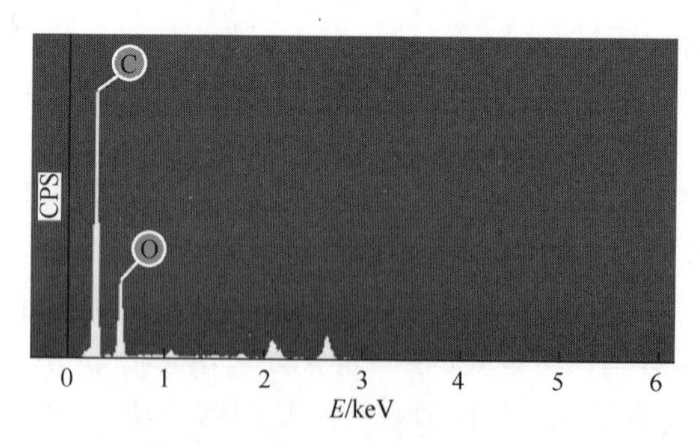

图 2-65　包埋基底 EDS—位置 2

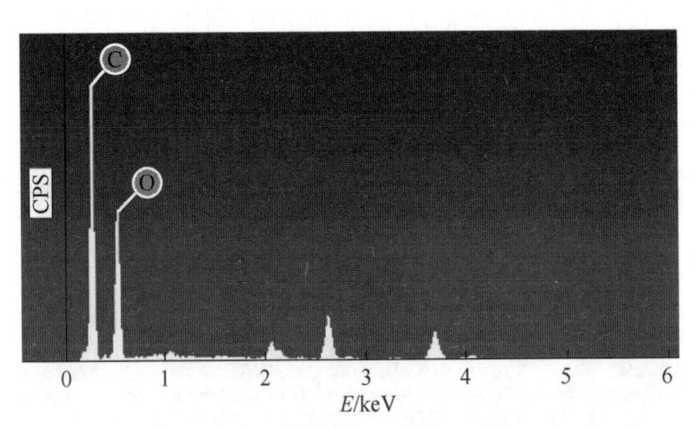

图2-66　包埋基底EDS—位置3

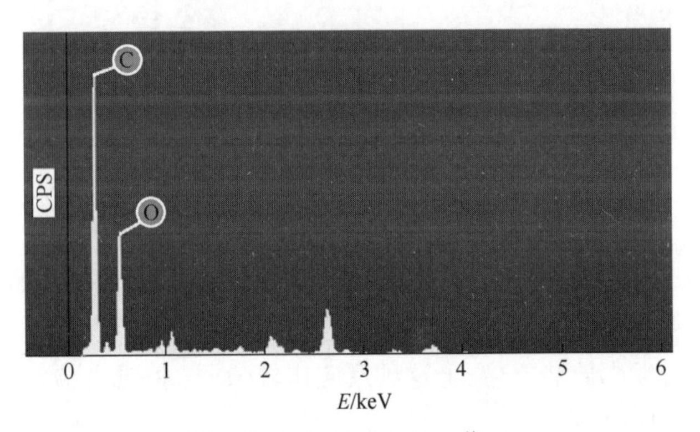

图2-67　包埋基底EDS—位置4

素组成为C、O、Al等,这不会对实验分析产生干扰。为便于分析,下文中认为基底材料中碳、氧比例约为1.1。取样点元素分析数据如表2-14所示。

表2-14　包埋基底材料元素分析数据

位置	1	2	3	4
O原子分数/%	45.6	43.13	52.85	48.09
C原子分数/%	54.4	56.87	47.15	51.91
C/O比值	1.19	1.32	0.89	1.08

图2-68所示为喷射颗粒剖面结构图。由图2-68可见,颗粒直径约为12μm,剖面较为光滑、均匀,边缘与包埋材料黏结,颗粒形状为类球形。

图 2-69所示为颗粒剖面 EDS 分析结果。由图 2-69 可见,剖面含有 C、O、Al 3 种元素,这与打磨时少量基底材料残留相关,排除基底材料 C/O 值影响,O/Al原子比值约为 1.31,说明颗粒内部成分为 Al_2O_3,但不能排除 Al 单质存在的可能性。

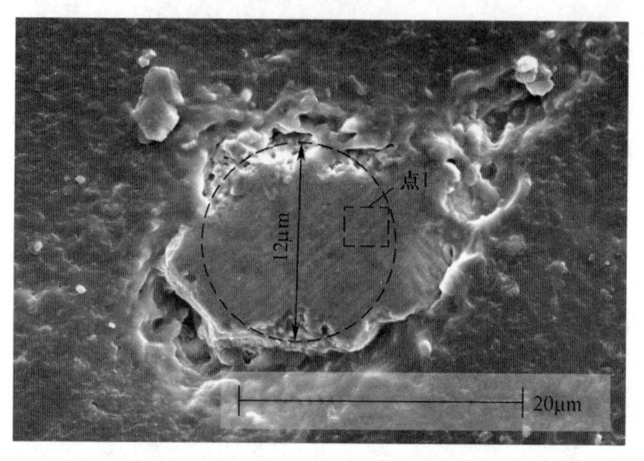

图 2-68 喷射产物剖面内部结构

根据以上分析可以确定颗粒内部为实心结构,主要由致密的 $\alpha-Al_2O_3$ 构成,颗粒形成机理为颗粒核壳交界处液滴的剥离,其离开主颗粒时,主要成分来源于氧化壳体,不排除颗粒中混合有少量的 Al 单质,因此其在离开主颗粒后仍然会发生放热反应,但这种反应比较微弱(相对主颗粒),反应过程对其固有结构影响较小。

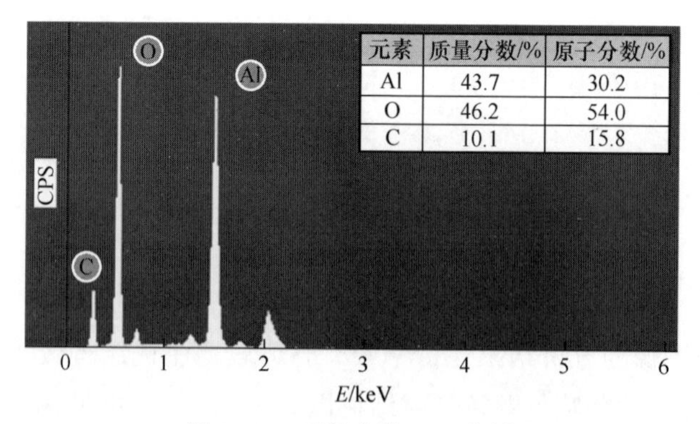

元素	质量分数/%	原子分数/%
Al	43.7	30.2
O	46.2	54.0
C	10.1	15.8

图 2-69 喷射产物 EDS 分析

图 2-70 所示为样品#S-3 的主颗粒燃烧产物。由图 2-70 可见,颗粒由核内结构和壳体结构组成,壳内径为 55μm 左右,外径为 83μm 左右;壳体内圆轮廓与外圆轮廓为偏心结构,壳体厚度分布有所差异,较厚一侧为 18μm 左右,较薄一侧为 14μm 左右;结构致密,但在局部具有明显的缺口结构,这表明壳体为半封闭结构,与上文提到的主颗粒孔洞结构相对应;颗粒内核材质较软,打磨后剖面较为粗糙,结构疏松,与壳体结构具有明显的分界线。

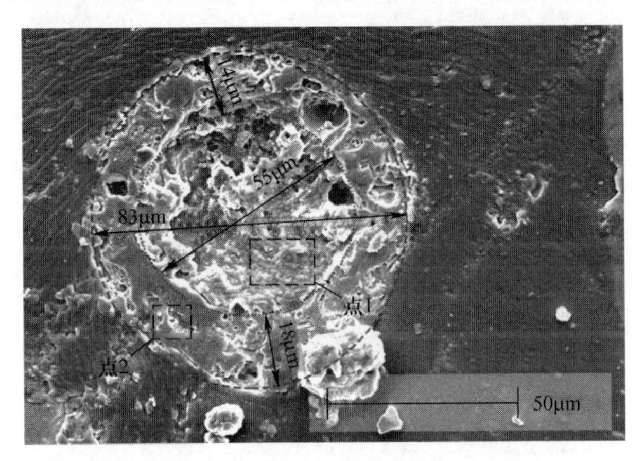

图 2-70　样品#S-3 产物打磨剖片内部结构

图 2-71 和图 2-72 所示分别为样品#S-3 内核位置处(位置 1)和壳体结构位置处(位置 2)的 EDS 成分分析。由图 2-71 和图 2-72 可见,位置 1 处 C/Al 原子比值 2.82,这表明壳内部主要成分为基底材料,排除基底材料C/O 原子比例,O/Al 原子比值较小,说明壳内还有少量 Al 核残留。这种现象形成的原因与样品制作过程相关,由于制样时基底材料为液态,因此可由壳体表面孔洞流入壳体内部,并与内部 Al 单质混合,形成上述 EDS 分析结果。核内基底材料比重较大,说明制样前壳内为中空结构,颗粒中存在少量尚未燃烧的 Al 单质。

图 2-72 中位置 2 处 C 含量较小,排除基底材料 C/O 原子比例影响,O/Al比例约为 1.37,说明壳体中Al_2O_3 含量较高。壳体的偏心结构说明壳体的生长并非均匀生长,而是由颗粒一侧生长,并逐渐蔓延至内核表面,这与实验拍摄图像的分析结果保持一致。壳体较薄一侧结构较为疏松,且有孔洞出现,说明壳洞结构位于该处。

图 2-73 所示为样品#S-7 颗粒燃烧产物的剖面图,颗粒直径为 115μm

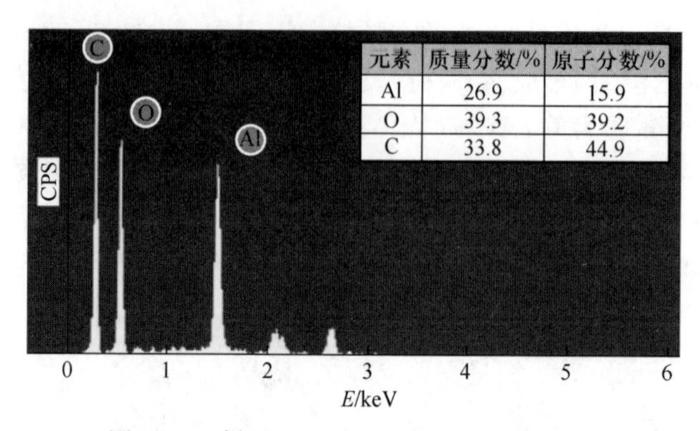

元素	质量分数/%	原子分数/%
Al	26.9	15.9
O	39.3	39.2
C	33.8	44.9

图 2-71　样品#S-3 产物 EDS 分析(位置 1)

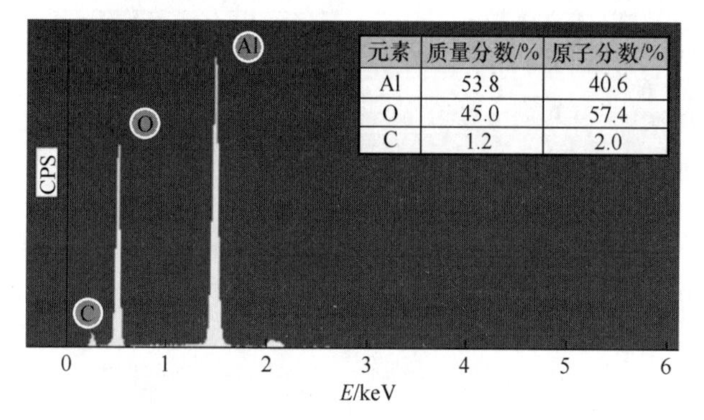

元素	质量分数/%	原子分数/%
Al	53.8	40.6
O	45.0	57.4
C	1.2	2.0

图 2-72　样品#S-3 产物 EDS 分析(位置 2)

图 2-73　样品#S-7 产物打磨剖片内部结构

左右,该颗粒与基底材料分界线清晰,外部轮廓规则,说明颗粒经历了内部结构的重构;但颗粒较薄的氧化壳层说明颗粒并未经历充分燃烧。

颗粒剖面较为均匀,内部结构紧致,采用 EDS 分别对剖面内部(点 1 处)和剖面边界(点 2 处)进行组分分析。图 2-74 所示为点 1 处(颗粒内部)成分分析结构。由图 2-74 可见,C/Al 元素原子比例约为 1.1,排除基底材料 C/O 原子比例,O/Al 原子比约为 0.17,说明核内部主要由基底材料和铝单质组成,颗粒在从实验器中提取出之前仍处于燃烧状态。图 2-75 所示为点 2(颗粒边界)处的成分分析结果,排除基底材料干扰,Al/O 比例约为 1 ,说明颗粒重构后氧化壳已经初步成型。

以上分析结果可以与实验拍获得影像信息对应:样品#S-7 在流道出口附近发生点火,该颗粒刚进入燃烧状态时即发生猝熄,并被探针取出,形成图 2-74 和图 2-75 所示的内部形态。

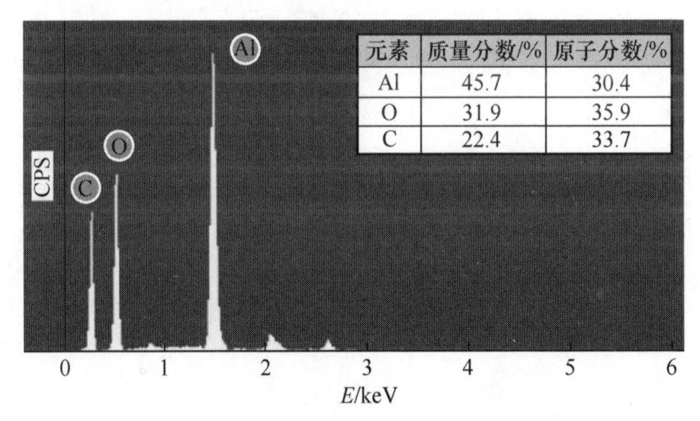

元素	质量分数/%	原子分数/%
Al	45.7	30.4
O	31.9	35.9
C	22.4	33.7

图 2-74　样品#S-7 产物 EDS 分析(位置 1)

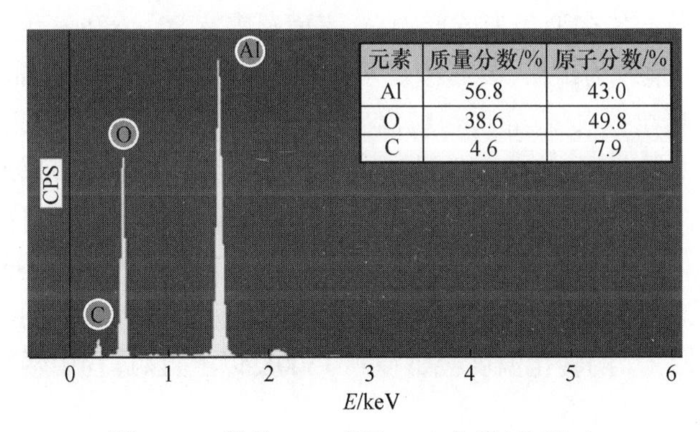

元素	质量分数/%	原子分数/%
Al	56.8	43.0
O	38.6	49.8
C	4.6	7.9

图 2-75　样品#S-7 产物 EDS 分析(位置 2)

2.3.2 颗粒点火机理和燃烧机理

2.3.2.1 颗粒点火机理

对于 1~300μm 的铝颗粒,本书采用了热重分析法和随流燃烧法分别对颗粒在缓慢升温速率(10K/min)和快速升温速率(10^5~10^6K/s)条件下燃烧物理化学过程进行了分析。在缓慢升温实验中,针对颗粒温升过程给出了较为详细的增重变化,并通过外推获得了颗粒在高升温速率条件下的氧化反应进程,而在随流燃烧过程中,也能观测到铝颗粒的辐射特性明显高于惰性颗粒,这些实验结果和外推数据显示,颗粒在进入燃烧状态前的表面氧化过程是不能忽略的。

由铝颗粒点火过程温度分析可知,颗粒发生的热效应以及由热效应产生的辐射均处于较低水平,颗粒点火过程的本质是颗粒的升温以及表面核壳结构的重组。铝颗粒点火机理如图 2-76 所示。

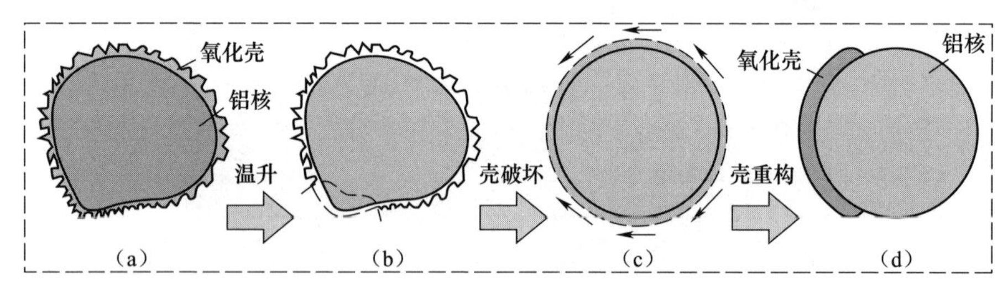

图 2-76 铝颗粒点火机理

(a)原始颗粒;(b)局部点燃;(c)球形轮廓;(d)核壳构型。

(1) 颗粒原始构型为类球形颗粒,表面覆盖有 80~100nm 无定形Al_2O_3,这层 Al_2O_3质地较为疏松,表面覆盖层具有明显的结构缺陷,局部厚度不均。

(2) 当颗粒进入流场时,颗粒温度逐渐上升,内核 Al 单质逐渐融化,虽然 Al 核体积的增加使氧化壳体结构出现局部裂纹,但此时温度较低,氧化壳整体结构框架不会出现较大变化,Al 核局部裸露部分迅速被氧化,并形成新的氧化层壳体,Al 核被禁锢在固体氧化壳内,颗粒形态不会发生明显改变。

(3) 颗粒整体继续升温,该升温速率(10^5~10^6K/s)条件下,无定形Al_2O_3向 γ-Al_2O_3 的转化温度会延伸到 1500K 以上,该过程中颗粒表面温度梯度较小,可以忽略不计。

(4) 铝核密度会随着颗粒温度的增加而减小,当颗粒温度升高至 1500~

1800K 时，氧化壳在颗粒表面结构薄弱区域首先被撕裂，裸露出来的铝核与颗粒周围氧化气氛发生反应，反应火焰附着在该区域表面，并使周围结构的温度迅速提升，颗粒恒温体系被打破，此时颗粒绝大部分区域仍然保持原有温度，局部点燃区域温度可以达到 2500K 以上。

(5) 高温使区域周边氧化壳体温度迅速升高而导致壳体的软化乃至液化，铝核暴露面积逐渐增加，这种情况迅速蔓延至整个颗粒表面，原始壳结构解体，颗粒形态在铝核表面张力作用下表现为更加规则的球体结构，颗粒表面温度较为均匀，平均温度约为 2100~2300K。

(6) 原始壳结构在解体后，氧化壳会以碎片或者液膜的形态分布在颗粒表面，Al 核的蒸发过程逐渐增强，火焰层逐渐被铝核蒸发产生的气流推离颗粒表面，而颗粒表面游离 Al_2O_3 会在分子作用力和核表面流动的影响下逐渐聚合。

(7) 伴随着表面氧化物碎片的聚合，新的氧化壳结构逐渐形成，受壳表面张力以及聚合过程的影响，新的壳结构覆盖面积逐渐增加，厚度逐渐加厚，并像帽子一样吸附在核结构的一侧。

(8) 伴随着新壳结构的形成，Al 核裸露面积逐渐增加，Al 蒸气向外扩散的通道更加通畅，Al 核表面氧化反应火焰层离开表面的距离进一步增加，形成非对称燃烧火焰层。自此，颗粒铝核、氧化壳结构完成重组，蒸发火焰形貌完全形成，颗粒点火过程结束。

2.3.2.2　颗粒燃烧机理

非对称燃烧是铝颗粒区别于其他类型燃烧的主要特点，其燃烧核-壳结构导致颗粒传热、传质过程相对复杂。基于 2.2 节的温度分析，颗粒局部在燃烧过程中存在明显的温度差异，氧化壳向铝核的传热是铝单质蒸发吸热的组成部分，而氧化壳内的表面异相反应则是维持壳、核温差的原因之一。由 2.2 节的压力分析结果发现，在环境压力升高至 0.3~0.4MPa 时，颗粒核、壳温度具有不同程度的提升，而内核温度由 1900~2200K 提升至 2300K 左右乃至更高，这种温度的跨越很有可能导致核壳结构的变化。颗粒燃烧产物的整壳型结构和壳洞型结构的存在也说明了不同尺寸颗粒随流燃烧过程存在不同的物理机理。由以上特性研究可以发现，颗粒核-壳存在形式会随着燃烧条件的变化而发生改变，同时也会对颗粒燃烧机理产生重大影响。基于以上研究，书中提出 3 种颗粒燃烧机理，分别用于描述颗粒在常压条件下、高压条件下，以及较小颗粒的核-壳演变过程。

1）机理 A-硬壳

图 2-77 所示为常压条件下颗粒燃烧核-壳变化过程。

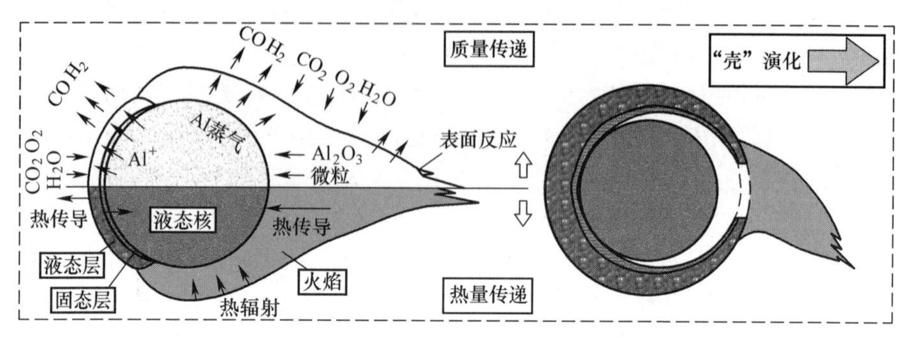

图 2-77　核壳燃烧机理 A（颗粒直径>30μm，常压，核表面温度<2300K）

（1）燃烧结构：颗粒在完成点火后，颗粒核壳形式发生重构，部分表面区域由 Al_2O_3 覆盖，而大部分区域为裸露在外的液态铝核，颗粒蒸发火焰层覆盖在铝核表面。

（2）氧化传质过程：铝单质的消耗过程受蒸发燃烧和扩散燃烧共同控制。其中，蒸发燃烧发生在铝核表面及附着火焰层内，为均相反应；Al^+ 扩散燃烧发生在氧化壳内，属于表面异相反应。对于均相反应，Al 蒸气由颗粒表面向外扩散，环境中的氧化气氛（CO_2、O_2、H_2O 等）向颗粒表面扩散，二者反应界面为火焰锋面，气相燃烧产物向外界扩散，凝相产物部分向外扩散，部分回到颗粒表面；对于异相反应，铝核内部的单质以 Al^+ 形式通过氧化壳外迁，与氧化壳表面的氧化气氛发生反应，反应界面为氧化壳外表面，凝相产物附着于氧壳表面，气相产物（CO、H_2 等）向环境扩散。

（3）传热过程：颗粒燃烧结构中温度最高的区域为火焰层，其次为氧化壳区域，最低处为铝核区域。均相反应发生在距离核表面一定距离的火焰层区域内，火焰温度远远高于核表面温度，火焰层区域通过辐射和对流向颗粒表面和外界气相环境进行热传递。而异相反应界面的热量主要来源于表面异相反应放热和火焰层的热反馈，通过热辐射和对流的方式向环境传递，通过热传导的方式向铝核传递。

（4）氧化壳结构：在该条件下，核表面温度<2300K，壳表面温度>2300K，Al_2O_3 导热系数［7W/（m·K）］远远小于铝液导热系数［110W/（m·K）］，铝核为近似等温体，而氧化壳内则存在显著的温度梯度。由于氧化壳内温度的变化范围跨过了 Al_2O_3 的熔点，因此壳体结构为固液两相共存状态，根据 Al_2O_3 相态差异,氧化壳由两部分组成。氧化壳与核交界面处温度较低,可认为与核温度一致,此时为固体壳结构(硬壳);氧化壳与外部环境交界处为反应界面,温度维持在较高水平,此时为液态结构(软壳)。氧化壳型面主要受内部硬壳结构维持,表面液相附着在固体结构上(对应 2.3.1 节产物分析)。

(5) 形态演化规律:随着颗粒燃烧的进行,铝核逐渐缩小,而铝壳则逐渐增大。由于氧化壳内部固体结构的存在,随着燃烧的进行,壳结构不会出现坍缩情形,氧化壳增长主要表现为覆盖面积的增大和氧化壳厚度的增加。壳在生长过程中,其硬壳结构沿铝核表面生长,直至覆盖颗粒表面绝大部分区域,软壳的生长依附于硬壳,由于颗粒局部壳结构轴向生长时间的差异,最终壳结构局部在厚度上表现出明显的差异。在颗粒进入燃烧末期后,铝核主要通过壳体表面的空洞向外扩散产生火焰,随着铝单质的消耗,核结构逐渐坍缩进壳体内部,并最终形成中空结构。

2) 机理 B-软壳

当颗粒燃烧环境发生变化时,颗粒表面异相反应和蒸发反应也会发生相应的变化,这会影响颗粒温度大小和分布的变化,进而影响颗粒结构和反应机理。

如图 2-78 所示,当颗粒环境压力增加至 0.3~0.4MPa 时,颗粒表面温度相对于常压增加颗粒燃烧过程中表面温度表现出明显的增加。氧化壳表面温度增加至 2700~2800K,铝核温度增加至 2300K 以上,因此氧化壳整体成分应当均为液态 Al_2O_3,其形态主要受液态表面张力作用影响并形成类球形轮廓。这是机理 B 与机理 A 的主要区别。随着燃烧过程的进行,Al_2O_3组成的半球形结构逐渐增加,而铝核体积逐渐减小,并最终消失。颗粒的传热传质过程与机理 A 类似,不同的是该条件下火焰层内接近铝核表面的温度更高,这说明氧化气氛与 Al 蒸气反应区域向颗粒表面靠近,铝核表面反应机理有向异相反应过渡的趋势。

3) 机理 C-整壳

在颗粒产物分析中出现的整壳型颗粒产物,颗粒在燃烧结束后氧化壳表现为完整的中空结构,当温度下降时受内外压差影响出现坍缩情况,并在颗粒表面形成褶皱。这种情况主要出现在粒径较小(1~10μm)的样品#Y-1燃烧的产物中,并在样品#S-2(20~38μm)颗粒燃烧产物中少量存在,说明小颗粒的燃烧机理与较大颗粒具有一定的区别。

由于在拍摄过程中无法观测到小颗粒燃烧局部细节,因此不能确定颗粒在点燃后是否按照上述机理 A 或机理 B 进行演变,机理 C 主要基于燃烧

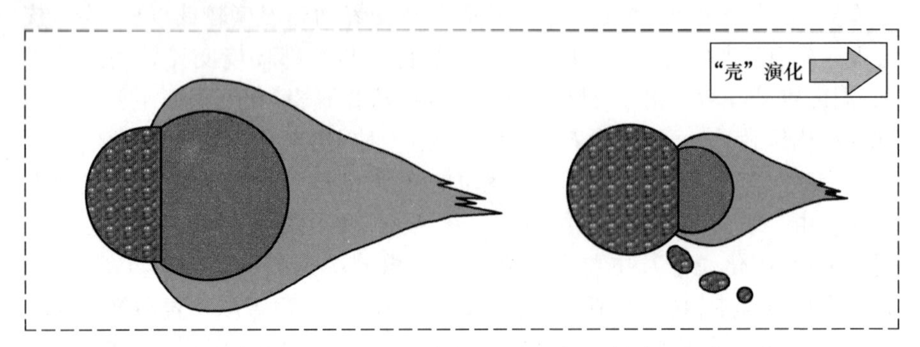

图 2-78　核壳燃烧机理 B(颗粒直径>30μm,高压,核表面温度>2300K)

产物的分析,因此该机理适用范围为颗粒燃烧后期,燃烧前期机理尚不能确定。

图 2-79 所示为较小颗粒(颗粒直径<30μm)燃烧机理 C,颗粒在燃烧或者燃烧末期,颗粒氧化表面闭合,铝核被氧化壳包裹在颗粒中心。铝核不能通过蒸发方式完成氧化放热过程,只能通过 Al^+ 在氧化壳内的外迁作用发生传质,并在壳的外表面与氧化气氛发生反应,此反应类型为表面异相反应,速度受离子扩散控制。随着反应的进行,核体积逐渐减小,并最终形成氧化壳的中空结构。当颗粒降温时,整壳内的压力下降,受内外压差的影响,软化氧化壳表面坍缩,形成颗粒表面褶皱。

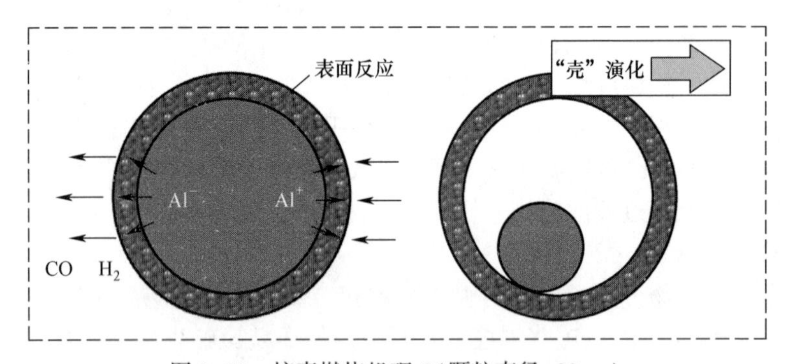

图 2-79　核壳燃烧机理 C(颗粒直径<30μm)

2.3.3　颗粒点火燃烧模型

在颗粒点火阶段,包括颗粒的升温阶段和颗粒核壳结构的重组,由于颗粒在升温阶段经历时间较长,颗粒与环境传热传质过程主要发生在该阶段,因此该过程颗粒主要发生表面异相反应。颗粒核壳构型的重组过程较快,本书所建模型忽略该过程中的热量交换与质量交换,假设构型重组瞬间完成。

在颗粒燃烧阶段,由于小颗粒燃烧机理与前文介绍的硬壳氧化机理类似,在此不予赘述。为了简化计算,将以上核壳两种机理统一建模处理。当颗粒燃烧时,氧化壳区域受表面异相反应控制,核表面区域受颗粒蒸发过程控制。模型认为,颗粒表面完成核壳结构重组以后,经历壳生长阶段和停滞阶段,当活性铝质量消耗至原始颗粒质量 90%时,颗粒停止燃烧。

在壳生长阶段,壳体的质量随着燃烧逐渐增加,氧化壳的质量增重来源有两个方面:其一是壳表面发生异相反应产生的凝相氧化物;其二是颗粒火焰产生的凝相氧化物,部分(20%)氧化物回流到颗粒表面,并与原有氧化壳发生融合。

在壳生长停滞阶段,当氧化壳覆盖面积增加到原始颗粒表面积的 90%时,异相反应与火焰烟雾回流的氧化物完全用于氧化壳的喷射。颗粒氧化壳总质量不再增加,壳体面积与壳体厚度保持不变。

2.3.3.1　模型假设

基于以上假设与分析建立用于描述铝颗粒核壳燃烧过程的数学模型,模型建立过程中假设条件包括:

(1) 原始颗粒形态:外轮廓为标准球形,颗粒内核轮廓为标准球形,在初始状态下,核与壳紧密接触,两者同心。

(2) 燃烧颗粒形态:铝核为标准球形,氧化壳部分覆盖在铝核外层,外轮廓为标准球面,外轮廓沿原始内核表面生长,不考虑核壳接触导致的型面变形。

(3) 颗粒温度:点火阶段颗粒核壳结构为等温球体,燃烧阶段铝核为等温球体,氧化壳为非等温体。

(4) 氧化壳材质:当颗粒温度 $T_P < 1200K$ 时,材质为 am－Al_2O_3,当颗粒温度 $1200K < T_p < 1900K$ 时,材质为 $\gamma-Al_2O_3$;当颗粒温度 $T_p > 1900K$ 时,材质为液态 Al_2O_3,氧化壳物理参数按上述材质选取。

(5) 火焰烟雾:火焰烟雾属性为液态,其扩散与流动过程与计算远场均相流动过程相同。

(6) 不考虑颗粒火焰层厚度,气相反应为总包反应,反应速率极快。

(7) 忽略铝单质的熔化过程。

(8) 气相导热系数、定压热容、密度与扩散系数乘积为定值。

2.3.3.2 物性参数

1) 铝单质

(1) 密度。模型中考虑固相和液相的铝单质,当颗粒温度 $300K < T_p < 933K$ 时,颗粒为固相;当颗粒温度为 $933K < T_p < 2764K$ 时,铝单质为液相。模型中不考虑固相铝单质密度随温度变化,密度取定值 $\rho_{Al-s} = 2699kg/m^3$;液相铝的密度随着温度变化表现出较大起伏,模型采用 Assael 模型描述铝液的密度随温度变化,如下式所示:

$$\rho_{Al-l} = 2377.23 - 0.311(T_p - 933.47) \tag{2-22}$$

(2) 导热系数。固体铝的导热系数与温度变化并不明显,模型中假设其为常数,$\lambda_{Al-s} = 205W/(m \cdot K)$,当铝单质转化为液体时,导热系数随环境温度的变化关系如下式所示:

$$\lambda_{Al-l} = 48.226 + 0.057T - 1.21 \times 10^{-5}T^2 \tag{2-23}$$

(3) 定压比热容。固体铝定压比热容 $c_{pAl-s} = 897J/(kg \cdot K)$,Gathers 在 0.3GPa 条件下开展了液态铝比热的实验研究,结果显示其比热随着温度略有变化,但后期 Hatch、Forsblom、Houim 等认为液态铝的比热容可以近似视为常数,c_{pAl-l} 一般取值为 $1177J/(kg \cdot K)$。

(4) 蒸发潜热。铝液滴的蒸发潜热与温度呈弱相关性,一般情况下潜热 $L_{Al-v} = 10.9MJ/kg$。

(5) 沸点。铝单质沸点随压力的变化关系如下式所示:

$$T_{沸点,p} = \frac{1}{\dfrac{1}{T_{沸点,p_0}} - \dfrac{8.3144 \times \ln(p/p_0)}{L}} \tag{2-24}$$

式中:p 为压强;p_0为标准压强;$T_{沸点,p}$为压强为 p 时的沸点;$T_{沸点,p_0}$为标准压强 p_0时的沸点;L 为单质蒸发潜热。鉴于 1.0~10MPa 条件下,沸点的变化并不明显,模型中认为铝单质沸点为常数,$T_{沸点} = 2764K$。

(6) 饱和蒸气压。铝液滴的饱和蒸气压是用来描述其蒸发速率的重要参数,与铝液的温度具有很强的相关性,模型中采用 Clausius-Claperyron 方程[式(2-25)]来描述铝液饱和蒸气压随温度的变化:

$$p_{sat}/p_0 = \exp\left[-\frac{L}{R/M}\left(\frac{1}{T} - \frac{1}{T_{沸点}}\right)\right] \tag{2-25}$$

式中:T 为单质温度;$T_{沸点}$ 为单质沸点;L 为单质蒸发潜热;R 为通用气体常数;M 为分子量;p_{sat} 为该温度下的饱和蒸气压(atm)。

将上述系数代入式(2-25)获得铝单质饱和蒸气压力随温度的变化关系,如下式所示:

$$P_{\mathrm{Al-sat}} = 1.013 \times 10^5 \exp(5.911 - 16211/T_p) \tag{2-26}$$

2）氧化铝

(1）密度。随着温度的变化,固态 Al_2O_3 表现出不同的晶型结构,因此 Al_2O_3 的密度也表现出较大差异,为简化计算,建模时只考虑两种 Al_2O_3 的晶型结构,当颗粒温度 $T_p < 1200K$ 时,为无定形构型;当颗粒温度 $1200K < T_p < 2327K$ 时,晶型为 γ 型。当氧化壳结构温度超过 Al_2O_3 熔点(2327K)时,Al_2O_3 转化为液态,根据 Glorieux、Paradis、Kirshenbaum 等的实验结果,认为液态 Al_2O_3 密度随温度变化关系如下式所示:

$$\rho_{Al_2O_3-l} = 2790 - 0.117738(T_{壳} - 2500)(2000K < T_{壳} < 3100K) \tag{2-27}$$

式中:$T_{壳}$ 为氧化壳温度。模型中选取温度区间上的平均值,$\rho_{Al_2O_3-l} = 2650kg/m^3$。表2-15为不同晶体类型 Al_2O_3 参数。

表2-15　不同晶体类型 Al_2O_3 参数

晶体类型	am-Al_2O_3	γ-Al_2O_3
密度	$3050kg/m^3$	$3660kg/m^3$

(2）导热系数。模型中固态 Al_2O_3 的导热系数随温度表现出较大差异,其与温度的关系如式(2-28)所示,虽然其测试温度仅达到1773K,本书模型根据该关系式将其外插到 Al_2O_3 熔点。当 Al_2O_3 为液态时,Sinn 认为其导热系数为常数,取值为 $7.4W/(m \cdot K)$,发动机环境中主要关心的温度区间为2000K以上,因此书中采取 $\lambda_{Al_2O_3-l} = 5.22W/(m \cdot K)$ 作为建模参数:

$$\lambda_{Al_2O_3-s} = 5.21 + 90.05 \times 0.997^{T_{壳}} \tag{2-28}$$

(3）定压比热容。根据 Paradis 实验研究结果,液态 Al_2O_3 的定压比热容也是随温度变化的函数,其变化关系如式(2-29)所示。由于液态 Al_2O_3 在温度区间上变化不大,文献中常认为其为常数,书中采用 $C_{p-Al_2O_3-l} = 1530J/(kg \cdot K)$ 作为建模参数:

$$C_{p-Al_2O_3-l} = 1504.9 + 0.0304(T_{壳} - 2327) \tag{2-29}$$

2.3.3.3　控制方程

根据以上实验结果分析,认为颗粒核壳结构重组温度为1900K,因此模型以1900K为界限,将整个过程分为点火和燃烧两个阶段。其中,在点火阶段,颗粒为核壳等温体,二者同心结构;在燃烧阶段,核壳机构重组,模型对两者进行分离处理,通过接触界面进行传热和传质。

1) 点火阶段

(1) 传质过程。该阶段颗粒只存在表面异相反应,活性铝透过氧化壳与外界氧化气氛发生反应,表现为氧化壳的增重和增厚,活性铝的失重,模型中认为 $\gamma-Al_2O_3$ 阶段的氧化机理为颗粒异相氧化机理。其中,活性铝质量控制方程的微分形式为

$$\mathrm{d}m_{核}/\mathrm{d}t=-\pi C_{\gamma}\exp(E_{\gamma}/RT_{\mathrm{p}})(r_{核}+x_{壳})r_{核}/x_{壳} \tag{2-30}$$

$$C_{\gamma}=\frac{2M_{\mathrm{Al}}A_{\gamma}m_{0}}{3M_{\mathrm{O}}\pi} \tag{2-31}$$

式中:C_{γ} 为 $\gamma-Al_2O_3$ 阶段的活性铝质量消耗过程的指前因子,其与样品铝颗粒增重过程的 Al_2O_3 指前因子的转化关系如式(2-31)所示;E_{γ} 为 $\gamma-Al_2O_3$ 阶段的活化能,与样品铝颗粒增重过程的活化能 E_{i} 相同;T_{p} 为颗粒温度;$r_{核}$ 为核半径,$x_{壳}$ 为氧化壳厚度;$m_{\mathrm{Al-0}}$ 是样品单颗粒含铝元素质量,由于初始状态颗粒样品 Al_2O_3 含量较低,可以认为与样品单颗粒初始质量 $m_{\mathrm{p-0}}$ 相同;M_{Al} 为铝元素的摩尔质量;M_{O} 为氧元素的摩尔质量。

Al_2O_3壳的质量控制方程的微分形式为

$$\mathrm{d}m_{壳}/\mathrm{d}t=\pi(M_{\mathrm{Al_2O_3}}/2M_{\mathrm{Al}})C_{\gamma}\exp(E_{\gamma}/RT_{\mathrm{P}})(r_{核}+x_{壳})r_{核}/x_{壳} \tag{2-32}$$

颗粒质量为核壳质量之和,因此质量可以由下式表达:

$$m_{\mathrm{p}}=m_{壳}+\mathrm{d}m_{核} \tag{2-33}$$

(2) 传热过程。该阶段颗粒处于升温阶段,热量来源于颗粒表面异相燃烧和环境换热。对于反应热源,模型中认为颗粒表面异相反应的能量全部释放到颗粒表面;对于环境换热,由于流体环境气相热辐射能力相对较差,模型中认为对流换热是主要换热源。因此,该阶段传热控制方程的微分形式如下式所示:

$$\frac{\mathrm{d}T_{\mathrm{p}}}{\mathrm{d}t}=\frac{Q_{\mathrm{p}}}{m_{核}Cp_{核}+m_{壳}Cp_{壳}}\frac{\mathrm{d}m_{核}}{\mathrm{d}t}+4\pi h(r_{核}+x_{壳})^{2}(T_{\mathrm{e}}-T_{\mathrm{p}}) \tag{2-34}$$

式中:等式右侧第一项为反应热源,其中 Q_{p} 为颗粒在燃气环境中的平均燃烧热,其与环境中氧化气氛的浓度相关,可由下式表示:

$$Q_p = (2Q_{Al-O_2}X_{O_2} + Q_{Al-H_2O}X_{H_2O} + Q_{Al-CO_2}X_{CO_2})(2X_{O_2} + X_{H_2O} + X_{CO_2}) \tag{2-35}$$

式中：X_i 为 i 组分在环境中的摩尔含量；Q_{Al-i} 为铝和组分 i 反应的燃烧热，其中

$$Q_{Al-O_2} = 30.0 \times 10^6 \text{J/kg} \tag{2-36}$$

$$Q_{Al-H_2O} = 16.6 \times 10^6 \text{J/kg} \tag{2-37}$$

$$Q_{Al-CO_2} = 14.3 \times 10^6 \text{J/kg} \tag{2-38}$$

式(2-34)中：等式右侧第二项为对流传热源，其中 T_e 为环境温度，h 为对流换热系数，可由下式表示：

$$h = 0.5\lambda_e \cdot Nu/(r_{核} + x_{壳}) \tag{2-39}$$

式中：λ_e 为气相导热系数；Nu 为努塞特数，式(2-40)和式(2-41)为参数计算表达式：

$$Nu = 2 + 0.6\, Re^{1/2} Pr^{1/3} \tag{2-40}$$

式中：Re 为雷诺数；Pr 为普朗特数。

$$\lambda_e = (15/4) \cdot (R_0/M_e) \cdot \nu_e \cdot [4cp \cdot M_e/(15R_0) + 0.3333] \tag{2-41}$$

式中：R_0 为通用气体常数；M_e 为燃气平均分子量；ν_e 为环境气体黏度。

模型中认为颗粒核、壳等温，如下式所示：

$$T_p = T_{核} = T_{壳} \tag{2-42}$$

2）燃烧阶段

（1）核壳形态变化。当颗粒温度达到 1900K 以上时，颗粒的核壳结构首先发生重组，根据上文研究中对铝颗粒燃烧产物核壳面积与壳厚度的分析，壳面等效半径与壳体厚度比 $\bar{r}_{壳}/x_{壳}$ 为 2~6。壳面等效半径可以由下式表示：

$$\bar{r}_{壳} = (S_{壳}/\pi)^{1/2} \tag{2-43}$$

为简化处理，模型中认为 $\bar{r}_{壳}/x_{壳} = 4$，因此，可以建立构型重组后壳形状（壳厚度 $x_{壳}$、壳面积 $S_{壳}$）的控制方程，可以表示为

$$m_{壳} = 9\pi x_{壳}{}^3 \tag{2-44}$$

$$S_{壳} = 9\pi x_{壳}{}^2 \tag{2-45}$$

当颗粒进入燃烧阶段时，壳由液态相和固态相组成，模型认为 Al^+ 固相中的扩散过程是 Al 氧化速率的控制机理，壳中固态结构的厚度由下式估算：

$$x_{壳-s} = \frac{2327 - T_p}{2(T_o - T_p)} x_{壳} \tag{2-46}$$

(2) 传质过程。模型认为,该阶段颗粒传质路径分为两条:壳表面异相反应和核表面的蒸发反应。其中,活性铝质量控制方程的微分形式为

$$\frac{dm_{核}}{dt} = -v_s - v_g \tag{2-47}$$

式中: v_s 为壳表面发生表面异相反应消耗铝单质的速率; v_g 为铝核表面蒸发消耗铝单质的速率,分别由下式表示:

$$v_s = \frac{S_{壳}}{x_{壳}} C_{\gamma} \exp\left(\frac{E_{\gamma}}{RT_P}\right) \tag{2-48}$$

$$v_g = \frac{(4\pi r_{p-0}{}^2 - S_{壳})}{(4\pi r_{p-0}{}^2)} \cdot 4\pi r_{核} \rho_e D_{Al-e} \ln\left(\frac{1 - X_{Al-\infty}}{1 - X_{Al-s}}\right) \tag{2-49}$$

式中: r_{p-0} 为颗粒初始粒径; ρ_e 为环境气氛密度; D_{Al-e} 为铝蒸气向环境中的扩散系数,采用二元扩散系数求解获得; X_{Al-s} 为铝核表面铝蒸气摩尔分数; $X_{Al-\infty}$ 为环境中铝蒸气摩尔分数,书中取值为 0。

铝核表面铝蒸气摩尔分数 X_{Al-s} 与铝单质的饱和蒸气压力相关,采用 Clausius-Claperyron 方程描述,由下式表示:

$$X_{Al-s} = \frac{P_{sat}}{P_e} = \exp\left(\frac{L_{Al}}{R_u/M_{Al}}\left(\frac{1}{T_{核}} - \frac{1}{T_{沸点}}\right)\right) \tag{2-50}$$

式中: P_{sat} 为铝单质在该温度下的饱和蒸气压力(atm); P_e 为环境压力(atm)。

Al_2O_3壳质量增加来源于表面异相反应和铝蒸气火焰中 Al_2O_3产物的回流,其控制方程的微分形式为

$$\frac{dm_{壳}}{dt} = v_s \frac{M_{Al_2O_3}}{M_{Al}} + 0.2 \cdot v_g \frac{M_{Al_2O_3}}{M_{Al}} \tag{2-51}$$

(3) 传热过程。该阶段模型考虑的换热内容主要分为 3 个方面:颗粒的反应放热、颗粒与环境之间的热交换以及颗粒核、壳结构之间换热。由于颗粒在燃烧阶段具有较高的温度,颗粒辐射特性大幅增加,因此换热过程中需要考虑颗粒的辐射换热。针对氧化壳换热过程,其温度控制微分方程如下式所示:

$$\frac{dT_{壳}}{dt} = \frac{Q_p(v_s + \xi_s v_g)}{m_{壳} Cp_{壳}} + hS_{壳}(T_e - T_{壳}) +$$

$$\frac{2S_{壳}\lambda_{壳}(T_{核} - T_{壳})r_{核^2}}{r_{p-0}{}^2 x_{壳}} - E\varepsilon T_{壳^4} \tag{2-52}$$

式中：E 为黑体辐射率，模型中取值为 0.84；ε 为 Stefan-Boltzmann 常数，模型中取值为 5.672×10^{-8}。式中等号右边第一项为反应放热项，第二项为壳结构与环境之间的对流换热项，第三项为核壳换热项，第四项为辐射换热项。

针对铝核换热过程，其温度控制微分方程如下式所示：

$$\frac{dT_{核}}{dt} = \frac{(\xi Q_p - L_{Al})v_g}{m_{核}Cp_{壳}} + \frac{(4\pi r_{p-0}{}^2 - S_{壳})}{(r_{p-0}/r_{核})^2}h(T_e - T_{壳}) -$$

$$\frac{2S_{壳}\lambda_{壳}(T_{核} - T_{壳})}{(r_{p-0}/r_{核})^2 x_{壳}} - E\varepsilon T_{核^4} \tag{2-53}$$

式中等号右边第一项表示蒸发燃烧放热和蒸发过程吸热，第二项为铝核与环境之间对流换热项，第三项为核壳换热项，第四项为颗粒辐射项。ξ 为蒸发反应放热回传至核、壳表面的吸收系数，当颗粒温度为 1900K 时，认为火焰面附着于核表面，燃烧能量几乎全被颗粒吸收，吸收系数 $\xi_p = 0.99$；而当颗粒温度平衡（2350K 左右）时，可近似认为 $\xi_p Q_p$ 与 L_{Al} 达到平衡（其他换热机理量级较小，求解时忽略），可求解获得吸收系数 $\xi_p = 0.5175$。假设吸收系数在 1900～2500K 区间上线性变换，获得吸收系数与温度的关系如下式所示：

$$\xi_p = 0.99 - 1.05 \times 10^{-3}(T_p - 1900) \tag{2-54}$$

模型认为壳的吸收系数 ξ_s 与核壳大小以及核壳交界圆处的周长相关，采用下式表示：

$$\xi_s = \frac{0.2\pi[1.0 - |S_c - S_p|/(S_c + S_p)]r_p^2}{(S_p + 0.2S_c)} \tag{2-55}$$

2.3.3.4 模型计算结果分析

1）计算结果验证

模型认为颗粒从进入流场到结构重组（1900K）所经历的时间为点火时间，从颗粒重组到颗粒活性铝质量消耗至初始质量 10% 时燃烧结束。采用上述计算模型对粒径范围 30～100μm 的颗粒反应过程进行预测。初始入口参数为：颗粒初温 $T_0 = 300$K，燃气流速 $V_0 = 25$m/s，燃气温度 $T_e = 2150$K，流道直径为 50mm，燃气组分与实验组分一致。

表 2-16 所示为模型计算点火、燃烧时间与 2.2 节的实验结果的对比，受实验条件的限制，实验中结果中并未覆盖到较大颗粒点火燃烧情况，采用 Beckstead 经验公式计算结果进行补充对比：

相对误差：
$$\xi_{re} = \frac{|T_{模型} - T_{实验}|}{T_{实验}} \tag{2-56}$$

绝对误差：
$$\xi_{ab} = |T_{模型} - T_{实验}| \tag{2-57}$$

表 2-16 模型预测点火、燃烧过程结果与实验和 Beckstead 经验公式对比

颗粒直径/μm	点火时间/ms		燃烧时间/ms		
	模型(修正)	实验	模型	实验	Beckstead 经验公式
30	22.24	18.24	1.56	1.92	2.80
40	25.78	22.91	2.67	2.61	4.32
50	30.44	35.92	3.84	3.62	6.03
60	35.53	41.03	5.86	5.88	7.93
70	42.07	—	8.04	—	10.00
80	49.94	—	10.64	—	12.21
90	59.52	—	13.56	—	14.57
100	71.34	69.88	16.90	—	17.07

注：模型中考虑粉末喷射裹挟气体对颗粒点火延迟造成影响，约为 18ms（实验数据分析）。

与实验数据相比，模型计算原始获得点火时间偏小。相对误差（ξ_{re}）的大小与颗粒粒径具有明显的相关性，对于较小颗粒（30~50μm），计算值相对误差[式(2-56)]较大，而对于较大粒径颗粒，相对误差较小，而不同粒径条件下的绝对误差[式(2-57)]相对较小。这与颗粒进入流场时冷气裹挟作用有关：当颗粒刚刚进入流场时，颗粒被弹射枪管内的冷气（300K 左右）包裹，使得颗粒温升相对减缓，点火时间增加，这种干扰造成的颗粒点火延迟约为 18ms，由于颗粒的点火时间随着粒径逐渐增加，因此这种“延缓作用”对小粒径的铝点火干扰相对值较大，而对大颗粒干扰相对值较弱，如果认为冷气包裹作用使颗粒延迟约 18ms 进入燃气场，则修正点火模型计算结果与实验结果误差大幅降低，如表 2-16 所示。

与 Beckstead 经验公式值相比，模型计算值与实验值均偏小，这与颗粒具体所处环境和随流条件相关。通过对比可以发现，对于燃烧时间，模型计算与实验值误差在 20%以内，具有较高精度；对于点火时间，考虑冷气裹挟颗

粒造成的“延缓作用”,计算误差在 15%以内,模型对颗粒点火机理的描述仍然具有较强参考性。

2) 颗粒传热传质特性

图 2-80 所示为模型计算获得 40μm、60μm、100μm 颗粒的活性铝含量消耗过程。由图 2-80 可见,颗粒的点火和燃烧时间均随颗粒粒径的增加而显著提高,颗粒在点火阶段活性铝消耗相对较慢,而当颗粒进入燃烧阶段时,活性铝的消耗速率迅速增加。这些宏观现象与颗粒传热传质的机理与核壳结构的重组相关。为了深入探讨颗粒点火燃烧机理,以 60μm 颗粒为研究对象,对颗粒核壳传热、传质过程开展进一步分析。

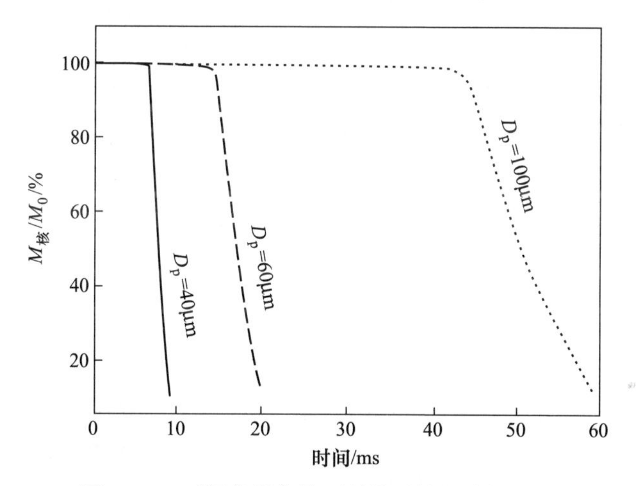

图 2-80 不同粒径条件下颗粒活性铝消耗过程

图 2-81 所示为 60μm 颗粒核、壳结构质量和温度随时间的变化曲线。由图 2-81 可见:①颗粒在点火阶段,核、壳质量主要受表面异相反应控制,壳质量逐渐增加,核质量逐渐减小,但速度相对缓慢;②点火阶段核、壳为等温结构体,其温度受到颗粒与环境温差的影响,在点火阶段初期,颗粒温升速率较快,点火阶段末期,颗粒升温速率放缓;③当颗粒达到 1900K 时,核壳机构进入燃烧阶段,核质量消耗速率和壳质量增加速率迅速增加,在燃烧阶段末期,核壳速率逐渐放缓;④核、壳温度在颗粒进入燃烧阶段时迅速上升,而后进入相对平稳阶段,核-壳温度维持在 2250~2500K,核、壳温差维持在 100K 左右,与实验观测核、壳温度相比较小。

在颗粒的燃烧过程中,核、壳结构参数的演变如图 2-82 所示。由图 2-82可见:①铝核半径在点火初期基本保持不变,核半径与氧化层厚度的变化主要发生在7ms以后，这是由于颗粒温度的升高加大了铝阳离子外迁的强度；②当核壳温度到达点火条件时，壳结构发生突变，受到表面张力影响，壳在核表面的覆盖面积突然减小，壳厚度急剧增加，活性铝暴露于燃气中，因此其裸露面积突然增加；③随着颗粒燃烧的进行，铝核半径和暴露表面积逐渐减小，氧化壳覆盖面积逐渐增加，厚度逐渐生长。

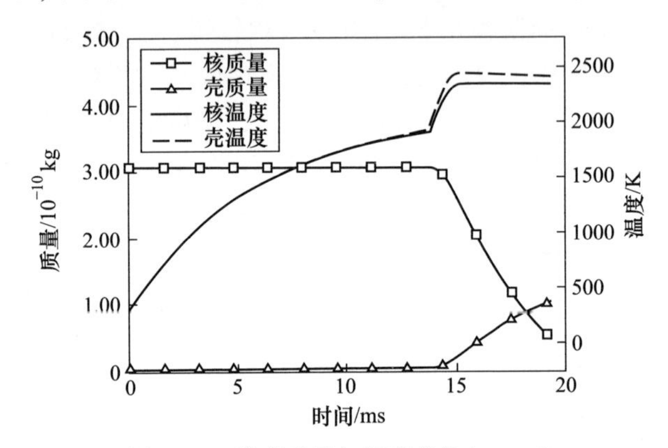

图 2-81　核壳质量与温度变化(60μm)

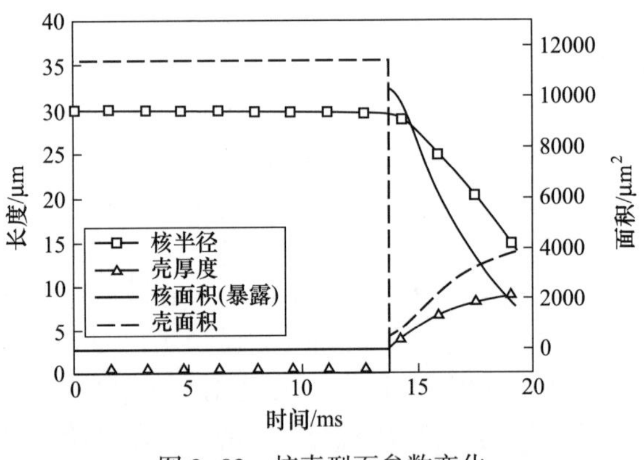

图 2-82　核壳型面参数变化

颗粒表面发生的换质过程是推动铝颗粒反应进程根源。模型中主要考虑了两种换质机理：颗粒表面异相反应和蒸发反应，如图 2-83 所示。

(1) 壳表面的异相反应贯穿颗粒点火、燃烧整个过程。在点火阶段，颗粒表面异相反应速率随着温度的上升逐渐增加，当颗粒实现点火时，壳体型面的突变致使表面异相反应速率突然降低，随着颗粒温度的上升和壳的生

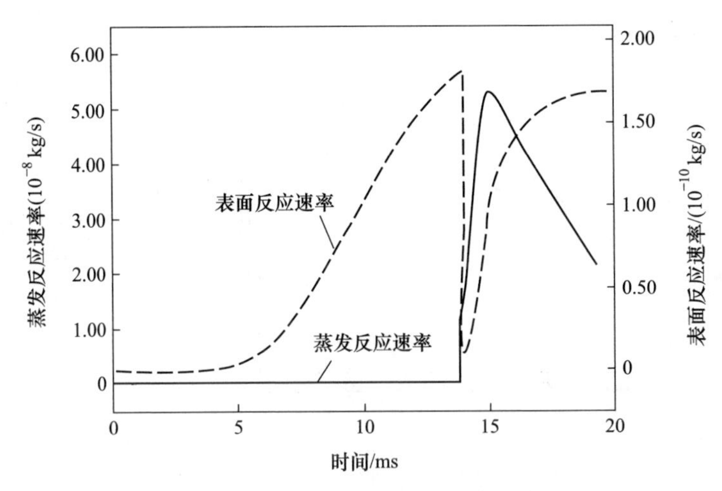

图 2-83　蒸发反应与表面反应速率

长,反应速率增加。

(2) 在氧化壳重组以后,核表面裸露于燃气中,因此核蒸发过程只存在于颗粒点火以后。核的蒸发速率表现为先增加,后降低,其原因与核的尺寸和温度变化相关。在燃烧初期,核温的增加导致核表面饱和蒸气压的上升,因此铝蒸汽的扩散速率得到显著提升;在燃烧后期,颗粒的温度趋于平稳,而铝核消耗导致其裸露表面急剧缩减,从而导致蒸发速率的降低。

(3) 对比两种换质方式可以发现,蒸发反应速率高于表面异相反应速率约 2~2.5 的数量级,活性铝的消耗过程由蒸发过程主导。

(4) 对比点火和燃烧过程可以发现,点火阶段换质受表面异相反应主导,速率较低,而燃烧阶段换质则是蒸发反应与壳表面异相反应共同作用,速率较高。

颗粒换质的过程同时也伴随着核壳之间、颗粒与环境之间的传热现象。颗粒的换热机理主要由 4 个部分组成:反应换热、对流换热、辐射换热和核壳内部换热。根据模型计算结果,颗粒在点火过程中颗粒的换热机理主要为壳与环境对流换热、表面异相反应换热、壳体辐射等,影响强度依次降低。颗粒在燃烧过程中的换热机理主要为蒸发换热、核壳反应换热、辐射换热、环境对流换热、火焰对核壳的换热、核壳内部换热等。

核蒸发换热、火焰对颗粒传热、环境与壳结构的对流换热、壳表面反应热以及核壳内部导热是影响颗粒温度的主要因素,其在随流燃烧过程中的变化如图 2-84 所示。

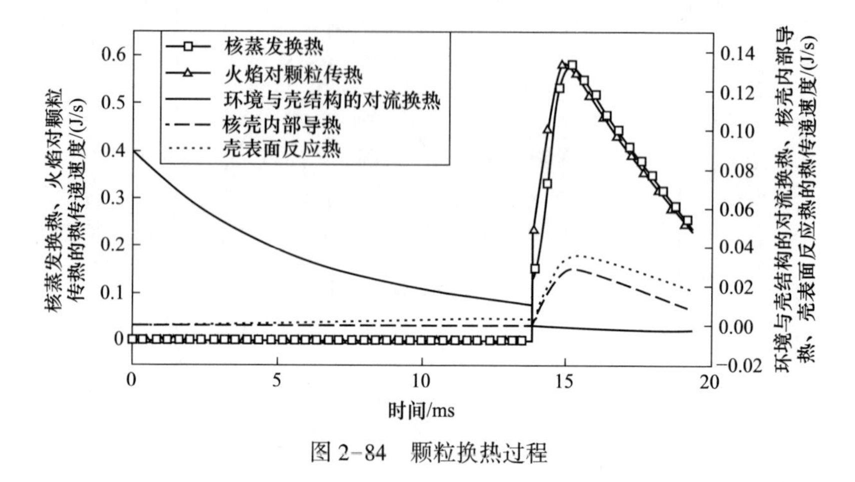

图 2-84　颗粒换热过程

（1）在点火阶段,颗粒与环境之间的对流换热是核壳升温主要驱动力,而异相反应产生的热量处于较低水平。在点火阶段末期,伴随着环境-颗粒温差的缩小,对流换热强度逐渐降低,表面反应速率上扬,表面异相反应对温度的影响逐渐明显。

（2）在进入燃烧阶段后,火焰向颗粒的传热和铝蒸发吸热均处于较大量级,二者的相互作用是影响颗粒的温度走势的主导因素。在燃烧阶段初期,火焰传热高于蒸发吸热,颗粒温度会迅速上扬;在颗粒温度达到稳定后,二者会随着铝核的减小逐渐减弱,蒸发吸热略小于火焰向颗粒的传热。

（3）在燃烧阶段中,表面异相反应热与核壳之间的换热在量级和走势上较为接近,这说明部分壳区异相反应放热以导热的形式传递到了铝核。相对于蒸发热和火焰传热,其量级虽然处于较低水平,但是维持核壳温差的重要因素之一。

第3章 镁基粉末推进剂

镁粉由于其着火温度低、燃烧性能优异、成本低廉和无毒无污染等特点,被认为是火星探测用金属/CO_2粉末火箭发动机最具有应用前景的燃料。然而目前对于镁粉在二氧化碳中点火、燃烧和碳生成特性及机理等基础研究尚不够深入,导致发动机结构设计和燃烧方式组织仍缺乏基础的理论支撑。本章以实际发动机中所使用的微米级镁粉颗粒为对象,分别从热力学、动力学和燃烧学等角度对其在二氧化碳中的反应特性和机理进行了细致阐述。

3.1 镁/二氧化碳反应热力学与动力学

3.1.1 镁/二氧化碳反应热力学

热力学是在研究热现象中,物质系统在平衡时的性质和建立能量的平衡关系。通过对镁/二氧化碳(Mg/CO_2)体系进行热力学分析可以在最基础的层面上获得 Mg 与 CO_2 之间反应过程的最基本特性。采用热力学计算方法进行化学组分平衡的热力计算,通过该计算可以获得 Mg/CO_2在不同条件下反应的最终平衡状态,从而可以对 Mg 在 CO_2 中的反应过程和特性建立初步的认知。

由于在 Mg/CO_2真实燃烧过程中,镁颗粒近似处于恒压环境,若不考虑其与外界之间的热交换,那么在绝热且压强恒定为一个大气压的条件下计算 Mg 与 CO_2在不同配比条件下的反应,计算所得的绝热燃烧温度和平衡产物组分浓度随初始反应物中 Mg 摩尔浓度的变化曲线如图 3-1 所示。

由图 3-1 可以看出,当初始 Mg 含量低于 0.03 时,反应产物为 $MgCO_3$的

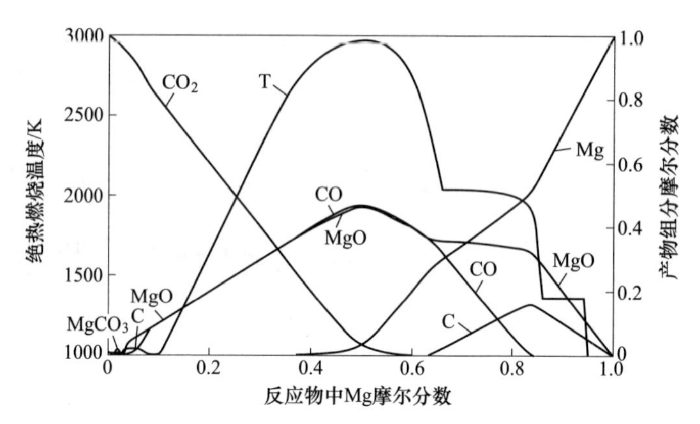

图 3-1 绝热燃烧温度和平衡产物组分浓度随初始反应物中 Mg 摩尔浓度的变化(Mg/CO_2)

绝热燃烧温度低于 600K。当初始 Mg 含量介于 0.03~0.08 时,不再有 $MgCO_3$生成,取而代之生成的是 MgO 以及少量的 C 和 CO,此时绝热燃烧温度低于 900K。当初始 Mg 含量高于 0.08 时,产物中便仅有 MgO 和 CO 产生,且其浓度基本保持一致,此时发生的反应为 $Mg + CO_2 = MgO + CO$。当 Mg 含量达到 0.4 后,平衡产物中开始有 Mg 存在。当 Mg 含量继续增加达到化学当量比条件时,平衡组分中 MgO 和 CO 的浓度达到最大,并且约为 Mg 和 CO_2浓度的 14 倍,此时绝热燃烧温度也达到最高,约为 2970K。随后当 Mg 含量达到 0.6 后,反应产物中便不再有 CO_2存在,且 CO 浓度相比 MgO 开始急剧下降,产物中的 C 浓度开始逐渐增加。可以推断,当 Mg 含量过剩时,Mg 与产物中的 CO 又会继续发生反应生成 MgO 和 C。该反应也是放热反应,该反应的发生会对整个体系的绝热燃烧温度有较大影响,体现在图中即该位置处绝热燃烧温度产生了明显的拐点,随后温度维系在 2000K 左右。

在实际 Mg/CO_2燃烧过程中,出现镁浓度局部过高的可能性较大,因而上述 Mg 含量大于 60%这一阶段出现的概率较大,因此针对该过程进行详细的热力学分析。在相同条件下,计算 Mg 与 CO 在不同配比时的反应,计算所得的绝热燃烧温度和平衡产物组分浓度随初始反应物中 Mg 摩尔浓度的变化曲线如图 3-2 所示。

由图 3-2 可以看出,当初始 Mg 含量低于 0.1 时,Mg 和 CO 反应生成 MgO 和 C 的同时,产物中还存在少量的 CO_2,这可能是由少量的 CO 发生歧化反应所生成。随后,当 Mg 浓度高于 0.1 后,产物中仅有 MgO 和 C,且其浓度基本保持一致,此时发生的反应为 $Mg + CO = MgO + C$,可以看到,该反

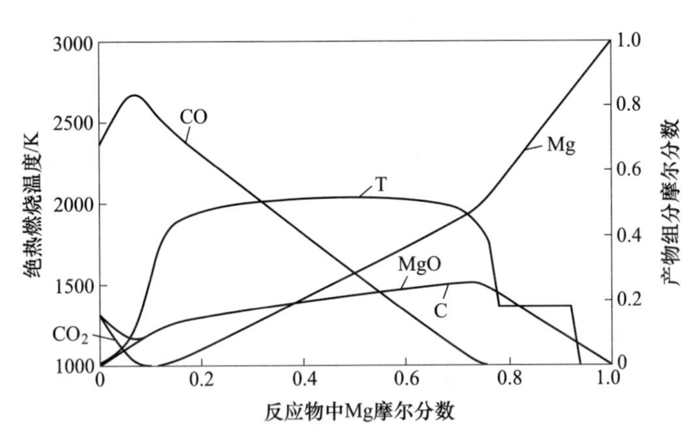

图 3-2　绝热燃烧温度和平衡产物组分浓度随初始反应物中 Mg 摩尔浓度的变化(Mg/CO)

应的绝热燃烧温度在很大范围内基本保持为 2000K 左右(与图 3-1 中 Mg 含量>60%阶段相对应),这可以根据该反应的吉布斯自由能变 ΔG 在 2040K 时为 0 来解释。这也解释了图 3-1 中当 Mg 在 Mg/CO_2体系中过量时,仅当燃烧温度低于该温度值时产物中才开始出现 C。此外该反应过程还与前述 Mg/CO_2之间的反应过程存在一个较大差异,即当 Mg/CO 浓度达到化学当量比时,产物 MgO 和 C 浓度低于反应物 Mg 和 CO 的浓度,说明该反应进行程度较低。且当 Mg 浓度继续增大时,产物 MgO 和 C 浓度也随之增加。当 Mg 浓度达到约 0.75 时,CO 才完全被还原为 C,此时 Mg 的浓度远高于 MgO 的浓度(仅 1/3 的 Mg 被氧化为 MgO)。该点处也对应着燃烧温度从 2000K 左右降至 1400K。对于颗粒燃烧过程,该阶段条件可能在液滴表面附近达到。

根据前人对于 Mg/CO_2燃烧特性的实验研究结果,Mg 在 CO_2 中的燃烧可分为两个阶段:①镁蒸气与 CO_2 气体之间发生气相反应;②气相反应中生成的 CO 在颗粒表面与镁液滴发生表面异相反应。结合图 3-1 和图 3-2 关于 Mg/CO_2和 Mg/CO 的热力学计算结果可以对镁在二氧化碳中的两个阶段有更加深入的理解。

气相反应前锋面的存在是燃料液滴发生蒸气相燃烧的一个标志性特征。在反应前锋面中,燃料和氧化剂浓度之比应当等于化学当量比,前锋面的温度接近绝热燃烧温度且远高于液滴表面温度,并且前锋面中燃料和氧化剂的浓度与燃烧产物的浓度相比较低。从图 3-1 中的数据可以发现,Mg 在 CO_2 中燃烧很可能存在这样一个火焰前锋面。正如上述所分析,在 Mg 与 CO_2浓度比值达到化学当量比时,反应绝热燃烧温度接近 3000K,而镁颗粒温度接近其沸点温度(1363K),且燃烧产物(MgO 和 CO)浓度为反应物浓度的 14 倍。因此,一个较薄的气相反应前锋面很可能存在。

Mg 在 CO_2中的燃烧可以简单描述为图 3-3 所示的过程。首先镁液滴蒸发产生 Mg 蒸气向外扩散,而 CO_2从环境中向颗粒表面扩散,两者相接触便会发生气相反应,当该状态达到平衡时,会形成上述所说的气相反应前锋面,在该处 Mg 浓度与 CO_2浓度比值达到化学当量比,反应温度达到最高。在前锋面与 Mg 颗粒表面之间,Mg 浓度相应高于 CO_2浓度,也即对应于图 3-1右半阶段(Mg 含量>50%),该阶段反应产物中 CO_2浓度趋近于 0,从而可以推断从火焰前锋面至颗粒表面之间几乎无 CO_2存在。相应地,气相反应区生成的 CO 气体从前锋面回传至颗粒表面与 Mg 发生表面异相反应。该反应即对应图 3-2 中 Mg 浓度较大的阶段,尤其在镁表面处,此时几乎所有的 CO 均被还原为 C,仅部分 Mg 被氧化为 MgO。反应产物均为固体状态,MgO 和 C 在 Mg 颗粒表面凝结聚团形成固体壳覆盖在颗粒表面。而在前锋面与环境之间的区域内 Mg 浓度相应低于 CO_2浓度,也即对应于图 3-1 左半阶段(Mg 含量<50%),该阶段反应产物中 Mg 浓度趋近于 0,从而可以推断远离火焰前锋面的区域内几乎无 Mg 存在,燃烧产物主要为 MgO 和 CO。当距离火焰前锋面足够远时,此处 CO_2浓度相比 Mg 足够大。该反应即对应图 3-1中 Mg 含量小于 0.1 的阶段,此时根据热力学计算结果,CO 理论上会发生歧化反应生成 CO_2 和 C,但是根据 Gmelins 等的研究成果,歧化反应 $2CO = CO_2 + C$ 仅在有催化剂存在时才能发生。因此,气相反应生成的 CO 在远离前锋面的过程中并不会发生进一步转化。

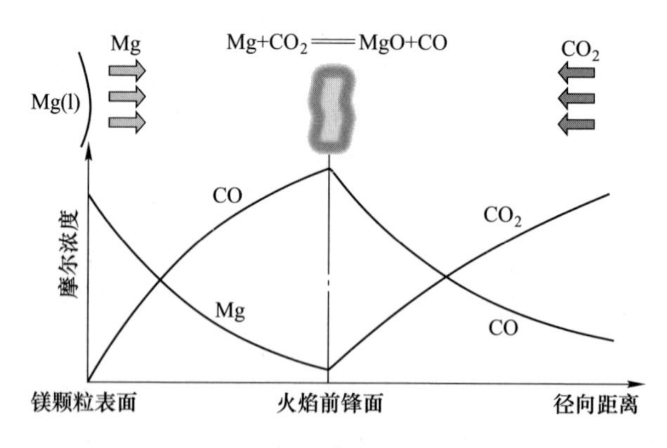

图 3-3　Mg 在 CO_2中燃烧过程的气相产物浓度分布示意图

3.1.2　镁/碳/氧非均相体系反应动力学

3.1.2.1　热分析动力学方法

非等温非均相体系的热分析动力学是在等温均相体系的理论基础上发展而来的。对于后者,其动力学方程形式为

$$\frac{\mathrm{d}c}{\mathrm{d}t}=k(T)f(c) \tag{3-1}$$

式中:c 为产物的浓度;t 为时间;$k(T)$ 为依赖温度的反应速率常数;$f(c)$ 为反应机理函数,在等温均相体系中其一般为级数形式 $f(c)=(1-c)^n$。

对于非等温非均相体系,浓度(c)的概念不再适用,因而使用反应物转化率 α 来替代。在非等温试验中经常采用线性升温法,因此 Vallet 引入升温速率 β 将 $\mathrm{d}t$ 替换为 $\mathrm{d}T$,最终调整后的方程形式如下:

$$\frac{\mathrm{d}\alpha}{\mathrm{d}T}=\frac{1}{\beta}k(T)f(\alpha) \tag{3-2}$$

式中:$f(\alpha)$ 为动力学机理函数,用于表示物质反应速率与反应物转化率之间的关系,不再像均相等温体系中的那样只采用反应级数形式来表示反应机理。一些常见的函数形式及其相应的积分形式见表 3-1。在动力学分析中会广泛使用机理函数的积分形式,其被定义为

$$g(\alpha)=\int_0^{\alpha}\frac{\mathrm{d}\alpha}{f(\alpha)} \tag{3-3}$$

表 3-1　常见的动力学机理函数及其积分形式

反应模型	$f(\alpha)$	$g(\alpha)$
幂定律(P2)	$2\alpha^{1/2}$	$\alpha^{1/2}$
幂定律(P3)	$3\alpha^{2/3}$	$\alpha^{1/3}$
幂定律(P4)	$4\alpha^{3/4}$	$\alpha^{1/4}$
Avarami-Erofe'ev(A2)	$2(1-\alpha)[-\ln(1-\alpha)]^{1/2}$	$[-\ln(1-\alpha)]^{1/2}$
Avarami-Erofe'ev(A3)	$3(1-\alpha)[-\ln(1-\alpha)]^{2/3}$	$[-\ln(1-\alpha)]^{1/3}$
Avarami-Erofe'ev(A4)	$4(1-\alpha)[-\ln(1-\alpha)]^{3/4}$	$[-\ln(1-\alpha)]^{1/4}$
二维收缩(R2)	$2(1-\alpha)^{1/2}$	$1-(1-\alpha)^{1/2}$
三维收缩(R3)	$3(1-\alpha)^{2/3}$	$1-(1-\alpha)^{1/3}$
一维扩散(D1)	$1/(2\alpha)$	α^2
二维扩散(D2)	$[-\ln(1-\alpha)]^{-1}$	$[(1-\alpha)\ln(1-\alpha)]+\alpha$

续表

反应模型	$f(\alpha)$	$g(\alpha)$
三维扩散(D3)	$3(1-\alpha)^{2/3}/2[1-(1-\alpha)^{1/3}]$	$[1-(1-\alpha)^{1/3}]^2$
一级反应(F1)	$(1-\alpha)$	$-\ln(1-\alpha)$
二级反应(F2)	$(1-\alpha)^2$	$(1-\alpha)^{-1}-1$
三级反应(F3)	$(1-\alpha)^3$	$[(1-\alpha)^{-2}-1]/2$

式(3-2)中 $k(T)$ 一般采用 Arrhenius 形式,即

$$k(T)=A\exp\left(-\frac{E}{RT}\right) \tag{3-4}$$

式中:A 为指前因子;E 为活化能;R 为摩尔气体常量;T 为热力学温度。因而,代入式(3-2)可获得反应速率方程最终形式为

$$\frac{\mathrm{d}\alpha}{\mathrm{d}T}=\frac{A}{\beta}\exp\left(-\frac{E}{RT}\right)f(\alpha) \tag{3-5}$$

通常,A、E 和 $f(\alpha)$ 被称为动力学三因子,热分析动力学研究的目的就是通过对热分析曲线的分析处理求取相应的动力学三因子。

由于非等温热分析实验的优点,目前非等温法已经成为热分析动力学研究的主要方法。从分析方法学方面进行划分,非等温法可以分为等转化率法(model free method)和模型拟合法(model fitting method)。由于等转化率法不依赖反应机理函数的选取,因而其所求解获得的活化能相对更加准确,因此通常首先采用等转化率法来获得反应的表观活化能,同时结合模型拟合法来获得相应的指前因子和反应机理函数。具体计算方法如下。

1) 等转化率法数学模型

等转化率法的基本假设是在不同的升温速率下反应的活化能在相同转化率时保持一致。对式(3-5)两端积分可以得到:

$$g(\alpha)=\int\frac{1}{f(\alpha)}\mathrm{d}\alpha=\int\frac{A}{\beta}\exp\left(-\frac{E}{RT}\right)\mathrm{d}T \tag{3-6}$$

采用 Satava-Sestak 变换后,式(3-6)可改写为

$$\ln\beta=\ln\left(\frac{AE}{Rg(\alpha)}\right)-5.33-1.0515\frac{E}{RT} \tag{3-7}$$

由于在不同温升条件下选择相同的转化率 α,从而 $g(\alpha)$ 是一个固定值,因此可用 $\ln\beta$ 对 $1/T$ 作线性回归,通过拟合曲线的斜率进一步求取活化能的值。对于每个特定的转化率 α,都可以求出相对应的活化能,对所求结果进

行分析,从而最终确定合理的反应活化能。

2) 模型拟合法

模型拟合法求取指前因子是对整个反应过程中以活化能为单一变量的拟合方法。变换式(3-7)的形式得到:

$$\ln g(\alpha) = \ln\left(\frac{AE}{\beta R}\right) - 5.33 - 1.0515\frac{E}{RT} \quad (3-8)$$

对于合适的 $g(\alpha)$, $\ln g(\alpha)$ 与 $1/T$ 应当呈线性关系,从而可以从回归直线的斜率求取活化能 E,从截距求取指前因子 A。因此,模型拟合法的关键就是确定可能的反应机理函数 $g(\alpha)$。

3.1.2.2 Mg/CO_2非均相反应动力学

1) 热氧化特性分析

不同升温速率条件下镁颗粒在二氧化碳气氛下的同步热分析实验结果曲线如图3-4所示。由图3-4可见,不同温升条件下样品的TG曲线变化趋势大致相同。当温度低于450℃时,样品TG曲线基本保持恒定不变,反映在DTG曲线上即该温度范围内样品DTG值均为0。从而说明当温度低于450℃时,镁颗粒样品与CO_2气体之间几乎不发生反应;当温度超过450℃时,样品开始有增重的趋势,并且随着温度的逐渐升高,增重速率不断增大;当温度升高至637℃附近时,DSC曲线有明显的吸热峰,这对应于镁的熔化吸热过程;随后,样品增重速率逐渐提升并达到顶峰值,该处所对应的DSC曲线也刚好达到其放热峰值,此时可认为镁完成了着火;在此之后,样品继续增重,但其增重速率不断降低,直至样品反应完全。

根据前人对镁颗粒理化性质的研究结果,当Mg颗粒温度低于450℃时(Ⅰ),颗粒表面的氧化壳很薄并且被认为是无孔洞的。此时其表面氧化层的增厚主要是通过Mg^{2+}在壳内向外扩散至壳表面与环境中的氧化性气体进行反应,此时MgO层的生长主要受到Mg^{2+}向外扩散速率的控制。而Mg^{2+}在壳内的扩散通道主要为晶格和晶界面,在温度较低时,MgO为单晶质的,无晶界面,因此Mg^{2+}只能通过晶格向外扩散,但扩散速率较慢,最终表现为低温时Mg的氧化速率较低,反映在图3-4中即为TG曲线保持平稳几乎无增重。

随着Mg颗粒温度的逐渐升高,Mg^{2+}向外的扩散速率提高。而这也导致氧化壳向内的空位通量,从而可能在金属/氧化物界面上形成空隙。这些缺陷的累积和分离最终会在氧化膜中引入内部应力。直至温度达到450℃左右时,氧化壳内部应力足够高从而导致裂纹的产生。这些裂纹可充当CO_2气体向内渗透和 Mg 蒸气向外扩散的传输通道,从而促进氧化。并且随着氧化壳厚度的增加,MgO 层由单晶质逐渐转变为多晶质,从而 Mg^{2+}除了可通过晶格向外扩散,还可通过晶界面向外扩散,这也促进了 Mg 颗粒的氧化,反映在图 3-4 中即 TG 曲线开始逐渐攀升。

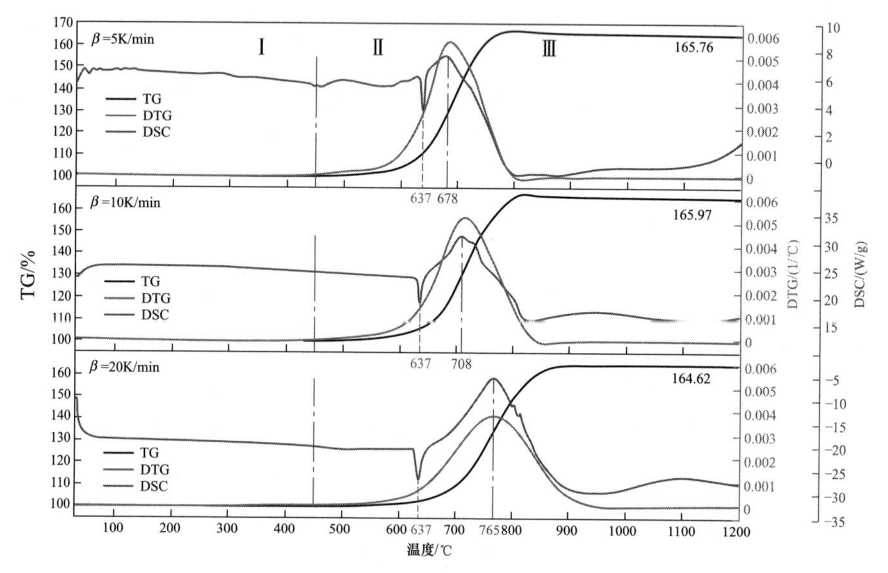

图 3-4　Mg/CO_2同步热分析实验曲线

此外,Mg 的蒸发是 Mg 在高温下氧化的一个典型特征,Mg 在 400℃时的蒸汽压力比 Al 高 13 个数量级。研究表明 Mg 的蒸发对于其氧化的贡献随温度的升高而增加。当温度高于 450℃时,Mg 的蒸发被认为是造成氧化壳多孔结构形成的主要原因,由于该温度下 Mg 的蒸发速率达到了 $2.2\times10^{-6}g/(cm^2\cdot min)$,比 400℃时高了两个数量级。在氧化早期阶段,Mg 高的蒸发速率造成 MgO 壳内的微裂纹和壳表面的脊状形貌。Mg 蒸气经由这些微裂纹以及空洞可以迅速到达壳外界面与 CO_2气体反应形成氧化物结节。此时颗粒表面的氧化壳将不再具备保护性,并且氧化服从线性动力学。线性动力学表明此时氧化速率不再依赖表面氧化层的厚度,因为此时 CO_2和 Mg 蒸气能够比较容易地渗透穿过这些开放的裂缝和空洞,到达壳内外界面处。随着氧化的进行,这些氧化物结节生长、联合,最终形成松散的结构。

综合上述分析,镁颗粒在二氧化碳环境中点火氧化阶段(Ⅱ)发生的反应主要为 Mg 与 CO_2气体的表面异相反应,即 $2Mg+CO_2=\!=\!=2MgO+C$。即使有少部分的 Mg 蒸气会通过裂缝扩散至壳外与 CO_2 发生均相反应 $Mg+CO_2 = MgO+CO$，但由于此时 Mg 蒸气浓度较低，该反应主要发生在颗粒表面附近，因而其所生成的 CO 气体可近似认为全部与 Mg 核或者 Mg^{2+} 继续发生反应，即 $Mg+CO = MgO+C$，该过程在一定程度也可近似等效为 Mg 与 CO_2 直接生成 MgO 和 C 的总包反应。因此，Mg 在 CO_2 中的氧化过程便可统观认为是 Mg 与 CO_2 发生表面异相反应的过程，对该阶段内 TG 曲线的分析处理所获得动力学数据即可认为是 Mg/CO_2 表面异相反应的动力学参数。

Mg 与 CO_2 完全反应（$2Mg+CO_2 = 2MgO+C$）的理论增重为 91.67%，然而图 3-4 中 TG 曲线最终平衡时的增重仅为 65%左右，这是由于在燃烧阶段（Ⅲ）中会有大量的 Mg 蒸气产生，部分 Mg 蒸气与 CO_2 发生均相反应所生成的燃烧产物会随着载气流出坩埚，从而这部分物质质量未能被收集，造成实际增重与理论增重的偏差，这也很好地解释了图 3-4 中在颗粒完成着火之后样品增重速率逐渐降低。由于燃烧过程涉及多步反应，且流出坩埚的物质质量无从知晓，因而该阶段内镁样品的实际反应量（转化率）难以获得，因此后续未对该过程的反应动力学参数进行求解。

2）反应表观活化能计算

综合前面的分析，本书主要针对 TG 曲线第Ⅱ段采用等转化率法求取 Mg 与 CO_2 气体的表面异相反应，即 $2Mg+CO_2 = 2MgO+C$ 的表观活化能。假设 α 为镁样品的转化率，任意时刻 t 样本的重量为 m_t，初始重量为 m_i，则 α 可以通过 TG 曲线计算获得：

$$\alpha = \frac{(m_t - m_i)/m_i}{(M_C + 2M_O)/2M_{Mg}} \tag{3-9}$$

式中，分子为样品实际增重百分比，分母为镁样品完全反应理论最大增重百分比。根据式（3-9）可以获得不同温升速率条件下第Ⅱ阶段镁样品转化率随温度变化曲线如图 3-5 所示。由图 3-5 可见，镁样品转化率在第Ⅱ阶段结束时分别为 0.302（β=5K/min）、0.316（β=10K/min）和 0.352（β=20K/min）。

根据式（3-7），令 $Y=\ln\beta$，$a=\ln[AE/Rg(\alpha)]-5.33$，$b=-1.0515E/R$，$X=1/T$，则式（3-7）可改写为

$$Y = a + bX \tag{3-10}$$

由图 3-5 可见，不同温升速率条件下每个 α 值都对应一个不同的温度 T，那么在 0~0.3 区间内每隔 0.05 选取一个 α 值，对 Y 和 X 作线性回归便可以获得式（3-10）相对应的直线，如图 3-6 所示。

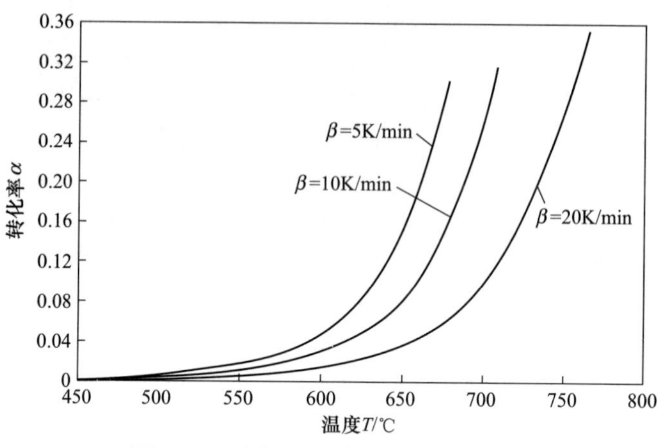

图 3-5　不同温升速率工况下 $\alpha-T$ 曲线

图 3-6 中给出了线性拟合值 R^2,由结果可以看到 R^2 值均大于 0.98,从而可以认为通过该方法计算得到的表观活化能 E 值真实可信。通过参数提取,可以获得不同转化率下拟合直线的斜率 b,如表 3-2 所示,进而通过计算式(3-11)便可求出对应的活化能 E。不同转化率 α 下所对应的活化能计算结果也列入表 3-2 中。从表 3-2 的计算结果可以看到,该阶段内不同转化率下反应的表观活化能偏差较小,其标准偏差值仅为 2.014kJ/mol,因而通过该方法计算所获得的表观活化能平均值 138.685kJ/mol 能够很好地表征第Ⅱ阶段内总包反应的活化能:

$$E_a = -\frac{bR}{1.0515} \tag{3-11}$$

表 3-2　等转化率法求解获得的不同转化率下反应的表观活化能

转化率 α	斜率 b	活化能 E_a/(kJ/mol)	偏差 e/(kJ/mol)
0.05	-1.766	139.664	17.7
0.10	-1.784	141.089	16.7
0.15	-1.774	140.299	17.9
0.20	-1.756	138.880	17.3
0.25	-1.732	136.954	17.9
0.30	-1.710	135.226	19.3
偏差的平均值		138.685	17.8
标准偏差		2.014	—

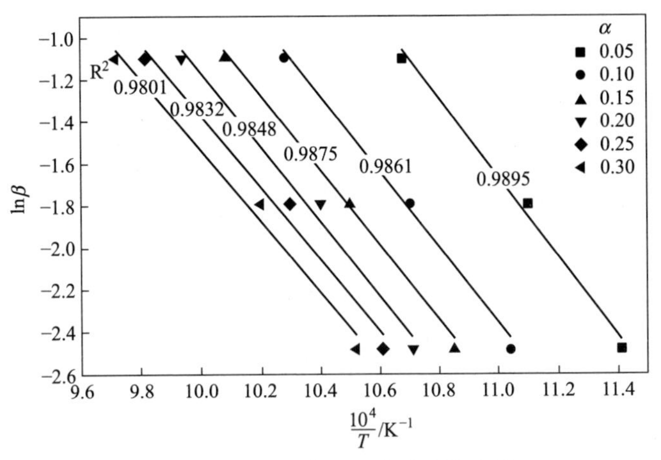

图 3-6　不同转化率 α 拟合所得直线

3）反应频率因子与动力学模型分析

如前所述，要获得反应的指前因子，需要知晓该反应所对应的动力学机理函数 $g(\alpha)$。通常对于固相反应模型有化学反应控制、扩散控制、界面反应等，其采用的微分形式和积分形式动力学机理函数如表 3-1 所示。由于 Mg 与 CO_2 表面异相反应所对应的反应机理尚不清楚，因而采用模型拟合法将非等温实验数据分别代入上述可能的理想反应模型中，计算获得相应的动力学参数结果如表 3-3 所示。

表 3-3　模型拟合法计算所得 Mg/CO_2 反应动力学参数

反应模型	活化能 E_a/(kJ/mol)	指前因子 A/s^{-1}	R^2
幂定律(P2)	64. 516	6. 033	0. 9878
幂定律(P3)	43. 011	0. 648	0. 9878
幂定律(P4)	32. 258	0. 231	0. 9878
Avarami-Erofe'ev (A2)	66. 185	7. 712	0. 9868
Avarami-Erofe'ev (A3)	44. 123	0. 758	0. 9868
Avarami-Erofe'ev (A4)	33. 092	0. 258	0. 9868
二维收缩(R2)	130. 680	5300. 325	0. 9874

续表

反应模型	活化能 E_a/(kJ/mol)	指前因子 A/s^{-1}	R^2
三维收缩(R3)	131.239	3851.656	0.9873
一维扩散(D1)	258.066	30380409917	0.9878
二维扩散(D2)	260.235	21443605469	0.9876
三维扩散(D3)	262.478	6806278546	0.9873
一级反应(F1)	132.370	13762.130	0.9868
二级反应(F2)	6.843	0.0636	0.5898
三级反应(F3)	13.687	0.0969	0.5898

表 3-3 给出了采用不同机理函数计算所得的表观活化能 E 和指前因子 A 的值。通常来说,使用不同反应模型确定的 E 值与由等转化率法拟合所得 E 值(138.685kJ/mol)最接近的机理函数,被认为是目标反应的最佳动力学机理函数。然而,表 3-4 中 R2、R3 和 F1 模型计算得到的 E 值均与 138.685kJ/mol 较为接近,且其 R^2 值均大于 0.98,因而需要对这三个模型开展进一步的验证来确定目标反应的最佳机理函数。

采用 Leyko-Maciejewski-Szuniewicz 方法,将 E、A 及相应的 $f(\alpha)$ 代入式(3-5),求得 $\left(\frac{d\alpha}{dT}\right)_{cal}$,计算结果如表 3-4 所示。将该值与实验值比较,确定最小方差,那么方差最小所对应的 $f(\alpha)$ 即最佳的动力学机理函数。

表 3-4　不同模型下 $d\alpha/dT$ 值与实验值比较

转化率 α	R2	R3	F1	实验值
0.05	2.00×10^{-3}	2.01×10^{-3}	2.01×10^{-3}	1.31×10^{-3}
0.10	3.49×10^{-3}	3.47×10^{-3}	3.43×10^{-3}	2.68×10^{-3}
0.15	4.63×10^{-3}	4.57×10^{-3}	4.44×10^{-3}	3.85×10^{-3}
0.20	5.53×10^{-3}	5.40×10^{-3}	5.16×10^{-3}	4.94×10^{-3}
0.25	6.30×10^{-3}	6.10×10^{-3}	5.71×10^{-3}	5.68×10^{-3}
0.30	7.02×10^{-3}	6.72×10^{-3}	6.16×10^{-3}	6.11×10^{-3}
方差	6.41×10^{-7}	4.86×10^{-7}	3.32×10^{-7}	

根据表 3-4 计算结果,F1 模型计算值与实验值方差最小,与实验值最接近。因而认为 Mg 与 CO_2 之间的表面异相反应受一级反应模型(F1)控制,

即线性动力学控制,与 Mg 在空气中的氧化机理研究结果相一致。其表观活化能为 132.370kJ/mol,指前因子为 $1.376\times10^4 s^{-1}$,反应动力学微分方程为

$$\frac{d\alpha}{dt} = 1.376 \times 10^4 \exp\left(-\frac{1.59 \times 10^4}{T}\right)(1 - \alpha) \tag{3-12}$$

3.1.2.3 Mg/CO 非均相反应动力学

1)热氧化特性分析

不同升温速率条件下镁颗粒在 CO 气氛下的同步热分析实验结果曲线如图 3-7 所示。由图 3-7 可见,不同升温速率条件下样品的 TG 曲线变化趋势大致相同。与在 CO_2 气氛下的同步热分析实验结果相类似,当温度低于 450℃时(Ⅰ),样品 TG 曲线也基本保持恒定不变(为便于高温下的数据显示,400℃之前的恒定数据未在图中重复绘制),反映在 DTG 曲线上即该温度范围内样品 DTG 值均为 0。这也说明了当温度低于 450℃时,Mg 颗粒样品与 CO 气体之间几乎不发生反应,从而进一步验证了当 Mg 颗粒温度低于 450℃时其表面氧化层结构是致密的,并且对其内核具有氧化保护性。

当温度逐渐升高并超过 450℃之后(Ⅱ),样品开始有增重的趋势,并且随着温度的升高,增重速率不断增大;当温度升高至 640~700℃附近时(Ⅲ),DTG 曲线到达第二个峰值,并基本维持恒定不变,这对应于 Mg 样品的熔化阶段;当温度超过 700℃之后(Ⅳ),样品 DTG 曲线又进一步攀升,直至实验结束。根据 DTG 曲线走势,在 750℃之后会迎来第三个峰值。

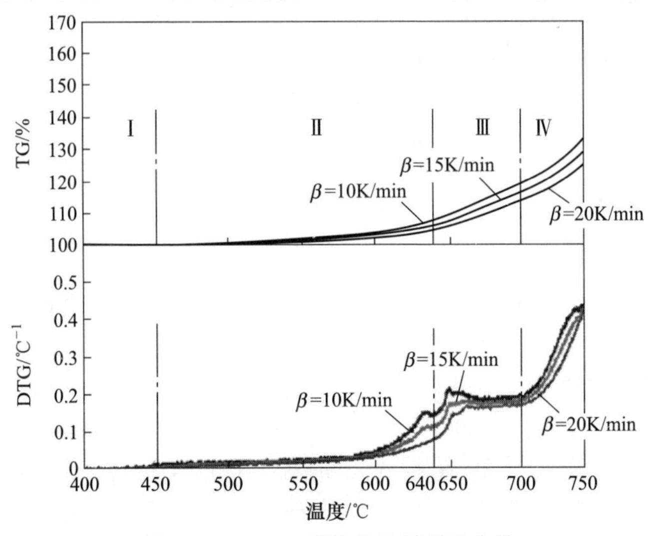

图 3-7 Mg/CO 同步热分析实验曲线

结合 3. 1. 2. 2 节分析可知,在镁样品熔化之前发生的反应主要为 Mg 与 CO 气体的表面异相反应,即 Mg^{2+}通过氧化壳内的晶格和晶界面向外扩散至壳表面与环境中的 CO 气体进行反应,或者 CO 气体通过氧化壳内的微裂纹向内渗透至内核表面与 Mg 进行反应。而当 Mg 样品熔化后,一方面 Mg 核继续与 CO 气体发生表面异相反应;另一方面 Mg 核蒸发产生大量的 Mg 蒸气,这些 Mg 蒸气经由颗粒表面氧化壳中的微裂纹以及孔洞可以迅速到达壳外界面与 CO 气体发生均发生反应,从而生成凝相 MgO 和 C,沉降至坩埚内,这也使样品表现为增重。综合上述分析,Mg 在熔化前后,样品的增重机理发生了明显的改变,因而造成了图 3-7 中的 DTG 曲线三峰结构。

Mg 与 CO 完全反应(Mg+CO ══MgO+C)的理论增重为 116. 67%,虽然图 3-7 中实验结束时的 TG 曲线增重仅为 30%左右,但是根据曲线走势,随着温度的升高,样品还会继续增重,因而无法判断阶段(Ⅳ)中 Mg 蒸气与 CO 发生均相反应所生成的凝相燃烧产物是完全沉降并被收集还是部分会随载气流出坩埚导致无法被完全收集到。本节的主要目的是求解 Mg 与 CO 表面异相反应的动力学参数,因此原本可以像 3. 1. 2. 2 节一样仅针对阶段(Ⅱ)进行动力学分析。但是由于阶段(Ⅳ)中产物完全收集不确定性以及为了验证上述所猜想的图 3-7 中的三峰结构所对应的不同增重机理,后续对阶段(Ⅲ、Ⅳ)中的反应动力学参数也顺带进行了求解,求解过程中暂且假定产物完全沉降并被完全收集到。

2) 反应表观活化能计算

采用与 3. 1. 2. 2 节相同的等转化率法求取 Mg 与 CO 气体的表面异相反应,即 Mg+CO ══MgO+C 的表观活化能。同样的假设 α 为镁样品的转化率,任意时刻 t 样品的重量为 m_t,初始重量为 m_i,则 α 可以通过 TG 曲线计算获得:

$$\alpha = \frac{(m_t - m_i)/m_i}{(M_C + M_O)/M_{Mg}} \tag{3-13}$$

式中,分子为样品实际增重百分比,分母为镁样品完全反应理论最大增重百分比。根据式(3-13)可以获得不同温升速率条件下镁样品转化率随温度变化曲线如图 3-8 所示。由图 3-8 可见,镁样品转化率在实验结束时分别为 0. 301(β=10K/min)、0. 255(β=15K/min)和 0. 250(β=20K/min)。

同样地,根据式(3-7),在 0~0. 25 每隔 0. 05 选取一个 α 值,对 $\ln\beta$ 和 $1/T$ 作线性回归便可以获得式(3-10)相对应的直线,如图 3-9 所示。图中给出了线性拟合值 R^2,由结果可以看到 R^2 值均大于 0. 99,从而可以认为通过该方法计算得到的表观活化能 E_a 值真实可信。通过参数提取，可以获得不同转化率下拟合直线的斜率 b，如表 3-5 所示，进而通过计算式(3-11)便可求出对应的活化能 E_a。不同转化率 α 下所对应的活化能计算结果也列入表 3-5，同时绘制活化能随转化率 α 变化的曲线如图 3-10 所示。

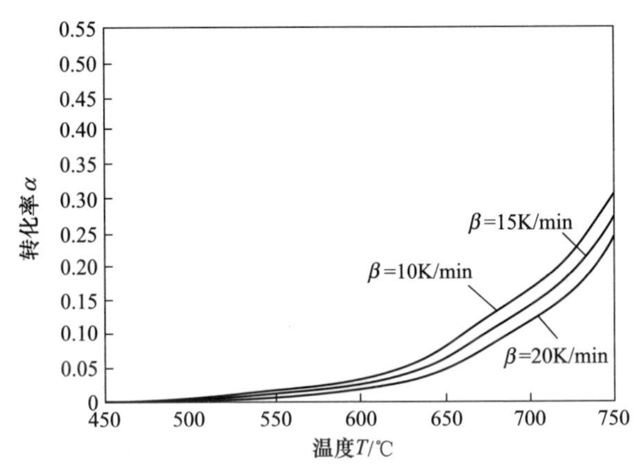

图 3-8　不同温升速率工况下 α-T 曲线

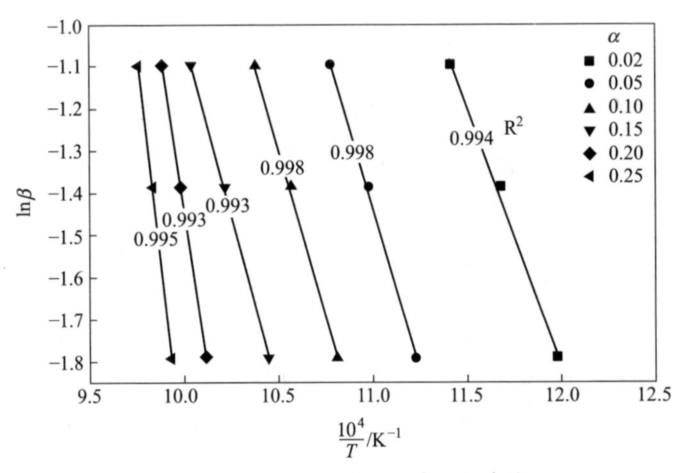

图 3-9　不同转化率 α 拟合所得直线

表 3-5　等转化率法求解获得的不同转化率下反应的表观活化能

转化率 α	斜率 b	活化能 E_a/(kJ/mol)	偏差 e/(kJ/mol)
0.02	−12145	96.0	±7.4
0.05	−15526	122.8	±5.5

续表

转化率 α	斜率 b	活化能 E_a/(kJ/mol)	偏差 e/(kJ/mol)
0.10	-16099	127.3	±4.9
0.15	-17288	136.7	±7.0
0.20	-30641	242.3	±7.7
0.25	-41329	326.8	±23.1

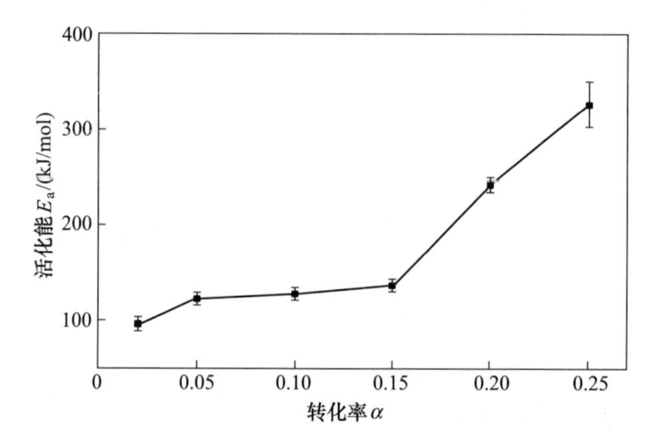

图 3-10 表观活化能随转化率 α 变化曲线

从表 3-5 的计算结果和图 3-10 的曲线可以看到，反应的表观活化能随转化率升高整体上呈现增大趋势。其中，当 Mg 样品转化率小于 0.15 时，反应的表观活化能在 96.0~136.7kJ/mol 范围内缓慢增长，对应图 3-7 中阶段Ⅱ和Ⅲ；而当 Mg 样品转化率大于 0.15 后，反应的表观活化能则迅速增大，对应图 3-7 中阶段Ⅳ。表观活化能的逐渐增大表明了随着反应的进行以及环境温度的升高，Mg 蒸发产生的 Mg 蒸气与 CO 气体之间的均相反应所占权重逐渐增大，从而表观活化能逐渐趋近于该过程的活化能值。这也从另一个角度说明 Mg 与 CO 表面异相反应的活化能在 96.0~136.7kJ/mol 范围附近，其具体值将通过模型拟合法来获取。

3）反应频率因子与动力学模型分析

同样地，由于 Mg 与 CO 表面异相反应所对应的反应机理尚不清楚，因而采用模型拟合法将非等温实验数据分别代入表 3-1 可能的理想反应模型中，计算获得相应的动力学参数结果如表 3-6 所示。

表 3-6　模型拟合法计算所得 Mg/CO 反应动力学参数

反应模型	活化能 E_a/(kJ/mol)	指前因子 A/s^{-1}	R^2
幂定律(P2)	47.5	1.165	0.9951
幂定律(P3)	31.7	0.302	0.9951
幂定律(P4)	23.8	0.167	0.9951
Avarami-Erofe'ev(A2)	50.1	1.650	0.9923
Avarami-Erofe'ev(A3)	33.4	0.374	0.9923
Avarami-Erofe'ev(A4)	25.1	0.194	0.9923
二维收缩(R2)	97.6	81.325	0.9939
三维收缩(R3)	98.5	61.492	0.9934
一维扩散(D1)	190.1	2.110×10^6	0.9951
二维扩散(D2)	193.4	1.734×10^6	0.9944
三维扩散(D3)	196.9	6.508×10^5	0.9934
一级反应(F1)	100.2	2.386×10^2	0.9923
二级反应(F2)	10.8	0.141	0.686
三级反应(F3)	21.6	0.376	0.686

表 3-6 给出了采用不同机理函数计算所得的表观活化能 E_a 和指前因子 A 的值。通常来说,使用不同反应模型确定的 E_a 值与由等转化率法拟合所得 E_a 值(96.0~136.7kJ/mol)最接近的机理函数,被认为是目标反应的最佳动力学机理函数。然而,表 3-6 中 R2、R3 和 F1 模型计算得到的 E_a 值均与由等转化率法拟合所得 E_a 值(96.0~136.7kJ/mol)较为接近,且其 R^2 值均大于 0.99,因而需要对这 3 个模型开展进一步的验证来确定目标反应的最佳机理函数。

同样地,采用 Leyko-Maciejewski-Szuniewicz 方法,将 E_a、A 及相应的 $f(\alpha)$ 代入式(3-13),求得 $(\mathrm{d}\alpha/\mathrm{d}T)_{cal}$,计算结果如表 3-7 所示。将该值与实验值比较,确定最小方差,那么方差最小所对应的 $f(\alpha)$ 即最佳的动力学机理函数。

表 3-7　不同模型下 $\mathrm{d}\alpha/\mathrm{d}T$ 值与实验值比较

转化率 α	R2	R3	F1	实验值
0.02	7.54×10^{-4}	7.51×10^{-4}	7.48×10^{-4}	3.05×10^{-4}
0.05	2.05×10^{-3}	2.05×10^{-3}	2.04×10^{-3}	1.08×10^{-3}

续表

转化率 α	R2	R3	F1	实验值
0.10	3.20×10^{-3}	3.17×10^{-3}	3.11×10^{-3}	1.95×10^{-3}
0.15	2.66×10^{-3}	2.52×10^{-3}	2.37×10^{-3}	1.86×10^{-3}
方差	5.59×10^{-7}	5.14×10^{-7}	4.56×10^{-7}	

根据表3-7中计算结果,F1模型计算值与实验值方差最小,与实验值最为接近。因而认为Mg与CO之间的表面异相反应也受一级反应模型(F1)控制。其表观活化能为100.2kJ/mol,指前因子为2.386×10^2/s,反应动力学微分方程为

$$\frac{d\alpha}{dt} = 2.386 \times 10^2 \exp\left(-\frac{1.21 \times 10^4}{T}\right)(1-\alpha) \tag{3-14}$$

3.2 镁/二氧化碳点火燃烧特性和机理

3.2.1 点火燃烧过程和机理

针对金属颗粒点火燃烧机理的揭示主要有两种方法:①通过对金属颗粒的点火和燃烧全过程进行在线实时拍摄并记录,细致观察其表面形貌变化和火焰结构演变过程,并结合一定的理论分析和推演,从而获得其点火和燃烧机理;②通过收集金属颗粒的燃烧产物,采用不同的检测仪器设备对其形貌、结构和成分等进行离线测试和分析,对比燃烧前后颗粒形貌、结构或成分所发生的变化,根据相关理论知识合理地推断其点火阶段和燃烧阶段可能经历的过程,从而揭示其点火和燃烧机理。仅采取上述两种方法中的某种往往并不能获得金属颗粒点火和燃烧过程的全部有效信息,因此实际研究过程中通常需要将两者相结合,综合两种方法所获取的全部有用信息,从而更为科学合理地推断颗粒的点火和燃烧细致演变过程,并相应地揭示其点火和燃烧机理。因此,采用高速相机对Mg颗粒点火和燃烧全过程进行实时拍摄记录,同时对相应工况下的Mg颗粒燃烧产物进行探针动态收集,并采用TEM、SEM等测试手段对收集的产物形貌、结构和成分等进行分析,最终揭示镁颗粒在二氧化碳气氛中的点火和燃烧机理。

3.2.1.1 点火过程和机理

Mg颗粒在CO_2中的点火过程也就是Mg颗粒在高温CO_2环境中加热升温,最终达到着火温度开始燃烧的过程。也就是说,为了细致研究该过程,

需要对正处于升温过程且未达到着火点的 Mg 颗粒进行深入分析，对比其与初始状态之间的差异，知晓其在加热升温过程中所经历的变化，从而为点火机理的揭示奠定基础。因此，设置环境温度为 873K，低于 Mg 的熔点 923K，以确保弹射进入高温炉内的 Mg 颗粒温度即使达到环境温度也不能实现着火，从而保证收集到的 Mg 颗粒样品均为处于升温过程的未燃颗粒。由于需要对收集到的 Mg 颗粒微观形貌和成分进行深层次的检测分析，拟选用透射电镜对其进行分析。考虑到透射电镜分析对样品制样存在粒径不能过大的条件限制，因此选取粒径为 20μm 的样品 1 进行该组实验。通过时序匹配，采用水冷探针对处于升温过程中的该样品颗粒进行动态收集。对收集获得的颗粒样品进行透射电镜分析(TEM)，图 3-11(b)所示为典型的正处于升温过程中的 Mg 颗粒 TEM 照片。为了对比分析，对初始状态的 Mg 颗粒进行透射电镜分析，其 TEM 照片如图 3-11(a)所示。

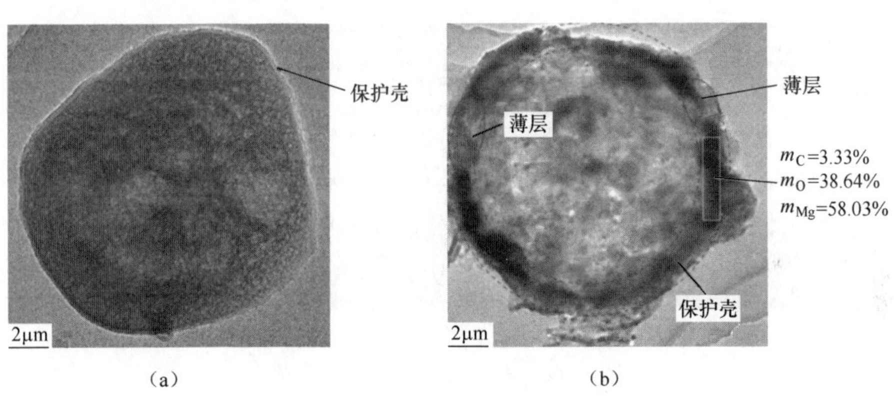

图 3-11　点火过程 Mg 颗粒 TEM 照片

(a)初始状态的 Mg 颗粒；(b)处于升温过程中的 Mg 颗粒。

从图 3-11(a)可以看到，初始状态的 Mg 颗粒形貌较为规则，在其表面均匀覆盖了一层薄的氧化保护壳。而当 Mg 在 CO_2 中受热升温后，其表面形貌则发生了较大的变化，在 Mg 颗粒表面形成了一层厚薄不均的保护壳，如图 3-11(b)所示。对其保护壳较厚的地方进行面元素分析，结果显示在该处一共包含 Mg、O 和 C 3 种元素，其质量含量分别为 58.03%、38.64% 和 3.33%，其中 Mg 和 O 的质量比近似符合 MgO 中 Mg、O 元素质量比，因而可推断该处的物质大致为 MgO 和单质 C。因而可以得出，当 Mg 颗粒在 CO_2 气氛下点火升温过程中，Mg 会与环境中的 CO_2 发生表面异相反应，从而在 Mg 颗粒表面形成厚薄不均的 MgO 和 C 保护壳。

上述针对升温过程中的 Mg 颗粒所做的产物收集分析实验虽然很好地揭示了 Mg 颗粒的形貌及成分演变机理，但仍未能完全解释 Mg 在 CO_2 中的着火机理。因此，拟对 Mg 颗粒在 CO_2 中点火的全过程进行拍摄，通过捕获其点火过程细节，对其点火机理产生更加深刻的认识。

由于处于点火升温过程中的 Mg 颗粒自身几乎不发光，其与燃烧过程中的 Mg 颗粒相比更难捕获。因此，为了能够捕获其点火全过程，高速相机的曝光时间选用较大值，设置为 180μs。同时，由于高速相机镜头的分辨率限制，较小粒径的 Mg 颗粒相对较难捕捉到。所以，为了获得较为清晰的 Mg 颗粒点火过程细节，选取最大粒径（157μm）的样品 6 的 Mg 颗粒进行点火过程拍摄实验，环境温度设置为 1473K。拍摄获得的 Mg 颗粒点火过程如图 3-12 所示（前边未出现在拍摄视野中的过程已省略未出现在图中）。为便于分析讨论，第一张图对应的时刻均设置为 0ms，下同。

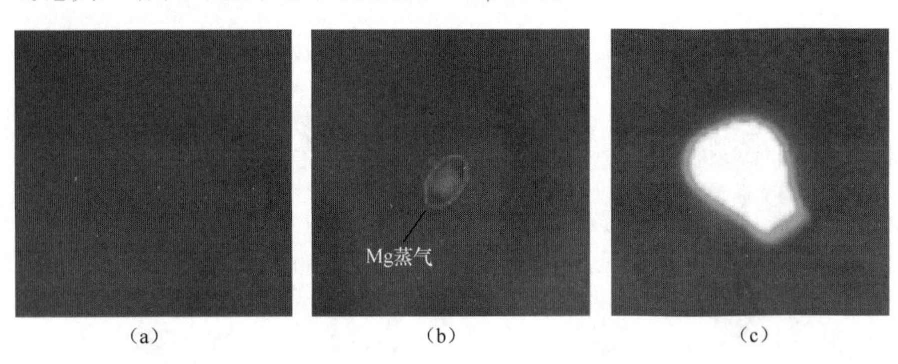

图 3-12　Mg 在 CO_2 中的点火过程

(a) 0ms; (b) 0.18ms; (c) 0.36ms。

在时刻为 0ms 时，某一单个 Mg 颗粒出现在视野中，可以看到在其表面泛着微弱的红光，此时 Mg 颗粒仍处于逐渐升温过程中。其升温的热源一方面来自环境高温 CO_2 气体对其进行的对流与辐射换热，另一方面来自其与 CO_2 之间所发生的表面异相反应释热。当 Mg 颗粒温度持续升高，直至达到其熔点为 923K 时，Mg 核开始融化并蒸发产生 Mg 蒸气。当壳内的 Mg 蒸气逐渐累积，其内部压强迅速攀升并最终超过环境压强。由于升温过程中在 Mg 颗粒表面会形成厚薄不均的保护壳，造成颗粒表面保护壳的结构强度也是不均匀的，从而在内外压差下保护壳最薄弱的位置将会率先被破坏。此时 Mg 蒸气便会从保护壳破裂的孔洞处喷射而出并与环境中的氧化性气体发生反应，如图 3-12(b) 所示。当喷射而出的 Mg 蒸气浓度达到某一特定值后,其与 CO_2 之间的气相反应将变得愈加剧烈,直至反应所释放的热量与热损失耗散量之间的平衡最终被打破,形成明亮的火焰并覆盖包裹整个 Mg 颗粒,如图 3-12(c)所示,此时标志着燃烧过程的开始。

3.2.1.2 燃烧过程和机理

为了揭示 Mg 在 CO_2 气氛下的燃烧机理,同样采用在线拍摄观测颗粒燃烧火焰形貌变化和离线检测分析颗粒燃烧凝相产物相结合的方法。接下来以上述相同工况为例,首先详细介绍 Mg 颗粒在 CO_2 中燃烧的火焰形貌详细演变过程。图 3-13 展示了上述相同工况条件下单个 Mg 颗粒的燃烧全过程。

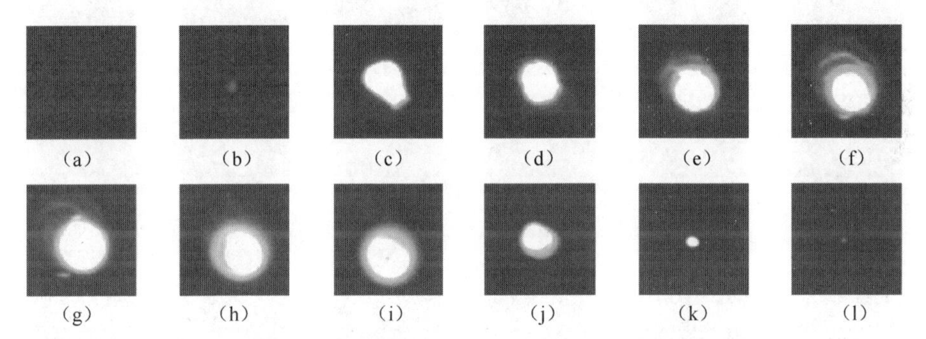

图 3-13 单个 Mg 颗粒在 CO_2 燃烧全过程(曝光时间 180μs)

(a)0;(b)0.18ms;(c)0.36ms;(d)2.18ms;(e)4.55ms;(f)6.91ms;
(g)10.9ms;(h)14.5ms;(i)18.2ms;(j)20.0ms;(k)20.9ms;(l)21.3ms。

从图 3-13 可以看到,在 Mg 颗粒稳定燃烧阶段,其周围的火焰形态几乎近似为球形,并且整个期间火焰直径几乎没有发生变化。根据相关文献中介绍的过热现象,在 Mg 颗粒燃烧过程中,Mg 核的温度近似稳定在高于其沸点的某个恒定温度值,从而 Mg 壳内的蒸气压强也几乎保持不变,也即在 Mg 壳内外两侧的压差近乎维持不发生改变,这便造成 Mg 蒸气经由壳表面上的孔洞向外喷射的量和距离也几乎不变。因此,颗粒周围的 Mg 蒸气燃烧所形成的火焰直径几乎保持不变。在 20.0ms 后,Mg 颗粒燃烧过程开始接近尾声。由于熔融的 Mg 核逐渐消失殆尽,壳内的蒸气压强迅速降低,因而包裹在颗粒周围的火焰迅速变得衰弱直至最终消失,这也标志着 Mg 颗粒燃烧过程的结束。综上所述,当在 Mg 颗粒周围产生明亮的火焰包裹所对应的时刻(0.36ms)被定义为其燃烧过程的起点,而火焰消失的时刻(21.3ms)被标志为燃烧过程的终点时,Mg 颗粒的燃烧时间便可根据这两个时刻作差计算得出。

图 3-13 中的图像是为了同时捕获 Mg 颗粒的点火过程而在较长曝光时间(180μs)参数设置下拍摄所获得,这造成了上述所观测到的 Mg 颗粒燃烧火焰较为明亮,从而可能导致一些火焰形貌演变细节的缺失。为了更细致地了解 Mg 颗粒在 CO_2 中的燃烧过程,针对上述同样工况条件开展了重复性拍摄实验,该次实验中高速相机拍摄选用较短的曝光时间(30μs),拍摄获得的单个 Mg 颗粒燃烧火焰形貌变化如图 3-14 所示。

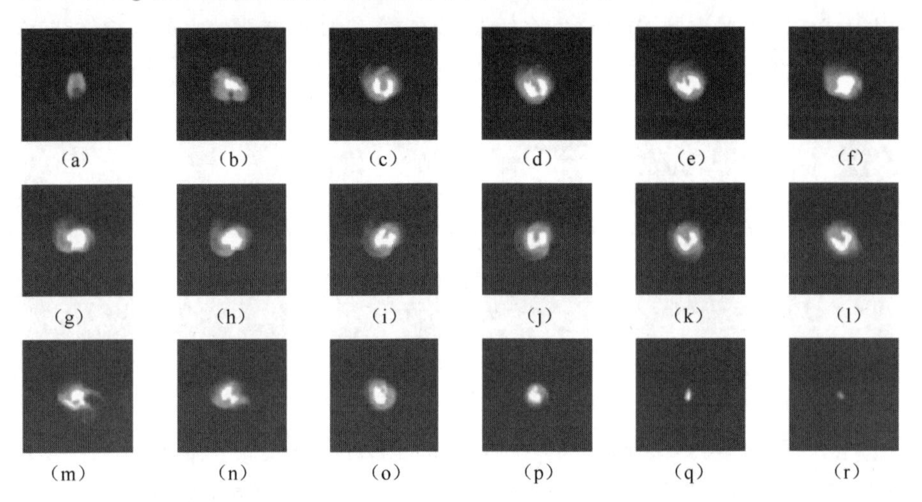

图 3-14 单个 Mg 颗粒在 CO_2 中燃烧细节火焰形貌变化(曝光时间 30μs)

(a)0;(b)1. 82ms;(c)3. 64ms;(d)3. 82ms;(e)4. 00ms;(f)4. 18ms;(g)4. 36ms;
(h)4. 55ms;(i)4. 73ms;(j)4. 91ms;(k)5. 09ms;(l)5. 27ms;(m)9. 09ms;
(n)11. 8ms;(o)14. 5ms;(p)17. 3ms;(q)19. 1ms;(r)19. 5ms。

由于该次试验相机拍摄曝光时间较短,图 3-13(a)和图 3-13(b)中呈现的 Mg 颗粒点火过程很难被捕捉到。当 Mg 颗粒的火焰形貌首次出现在拍摄视野中所对应的时刻被设置为 0ms 时,如图 3-14(a)所示。从 1. 82ms、9. 09ms 和 11. 8ms 等时刻的图像可以看到,Mg 颗粒燃烧过程中其周围的火焰并不是均匀包裹在颗粒四周。以图 3-14(b)为例,由于 Mg 颗粒的温度远远低于其燃烧火焰温度,因而在图中看起来像一个不发光的小黑球。从前面的分析中了解到,Mg 颗粒在 CO_2 气氛下点火过程中会在其表面形成一层厚薄不均的保护壳,其厚薄不均的形貌特征决定了其结构强度也是不均匀分布的。由于 Mg 壳结构强度的不均匀性,壳内的 Mg 蒸气将对 Mg 壳较薄弱的部位造成破坏,从而造成 Mg 蒸气在颗粒周围形成局部喷射的状态。因此,Mg 颗粒周围的气相燃烧火焰会在某些方向上倾斜,而并不是像图 3-13

中所呈现的近球形均匀包裹在颗粒周围那样。

更为有意思的是，绝大部分 Mg 颗粒在 CO_2 气氛下燃烧时会出现明显的自旋现象。图 3-14(c)~(l)呈现了 Mg 颗粒燃烧过程中某个阶段内所出现的自旋现象。可能是由于 Mg 蒸气在 Mg 颗粒表面喷射位置的不同以及各处喷射量的差异对该 Mg 颗粒造成一个综合的旋转力矩，从而诱使 Mg 颗粒在其燃烧过程中发生自旋。正是由于 Mg 颗粒燃烧过程中的自旋特性以及较长的曝光时间拍摄造成了图 3-13 所示的 Mg 颗粒燃烧火焰形态为近球形的假象。自旋现象在其他的工况条件下也均会发生，在图 3-15(b)中简要展示了其他工况下拍摄到的某两个 Mg 颗粒的自旋燃烧形态。根据对大量 Mg 颗粒样品燃烧过程进行图像追踪，最终经统计发现，Mg 颗粒在 CO_2 气氛下燃烧自旋速度大多介于 0.4~1.5r/ms。

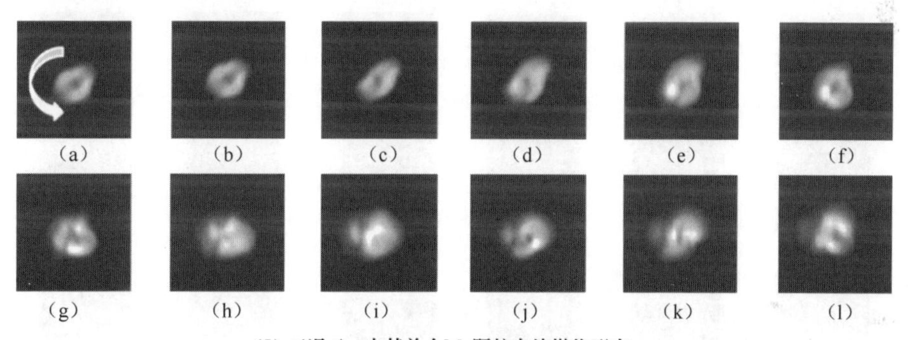

(I) 工况4^*-1中某单个Mg颗粒自旋燃烧形态

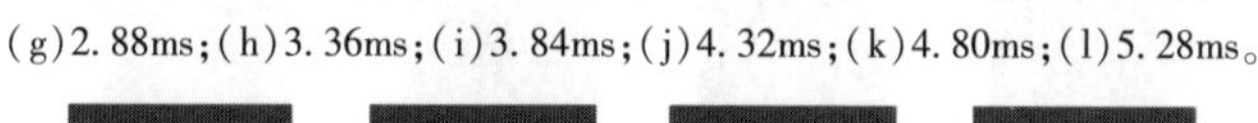

(a)0;(b)0.48ms;(c)0.96ms;(d)1.44ms;(e)1.92ms;(f)2.40ms;
(g)2.88ms;(h)3.36ms;(i)3.84ms;(j)4.32ms;(k)4.80ms;(l)5.28ms。

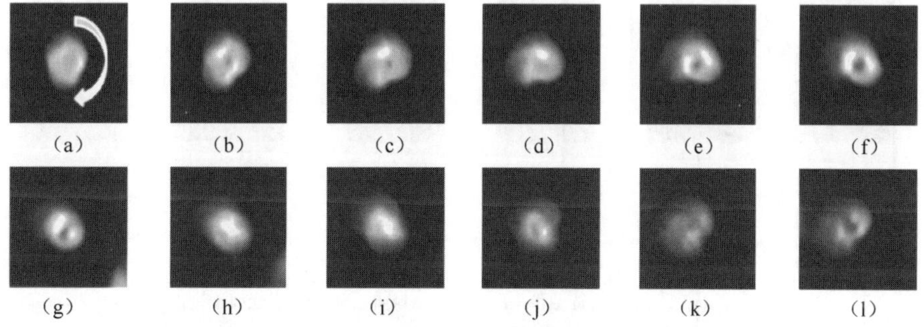

(II) 工况4^*-2中某单个Mg颗粒自旋燃烧形态

(a)0;(b)0.48ms;(c)0.96ms;(d)1.44ms;(e)1.92ms;(f)2.40ms;
(g)2.88ms;(h)3.36ms;(i)3.84ms;(j)4.32ms;(k)4.80ms;(l)5.28ms。

图 3-15　其他工况下 Mg 颗粒自旋燃烧形态部分过程展示

除了上述自旋燃烧形态,实验过程中还拍摄到了一些 Mg 颗粒向某个方向平移流动燃烧的现象(以下简称平动燃烧)。其中一部分 Mg 颗粒是在经历了一段时间的自旋燃烧之后转变为平动燃烧,另一部分 Mg 颗粒是自着火之后即为平动燃烧。根据对实验拍摄所得 Mg 颗粒燃烧过程的图像追踪,最终统计得到 Mg 颗粒在 CO_2 中燃烧大致可分为 5 种不同的燃烧行为模式:①整个燃烧过程均为自旋燃烧;②自旋燃烧占主导+部分平动燃烧;③自旋燃烧与平动燃烧所占比重相均衡;④部分自旋燃烧+平动燃烧占主导;⑤整个燃烧过程均为平动燃烧。Mg 颗粒的 5 种不同燃烧行为模式展示在图 3-16 中。

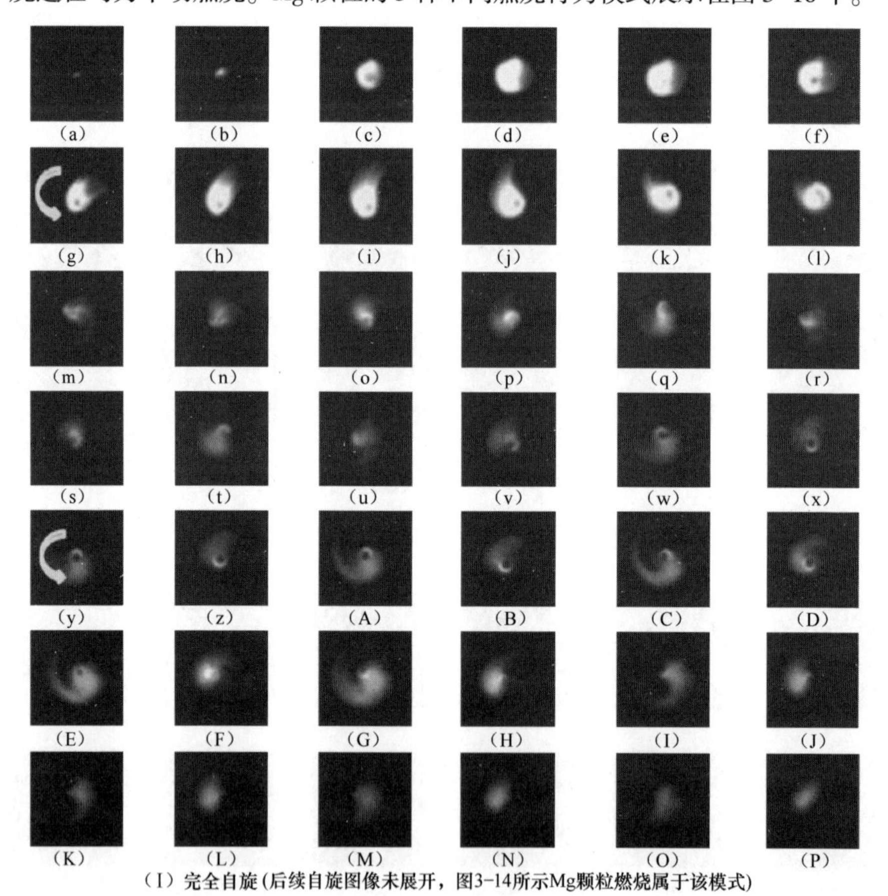

(Ⅰ) 完全自旋(后续自旋图像未展开,图3-14所示Mg颗粒燃烧属于该模式)

(a)0ms;(b)0.18ms;(c)0.36ms;(d)0.55ms;(e)0.73ms;(f)0.91ms;(g)2.18ms;(h)2.91ms;(i)3.64ms;(j)4.36ms;(k)5.09ms;(l)5.45ms;(m)7.45ms;(n)7.64ms;(o)7.82ms;(p)8.00ms;(q)8.18ms;(r)8.36ms;(s)8.54ms;(t)8.73ms;(u)8.91ms;(v)9.09ms;(w)9.27ms;(x)9.45ms;(y)9.64ms;(z)9.82ms;(A)10.0ms;(B)10.2ms;(C)10.4ms;(D)10.5ms;(E)10.7ms;(F)10.9ms;(G)11.1ms;(H)11.3ms;(I)11.5ms;(J)11.6ms;(K)11.8ms;(L)12.0ms;(M)12.2ms;(N)12.4ms;(O)12.5ms;(P)12.7ms。

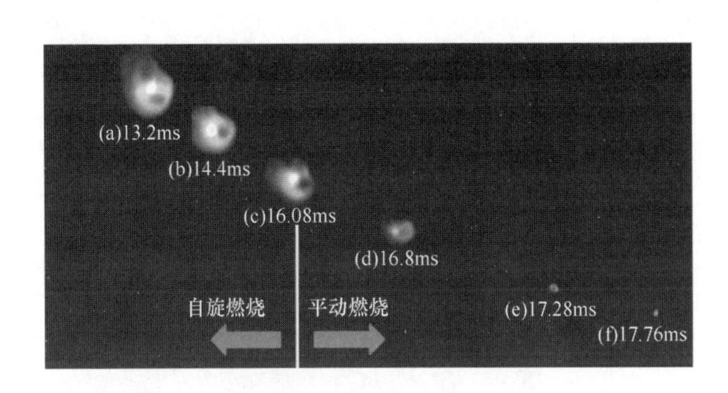

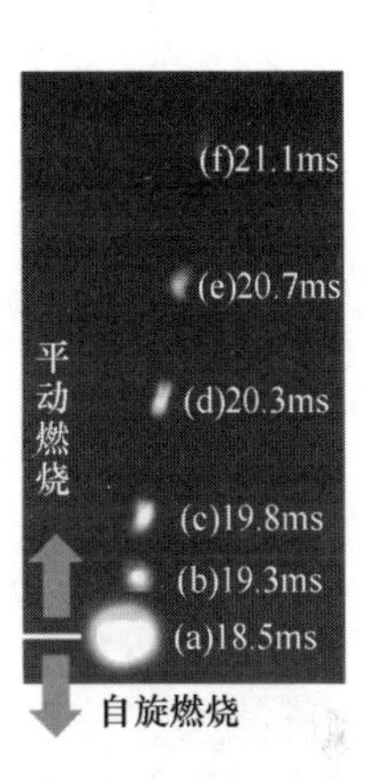

（Ⅱ）自旋占主导+部分平动

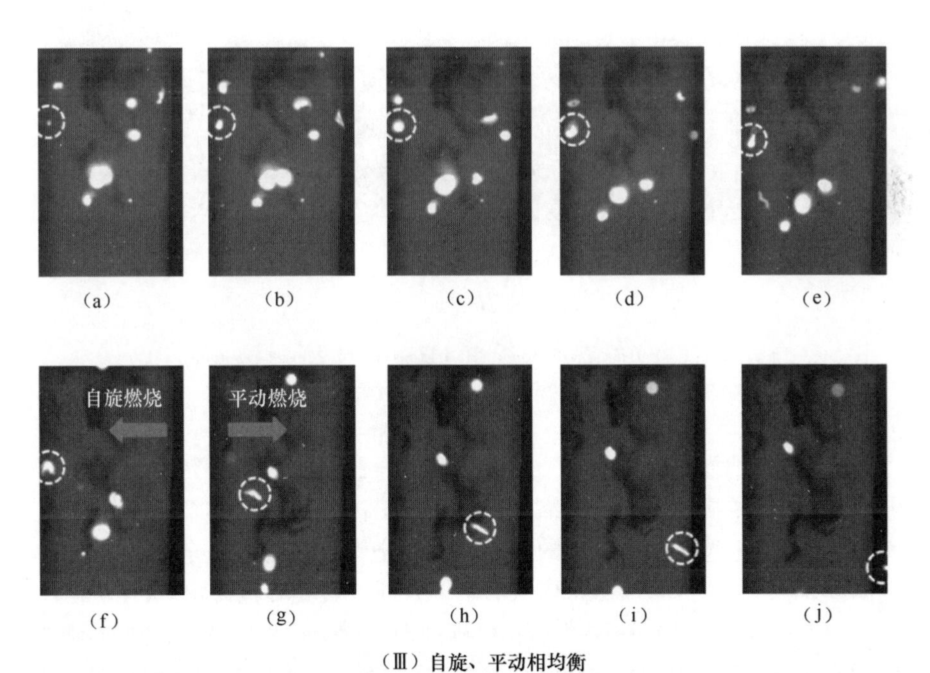

（Ⅲ）自旋、平动相均衡

(a)0;(b)0.69ms;(c)2.07ms;(d)4.14ms;(e)6.21ms;

(f)7.94ms;(g)11.04ms;(h)12.42ms;(i)13.11ms;(j)13.80ms。

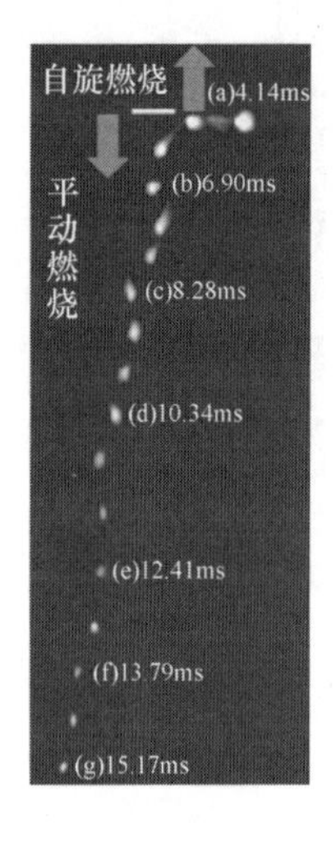

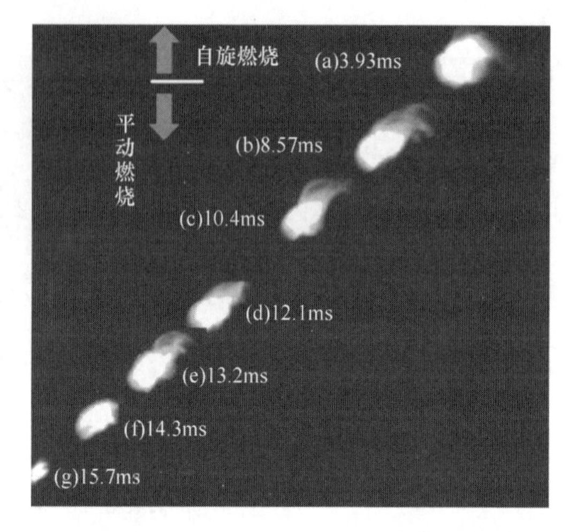

（Ⅳ）部分自旋+平动占主导

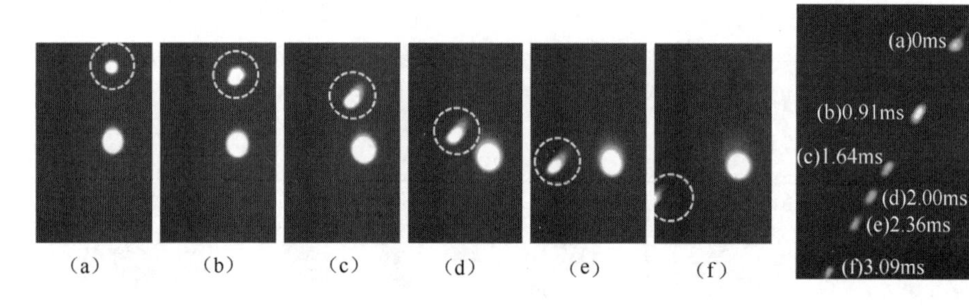

（Ⅴ）完全平动

(a)0ms;(b)0.91ms;(c)2.36ms;(d)4.00ms;(e)4.91ms;(f)5.64ms。

图 3-16　单个 Mg 颗粒在 CO_2 环境中的五种燃烧模式

为了清楚地捕获到图 3-16 中单个 Mg 颗粒的细节燃烧形貌,实验拍摄过程中对相机拍摄视野进行了缩小聚焦以便提高单个像素点上的图像分辨率。因而造成上述拍摄所获得的部分平动燃烧颗粒在燃烧完全之前就流出了拍摄视野之外,如图 3-16(Ⅲ)、(Ⅳ)、(Ⅴ)所示,其中该影响对(Ⅴ)最为明显。但是,结合(Ⅲ)、(Ⅳ)中所拍摄到的颗粒燃烧过程以及流出视野前的 Mg 颗粒火焰形态可以大致推断出,这几种燃烧模式下的 Mg 颗粒燃烧时间尺度基本上是相近的,说明不同燃烧模式对 Mg 颗粒的总体燃烧时间影响并不大。

上面分析到由于 Mg 表面壳结构强度的不均匀性,壳内的 Mg 蒸气将对 Mg 壳较薄弱的部位造成破坏,从而造成 Mg 蒸气在颗粒周围形成局部喷射的状态。根据破孔位置的分布可能造成一部分 Mg 颗粒产生自旋,另一部分则产生向某个方向的平动。由图 3-16(Ⅱ)、(Ⅲ)和(Ⅳ)可以发现,燃烧过程中会出现部分 Mg 颗粒由自旋燃烧转变为平动燃烧,这可能是由于一方面 Mg 颗粒在与 CO_2 或者一次燃烧产物 CO 反应所生成的 MgO 和 C 凝相产物会在颗粒表面持续覆盖;另一方面 Mg 蒸气也会持续冲击破坏表面覆盖的壳,因此实际燃烧中 Mg 颗粒表面的保护壳处于一个不断破坏和生成的往复循环过程。这造成某些方向的孔洞又会重新被凝相产物部分或全部覆盖,而在某些方向的孔洞则会扩大或者形成新的孔洞,因而产生上述不同燃烧行为模式之间的转换。然而从实验拍摄结果统计看来,燃烧行为模式的转换大多发生在由自旋燃烧转变为平动燃烧,很少观察到由平动燃烧转变为自旋燃烧的现象。分析其原因可能为自旋燃烧模式下颗粒自身的空间位置变化相对较小,Mg 蒸气与 CO_2 气体之间气相反应所生成的 MgO 凝相产物会有部分向颗粒表面回传从而覆盖在颗粒表面,随着散落在孔洞周围的凝相产物的逐渐累加聚集,部分孔洞面积逐渐减小甚至重新被封堵。此外,在颗粒自旋的过程中可能会出现壳内熔融 Mg 液膜裸露在孔洞附近,Mg 与 CO_2 气相反应所生成的回流至颗粒表面的 CO 气体会与裸露的 Mg 液膜发生表面异相反应,从而生成凝相 MgO 和 C,逐渐覆盖在孔洞边缘附近,造成孔洞面积的逐渐缩减。因此,上述这两方面原因综合导致了自旋燃烧模式下的颗粒表面孔洞出现重整现象,当某一方向的孔洞基本被封堵,另一方向的孔洞受蒸气冲刷逐渐扩大时,颗粒的燃烧模式将会转变为平动燃烧。而对于平动燃烧模式下的颗粒,一方面由于其空间位置变化较大,Mg 蒸气与 CO_2 气体之间气相反应所生成的 MgO 凝相产物很难回落至颗粒表面来封堵喷射方向上的孔洞,而壳内的熔融 Mg 液膜则在壳内蒸气压力以及自身黏性的综合作用下将基本黏附于与喷射孔洞相对的内壳表面处,因此位置变动相对较小,从而也难以与 CO 反应封堵喷射方向上的孔洞。另一方面由于喷射处孔洞的存在,Mg 蒸气主要经由该处向外喷射,很难在其他方向上产生新的较大孔洞能够与初始喷射孔洞面积相比拟,进而难以产生使颗粒发生自旋的力矩,因此平动燃烧转变为自旋燃烧的可能性较小。但是不排除在其他方向上会产生较小的孔洞使颗粒的平动轨迹发生微小改变,如图 3-16(Ⅳ)中(a)所示。

通过对 Mg 颗粒燃烧火焰形态的细致拍摄观察发现,颗粒表面 Mg 蒸气局部喷射燃烧造成 Mg 颗粒自旋燃烧和平动燃烧的现象。为了更好地解释这一现象的产生机理，对 Mg 颗粒燃烧凝相产物进行收集，并使用扫描电镜对其形貌进行检测分析。

图 3-17(b)、(d)均展示了典型的 Mg 颗粒燃烧产物电镜扫描照片。为便于对比分析，对相应工况所使用的原始样品 Mg 颗粒也进行了电镜扫描分析，获得的 SEM 照片如图 3-17(a)、(c)所示。从图中可以看到，Mg 颗粒在 CO_2 中凝相燃烧产物为空心近球形颗粒，其直径与初始镁样品颗粒相差不大，从而表明 Mg 颗粒燃烧过程中其粒径几乎不发生变化。在颗粒外壳表面形成了多处孔洞，这可能是由壳内的 Mg 蒸气在壳内外压差作用下冲破所致，正如前面所分析的那样。图 3-17(b)所示孔洞的位置偏差及尺寸差异造成了 Mg 蒸气在颗粒表面的喷射不均现象，以致对整个颗粒施加了一个综合的旋转力矩，从而造成 Mg 颗粒燃烧过程中产生自旋现象。而图 3-17(d)所示孔洞造成了 Mg 蒸气在颗粒表面单一方向的喷射，从而对整个颗粒施加了某一方向的推力，造成 Mg 颗粒燃烧过程中产生平移流动现象。并且在燃烧过程中，图 3-17(b)所示颗粒表面的壳可能由于凝相产物的聚集堆积以及壳的再次破裂而发生结构重整，导致部分初始孔洞被封堵，而另一部分孔洞面积增大，最终形成图 3-17(d)所示的局部大孔洞，从而实现 Mg 颗粒燃烧模式由自旋燃烧转变为平动燃烧。这很好地解释并验证了上述猜想。由于燃烧结束时壳内的熔融 Mg 核几乎已经完全蒸发，因此收集所获得的燃烧产物大多为空心壳结构。

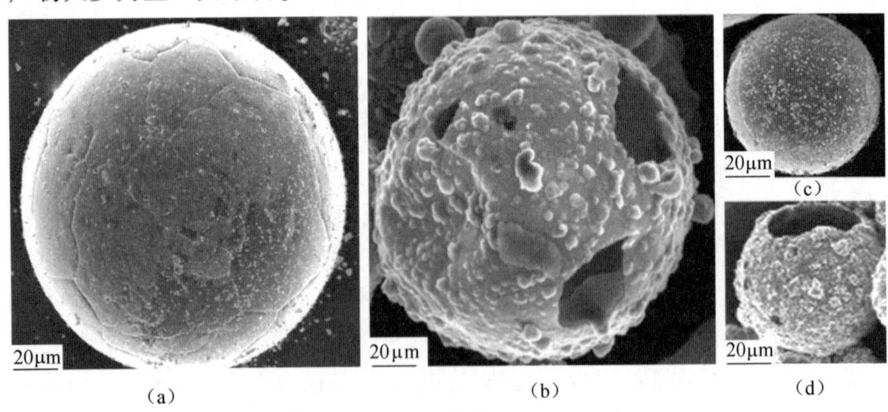

图 3-17　Mg 颗粒燃烧前后 SEM 照片
(a)样品 6 原始颗粒；(b) 样品 6 燃烧产物；
(c)样品 3 原始颗粒；(d) 样品 3 燃烧产物。

3.2.2 点火延迟和燃烧时间

如前所述,点火延迟和燃烧时间不仅可以定量表征粉末燃料点火和燃烧性能的优劣,还可以为粉末火箭发动机的结构设计和优化提供理论指导和参数借鉴。在粉末火箭发动机实际使用时,其燃烧室工作压强一般在设计时便已确定,而在工作过程中也几乎稳定在某个值附近上下波动。此时镁粉末燃料颗粒的点火延迟和燃烧时间主要与颗粒粒径、燃烧室温度和颗粒与气体之间的相对流速相关。而本实验装置由于受空间范围限制,难以研究颗粒与气体之间相对速度大小对 Mg 颗粒点火延迟和燃烧时间的影响。相应地,仅研究了颗粒初速度介于 1.5 ~ 1.8m/s 时颗粒粒径和环境温度对 Mg 颗粒点火延迟和燃烧时间的影响规律,并基于对大量实验数据的统计分析,最终通过数据拟合建立并获得该条件下 Mg 颗粒点火延迟和燃烧时间的半经验模型公式,以期对工程设计提供一定的参考。为获得颗粒的点火延迟和燃烧时间参数,相机拍摄需要能够捕获到 Mg 颗粒从粉末弹射杆弹射进入高温炉中直至其运动至高温炉内上端燃烧完全为止,因此高速相机同样需要选取较长的曝光时间参数,从而更好地判别 Mg 颗粒点火过程开始的时间节点以及燃烧过程开始和结束的节点。接下来对不同工况条件下 Mg 颗粒在 CO_2 中的点火延迟和燃烧时间分布规律分别进行讨论分析。

3.2.2.1 点火延迟

为研究环境温度对 Mg 颗粒在 CO_2 气氛中点火延迟时间的影响,在 1273~1673K 范围内每隔 100K 就选取一个温度值,共计研究了 5 组不同的环境温度条件下 Mg 颗粒的点火延迟时间。为研究颗粒粒径对 Mg 颗粒在 CO_2 气氛中点火延迟时间的影响,选取了 20μm、40μm、67μm 和 157μm 共计 4 种不同粒径的 Mg 颗粒样品进行粒径影响的研究。保持环境压强以及气体组分均不变,对每种粒径的 Mg 颗粒样品在上述 5 组不同的环境温度条件下均开展了动态点火燃烧实验,所得实验结果绘制于图 3-18 中。其中,每个实验工况均开展了至少 3 次重复试验以确保结果数据的可重复性及可靠性。由于可能会出现多个 Mg 颗粒同时着火的现象,因此图 3-18 所示的数据点可能代表多个颗粒点火延迟时间的数据重叠。

从图 3-18 中点火延迟数据点走向趋势可以看到,随着环境温度的逐渐升高,不同粒径 Mg 颗粒样品的点火延迟时间均呈现减小的趋势。这是由于环境温度的升高增强了 Mg 颗粒与环境高温气体之间的对流换热和辐射换热,进而增大了颗粒自身的温升速率,致使 Mg 颗粒能够更快地达到其熔点或沸点。结合3.2.1节介绍的Mg颗粒点火机理可知,这将使得Mg颗粒的点火延迟时间有所缩短。

进一步地,可以发现当环境温度介于1273~1473K时,Mg颗粒的点火延迟时间下降幅度明显较大,而当环境温度高于1473K后,颗粒点火延迟时间下降幅度则相对有所减小。尤其对于颗粒样品1和样品2,当环境温度达到1573K后,其点火延迟时间仅有很小的降低幅度,并逐渐趋于某个恒定值。因而按照该趋势可以推断,当环境温度达到某一临界值后,环境温度对Mg颗粒温升速率增大的贡献将变弱,且Mg颗粒粒径越小,该临界温度值越低。

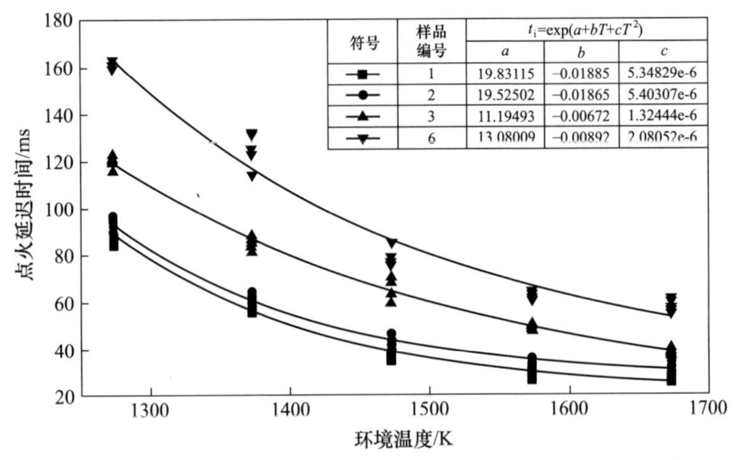

图3-18　不同粒径Mg颗粒样品点火延迟时间随环境温度变化

接下来分析粒径大小对Mg颗粒点火延迟时间的影响。从图3-18中可以看到,在某个环境温度条件下,Mg颗粒的点火延迟时间随粒径的减小而缩短,且粒径相差越大,其点火延迟时间的差异越明显。这是由于在相同的加热条件下,颗粒粒径越小,其升温速率越快。因为在相同的环境温度条件下,环境高温气体对Mg颗粒表面单位面积所施加的加热功率近似相等,记为q,包括对流加热、辐射加热以及表面异相反应加热等。那么粒径为d的球形颗粒的升温速率可近似表示为

$$\frac{\mathrm{d}T}{\mathrm{d}t}=\frac{6q}{\rho C_p d} \tag{3-15}$$

式中:ρ为Mg的密度;C_p为Mg的比热容。这两个值对于不同粒径的Mg颗粒而言均相同。因此,由式(3-15)可以推得在相同的环境温度条件下Mg颗粒的温升速率随颗粒粒径的减小而增大,从而小粒径的Mg颗粒能够更快

地达到其熔点或沸点。同样地,结合3.2.1节所介绍的Mg颗粒点火机理可知,这将使小粒径Mg颗粒的点火延迟时间相比大粒径Mg颗粒有所缩短。再由式(3-15)可以发现,颗粒的升温速率与粒径近似呈反比例关系,因而粒径相差越大,相应地,其升温速率相差越大,最终表现为粒径相差越大的Mg颗粒点火延迟时间有较大的差异。

对不同粒径Mg颗粒样品点火延迟时间随环境温度变化进行数据拟合,结果发现其服从指数分布定律,即

$$t_i = \exp(a + bT + cT^2) \tag{3-16}$$

式中:t_i为点火延迟时间;T为环境温度;a、b、c为常数因子。针对不同粒径Mg颗粒的点火延迟时间拟合所得的关系式列于图3-18和表3-8中。

表3-8　不同粒径Mg颗粒的点火延迟时间拟合关系式

样品	$t_i = \exp(a + bT + cT^2)$		
	a	b	c
1	19.83115	-0.01885	5.34829×10^{-6}
2	19.52502	-0.01865	5.40307×10^{-6}
3	11.19493	-0.00672	1.32444×10^{-6}
6	13.08009	-0.00892	2.08052×10^{-6}

3.2.2.2　燃烧时间

为研究环境温度对Mg颗粒在CO_2气氛中燃烧时间的影响,同样地我们在1273~1673K范围内每间隔100K选取一个温度值,共计研究了5组不同的环境温度条件下Mg颗粒的燃烧时间。为研究颗粒粒径对Mg颗粒在CO_2气氛中燃烧时间的影响,同样地也选取了20μm、40μm、67μm和157μm共计4种不同粒径的Mg颗粒样品进行粒径影响的研究。保持环境压强以及气体组分均不变,对每种粒径的Mg颗粒样品在上述5组不同的环境温度条件下均开展了动态点火燃烧实验,所得实验结果绘制于图3-19中。其中每个实验工况均开展了至少3次重复试验以确保结果数据的可重复性及可靠性。同样地,由于可能出现多个Mg颗粒燃烧时间相一致的情况,因此图3-19所示的数据点可能代表多个颗粒燃烧时间的数据重叠。

从图3-19中燃烧时间数据点走向趋势可以看到,随着环境温度的逐渐升高,不同粒径Mg颗粒样品的燃烧时间均呈现减小的趋势。这是由于环境

温度的升高会在一定程度上加快 Mg 蒸气与 CO_2 气体之间的气相反应速率，因而单位时间内由于该反应向 Mg 颗粒表面所释放的热量将随之增大，从而为 Mg 核熔化蒸发产生 Mg 蒸气提供更多的热量，加快了 Mg 核的蒸发与消耗。结合 3.2.1 节所介绍的 Mg 颗粒燃烧机理可知，这将使 Mg 颗粒的燃烧时间有所缩短。

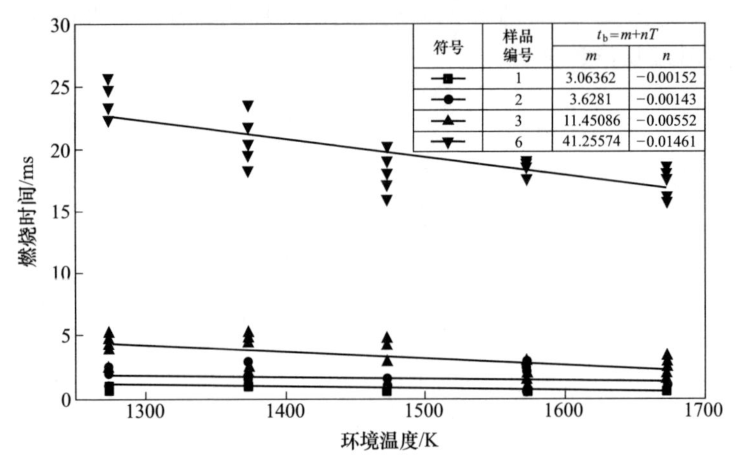

图 3-19　不同粒径 Mg 颗粒样品燃烧时间随环境温度变化

进一步地，可以发现随着颗粒粒径的减小，Mg 颗粒燃烧时间随环境温度升高而减小的趋势变得越来越不明显。对于颗粒粒径为 157μm 的 Mg 颗粒，当环境温度从 1273K 升至 1673K 时，其平均燃烧时间大约从 22.66ms 降至 16.81ms，减小幅值为 5.85ms，相应地减小幅度约为 25.8%。而对于颗粒粒径为 20μm 的 Mg 颗粒，当环境温度从 1273K 升至 1673K 时，其平均燃烧时间大约从 1.13ms 降至 0.52ms，减小幅值为 0.61ms，相应地减小幅度约为 54.0%。虽然随着环境温度的升高，小粒径 Mg 颗粒的燃烧时间减小幅度较大，但是其燃烧时间绝对值减小幅值相对较小，这对于工程实际使用的发动机燃烧室长度的减小收益相比大粒径 Mg 颗粒并不那么明显。因此，对于较小粒径的 Mg 颗粒而言，提升颗粒燃烧环境温度虽然对 Mg 自身燃烧时间相对值的减小有较大效益，但是对于工程实际使用的发动机总体设计而言收益并不大。

对不同粒径 Mg 颗粒样品燃烧时间随环境温度变化进行数据拟合，结果发现其近似服从线性分布定律，即

$$t_b = m + nT \tag{3-17}$$

式中：t_b 为燃烧时间；T 为环境温度；m 和 n 为常数因子。针对不同粒径 Mg 颗粒的燃烧时间拟合所得的关系式列于图 3-19 和表 3-9 中。

表 3-9　不同粒径 Mg 颗粒的燃烧时间拟合关系式

样品编号	$t_b=m+nT$	
	m	n
1	3.06362	−0.00152
2	3.62810	−0.00143
3	11.45086	−0.00552
6	41.25574	−0.01461

式(3-17)仅仅是燃烧时间 t_b 对环境温度作为自变量的一个简单的线性拟合，从而便于对 Mg 颗粒燃烧时间随温度的变化趋势进行初步的判断。Mg 在 CO_2 中的燃烧速率以及粒径对 Mg 颗粒燃烧时间的影响仅被简单地归结于常系数 m 和 n 的改变。为了更好地揭示在不同环境温度下粒径大小对 Mg 颗粒燃烧时间的影响，在新的模型中考虑了燃烧速率和粒径这两个参数。

图 3-20 展示了在不同环境温度条件下 Mg 颗粒在 CO_2 中燃烧时间随粒径的变化关系。对于每个环境温度，Mg 颗粒的燃烧时间随粒径的变化均满足关系式 $t_b=kd^2$，其中 d 为粒径(μm)，k 为燃烧速率常数的倒数($ms/\mu m^2$)。不同环境温度所对应的 k 值总结在图 3-20 和表 3-10 中。随着环境温度的升高，k 值从环境温度为 1273K 条件下的 $9.7\times10^{-4}ms/\mu m^2$ 非线性地降至

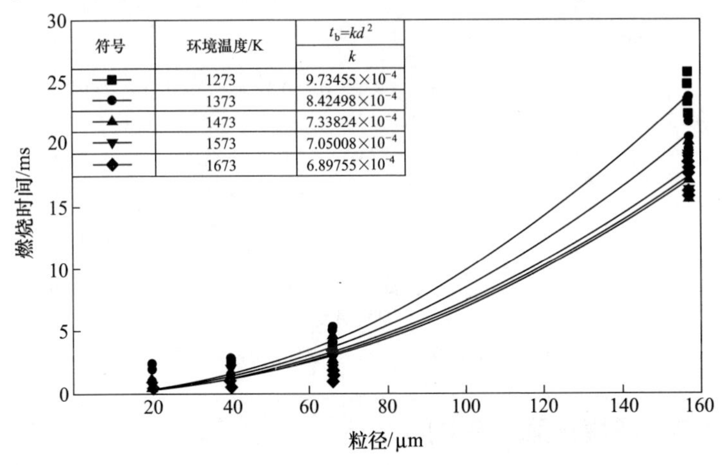

图 3-20　不同燃烧温度条件下 Mg 颗粒燃烧时间随粒径变化曲线

环境温度为 1273K 条件下的 $6.9 \times 10^{-4}ms/\mu m^2$。这些值与相关文献中所分别报道的值 $1s/mm^2$、$0.63s/mm^2$ 和 $0.5s/mm^2$ 在量级上基本相一致。进一步地，这也表明了在粒径范围为 20~160μm 的 Mg 颗粒在 CO_2 气氛中的燃烧属于扩散控制行为。

表 3-10 在不同环境温度条件下 Mg 颗粒燃烧时间拟合关系式

温度/K	$t_b = kd^2$
	k
1273	9.73455×10^{-4}
1373	8.42498×10^{-4}
1473	7.33824×10^{-4}
1573	7.05008×10^{-4}
1673	6.89755×10^{-4}

对 k 值随环境温度的变化关系进行拟合，发现其满足关系式 $k = \exp(-0.7-8.0 \times 10^{-3}T + 2.4 \times 10^{-6}T^2)$，如图 3-21 所示。将这个表达式代入燃烧时间与粒径之间的关系式中，从而获得同时考虑粒径和环境温度影响的 Mg 颗粒在 CO_2 气氛中燃烧时间的综合经验模型关系式：

$$t_b = \exp(-0.7 - 8.0 \times 10^{-3}T + 2.4 \times 10^{-6}T^2)d^2 \tag{3-18}$$

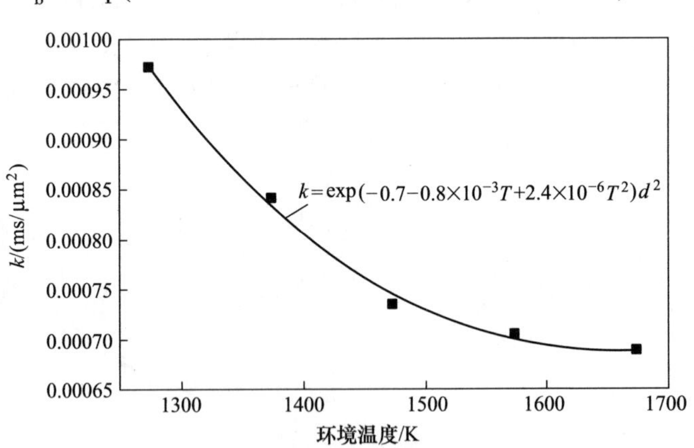

图 3-21 k 值随环境温度变化的拟合关系式

3.2.3 环境压强的影响

前面建立的 Mg 颗粒在 CO_2 气氛中的点火延迟和燃烧时间经验模型关

系式均是在环境压强为0.1MPa的条件下获得的。由于本书研究的Mg颗粒在CO_2中燃烧的主要目的是用于Mg/CO_2粉末火箭发动机，而该发动机的应用背景主要为火星探测用。众所周知，火星表面的大气压强介于700～900Pa，因而将来运用在火星表面的Mg/CO_2粉末火箭发动机燃烧室压强可能高于0.1MPa，也可能低于0.1MPa，具体取值将取决于发动机总体性能指标和任务需求。因此，环境压强对Mg颗粒在CO_2气氛中的点火和燃烧特性的影响也需要进行研究。保持颗粒粒径和环境温度不变，而仅改变环境压强，采用与上述相同的方法获得Mg颗粒在不同环境压强条件下的点火延迟和燃烧时间，从而获得环境压强的影响规律。此时再结合3.2.2节中所获得的0.1MPa下颗粒的点火延迟和燃烧时间经验关系式，通过对其添加某个系数便可近似估计在其他压强条件下Mg颗粒的点火延迟和燃烧时间经验关系式，从而能够为发动机结构设计提供基础的理论依据和数据参考。

在实验开展前，首先通过理论初步分析改变环境压强对Mg颗粒在CO_2气氛中点火延迟和燃烧时间可能产生的影响。对于点火过程，根据Yuasa等的研究结果，Mg颗粒表面由于异相反应所形成的保护壳的厚度会随着环境压强的升高而增厚，这将增大Mg蒸气破壳喷射燃烧的难度，从而延长点火延迟时间。另一方面，环境压强的升高也意味着Mg颗粒表面环境氧化剂气体的摩尔浓度将相应地增大，进而促进表面反应的进行，造成表面反应的释热率随之增大，这又在一定程度上加快了Mg颗粒自身的温升速率，从而更快地达到其熔点或沸点，从这个角度来看，压强的升高是有利于缩短Mg颗粒点火延迟时间的。因此，提高环境压强对Mg颗粒在CO_2气氛中的点火延迟时间可能有多重对抗效应，需要通过实验来确定哪个因素影响占主导作用。

对于燃烧过程，根据3.2.2节可知，粒径介于20～160μm的Mg颗粒在CO_2中的燃烧是属于扩散控制的，而扩散控制燃烧过程的燃烧速率取决于扩散系数与环境气体密度的乘积。其中扩散系数定义为

$$D_{AB}=\frac{3}{16}\frac{(4\pi k_B T/MW_{AB})^{1/2}}{(p/R_u T)\pi\sigma_{AB}^2\Omega_D}f_D \tag{3-19}$$

式中：A和B分别为两种不同的物质；k_B为玻尔兹曼常数；T为热力学温度(K)；p为环境压强(Pa)；R_u为通用气体常数；f_D为理论校正因子；Ω_D为碰撞积分；MW_{AB}和σ_{AB}分别为物质A和B的固有参数的函数。由式(3-19)可知，当环境压强升高时，扩散系数随之降低。然而根据理想气体状态方程$p=$

$\rho R_g T$,其中 R_g 为某一气体的气体常数,定义为通用气体常数与该气体分子量之比,环境气体密度将随环境压强的升高而增大。因此,随着环境压强的升高,扩散系数 D_{AB} 和密度 ρ 的乘积,也即燃烧速率将保持为常值不发生变化。这说明环境压强的改变似乎对 Mg 颗粒在 CO_2 气氛下的燃烧时间影响不大。然而,仍然需要通过实验对该猜想进行验证。

为了细致研究环境压强对 Mg 颗粒在 CO_2 气氛中的点火延迟和燃烧时间的影响,一共设置了 7 组不同环境压强条件的实验工况进行 Mg 颗粒动态点火燃烧实验研究,选取样品 6 作为颗粒样品,即粒径为 157μm,高温炉加热温度均设置为 1573K。考虑到实验装置中最脆弱的结构为石英玻璃,为防止其在高温高压条件下碎裂,因而出于对实验人员和仪器设备的安全考虑,环境压强最高模拟至 3atm(1atm≈101kPa)。图 3-22 和图 3-23 分别展示了 Mg 颗粒在不同环境压强条件下的点火延迟和燃烧时间的统计结果。图 3-24 展示了不同环境压强条件下 Mg 颗粒的燃烧火焰形貌。

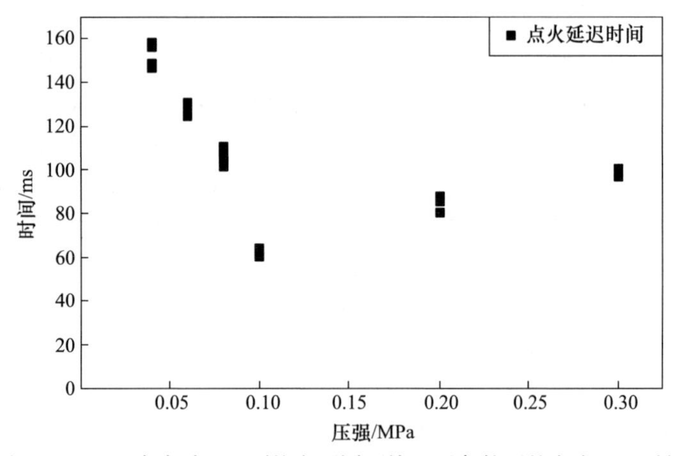

图 3-22　CO_2 气氛中 Mg 颗粒在不同环境压强条件下的点火延迟时间

从图 3-22 可以看到,当环境压强低于 0.1MPa 时,点火延迟时间随着环境压强的降低而延长。这意味着随着环境压强的降低,Mg 颗粒表面 CO_2 摩尔浓度随之降低,所导致的 Mg 颗粒表面反应释热减少对点火延迟时间的影响占主导作用,该影响使 Mg 颗粒点火延迟时间随环境压强的降低而增大。而当环境压强高于 0.1MPa 时,点火延迟时间随环境压强的升高而延长,说明此时由于环境压强的升高而使颗粒表面氧化壳增厚所带来的影响更大,该影响使 Mg 颗粒点火延迟时间随环境压强的升高而增大。

对于燃烧时间而言,从图3-23中可以看到,当环境压强低于0.08MPa时,Mg颗粒在CO_2中的燃烧时间明显缩短,燃烧时间随压强降低而减小刚好与点火延迟时间随压强降低而增大相对应。根据3.2.1节所揭示的Mg颗粒在CO_2中的燃烧机理,Mg颗粒燃烧过程的本质为壳内的Mg蒸气破壳喷射与环境中的CO_2气体发生气相反应。因而在低压条件下Mg颗粒燃烧时间有所缩短一方面可能是由于低压下Mg颗粒表面所生成的保护壳相对较薄,同时壳内外压差也在一定程度上有所升高,这两个因素均会导致燃烧过程中Mg壳表面孔洞面积增大,从而使Mg蒸气的蒸发量相应地增大,最终造成Mg颗粒的燃烧时间有所缩短。当然,另一方面可能是由于颗粒表面CO_2浓度过低而导致气相燃烧反应无法自持从而导致过早的猝息。为了探明究竟是上述哪个原因导致了低压条件下Mg颗粒燃烧时间的缩短,对环境压强为0.04MPa下的Mg颗粒凝相燃烧产物进行动态收集,并采用扫描电镜对其形貌进行检测分析,拍摄所得SEM照片如图3-25(a)所示。为作对比分析,对环境压强为0.1MPa下的Mg颗粒凝相燃烧产物也进行了动态收集,拍摄所得SEM照片如图3-25(b)所示。由图可见当环境压强为0.04MPa时,Mg颗粒的燃烧产物壳明显比环境压强为0.1MPa下的壳薄,且壳上表面孔洞也相对较大,从而验证了第一个猜想。这表明了在一定程度上较低的环境压强有利于加快Mg颗粒的燃烧速率。但是考虑到环境压强的降低所导致的Mg颗粒点火延迟时间大幅延长,可以得出降低发动机工作压强至0.1MPa以下对Mg/CO_2发动机的结构设计是不利的。

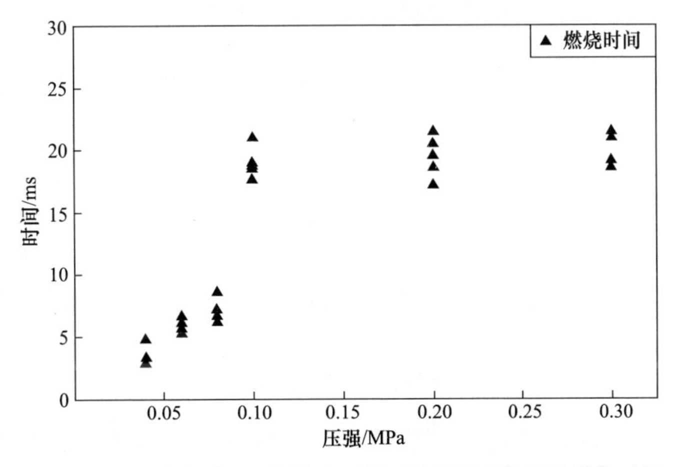

图3-23 CO_2气氛中Mg颗粒在不同环境压强条件下的燃烧时间

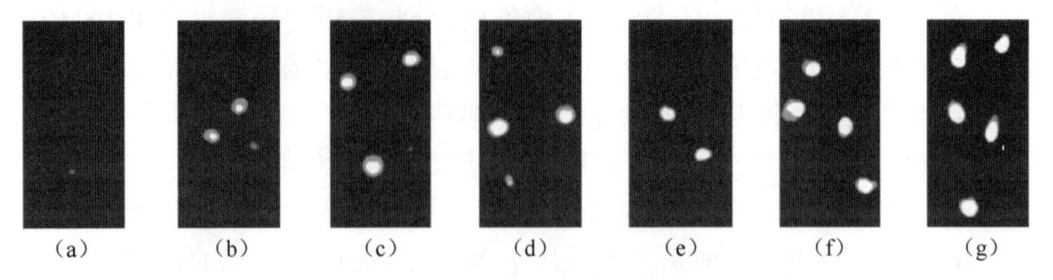

图 3-24　不同环境压强条件下 Mg 颗粒的燃烧火焰形貌

(a)0.02MPa;(b)0.04MPa;(c)0.06MPa;(d)0.08MPa;(e)0.1MPa;(f)0.2MPa;(g)0.3MPa。

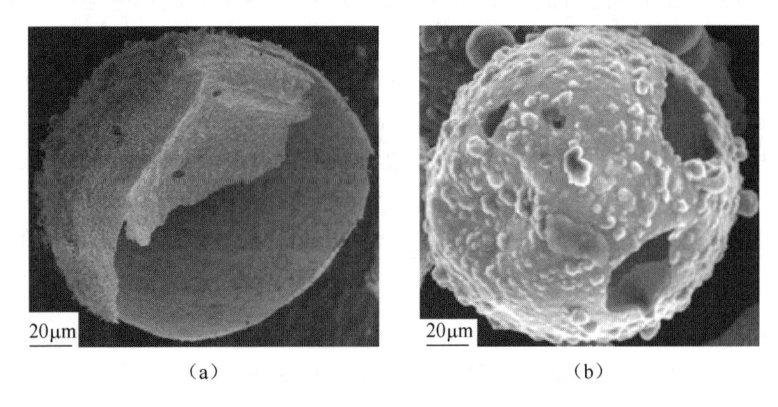

图 3-25　不同环境压强下 Mg 颗粒燃烧凝相产物 SEM 照片

(a)环境压强 0.04MPa;(b)环境压强 0.1MPa。

另外,实验中还发现当环境压强降至 0.02MPa 时,在 Mg 颗粒周围没有观测到有明亮的气相火焰产生,只有颗粒自身表面发出较微弱的光,如图 3-24 所示。通过更多的实验表明 0.025MPa 大约为 Mg 颗粒在 CO_2 气氛中燃烧时颗粒表面能够产生气相火焰的最低压强极限值。因此,Mg 颗粒在 CO_2 中的点火压强极限被总结认定为 0.025MPa。这对于用在火星表面的 Mg/CO_2 粉末火箭发动机或者 Mg/CO_2 燃烧器的总体设计、燃烧组织方案编制和工作参数选取等来说是一个十分重要的参数。例如,对于 Mg/CO_2 粉末火箭发动机而言,在编制燃烧组织方案或者设置发动机工作时序时,可以考虑在发动机点火前事先向燃烧室内通入一部分 CO_2 气体,使燃烧室内 CO_2 气体压强达到 0.025MPa,然后再向燃烧室内喷注 Mg 粉燃料,此时发动点火器工作便可点燃 Mg 粉,从而实现发动机成功点火,为后续发动机的正常稳定工作奠定良好的基础。

进一步地,从图 3-23 中可以发现,当环境压强高于 0.1MPa 时,Mg 颗粒的燃烧时间几乎保持不变，这与前面的猜想相吻合，即不同环境压强条件下扩散系数和气体密度乘积保持不变，从而环境压强的改变对Mg颗粒在CO_2气氛中的燃烧速率的影响不大。而当环境压强高于0.1MPa时，Mg颗粒基本上可以完全燃尽，从而环境压强的改变对Mg颗粒在CO_2气氛中燃烧时间的影响也不大。

3.2.4 二氧化碳浓度的影响

根据Mg和CO_2两步反应机理，Mg颗粒在CO_2气氛下燃烧首先会生成大量的CO气体，因而在实际Mg/CO_2粉末火箭发动机工作过程中，其燃烧室内可能会出现局部CO浓度过高的情况，此时CO_2浓度相应偏低，从而会对该区域内Mg颗粒的点火燃烧性能产生一定的影响，在发动机总体设计或者燃烧组织方案编制时应考虑这种情况的发生，并科学地评估其对发动机总体性能可能带来的影响。因而本节将主要研究CO_2浓度对Mg颗粒点火燃烧特性的影响，从而为工程实际应用过程中可能出现的相应问题的评估和解决提供一定的理论指导和参数借鉴。为同时对比分析CO浓度对Mg颗粒点火和燃烧特性的影响，设置了CO_2/Ar组合气氛和CO_2/CO组合气氛两组实验，从而便于比较相同CO_2浓度条件下Mg颗粒表面CO的存在可能对颗粒点火和燃烧特性所产生的影响。此处的浓度均指的是摩尔浓度。

3.2.4.1 CO_2/Ar组合气氛

本节实验中是通过使用压强传感器监测充入炉内的CO_2和Ar气体的压强比，从而实现对炉内CO_2/Ar气体浓度比的调节。其原理为根据完全气体状态方程$PV = nR_uT$，在气体温度和体积相同的情况下，气体的物质的量之比等于气体的压强比。假设充入炉内的CO_2和Ar气体初温近似相同，均为常温，又由于CO_2和Ar气体均被充入高温炉内，所以其体积均等于高温炉的容积，从而CO_2和Ar充入炉内气体的物质的量之比就等于其充入炉内气体的压强比，也即炉内CO_2和Ar气体的摩尔浓度比等于其分别充入炉内气体的压强之比。

实验时具体的实施步骤如下：

(1) 装配密闭高温炉装置，进行气密性检查。

(2) 使用真空泵将炉内压强抽至1000Pa以下，再充入CO_2气体至0.1MPa。如此循环操作3次，保证炉内的空气被完全置换。

(3) (以所需环境Ar浓度为50%为例)第三次抽至1000Pa之后，首先

向炉内充入 CO_2 气体至 0.05MPa,此后继续充入 Ar 气体至 0.1MPa,从而使炉内气体组分达到设计值。

(4) 打开加热系统,调整功率使炉内气体达到设计温度值。

(5) 设置迷你气缸控制阀作动及高速相机拍摄时序,进行 Mg 颗粒点火燃烧实验拍摄。

考虑到 CO_2 浓度降低或者 CO 浓度升高可能导致 Mg 颗粒着火和燃烧困难,若选用样品 6Mg 颗粒进行该组工况试验,可能在有限的拍摄视野或者时间内捕获不到燃烧全过程。因而选用粒径相对较小的样品 3Mg 颗粒进行该组工况试验。在高温炉设置温度为 1573K,炉内压强为 0.1MPa 条件下,通过上述方法改变炉内 CO_2/Ar 浓度之比,获得样品 3Mg 颗粒的点火延迟和燃烧时间随 CO_2 浓度变化结果分别如图 3-26 和图 3-27 所示。

从图 3-26 中可以看到,对于 CO_2/Ar 组合,当 CO_2 浓度由 1 降至 0.5 时,Mg 颗粒点火延迟时间有所增大,但增大幅度并不是太大。而当 CO_2 浓度由 0.5 降至 0.2 时,Mg 颗粒点火延迟时间增大了近一倍,此时与上述压强为 0.02MPa 工况一样,Mg 颗粒周围已经没有明亮的火焰产生,而只是颗粒表面自身发出微弱的光。需要说明的是,此处以出现该微弱光的时长作为点火延迟时间以便进行横向比较,下同。显然,当环境气氛中的 CO_2 浓度降低后,Mg 颗粒表面的 CO_2 摩尔浓度也随之降低,从而不利于颗粒表面氧化反应的产生,造成表面反应的释热率也将随之减小,这在一定程度上减慢了 Mg 颗粒自身的温升速率,从而需要更长的时间才能达到其熔点或沸点,最终造成点火延迟时间有所延长。随着 CO_2 浓度的降低,该影响将变得愈加

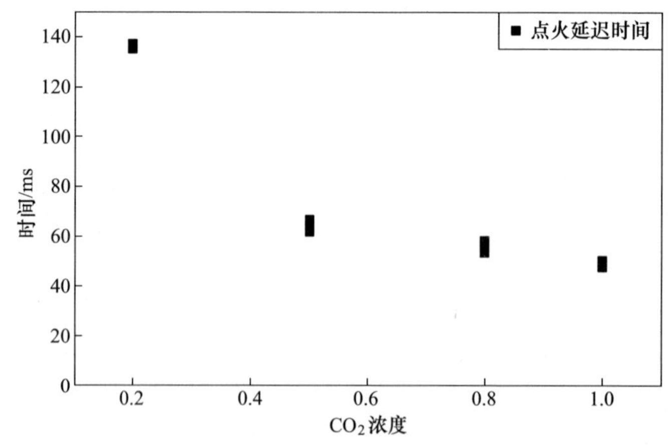

图 3-26　不同 CO_2 浓度条件下 Mg 颗粒的点火延迟时间(CO_2/Ar 组合)

明显,直至其降低至某一临界值后,Mg 颗粒无法实现着火燃烧。因为此时即便有少许 Mg 蒸气能够喷射而出,Mg 蒸气与如此低浓度的 CO_2 气体反应所释放的热不足以弥补向外耗散的热量,因而不能够产生明亮的火焰。

对于燃烧时间而言,从图 3-27 中可以看到,对于 CO_2/Ar 组合,当 CO_2 浓度由 1 降至 0.5 时,Mg 颗粒燃烧时间也是有所增大,但增大幅度也并不显著。当 CO_2 浓度降至 0.2 时,Mg 颗粒周围已经没有明亮的火焰产生,因而在图中没有该浓度下的燃烧时间数据。随着环境气氛中 CO_2 浓度的降低,Mg 蒸气与 CO_2 之间的气相反应速率也将随之降低,因而该反应向颗粒表面的释热也会减少,从而降低了熔融 Mg 核的蒸发速率,最终导致 Mg 颗粒燃烧时间有所延长。本节中 CO_2 浓度降低造成 Mg 颗粒燃烧时间的延长刚好也从侧面验证了 3.2.3 节中低压强条件下 Mg 颗粒燃烧时间有所缩短并不是由 Mg 颗粒表面 CO_2 摩尔浓度不足造成 Mg 颗粒燃烧不完全所导致的。

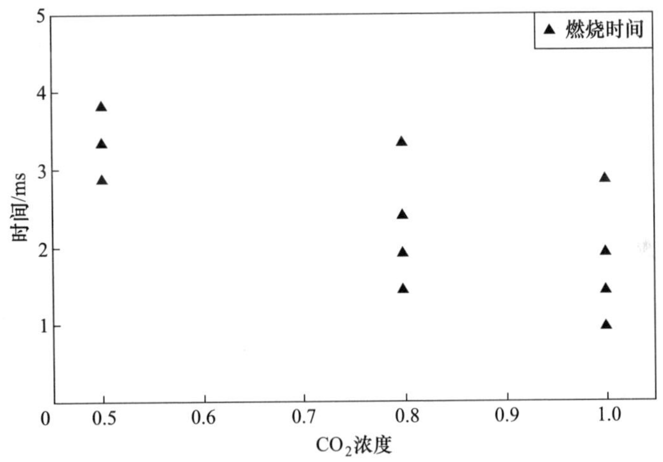

图 3-27　不同 CO_2 浓度条件下 Mg 颗粒的燃烧时间(CO_2/Ar 组合)

3.2.4.2　CO_2/CO 组合气氛

本节实验中实现对炉内 CO_2/CO 气体浓度比调节的方法与 3.2.4.1 节介绍的相同,此处不再赘述。为便于与 CO_2/Ar 组合气氛工况下的实验结果进行横向对比,也选用粒径相对较小的样品 3 Mg 颗粒进行该组工况试验。在高温炉设置温度为 1573K,炉内压强为 0.1MPa 条件下,通过改变炉内 CO_2/CO 浓度之比,获得样品 3 Mg 颗粒的点火延迟和燃烧时间随 CO_2 浓度变化结果分别如图 3-28 和图 3-29 所示。

从图 3-28 中可以看到,对于 CO_2/CO 组合,Mg 颗粒点火延迟时间随

CO_2 浓度的变化规律与 CO_2/Ar 组合工况下的实验结果有较大差异。当 CO_2 浓度由 1.0 降至 0 的过程中，Mg 颗粒点火延迟时间呈现先减小后增大再减小的变化趋势。之所以会产生这样的变化趋势，分析其原因，可能是由于此时环境气氛中 CO_2 浓度的降低意味着 Mg 颗粒表面 CO 气体浓度随着升高。而 Mg 颗粒表面 CO 气体浓度的升高将会促进 Mg 颗粒表面进行异相反应，一方面会导致颗粒表面保护壳的厚度相应地增厚，这对颗粒的点火是不利的，从该角度而言，CO 浓度的升高会造成 Mg 颗粒的点火延迟时间将有所延长。而另一方面是导致表面异相反应速率加快，这意味着单位时间内

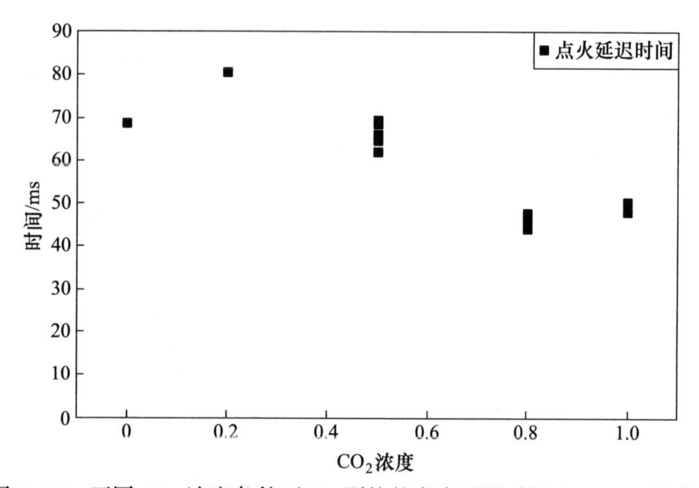

图 3-28　不同 CO_2 浓度条件下 Mg 颗粒的点火延迟时间（CO_2/CO 组合）

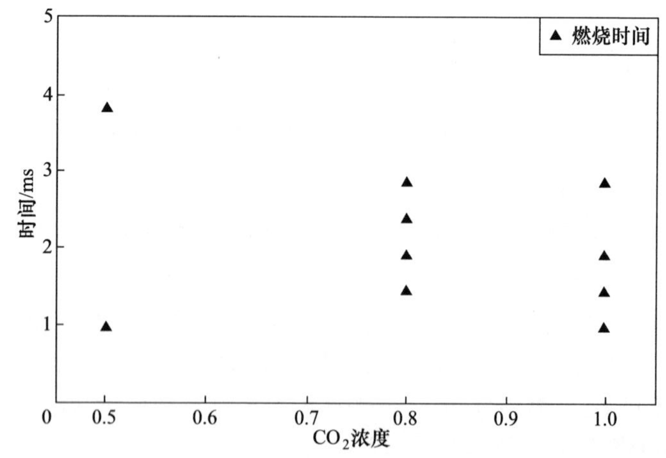

图 3-29　不同 CO_2 浓度条件下 Mg 颗粒的燃烧时间（CO_2/CO 组合）

该反应向 Mg 颗粒所传递的热量也将有所增大，这将有利于提升 Mg 颗粒自身的升温速率，就该角度而言，CO 浓度的升高又会造成 Mg 颗粒的点火延迟时间将有所缩短。因而改变环境中 CO 气体的浓度，Mg 颗粒的点火延迟时间究竟是延长还是缩短，主要取决于上述两种竞争机理相互博弈的结果。

就燃烧时间而言，从图 3-29 中可以看到，对于 CO_2/CO 组合，当 CO_2 浓度由 1 降至 0.8 时，Mg 颗粒燃烧时间变化并不明显。而当 CO_2 浓度进一步降至 0.5 时，Mg 颗粒的燃烧时间产生了分层现象，即一部分 Mg 颗粒的燃烧时间有所延长，而另一部分 Mg 颗粒的燃烧时间有所缩短。对于部分 Mg 颗粒燃烧时间的延长，分析其原因为，一方面，Mg 颗粒周围 CO_2 气体浓度降低会造成 Mg 蒸气与 CO_2 之间的气相反应速率变慢，从而气相反应向 Mg 颗粒表面的热量传递减少，造成燃烧时间的延长；另一方面，Mg 颗粒周围 CO_2 气体浓度降低意味着颗粒周围 CO 气体浓度相应地升高，从而有利于 Mg 颗粒表面异相反应的进行，使 Mg 颗粒表面的氧化壳有所增厚，这将不利于壳内 Mg 蒸气的破壳喷射燃烧，造成燃烧时间的延长。上述两方面的原因导致该部分 Mg 颗粒的燃烧时间有所延长。对于另一部分 Mg 颗粒燃烧时间的缩短，分析其原因为，颗粒周围 CO 气体浓度的升高使 Mg 颗粒表面几乎完全被氧化壳所覆盖，即使有少量的 Mg 蒸气能够从氧化壳的缝隙中流出，低浓度的 Mg 蒸气与低浓度的 CO_2 气体之间的气相反应所释放的热量不足以抵消其向环境中所释放的热量，因而该气相反应难以长时间维系，最终导致 Mg 颗粒燃烧猝熄，从而使拍摄到的颗粒实际燃烧时间较短。同样地，当环境气氛中 CO_2 气体摩尔浓度降至 0.2 时，Mg 颗粒周围已经没有明亮的燃烧火焰产生，因而在图中没有该浓度下的燃烧时间数据。

3.3　镁/二氧化碳点火燃烧机理和模型

3.3.1　颗粒点火燃烧机理

3.3.1.1　颗粒点火机理

对于 1~200μm 的 Mg 颗粒，在 3.1.2 节中采用了热重分析法研究了其在缓慢升温速率（5~20K/min）条件下的热氧化特性，针对其升温过程给出了详细的增重变化及释热变化，从而对 Mg 在 CO_2 环境中的热氧化反应进程有了初步的认识。而 3.2 节中采用动态点火燃烧实验研究了其在快速升温速率（10^4~10^5K/s）条件下的点火和燃烧特性，通过对颗粒点火过程的动态拍摄及收集所得产物的形貌检测，结合理论分析获得了 Mg 颗粒在点火升温过程中经历的形貌演变过程及其点火机理。综合上述研究结果，Mg 颗粒在进入燃烧状态前与环境中 CO_2 气体之间发生的表面氧化过程是不能忽略的。Mg 颗粒点火过程的本质是环境高温气体对其加热升温以及表面异相反应对其进行释热和表面氧化层结构的破裂与重整。Mg 颗粒在 CO_2 中的点火机理如图 3-30 所示。

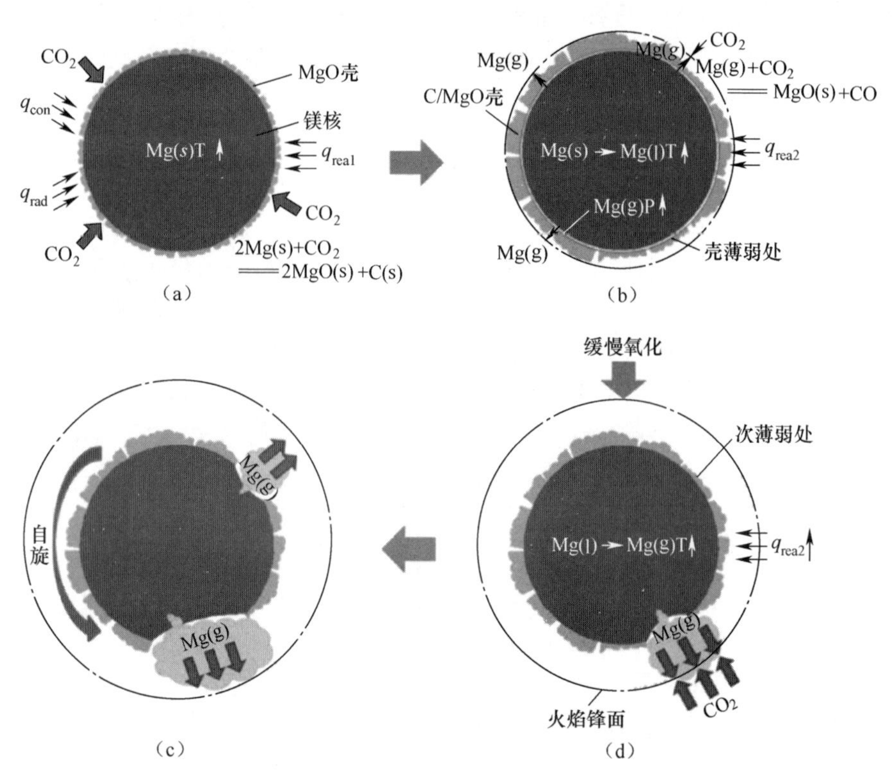

图 3-30　镁颗粒点火机理

(a)初始颗粒；(b)缓慢氧化；(c)自旋燃烧；(d)局部喷射。

(1) 室温下 Mg 颗粒初始构型为类球形颗粒，表面覆盖有 1~20nm 厚的 MgO 薄层，该氧化层为晶体结构，质地较为致密，可以有效防止基质被进一步氧化。

(2) 颗粒进入高温 CO_2 环境中后，在对流和辐射加热的作用下，颗粒温度逐渐升高。当 Mg 颗粒温度低于 450℃时，颗粒表面的氧化层很薄并且被认为是无孔洞的。氧化层的增厚主要是通过 Mg^{2+} 在壳内向外扩散至壳表面与环境中的氧化性气体进行反应。在温度较低时，Mg^{2+}只能通过晶格向外扩散，从而扩散速率较慢，最终表现为低温时 Mg 的氧化速率较低。

(3) 当 Mg 颗粒温度升高至 450℃左右时，由于氧化壳内部足够高的应力导致壳内裂纹的产生。这些裂纹可充当 CO_2 气体向内渗透和 Mg 蒸气向外扩散的传输通道，从而促进 Mg 颗粒的氧化。并且随着氧化壳厚度的增加，MgO 层由单晶质逐渐转变为多晶质，从而 Mg^{2+}除了可通过晶格向外扩散，还可以通过晶界面向外扩散，从而促进 Mg 颗粒的氧化。

(4) 当 Mg 颗粒温度高于 450℃后时，Mg 的蒸发被认为是造成氧化壳多孔结构形成的主要原因，Mg 蒸气经由壳内的微裂纹以及空洞可以迅速到达壳外界面与 CO_2 气体反应形成氧化物结节。此时颗粒表面的氧化壳将不再具备保护性，并且氧化服从线性动力学，CO_2 和 Mg 蒸气能够比较容易渗透穿过这些开放的裂缝和孔洞，到达壳内外界面处。随着氧化的进行，这些氧化物结节生长、联合，最终形成松散的结构，表现为图 3-30(Ⅱ)所示厚薄不均的外观形貌(从 3.2.1 节中产物分析结果得出)。

(5) 在环境高温气体的加热和颗粒表面氧化反应释热的共同作用下，Mg 核温度迅速升高，直至超过 Mg 的熔点。熔融 Mg 核蒸发产生 Mg 蒸气的速率进一步提升，从而 Mg 蒸气透过颗粒表面氧化壳到达壳表面与环境中的 CO_2 气体反应进程也相应加快，而该反应所释放的热量被认为几乎全部用于颗粒升温，因此，在这样的动态循环过程中，壳内的 Mg 蒸气产生速率逐渐加快，导致局部 Mg 蒸气压力迅速攀升，直至将氧化壳较薄弱处破坏产生孔洞，大量的 Mg 蒸气从该处向外喷射。当喷射而出的 Mg 蒸气浓度达到某个特定值后，其与 CO_2 之间的气相反应将变得愈加剧烈，直至反应所释放的热量与热损失耗散量之间的平衡最终被打破，进而局部形成明亮的火焰，从而实现颗粒的局部着火。

(6) 上述剧烈的气相反应继续向颗粒表面传热，壳内的蒸气压力持续攀升，从而导致氧化壳在其余薄弱处陆续破裂，大量蒸气从这些破孔处向外喷射。由于蒸气喷射量的增大，Mg 蒸气与 CO_2 气体反应的火焰前锋面逐渐向颗粒外转移，直至该反应的释热与 Mg 蒸发吸热达到动态平衡，此时即在 Mg 颗粒表面形成相对稳定的气相火焰。此时，由于 Mg 蒸气在壳表面喷射位置不同及喷射量不均匀，造成颗粒产生自旋。至此，Mg 颗粒便实现了完全着火。

3.3.1.2 颗粒燃烧机理

结合 3.1.1 节中 Mg/CO_2 反应热力学分析结果，Mg 和 CO_2 绝热燃烧温度低于 3000K,而其燃烧产物 MgO 和 C 的熔点分别为 3125K 和 3773K,因此,燃烧过程中 Mg 颗粒表面所覆盖的由 MgO 和 C 所组成的壳为固体硬壳。并且根据 3.2.1 节中产物分析结果可知该壳的尺寸与 Mg 颗粒初始尺寸相近,因而认为在燃烧过程中壳的半径几乎不发生变化,而只是发生增厚的过程。Mg 颗粒在 CO_2 中的燃烧机理如图 3-31 所示。

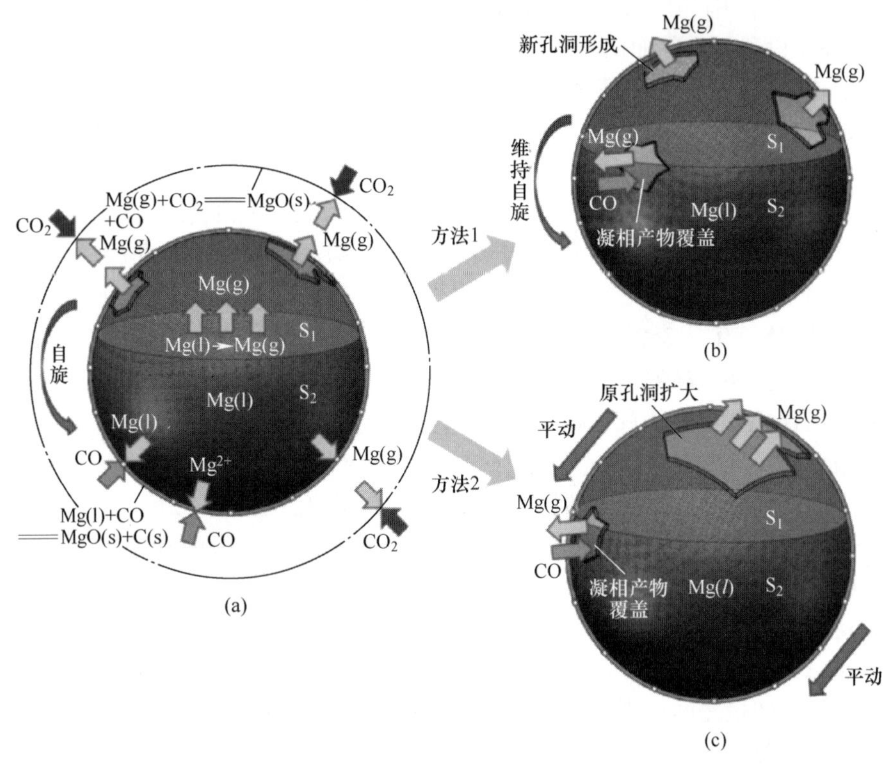

图 3-31 镁颗粒燃烧机理

(a)燃烧初始形态;(b)壳重整-维持自旋;(c)壳重整-变为平动。

燃烧过程中,Mg 核的温度已超过其熔点,因而呈现为熔融状态。在 Mg 与固体壳之间黏性吸附以及壳内较高蒸气压力的共同作用下,熔融 Mg 核被认为以球缺体的形式存在于固体壳内,如图 3-31(a)所示,其表面由 S1 圆面和 S2 残缺球面所组成。熔融 Mg 核的蒸发在 S1 面和 S2 面同时进行,所产生的蒸气从壳内孔洞和微裂纹处向外逸散与环境中的 CO_2 气体在远离颗粒表面一定距离处发生均相反应。该反应所生成的 CO 气体和凝相 MgO 一部分将回传至颗粒表面。其中回传的 CO 气体到达 S2 面后一部分通过壳内的孔隙渗透至核壳交界面处与熔融 Mg 核发生表面异相反应，与此同时，Mg^{2+} 通过 MgO 晶格和晶界面向外扩散至壳外界面与 CO 气体反应。上述两个反应所生成的凝相 MgO 和 C 将分别覆盖在壳的内外表面，从而表现为壳同时向内和向外增厚。

正如 3.2.1 节中所述，Mg 颗粒表面孔洞的位置和尺寸分布不均会造成燃烧过程中会产生自旋。在颗粒自旋过程中，当 Mg 核裸露在孔洞处时，如图 3-31(b)和(c)所示，一方面，裸露的 Mg 将会蒸发产生 Mg 蒸汽向外扩散，与 CO_2 气体反应生成的凝相 MgO 部分回流至颗粒表面覆盖孔洞。另一方面，一次燃烧产物 CO 气体也会向内扩散与该处裸露的 Mg 核发生表面异相反应，从而生成凝相 MgO 和 C 填补原有孔洞形成新的氧化壳。此时孔洞面积的减小将造成 Mg 蒸气向外扩散的量和距离的相应减小，从而火焰锋面将会向靠近颗粒的方向移动。火焰锋面至颗粒间距的减小将造成反应释热对颗粒的加热增加，这进一步促进 Mg 核的蒸发，使壳内的压强有所增大，其余薄弱处被破坏。而若孔洞面积增大，则 Mg 蒸气向外扩散的量和距离也将会相应地增大，从而火焰锋面将会向远离颗粒的方向移动。火焰锋面至颗粒间距的增大将造成反应释热对颗粒的加热减少，从而又不足以提供足够的热量以维持 Mg 的蒸发，这将使壳内的压强将有所降低，这又将有利于颗粒表面新壳的生成以及原有孔洞的填补。因此燃烧过程中颗粒表面的孔洞总面积实际上会处于一个动态平衡的过程。某一处孔洞的填补势必将会造成另一处新孔洞的形成或者原有孔洞面积的增大。若在壳表面其他位置形成新的孔洞，则 Mg 颗粒将会仍然维持自旋燃烧形态，如图 3-31(b)所示；若在某一处原有孔洞面积扩大，而其他位置处孔洞面积不足以与其相抗衡时，则 Mg 颗粒的燃烧形态将会由自旋燃烧转变为平动燃烧，如图 3-31(c)所示。

综上所述，Mg 颗粒在 CO_2 环境中的燃烧机理总结如下：

(1) 核壳结构：Mg 颗粒在实现着火后，颗粒表面氧化壳为固体球壳状形式存在，Mg 核以熔融球缺体形式黏附于球壳内表面。

(2) 传质过程：Mg 核的消耗主要由 Mg 蒸发燃烧与 Mg/CO 表面异相反应两部分所组成。其中 Mg 的蒸发过程发生在熔融 Mg 核整个表面，即球缺体 S1 面和 S2 面，其产生的 Mg 蒸气通过壳内孔洞和缝隙向外扩散，环境中的 CO_2 气体向颗粒表面扩散，二者的反应界面即火焰锋面，反应所生成的 CO 气体和凝相 MgO 一部分向颗粒表面回传，另一部分向环境逸散；Mg 和 CO 的表面异相反应发生在熔融 Mg 核与壳的接触面上，即球缺体 S2 面，该反应由两部分组成:①Mg 核内部的单质以 Mg^{2+} 的形式通过氧化壳的晶格和晶界面外迁,与 CO 气体在氧化壳的外表面发生反应;②CO 气体通过壳内的缝隙向内渗透,与熔融 Mg 核在氧化壳的内表面发生反应。上述两部分反应所生成的凝相产物分别附着于氧化壳的外表面和内表面,造成颗粒表面壳同时向外和向内生长。

(3) 传热过程:颗粒燃烧时温度最高的区域为气相反应区的火焰前锋面处,其次为颗粒表面的氧化壳区域,Mg 核区域温度最低。Mg/CO_2 均相反应发生在距颗粒表面一定距离的火焰层内,该处温度远高于颗粒表面温度,其通过辐射和对流的方式向颗粒表面和外界环境进行热量的传递。而异相反应界面,即壳内外表面处的热量主要来源于表面异相反应释热以及火焰层内热量的反馈,该热量一部分通过对流和辐射向环境传递,另一部分通过热传导的形式向 Mg 核传递。Mg 核所吸收的热量主要用于维持蒸发所需的能量。

(4) 形态演变规律:随着燃烧的进行,凝相燃烧产物在颗粒表面不断地聚集覆盖并增厚,部分原有孔洞可能会被填补,与此同时在壳表面其他位置又会有新的孔洞生成,或者某个已有孔洞面积相应地扩大。总的来说,燃烧过程中颗粒表面氧化壳内孔洞总面积处于动态平衡的过程。当颗粒表面某一处壳孔洞面积不断扩大,而其他位置处孔洞面积不足以与其相抗衡时,Mg 颗粒的燃烧形态将会由自旋燃烧转变为平动燃烧。

3.3.2 颗粒点火燃烧模型

从上文可知,Mg 颗粒在 CO_2 环境中燃烧主要分为点火阶段和燃烧阶段。其中点火阶段包含低温潜伏期和高温氧化期两个阶段。根据 3.1.2 节热重分析结果,当 Mg 颗粒温度低于 450℃时,主要处于低温潜伏期,在该阶段内,颗粒升温主要热量来源为环境高温气体的对流和辐射换热,表面氧化反应速率很慢,几乎可以忽略不计;当温度达到 450℃后,由于表面氧化壳微裂纹的产生以及 MgO 晶型的转变,环境中的 CO_2 气体能够通过壳的缝隙渗透到达核表面与 Mg 发生表面异相反应,而 Mg^{2+} 也能够通过晶格和晶界面扩散至壳表面与 CO_2 发生反应。此时颗粒升温热量来源包括环境气体加热和表面异相反应释热。燃烧阶段主要包含 Mg/CO_2 均相反应和 Mg/CO 表面异相反应两个 Mg 的消耗过程以及凝相产物在壳表面聚集覆盖的壳生长过程。其中,壳生长主要来源为壳表面的表面异相反应和均相反应生成的凝相产

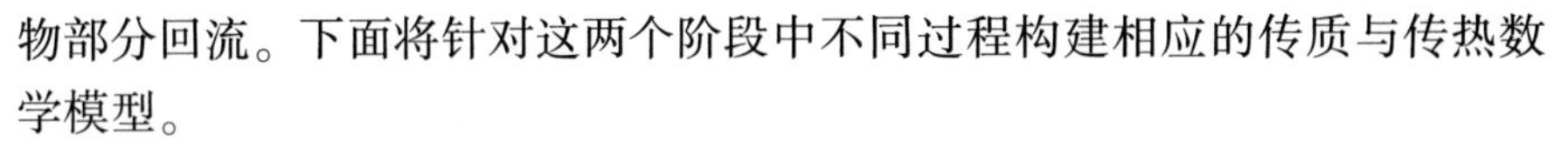

物部分回流。下面将针对这两个阶段中不同过程构建相应的传质与传热数学模型。

3.3.2.1　模型假设

本节将基于以上分析和假设建立用于描述 Mg 在 CO_2 环境中点火燃烧过程的数学模型,模型建立过程中的主要假设包括:

(1) Mg 颗粒初始形态为球形,其表面氧化壳厚度均匀一致。在 450℃ 以下其结构致密,Mg 核与 CO_2 气体之间不发生反应。

(2) 在 Mg 颗粒燃烧过程中,氧化壳始终保持标准球形结构,内径为初始颗粒粒径。氧化壳的生长均表现为向外的均匀增厚过程,原本应当覆盖在孔洞和孔隙处的凝相产物假设均被蒸气吹除至环境中,因而计算时该部分产物不计入其余位置处壳厚度的增长。

(3) 在点火阶段,固态 Mg 核始终保持为球形,且整个表面与壳紧密接触,而燃烧阶段中液态 Mg 核为球缺体,仅残缺球面与壳紧密接触。

(4) 镁核温度达到沸点之前核壳结构为等温体,随后核壳为非等温体。

(5) 在高温氧化阶段,Mg/CO_2 气相反应发生在壳表面处,其生成的 CO 全部与 Mg 核发生二次反应,点火阶段发生的反应统观上均可认为是 Mg 与 CO_2 之间所进行的表面异相反应。

(6) 在燃烧阶段,Mg/CO_2 气相反应在距颗粒表面一定距离处的无限薄层内进行,反应速率极快,不同燃烧形态下该反应所生成的凝相氧化物回流至颗粒表面的比重均为 50%。

(7) 假设在燃烧阶段中 CO 气体仅在球缺体残缺球面处与 Mg 核发生表面异相反应,由于壳内压强高于环境压强,因此 CO 气体几乎无法扩散进入壳内与 Mg 核在球缺体圆面处发生反应。

(8) 气相定压比热容、导热系数以及密度与扩散系数的乘积均假设为定值。

3.3.2.2　控制方程

根据 3.1.2 节热重结果分析并结合前人对 Mg 颗粒在二氧化碳中着火特性的实验研究结果,Mg 颗粒的点火温度近似为 960K。因此,下述模型将以该温度作为点火阶段和燃烧阶段的界限。其中,点火阶段又分为低温潜伏期和高温氧化期两个阶段。虽然高温氧化期跨越了 Mg 的熔点温度,但是由于熔点至着火点温差较小,仅为 37K,其所经历的时间相对较短,且该阶段 Mg 的质量消耗也较小,此时按照球形与球缺体计算所得表面积相差不大,因而为简化计算,在模型中认为点火阶段中熔融态的 Mg 核表面积也按照球形来处理,并且该阶段颗粒为核壳等温体。在燃烧阶段,Mg 核处于熔融状态,由于剧烈的气相反应放热,颗粒质量消耗速率增大,因此 Mg 核形态按球缺体处理,因此核壳之间通过互相接触的残缺球面进行传热与传质。

1) 点火阶段

(1) 低温潜伏期(300~723K)。

根据前面的实验结果和理论分析,在低温潜伏期阶段 Mg 颗粒表面不发生氧化反应,因而此时 Mg 颗粒与环境之间无传质过程存在。在该阶段,镁颗粒仅经历一个物理升温过程,其升温热量来源为环境高温气体对其所进行的对流换热与辐射换热。因此,该阶段镁颗粒的传热控制方程的微分形式为

$$\left(\frac{4}{3}\pi r_{核}^{3}\rho_{Mg}c_{Mg} + 4\pi r_{核}^{2}x_{壳}\rho_{MgO}c_{MgO}\right)\frac{dT_p}{dt} = Q_{对流} + Q_{辐射} \quad (3-20)$$

式中:$r_{核}$为核半径;$x_{壳}$为壳厚度;ρ_{Mg}、ρ_{MgO}分别为 Mg 和 MgO 的密度;c_{Mg}和c_{MgO}分别为 Mg 和 MgO 的比热;T_p为颗粒温度;$Q_{对流}$和$Q_{辐射}$分别为单位时间内环境高温气体对颗粒的对流加热与辐射加热量,其中对流加热量$Q_{对流}$可由下式计算获得:

$$Q_{对流} = 4\pi(r_{核} + x_{壳})^2 \cdot h(T_\infty - T_p) \quad (3-21)$$

式中:T_∞为环境气体温度;h为对流换热系数,可由下式表示:

$$h = 0.5\lambda_g Nu/(r_{核} + x_{壳}) \quad (3-22)$$

式中:λ_g为环境气体导热系数;Nu为努塞特数。这两个参数分别由下式计算获得:

$$\lambda_g = (15/4) \cdot (R_u/M_g) \cdot \nu_g \cdot [4c_g M_g/(15R_u) + 0.3333] \quad (3-23)$$

式中:R_u为通用气体常数,取值为 8.314J/(K·mol);M_g为环境气体分子量;ν_g为环境气体黏度;c_g为环境气体定压比热容。

$$Nu = 2 + 0.6\,Re^{1/2}\,Pr^{1/3} \quad (3-24)$$

式中:Re为颗粒与气体相对流动雷诺数;Pr为环境气体普朗特数。因而当颗粒与气体相对速度较小时,Nu近似为 2。

辐射加热量Q_{rad}可由下式计算获得:

$$Q_{辐射} = 4\pi(r_{核} + x_{壳})^2 \cdot \sigma\varepsilon(T_\infty^4 - T_p^4) \quad (3-25)$$

式中：σ 为斯蒂芬玻耳兹曼常数，取值为 5.672×10^{-12} W/cm^{2}K^4；ε 为颗粒黑度，模型计算时取值为0.84。

模型认为核壳等温，即满足

$$T_p = T_{核} = T_{壳} \tag{3-26}$$

（2）高温氧化期（723~960K）。

（Ⅰ）传质过程。

该阶段镁颗粒主要与环境中的 CO_2 气体之间发生表面异相反应，一方面，Mg^{2+} 通过氧化壳中的晶格和晶界面扩散至壳外表面与 CO_2 气体反应；另一方面，CO_2 气体通过氧化壳中的微裂纹渗透至壳内表面与Mg核反应。根据前人研究成果，该阶段内Mg核氧化服从线性动力学，即此时氧化速率不再依赖表面氧化层的厚度，氧化过程受动力学控制，这从3.1.2节热重分析结果中该反应活化能随Mg样品转化率变化基本不发生改变也可以看出来。虽然该阶段Mg核会蒸发产生少部分的Mg蒸气，但由于蒸气量相对较小，因此假设其在到达壳外表面时便与环境中的 CO_2 气体完全反应，生成的一次产物CO又全部与Mg继续反应生成凝相MgO和C，该过程也可近似等效为Mg与 CO_2 在颗粒表面反应直接生成凝相MgO和C的总包反应过程，该过程所生成的凝相产物全部用于氧化壳的增厚，该反应所释放的热量全部用于颗粒升温。

在该阶段内活性镁的质量控制方程的微分形式如下：

$$\frac{\mathrm{d}m_{核}}{\mathrm{d}t} = -A_i m_{核} \exp(-E_i/RT_p) \tag{3-27}$$

式中：A_i 和 E_i 分别为高温氧化期内Mg与 CO_2 发生表面异相反应所消耗活性镁质量过程的指前因子与活化能，已在3.1.2节通过热分析动力学获得。氧化壳的质量控制方程的微分形式为

$$\frac{\mathrm{d}m_{壳}}{\mathrm{d}t} = \frac{2M_{MgO} + C}{2M_{Mg}} A_i m_{核} \exp(-E_i/RT_p) \tag{3-28}$$

颗粒总质量为核壳质量之和，因而其质量可由式（3-29）计算获得：

$$m_p = m_{p-0} + \mathrm{d}m_{壳} + \mathrm{d}m_{核} \tag{3-29}$$

（Ⅱ）传热过程。

如前所述，在高温氧化期阶段，镁颗粒升温热量来源除了环境高温气体对其所进行的对流换热与辐射换热，还包含Mg与 CO_2 表面异相反应所释放

的热量。在该阶段,当镁颗粒温度达到其熔点温度(923K)时,定义熔融指数 f_1,此时熔融指数从 0 开始上升,当其到达 1 时,表明颗粒完成熔化过程。因此根据能量平衡方程,镁颗粒温度的计算方程式为

$$
\begin{cases}
\left(\dfrac{4}{3}\pi r_{核}^3 \rho_{Mg} c_{Mg} + 4\pi r_{核}^2 x_{壳} \rho_{壳} c_{壳}\right)\dfrac{dT_p}{dt} = Q_{R1} + Q_{对流} + Q_{辐射} \\
\qquad (T_p < 923, f = 0) \\
\dfrac{df_1}{dt} = \dfrac{Q_{R1} + Q_{对流} + Q_{辐射}}{\dfrac{4}{3}\pi r_{核}^3 \rho_{Mg} \Delta h_{Mg,mel}} \quad (T_p = 923, 0 < f_1 < 1) \\
\left(\dfrac{4}{3}\pi r_{核}^3 \rho_{Mg,1} c_{Mg} + 4\pi r_{核}^2 x_{壳} \rho_{壳} c_{壳}\right)\dfrac{dT_p}{dt} = Q_{R1} + Q_{对流} + Q_{辐射} \\
\qquad (T_p > 923, f = 0)
\end{cases}
\tag{3-30}
$$

式中:$Q_{对流}$ 和 $Q_{辐射}$ 分别为单位时间内环境高温气体对颗粒的对流加热与辐射加热量,计算方法与前面一样;$c_{壳}$ 和 $x_{壳}$ 分别为壳的比热容和厚度,其计算式分别为

$$c_{壳} = \frac{m_{MgO} c_{MgO} + m_C c_C}{m_{壳}} \tag{3-31}$$

$$x_{壳} = \frac{m_{MgO}/\rho_{MgO} + m_C/\rho_C}{4\pi r_{p-0}^2} \tag{3-32}$$

$\Delta h_{Mg,mel}$ 为镁的熔化潜热;Q_{R1} 为单位时间内总包反应 R1 的对颗粒的释热量,其表达式为

$$Q_{R1} = \frac{dm_{核}}{dt}\Delta H_{R1} \tag{3-33}$$

式中:ΔH_{R1} 为总包反应 R1 的反应热,取值为 1.66×10^7 J/kg。在该阶段,核壳也为等温体,同样满足式(3-27)。

2) 燃烧阶段

(Ⅰ) 传质过程。

燃烧过程中,Mg 核的消耗主要包含 Mg/CO_2 均相反应和 Mg/CO 表面异相反应两个过程,而由于气相反应速率极快,Mg/CO_2 均相反应过程 Mg 的消耗实质上受限于熔融 Mg 核的蒸发。因此,Mg 核的质量控制方程的微分形式为

$$\frac{\mathrm{d}m_{核}}{\mathrm{d}t}=-\dot{m}_{\mathrm{Mg,g}}-\dot{m}_{\mathrm{Mg,l}} \tag{3-34}$$

式中：$\dot{m}_{\mathrm{Mg,g}}$ 为镁核表面蒸发所消耗质量的速率；$\dot{m}_{\mathrm{Mg,l}}$ 为镁核参与表面异相反应所消耗质量的速率。

镁液滴的蒸发过程可以采用 Herts-Langmuir 方程来描述：

$$\dot{N}_{\mathrm{Mg}}=\frac{p_{\mathrm{Mg}}^{\mathrm{Sat}}}{\sqrt{2\pi M_{\mathrm{Mg}}R_u T}} \tag{3-35}$$

式中：$\dot{N}_{\mathrm{Mg}}$ 为 Mg 的蒸发速率[mol/(m^2 · s)]；M_{Mg}为 Mg 的分子量；$p_{\mathrm{Mg}}^{\mathrm{Sat}}$ 为 Mg 液滴在温度为 T 时的饱和蒸气压，计算式为

$$p_{\mathrm{Mg}}^{\mathrm{Sat}}=\frac{A}{T^{\mathrm{B}}}\mathrm{e}^{-\frac{E_{\mathrm{v}}}{RT}} \tag{3-36}$$

根据式(3-35)和式(3-36)可计算获得 Mg 的蒸发速率为

$$\dot{N}_{\mathrm{Mg}}=v\mathrm{e}^{-\frac{E_{\mathrm{v}}}{RT}} \tag{3-37}$$

其中

$$v=\frac{A}{T^{\mathrm{B}+0.5}\cdot\sqrt{2\pi M_{\mathrm{Mg}}R}} \tag{3-38}$$

E_{v}接近 Mg 的蒸发潜热，根据文献推荐，$B=1.4$；$E_{\mathrm{v}}=144.54\mathrm{kJ/mol}$；对于 Mg 的蒸发，$A/\sqrt{2\pi M_{\mathrm{Mg}}R}=7.296\times10^{14}\times T^{\mathrm{B}+0.5}$。

从而，镁核表面蒸发所消耗质量的速率可表示为

$$\dot{m}_{\mathrm{Mg,g}}=S\dot{N}_{\mathrm{Mg}}=\frac{A(S_1+S_2)M_{\mathrm{Mg}}}{1000\cdot T_{核}^{B+0.5}\cdot\sqrt{2\pi M_{\mathrm{Mg}}R}}\exp\left(-\frac{E_{\mathrm{v}}}{RT_{核}}\right) \tag{3-39}$$

式中：S_1 和 S_2 分别为图 3-31(Ⅰ)中球缺体的圆面和残缺球面面积，接下来简单介绍其求解过程。

如图 3-32 所示，对于球半径为 $R(R=D_{\mathrm{p}}/2)$，剩余质量为 m_{Mg}的球缺体镁核，其体积为

$$V_{\mathrm{Mg}}=\frac{m_{\mathrm{Mg}}}{\rho_{\mathrm{Mg}}} \tag{3-40}$$

①当 $V_{\mathrm{Mg}}\geqslant 2\pi R^3/3$ 时，也即 $H\geqslant R$ 时(图 3-32a)，球缺体积 V_{Mg} 与球缺高 H 之间存在如下关系：

$$\begin{cases}\dfrac{4\pi R^3}{3}-V_{\mathrm{Mg}}=\pi h^2(3R-h)/3\\ h+H=2R\end{cases} \tag{3-41}$$

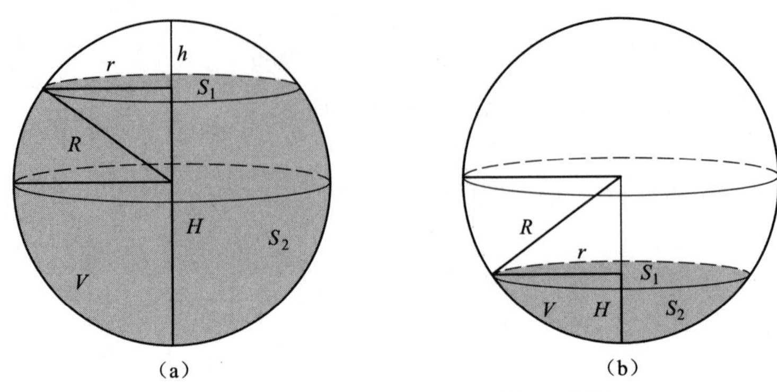

图 3-32　球缺体镁核表面积求解示意图

(a) $H \geqslant R$;(b) $H<R$。

则球缺体圆面积 S_1 和残缺球面积 S_2 可以分别表示为

$$\begin{cases} S_1 = \pi r^2 \\ r^2 + (R - h)^2 = R^2 \end{cases} \tag{3-42}$$

$$S_2 = 4\pi R^2 - 2\pi Rh \tag{3-43}$$

②当 $V_{Mg} < 2\pi R^3/3$ 时,也即 $H<R$ 时(图 3-32(b)),球缺体积 V_{Mg} 与球缺高 H 之间存在如下关系:

$$V_{Mg} = \pi H^2(3R - H)/3 \tag{3-44}$$

则球缺体圆面积 S_1 和残缺球面积 S_2 可以分别表示为

$$\begin{cases} S_1 = \pi r^2 \\ r^2 + (R - H)^2 = R^2 \end{cases} \tag{3-45}$$

$$S_2 = 2\pi RH \tag{3-46}$$

对于镁液滴的表面异相反应,假定 Mg 同 CO 的反应 $Mg(l) + CO \longrightarrow MgO(s) + C(s)$ 是一级的,可以得到 Mg 的表面反应速率为

$$R_{Mg,l}(kg/(s \cdot m^2)) = \dot{m}''_{Mg,l} = k_{Mg,l} M_{Mg} [CO_p] \tag{3-47}$$

式中:$[CO_p]$ 为颗粒表面 CO 的摩尔浓度($kmol/m^3$);$k_{Mg,l}$ 为反应速率系数,通常表示为阿累尼乌斯形式,即 $k_{Mg,l} = A\exp(-E_A/R_u T_{核})$,式中相关参数在 3.1.2 节中已经获得。将式(3-47)中浓度转化为质量分数,即

$$[CO_p] = \frac{M_{mix}}{M_{CO}} \cdot \frac{P}{R_u T_{核}} (1 - Y_{Mg,l}) \tag{3-48}$$

将式(3-48)代入式(3-47)得到:

$$\dot{m}_{\mathrm{Mg,l}} = S_2 k_{\mathrm{mg,l}} \frac{M_{\mathrm{Mg}} M_{\mathrm{mix}}}{M_{\mathrm{CO}}} \cdot \frac{P}{R_{\mathrm{u}} T_{核}} (1 - Y_{\mathrm{Mg,l}}) \tag{3-49}$$

式中：$Y_{\mathrm{Mg,l}}$ 为镁核残缺球面处 Mg 蒸气质量分数。

为了求取 Mg 核残缺球面处 Mg 蒸气质量分数，假设在该处液体和蒸气处于平衡，应用克劳修斯–克拉伯龙方程，得液气分界处燃料的分压为

$$P_{\mathrm{Mg,l}} = A\exp(-B/T_{核}) \tag{3-50}$$

式中：A 和 B 分别为克劳修斯–克拉伯龙方程中的常数，对不同燃料取不同值。

对于燃料镁，其在 1atm 下的沸点是 1363K，蒸发潜热为 6.05×10^6J/kg，摩尔质量为 24.305kg/kmol，则有蒸气压和温度之间的克劳修斯–克拉伯龙关系式为

$$\frac{\mathrm{d}P_{\mathrm{v}}}{\mathrm{d}T} = \frac{P_{\mathrm{v}} h_{\mathrm{fg}}}{R_{\mathrm{Mg}} T^2} \tag{3-51}$$

分离变量并积分得

$$P_{\mathrm{v}} = C_1 \exp\left(-\frac{h_{\mathrm{fg}}}{R_{\mathrm{Mg}} T}\right) \tag{3-52}$$

令 $P_{\mathrm{v}} = 1\mathrm{atm}$ 及 $T = T_{沸点}$，则

$$C_1 = \exp\left(\frac{h_{\mathrm{fg}}}{R_{\mathrm{Mg}} T_{沸点}}\right) \tag{3-53}$$

这就是常数 A 值。同时有

$$B = h_{\mathrm{fg}}/R_{\mathrm{Mg}} \tag{3-54}$$

从而可以获得对于燃料 Mg 的克劳修斯–克拉伯龙方程中的常数 A 和 B 分别为

$$A = \exp\left(\frac{6.05\times10^6}{\frac{8314}{24.305}\times1363}\right) = 4.32\times10^5(\mathrm{atm}) \tag{3-55}$$

$$B = \frac{6.05\times10^6}{\frac{8314}{24.305}} = 1.77\times10^4(\mathrm{K}) \tag{3-56}$$

又根据体积分数和质量分数之间的关系：

$$\chi_{\mathrm{Mg,l}} = P_{\mathrm{Mg,l}}/P \tag{3-57}$$

$$Y_{\mathrm{Mg,l}} = \chi_{\mathrm{Mg,l}} \cdot \frac{M_{\mathrm{Mg}}}{\chi_{\mathrm{Mg,l}} M_{\mathrm{Mg}} + (1-\chi_{\mathrm{Mg,l}}) M_{\mathrm{CO}}} \tag{3-58}$$

将式(3-50)和式(3-57)代入式(3-58)得到 $Y_{Mg,l}$ 和 $T_{核}$ 之间的直接关系,即

$$Y_{Mg,l}=\frac{A\exp(-B/T_{核})M_{Mg}}{A\exp(-B/T_{核})M_{Mg}+[P-A\exp(-B/T_{核})]M_{CO}} \tag{3-59}$$

根据式(3-49)和式(3-59),则可得到 Mg 核参与表面异相反应所消耗质量的速率 $\dot{m}_{Mg,l}$ 为

$$\dot{m}_{Mg,l}=S_2k_{mg,l}\frac{M_{Mg}M_{mix}}{M_{CO}}\cdot\frac{P}{R_uT_{核}}\cdot\left(1-\frac{A\exp(-B/T_{核})M_{Mg}}{A\exp(-B/T_{核})M_{Mg}+[P-A\exp(-B/T_{核})]M_{CO}}\right) \tag{3-60}$$

镁颗粒表面氧化壳质量的增加来源于镁蒸气火焰中凝相 MgO 产物的回流和表面异相反应,其质量控制方程的微分形式为

$$\frac{dm_{壳}}{dt}=0.5\dot{m}_{Mg,g}\frac{M_{MgO}}{M_{Mg}}+\dot{m}_{Mg,l}\frac{M_{MgO}+M_C}{M_{Mg}} \tag{3-61}$$

其中氧化镁和碳的质量控制方程的微分形式分别为

$$\frac{dm_{MgO}}{dt}=0.5\dot{m}_{Mg,g}\frac{M_{MgO}}{M_{Mg}}+\dot{m}_{Mg,l}\frac{M_{MgO}}{M_{Mg}} \tag{3-62}$$

$$\frac{dm_C}{dt}=\frac{\dot{m}_{Mg,l}M_C}{M_{Mg}} \tag{3-63}$$

(Ⅱ)传热过程。

在该阶段存在的传热过程主要包括气相反应与表面异相反应向颗粒的传热、环境高温气体与颗粒之间的对流和辐射换热以及镁核蒸发吸热。其传热控制方程的微分形式为

$$(m_{核}c_{核}+m_{壳}c_{壳})\frac{dT_p}{dt}=\xi\dot{m}_{Mg,g}Q_{Mg,g}+\dot{m}_{Mg,l}Q_{Mg,l}+4\pi[r_{p-0}+x_{壳}\cdot h(T_{\infty}-T_{壳})]+4\pi(r_{p-0}+x_{壳})^2\cdot\sigma\varepsilon(T_{\infty}^4-T_{壳}^4)-(S_1+S_2)Q_v v e^{-\frac{E_v}{RT}} \tag{3-64}$$

式中,等式右边第一项为气相反应放热对颗粒的加热量,ξ 为该反应放热回传至核壳表面的吸收系数,理论上通过对火焰面处的能量平衡以及镁核表面气液边界平衡的耦合计算可精确求得,但是考虑到镁颗粒实际燃烧为非

对称不规则火焰面，因而精确求解相对较为复杂。本文认为当颗粒温度为960K时，气相反应回传至颗粒表面的热量与向环境中耗散的热量相等，此时吸收系数 $\xi=0.5$；而当颗粒温度平衡（1363K左右）时，可近似认为 $\xi_p Q_p$ 与 Q_v 达到平衡（其他换热机理量级较小，求解时忽略），可求解得吸收系数 $\xi=0.315$。假设吸收系数在960~1363K上线性变化，则可获得吸收系数与颗粒温度之间的关系如下：

$$\xi = 0.5 - 4.59 \times 10^{-4}(T - 960) \tag{3-65}$$

式(3-64)中等式右边第二项为表面异相反应放热，第三项为壳与环境气体之间的对流换热，第四项为壳与环境气体之间的辐射换热，第五项为镁核蒸发吸热项。其中，Q_v 为镁的蒸发潜热，取值为147.1kJ/mol，$Q_{Mg,g}$ 和 $Q_{Mg,l}$ 分别为 Mg/CO_2 气相反应和Mg/CO表面异相反应放热量，分别取值为 1.92×10^7 J/kg和 2.04×10^7 J/kg。

3.4　镁的改性及其燃烧特性

3.4.1　镁基粉末燃料预处理方案和配方设计

3.4.1.1　镁基粉末燃料预处理方案

与固体推进剂相似，提高镁基粉末燃料的能量性能和比冲性能是重中之重。然而，由于火星探测行程远、周期长，还需要兼顾镁基粉末燃料长途运输过程中的安全性能和储存性能。

通常，提高粉末燃料能量性能和比冲性能的改性方法有以下几种：

(1) 对粉末燃料进行细化处理，尤其是纳米化处理。该方法可以极大地提高粉末颗粒的反应活性，但由于纳米级镁粉性质过于活泼，因此镁基粉末燃料在存储性、安全性和工艺性方面都有很大困难。

(2) 添加金属氢化物。由于在粉末燃料中添加如 AlH_3、MgH_2、$LiAlH_4$ 等高能金属氢化物，可以很大程度地改善粉末燃料的能量特性和燃烧特性，但其安定性较差，与粉末燃料相容的工艺性和安全性问题还有待研究。

(3) 对粉末燃料进行改性。该方法可以改善粉末燃料颗粒表面性质，增加反应活性，同时通过添加一定量的高能金属和粉末氧化剂，改善能量特性和燃烧特性。

综合考虑上述方法的优缺点，我们提出图3-33所示的镁基燃料预处理方案。通过细化源粉颗粒粒径，提高反应活性；通过添加高能金属燃料，提

高镁基粉末燃料和 CO_2 的反应热值,提升发动机的比冲性能;通过添加适量的氧化剂,降低颗粒点火能量,并为镁等金属成分初始反应提供适量的氧化性气氛,缩短点火延迟时间。此外,该包覆团聚方案工艺相对简单、技术成熟,可有效改善颗粒表面状态,提高粉末燃料的储存性能和流化性能。

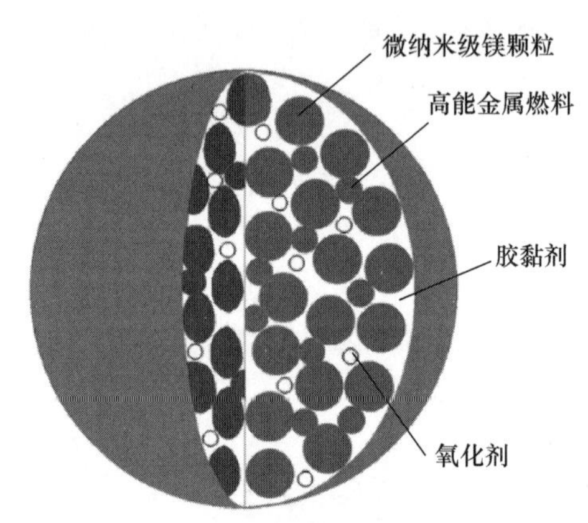

图 3-33　镁基燃料预处理方案

基于以上镁基粉末燃料的制备方案,镁基粉末燃料主要由 4 种组分组成:微米级 Mg 粉颗粒、粉末氧化剂、高能金属添加剂和包覆团聚材料。除微米级 Mg 粉颗粒外,其他组分还需根据 Mg/CO_2 粉末火箭发动机的工作需求进一步筛选。

3.4.1.2　镁基粉末燃料配方组分筛选

1) 粉末氧化剂筛选要求

由于粉末氧化剂一般可以自行分解产生少量氧化性气体,且分解温度较镁颗粒在二氧化碳中的着火点低,因此粉末氧化剂可为镁颗粒点火燃烧初期燃烧提供少量氧,从而降低镁基粉末燃料的点火阈值。此外,粉末氧化剂分解产生的气体还可为发动机提供重要的工质来源。因此粉末氧化剂的性能对镁基粉末燃料的性能有着很大的影响。对粉末氧化剂要求如下:

(1) 含氧量高。对于确定的镁基粉末燃料来说,所选用的粉末氧化剂含氧量越高,所需要的粉末氧化剂含量就越少,有利于提高金属粉末燃料含量和促进其完全燃烧,进而提高镁基粉末燃料的能量。

(2) 生成焓高。由热化学理论可知,在标准状态下,化学反应的定压热效应等于体系的焓降,其标准生成焓应该越大越好,使粉末氧化剂本身具有较高的能量。

(3) 密度大。由于 Mg/CO_2 粉末火箭发动机燃料储箱的容积有限,选用大密度的粉末氧化剂,在相同体积燃料储箱情况下,可携带的镁基粉末燃料的质量更大。

(4) 气体生成量大,也就是气相燃烧产物平均摩尔质量小。粉末氧化剂气体生产量越大,可为 Mg/CO_2 粉末火箭发动机提供越多的气体工作,越有利于提高发动机比冲。气体生成量一般用 1kg 氧化剂分解产生的气体在标准状态下所占的体积来表示。

(5) 物理化学安定性好,具有较好的使用安全性。

(6) 经济性好,具有广泛的来源。

此外还要求氧化剂在镁基粉末燃料制备过程中不与其他组分发生反应,即相容性好。根据前期热力学计算结果分析,选用 AP 作为粉末氧化剂时的理论比冲较高,并且 AP 与其他组分相容性好,气体生成量较大,生成焓大、吸湿性较小、成本低,各项性能都比较符合筛选标准,所以可选取 AP 作为粉末推进剂的粉末氧化剂成分。

2) 金属基粉末燃料筛选要求

由于 CO_2 气氛中镁颗粒与具有良好的点火性能,微米级 Mg 粉是镁基粉末燃料的最主要的组分之一。但由于 CO_2 氧化性小,Mg 与 CO_2 反应释热少,限制了 Mg/CO_2 火箭发动机的比冲特性。为提高 Mg/CO_2 火箭发动机的比冲,还需要在其中添加其他高能量的金属粉末添加剂。对于此类金属粉末燃料添加剂提出几点要求:

(1) 与 CO_2 反应燃烧热高、密度大、有低的耗氧量。其中耗氧量是指 1g 金属粉末燃料完全燃烧所需要的 CO_2 量,若由金属粉末燃料和氧化剂按化学当量比计算,该粉末燃料的燃烧热随金属粉末燃烧热的增加而增加,而与耗氧量呈相反的关系,则要求金属粉末燃料的耗氧量小。

(2) 与其他组分混合后在制备与储藏条件下不发生反应,即相容性好。

(3) 来源丰富,价格低廉,特别是在火星采用原位资源利用技术能够获得,拥有在火星可持续制造的物质基础。

根据前期热力学计算结果分析,Al 的最高理论比冲比较高,且 Al 的密度比较高,来源广泛,是比较理想的镁基粉末燃料金属添加剂。

3) 胶黏剂筛选要求

胶黏剂填充于分散的固体颗粒(包括 Mg 颗粒、金属添加剂颗粒和氧化剂颗粒)间隙,并将它们键联为一体。胶黏剂的种类和用量,往往决定了制备的镁基粉末燃料的力学特性、表面状态和流化输送性能。此外不同种类

的胶黏剂还对镁基粉末燃料的制备方法、燃烧性能、储存安定性等有着重要的影响,因此镁基粉末燃料对胶黏剂的要求有:

(1) 能量较高。有着较高的生成焓,密度比较大,气体生产量大,最好可以与 CO_2 反应。

(2) 黏度较低。采用包覆团聚方法制备的镁基粉末燃料要求各粉末组分均匀分布,为此在制备过程中需要足够量的胶黏剂,但胶黏剂的能量特性相较于金属粉末燃料和粉末氧化剂都比较低,胶黏剂含量越高,其他组分相应就越少,会使镁基粉末燃料的能量降低,密度减少。为了提高镁基粉末燃料的装填密度,又使其具备良好的力学性能,要求胶黏剂的黏度尽量低。

(3) 玻璃化温度 T_g 较低。玻璃化温度是高聚物力学性能和状态产生改变的温度,高于此温度时,镁基粉末燃料颗粒在外力作用下呈橡胶状态,具有比较高的弹性,有利于 Mg/CO_2 火箭发动机进行燃料的流化输送;低于此温度时,镁基粉末燃料颗粒会成为硬脆的塑料状物质,受外力冲击容易破坏其颗粒结构。火星表面温度最低可达到-143℃,因此胶黏剂的 T_g 低,制备的镁基粉末燃料在低温下储存使用不易发生碎裂。

(4) 储存安定性好。火星距地球0.55亿~4亿千米,现有飞行器往返火星一次约400~450天,因此需要镁基粉末燃料在长期贮存中保持良好的力学性能,不易老化碎裂。

HTPB(端羟基聚丁二烯)是最常用的固体推进剂胶黏剂之一,具有比较高的生成焓,黏度低,力学性能好,储存时间长,目前已得到了广泛的应用。一般可采用 HTPB 作为镁基粉末燃料胶黏剂。

3.4.1.3 镁基粉末燃料配方设计

由于胶黏剂无法和 CO_2 反应,为了不降低发动机的比冲性能,胶黏剂的含量应尽量减小。而胶黏剂用量太少,可能无法将各组分黏结在一起,形成机械强度足够大的结构。根据前期样品试制结果,认为胶黏剂含量大于6%时,镁基粉末燃料具有较好的强度。

氧化剂 AP 含量将会大大影响镁基粉末燃料的比冲性能。如图3-34所示,在 HTPB 含量一定的条件下,AP 含量越高,Mg/CO_2 发动机比冲越高。但 AP 含量过高可能会导致镁基粉末燃料的安全性下降,不利于地球至火星长途运输。

所含 Al 和 AP 的质量比($r_{Al/AP}$)也会影响镁基粉末燃料的比冲性能。如图3-35和图3-36所示,在氧燃比2.5~5的范围内,镁基粉末燃料中镁含量无论是70%还是80%,都存在 Al 和 AP 的质量比越大,发动机比冲就越高。

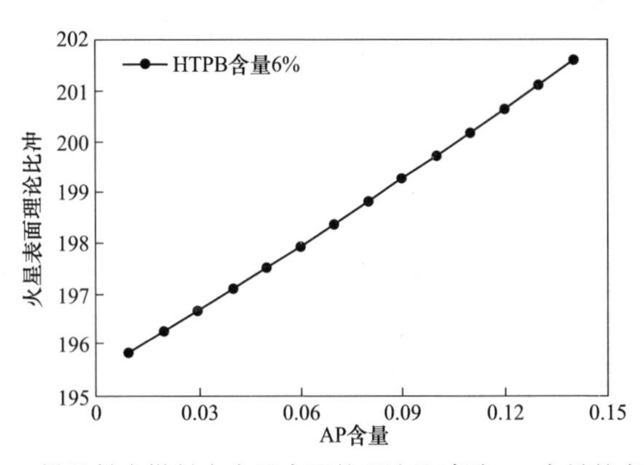

图 3-34　镁基粉末燃料在火星表面的理论比冲随 AP 含量的变化曲线

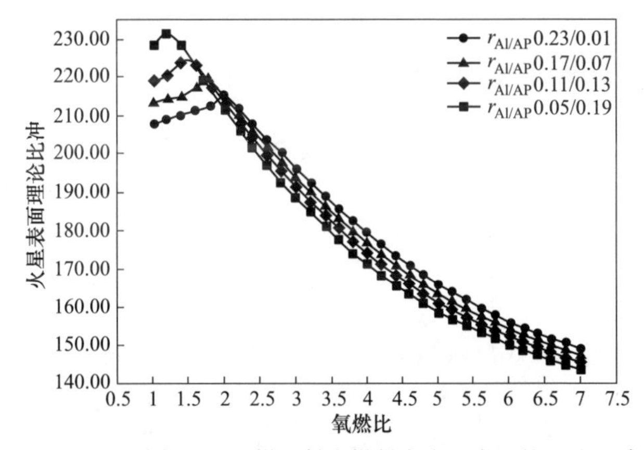

图 3-35　不同 $r_{Al/AP}$ 下镁基粉末燃料在火星表面的理论比冲随氧燃比的变化曲线(镁含量为 70%)

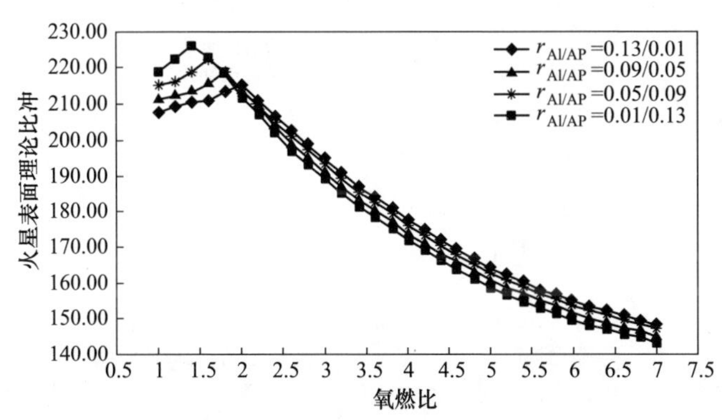

图 3-36　不同 $r_{Al/AP}$ 下镁基粉末燃料在火星表面的理论比冲随氧燃比的变化曲线(镁含量为 80%)

然而,预计随着 AP 含量增加,镁基粉末燃料点火性能不断提升,因此本文通过上述理论分析设计了表 3-11 所示的 6 种配方,通过综合评估点火性能、比冲性能和流化性能,进行镁基粉末燃料的配方优化。

表 3-11 镁基粉末燃料配方

样品编号	镁粉	铝粉	氧化剂(AP)	胶黏剂	火星表面理论比冲
1	70%	7.2%	16.8%	6%	2080.5
2	70%	12%	12%	6%	2095.0
3	70%	16.8%	7.2%	6%	2106.5
4	80%	4.6%	9.4%	6%	2088.7
5	80%	7%	7%	6%	2095.1
6	80%	9.4%	4.6%	6%	2100.5

3.4.2 镁基粉末燃料制备及性能

3.4.2.1 镁基粉末燃料制备实验工艺

采用较为常用的相分离法中的溶剂蒸发法对 Mg 粉进行包覆处理,并采用挤出滚圆法对包覆后的颗粒进行团聚处理。具体步骤如图 3-37 所示。

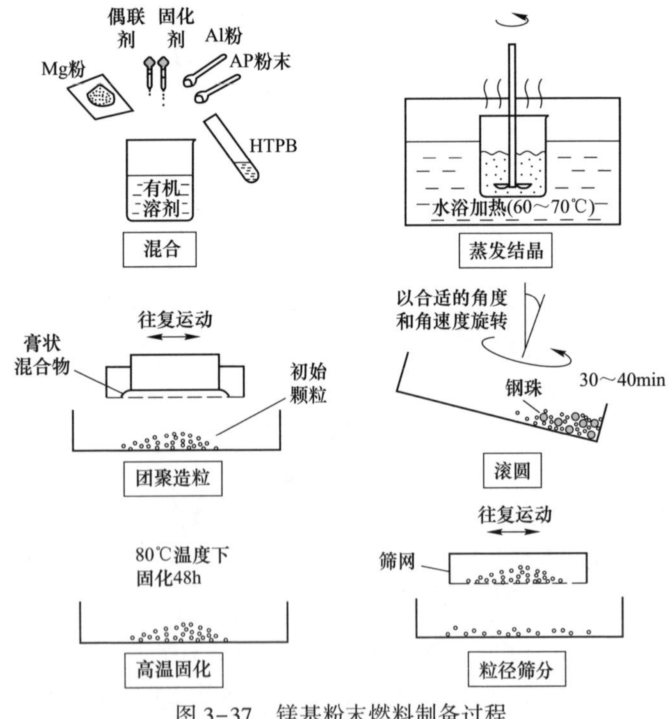

图 3-37 镁基粉末燃料制备过程

(1) 利用选定的有机溶剂四氢呋喃、固化剂 TDI、偶联剂 KH-550 及添加剂 MAPO 按一定配比配制溶液溶解胶黏剂 HTPB。

(2) 按一定配比称量出需要质量的超细 AP，在甲醇中配置成 AP 的饱和溶液。

(3) 按一定配比称量出需要质量的 Al 粉和 Mg 粉。

(4) 先将 Al 粉和 Mg 粉加入配置好的 HTPB 溶液中，手动搅拌使其分散开来，分散后倒入 AP 的饱和溶液并与包覆团聚材料溶液充分接触。

(5) 放入带有加热器(60~70℃)的搅拌器中搅拌，在搅拌过程中 HTPB 和 AP 与溶剂发生相分离，Al 粉和 Mg 粉将其吸附在颗粒表面，形成包覆层。

(6) 待溶液蒸发至一定程度，得到膏体状的镁基粉末燃料混合物，然后利用挤出滚圆法对其进行团聚造粒，得到具有一定初始粒径的颗粒。

(7) 把得到的具有一定初始粒径的镁基粉末燃料颗粒放入旋实滚圆造粒机构，设定合适的旋转速度及偏心角度，进行 30~40min 的旋转滚圆密实处理，其间可喷洒一定量的溶剂对颗粒表面进行浸润；如果需要获得较多小粒径的处理产物，则可以在进行旋转滚实的过程中加入一定量的细钢珠进行冷态研磨。

(8) 对得到的镁基粉末燃料颗粒进行高温固化干燥处理，将制备得到的粉体平铺在一个开放的容器中，然后整个放入恒温烘箱中进行高温固化，恒温烘箱温度调到 80℃。在恒温烘箱中固化 48h，从恒温烘箱中取出，放入常温密闭干燥器中冷却，然后用不同目数的筛分网进行筛分，分选出不同粒径范围的团聚处理后的镁基粉末燃料颗粒。

3.4.2.2　镁基粉末燃料表面形貌和元素分析

图 3-38、图 3-39、图 3-40 所示分别为镁基粉末燃料制备时所使用的原料 Mg 粉，Al 粉和 AP 粉末的 SEM 照片。由图可得，原料 Mg 粉和 Al 粉为表面光滑的球形颗粒，小粒径的颗粒在分子间作用力下，往往会发生聚团，导致流化性比较差，无法满足发动机使用需求。AP 颗粒为不规则的方形，颗粒表面有大量的棱角。

图 3-41 所示为制备的镁基粉末燃料颗粒 SEM 图片。可以看出，与源粉相比，经过包覆团聚制备的镁基粉末燃料颗粒具有一定的球形度，且颗粒之间的团聚现象明显消失。镁基粉末燃料的局部表面放大图如图 3-41(d)所示。由图可知，制备的镁基粉末燃料中大粒径(5~30μm)的镁颗粒紧密黏结，小粒径(1~5μm)的铝颗粒填充于镁颗粒间隙，同时 AP 重结晶产生的少量絮状物也黏附于镁颗粒间隙。

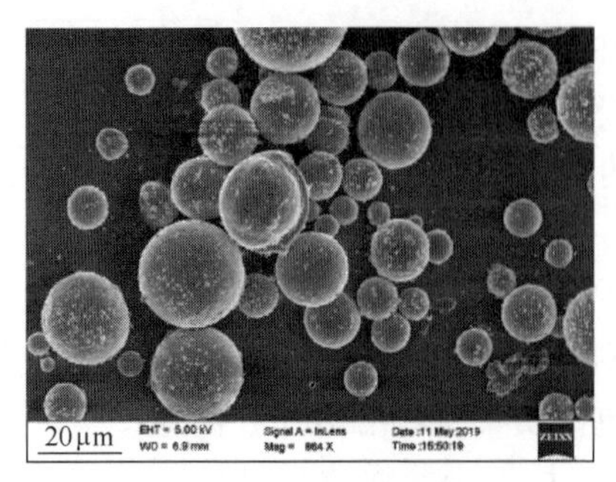

图 3-38　Mg 粉源粉

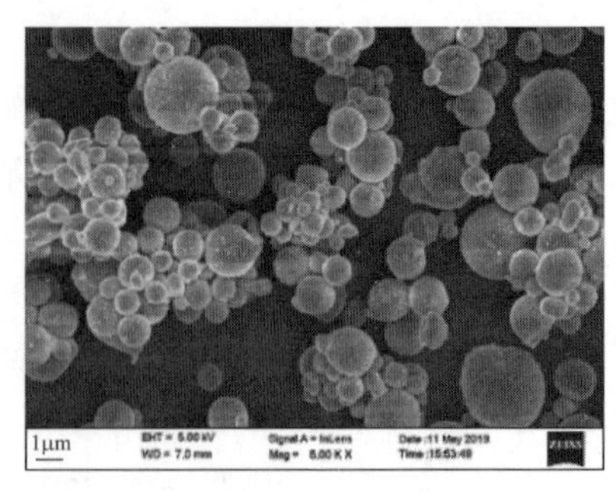

图 3-39　Al 粉源粉

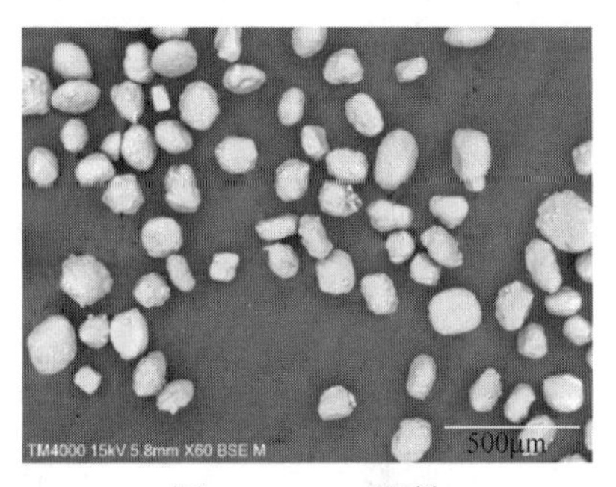

图 3-40　AP 源粉

图 3-41　镁基粉末燃料表面形貌

为了进一步确定镁基粉末燃料配方的成分,对图 3-42(a)所示的方框区域的镁基粉末燃料表面进行了电镜扫描分析,获得了图 3-42(b)所示的元素种类和表面含量分布。如图 3-42(b)所示,镁基粉末燃料主要含有 Mg、Al、Cl、C 和 O 等元素。Mg 含量最多,其余依次为 O、Al、Cl 和 C。其中 Mg 和 Al 来自源粉,C、O 和 Cl 来自 HTPB 和 AP。

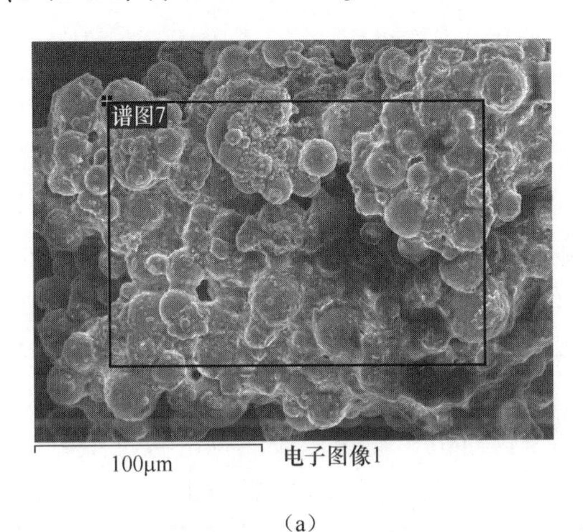

(a)

(b)

图 3-42 颗粒表面能谱分析(EDS)

3.4.2.3 镁基粉末燃料流动性能测试

对前期按表 3-11 所述配方制备得到样品 1~样品 6 镁基粉末燃料样品进行流动性指数测量,为保证测量结果的准确性,对每个样品进行多次测量,最终测量结果如表 3-12 所示。

表 3-12　镁基粉末燃料样品流动性测量结果

样品编号	松装密度 /(g·cm^{-3})	振实密度 /(g·cm^{-3})	压缩度	休止角 /(°)	平板角 /(°)	均齐度	综合指数	流动性
1	0.62	0.67	0.08	36.6	38.2	1.64	79.5	良好
2	0.65	0.70	0.07	32.4	35.6	1.81	84	相当良好
3	0.60	0.65	0.07	23.3	31.4	1.98	94	最好
4	0.58	0.64	0.09	32.5	36.7	1.90	89	相当良好
5	0.56	0.60	0.06	33.4	38.2	1.91	88	相当良好
6	0.59	0.65	0.10	30.6	35.4	1.97	89.5	相当良好

由表 3-12 测量结果可知,各配方均具有较高的流动性综合指数,流动性良好,特别是,样品 3 配方镁基粉末燃料流动性已经达到最好的指标,而样品 1 配方指数最低,可能是因为其中 AP 含量最多,而 AP 具有一定的吸湿性,水分使燃料颗粒间相互作用增强而产生黏性,导致流动性较差。

制备的镁基粉末燃料由于经过了胶黏剂的包覆团聚处理,其表面性质获得了改进;同时由于经过了球磨滚圆,颗粒形状也接近球形;最后对镁基粉末燃料进行粒径筛选,使燃料颗粒的均齐度进一步提升,从而获得了流动性良好的镁基粉末燃料。同时也发现,由于镁基粉末燃料制备过程中加入了 HTPB、AP 等非金属成分,而且颗粒内部存在一定的孔隙,燃料颗粒的密度相比镁粉源粉下降明显。

综合上述,镁基粉末燃料颗粒间的黏着力、摩擦力、范德瓦耳斯力、静电力等作用阻碍颗粒的自由流动,影响燃料颗粒的流动性。燃料颗粒的流动性与其内部颗粒的大小、形态、表面结构、粉体的孔隙率、密度等性质有关,通过颗粒改性的方法的可以改变上述物理性质,进而改善颗粒的流动性,镁基粉末燃料制备的结果表明,可以通过以下途径来改善燃料颗粒的流动性:①适当增大粒径,粒径较小时,表面能增大,颗粒的附着性和聚集性增大,使用通过造粒的方法适当增大粒径改善流动性;②控制燃料颗粒湿度,水分过多使燃料颗粒表面张力及毛细管力增大,减小颗粒流动性;③改善粒子的形态和表面粗糙度,球形燃料颗粒的光滑表面使颗粒间的接触点数减少,摩擦力减小,燃料颗粒会表现出较好的流动性。根据颗粒高效装填理论,为了保证级配颗粒中的小粒径颗粒进入大粒径颗粒之间的缝隙中,其粒径之比应大于 6.5 以上,此时粉末样品依旧具有较高的均齐度,但采用三级级配时,最大粒径与最小粒径之比则达 42.25 以上,使颗粒的均齐度与流化性明显降低,因此为了平衡颗粒的堆积密度与流动性,建议采用二级级配,且级配颗粒间的粒径之比应略大于 6. 5。

3. 4. 3　镁基粉末燃料在二氧化碳中燃烧特性

3. 4. 3. 1　镁基粉末燃料颗粒火焰形貌

图 3-43 所示为样品 2 镁基粉末燃料颗粒样品在 CO_2 气氛下燃烧全过程高速摄影所记录的火焰形貌,实验环境温度为 1100℃,环境压强 0. 1MPa。

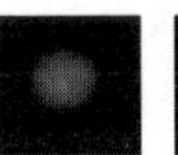

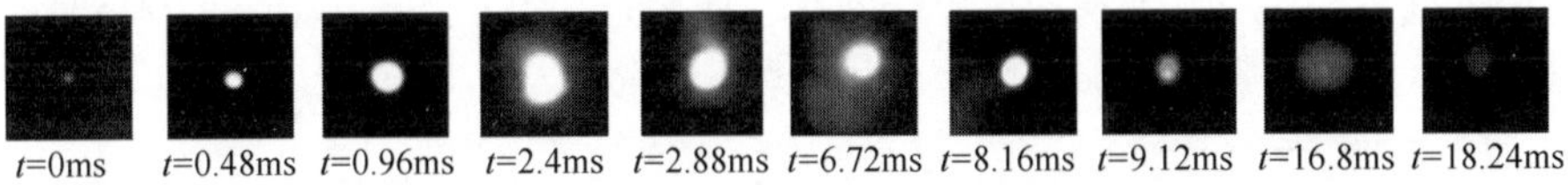

t=0ms　t=0.48ms　t=0.96ms　t=2.4ms　t=2.88ms　t=6.72ms　t=8.16ms　t=9.12ms　t=16.8ms　t=18.24ms

图 3-43　镁基粉末燃料火焰形貌变化过程

从图中可以看到,当 t = 0ms 时,镁基粉末燃料出现在视野中,其表面又呈红色,应该是由 AP 高温下分解与 Mg 进行了先期反应并伴有缓慢的氧化反应所致;当 t = 0. 48ms 时,镁基粉末燃料爆发出其数倍于其粒径大小的明亮火焰并将其包裹,此时标志着燃料颗粒成功点火,以及燃烧过程的开始;当 t = 0. 96ms 时,镁基粉末燃料颗粒火焰范围进一步扩大,火焰外形基本成球形;当 t = 2. 4ms 时,颗粒周围不断产生气状 Mg 蒸气火焰,并且由于 Mg 蒸气的喷射,导致颗粒发生自旋,且从高速摄影中发现燃料颗粒同时在高温区域内旋动;当 t = 8. 16ms 时,其火焰亮度和颜色均发生变化,可能是因为颗粒内部 Mg 粉已经反应结束,此时为点火温度较高的 Al 粉开始进行氧化反应所产生的火焰;当 t = 16. 8ms 时,燃料颗粒的燃烧进程已接近尾声,颗粒周围的火焰迅速减小,火焰亮度已经比较微弱;当 t = 18. 24ms 时,燃料颗粒的火焰已基本消失,颗粒开始下落,此时标志燃料颗粒的燃烧结束。基于以上对实验现象的观察和分析,该颗粒燃烧时间以 0. 48ms 开始、18. 24ms 结束,共计燃烧 17. 76ms。

3. 4. 3. 2　镁基粉末燃料点火燃烧性能影响规律研究

1) 环境温度对镁基粉末燃料点火燃烧性能的影响

由前文可知,环境温度的变化将会改变镁基粉末燃料颗粒的热传导、辐射换热的速率,进而对颗粒的温升速率产生影响,燃料颗粒的点火延迟时间也会因此改变。并且环境温度的变化也会影响燃料颗粒内粉末氧化剂自分解速率,进而影响氧化性气体浓度,从而影响到颗粒的点火延迟和燃烧时间。为此,本实验共设置了 8 组实验工况,其中不同配方的镁基粉末燃料保持粒径、环境压强以及气体组分均不变，仅改变环境温度，纯 Mg 粉选择镁基粉末燃料的源粉以及与燃料颗粒粒径一致的样品，以此研究环境温度对镁基粉末燃料在 CO_2 气氛中点火燃烧特性的影响规律。

通过对实验现象的观察发现，不同配方样品着火所需的环境温度条件存在明显差异，如图 3-44、图 3-45 和图 3-46 所示。样品 1、样品 2、样品 3 在环境温度大于 800℃时发生燃烧，样品 4、样品 5、样品 6 在环境温度大于 900℃时发生燃烧，而样品 7、样品 8 在环境温度大于 1000℃时燃烧；并且所有样品的点火延迟都随环境温度的升高而降低，在环境温度到达 1100℃后，点火延迟的下降趋势随温度的升高而减小。

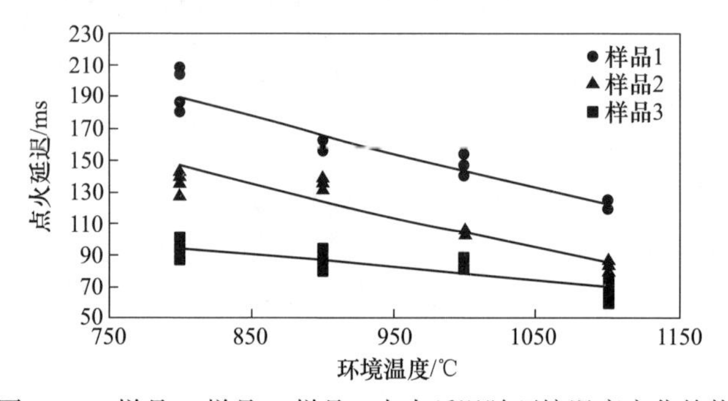

图 3-44　样品 1、样品 2、样品 3 点火延迟随环境温度变化趋势

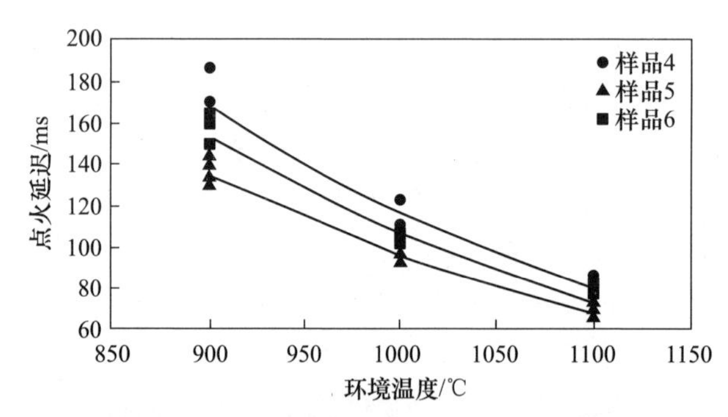

图 3-45　样品 4、样品 5、样品 6 点火延迟随环境温度变化趋势

图 3-44、图 3-45 和图 3-46 的数据表明，镁基粉末燃料样品的点火延迟随环境温度的上升而降低，在金属粉末含量一定的情况下，镁基粉末燃料中的粉末氧化剂可以有效降低其点火延迟时间和点火温度，并且含量越高点火延迟降低的幅度越大。因此在相同环境温度条件下，镁基粉末燃料的点火延迟时间要低于纯 Mg 粉的点火延迟时间。结合图 3-44 和图 3-45 的数

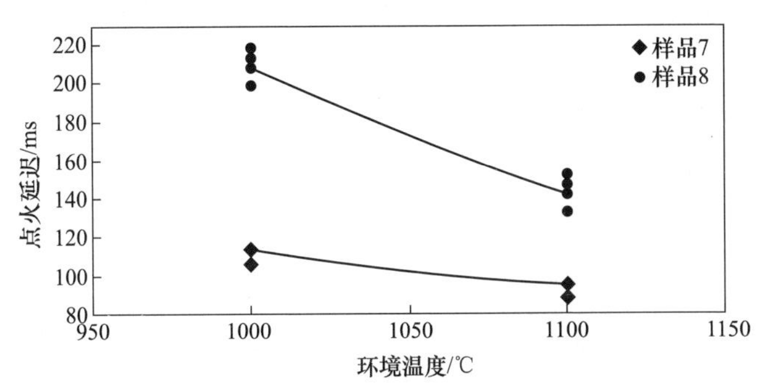

图 3-46 样品 7、样品 8 点火延迟随环境温度变化趋势

据以及样品配方情况,也发现样品 5、样品 6 虽然氧化剂含量与样品 1 接近,但在 800℃依然不能点燃,可能的原因是样品 1 中的 Al 含量较高,而 Al 的比热容小于 Mg 的比热容,导致颗粒升温速率较快,点火温度有一定程度的下降。图 3-46 表明,纯 Mg 的点火延迟主要与其粒径大小有关,相同温度下粒径较小的颗粒点火延迟较小,主要原因是粒径较小的颗粒升温速率较快。

图 3-47、图 3-48 和图 3-49 所示分别为样品 1~样品 8 燃烧时间随环境温度变化的趋势图,从图中可以看出,整体上各样品的燃烧时间随环境温度的上升而减小,但超过一定温度后减小的幅度很小,镁基粉末燃料的燃烧时间主要与粉末氧化剂的含量有关,含量越高,燃烧时间越短,其主要原因是 AP 可以在高温下快速分解,分解后产生的氧化性气体可加速颗粒的反应进程,导致其燃烧时间减小;纯 Mg 粉的燃烧时间与粒径关系较大,粒径越小燃烧时间越短。

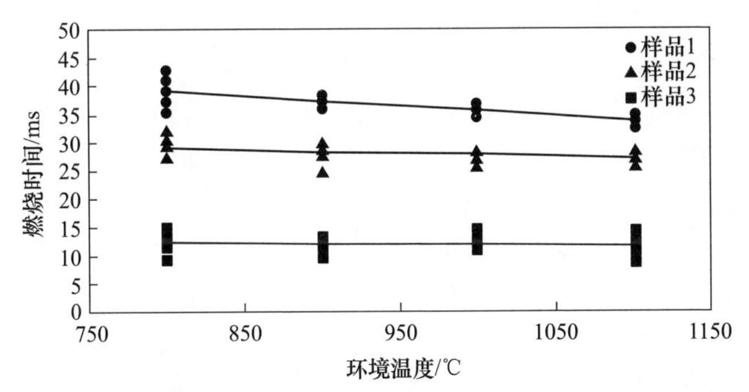

图 3-47 样品 1、样品 2、样品 3 燃烧时间随环境温度变化趋势

综上所述,环境温度的上升对降低镁基粉末燃料的点火延迟和燃烧时间都有促进作用,在环境温度一定的情况下,粉末氧化剂含量越高,镁基粉

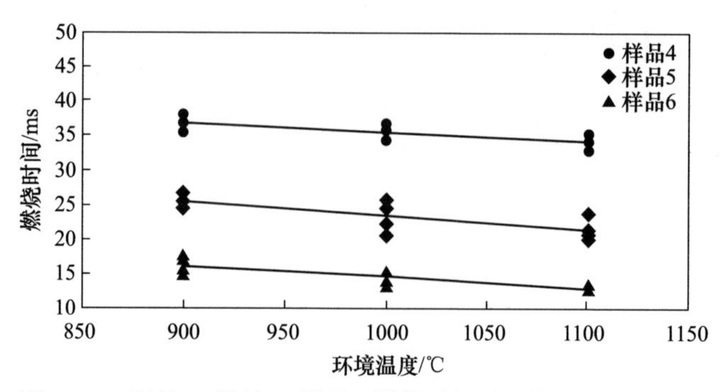

图 3-48　样品 4、样品 5、样品 6 燃烧时间随环境温度变化趋势

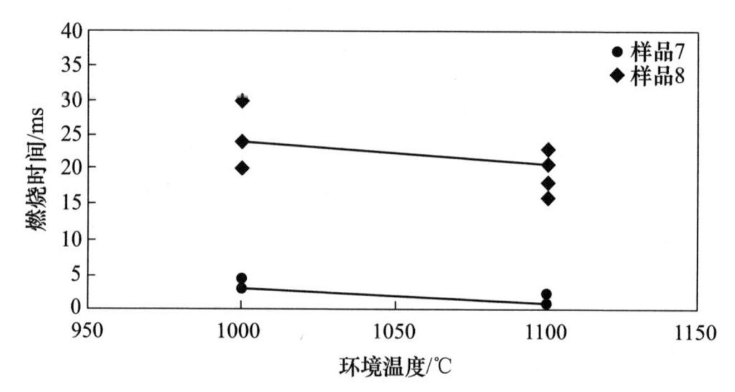

图 3-49　样品 7、样品 8 燃烧时间随环境温度变化趋势

末燃料的点火延迟和燃烧时间就越小，因此样品 3 在低温下的点火燃烧性能最好。

2）环境压力对镁基粉末燃料点火燃烧性能的影响

由于火星表面的压强较低（700～900Pa），改性镁基粉末燃料需要在低压验证其点火燃烧性能。相关文献研究表面，Mg 粉颗粒在进行表面反应会形成一定厚度的氧化层，氧化层厚度随外界压强的增大而增加，从而增加其点火难度；但如果降低外界环境压强，则氧化气体的浓度也会降低，从而减缓 Mg 颗粒和气体的反应，造成其点火延迟和燃烧时间的延长，为了确定压强对镁基粉末燃料点火燃烧性能影响，本实验选取样品 2 和样品 8，开展 0.08MPa、0.06MPa、0.04Pa 和 0.02MPa 工况下的低压点火燃烧实验，所有工况的环境温度设置均为 1300℃，实验结果如图 3-50 和图 3-51 所示。

图 3-50 和图 3-51 的数据结果表明，镁基粉末燃料和纯 Mg 粉的点火延迟随着环境压强的降低而逐渐增大，燃烧时间随环境压强降低而逐渐减小，

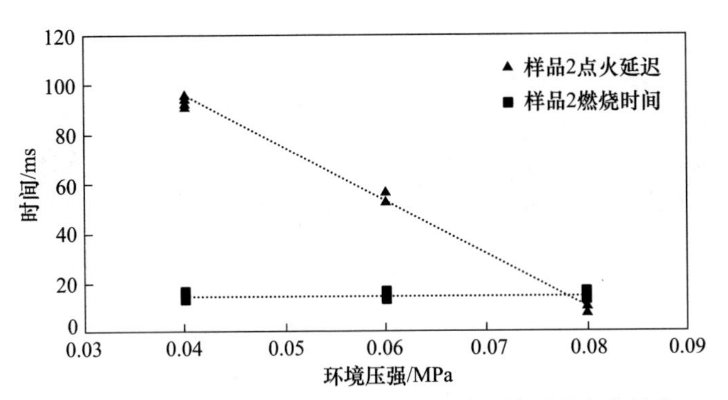

图 3-50　样品 2 点火延迟和燃烧时间随环境压强变化趋势

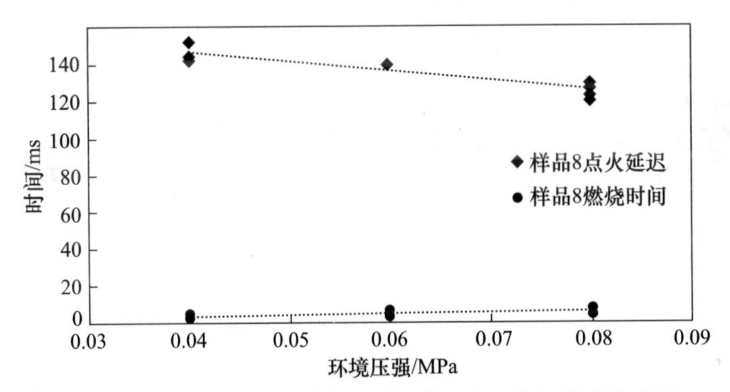

图 3-51　样品 8 点火延迟和燃烧时间随环境压强变化趋势

这说明随着 CO_2 的降低,燃料颗粒的点火难度逐渐增大,但是在压强较低的情况下,Mg 蒸气的扩散速度会进一步提高,导致颗粒燃烧时间减短,但也不排除在低压下 CO_2 浓度较低,导致燃料颗粒无法自持燃烧的情况。

通过实验还发现,在 0.02MPa 时,纯 Mg 粉表面虽出现微弱的发光,但已经无明显火焰的产生;而镁基粉末燃料产生了黄色的火焰,如图 3-52 和图 3-53 所示。相比在其他压强下,镁基粉末燃料火焰颜色变化明显,点火延迟时间和燃烧时间也明显增加。

综上所述,在低压条件下 Mg 粉颗粒由于其自身性质所限,在低于 0.02MPa 的环境压强下无法进行自持燃烧,镁基粉末燃料虽然由于添加了粉末氧化剂,在一定程度上改善了低压下点火燃烧性能,但在火星大气极端的低压条件下,直接点火也很难取得理想的点火燃烧效果,因此 Mg/CO_2 粉末火箭发动机在火星大气条件下,可向燃烧室预先喷入一定流量的气体,在燃烧室压强达到一定程度后再进行点火,可确保发动机的正常运行。

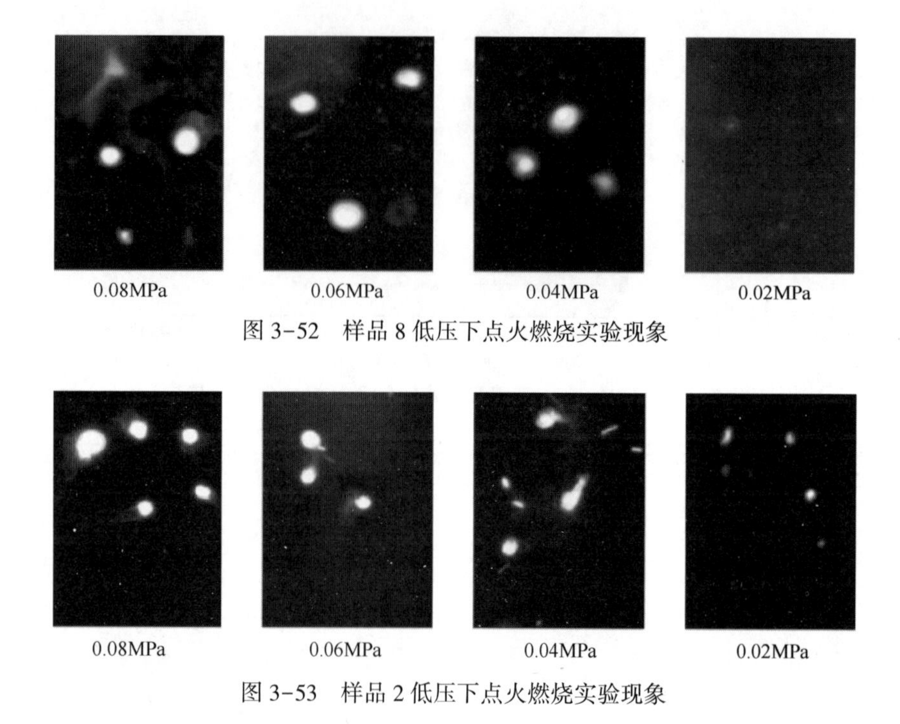

图 3-52　样品 8 低压下点火燃烧实验现象

图 3-53　样品 2 低压下点火燃烧实验现象

第4章 硼颗粒燃烧理论

硼具有较高的质量热值和体积热值,是冲压发动机的理想燃料和添加剂。然而硼燃烧机理复杂,燃烧过程中同时存在硼的氧化与还原反应。两种类型的反应在燃烧过程中是共存的,而且所包含的基元反应种类繁多,影响硼的氧化反应路径,导致颗粒燃烧过程中颗粒温度、表面组分浓度、燃烧速率等参数极易受颗粒物性及环境变量的影响,进而导致在冲压发动机燃烧室内硼颗粒的燃烧特性出现较大幅度的变化,影响发动机性能。

4.1 硼/氧体系化学反应动力学

为更加精准预测硼颗粒燃烧行为模式,首先需要确切的反应动力学与热力学参数。由于在硼基粉末燃料冲压发动机燃烧室内,主要是硼与冲压空气中的氧气发生反应,因此需要构建详细硼/氧(B/O)体系的化学反应热力学与动力学模型。利用量子化学计算方法,获得B/O体系下各物质的稳定结构和热力学参数。根据各物质吉布斯自由能,构建反应路径。随后对各反应路径进行过渡态搜索,明确反应机理。最后基于过渡态理论,计算获得各基元反应的速率常数,进而得到反应动力学模型。

4.1.1 量子化学计算方法

量子化学计算的本质是通过求解分子体系的定态Schrödinger方程,建立相应的波函数,并以此计算分子结构和能量等物质的微观属性。然而,由于Schrödinger方程的表达形式十分复杂,导致波函数难以求解,因此,即使在利用分子轨道理论方法求解波函数时,仍然采用了3个基本近似:Born-Oppenheimer近似、非相对论近似和单电子近似,并以此为基础建立了Hartree-

Fock 自洽场方法，这也是最早的、较为精确的求解 Schrödinger 方程的数值方法。

4.1.1.1 从头算计算方法

Hartree-Fock 自洽场方法，也称从头算计算方法（ab initio），最早由 Hartree 和 Fock 在 1930 年提出，是基于泡利原理的自洽场方程，采用了多电子体系波函数由 Slater 行列式来构成，称为单电子近似。为了克服单电子近似导致的误差，人们又在 Hartree-Fock 自洽场方法的基础上，增加考虑了电子之间的瞬时相关特性，建立了更高级别的量子化学计算方法，这种处理方法被统称为后自洽场方法（post-SCF）。目前广泛应用的后自洽场方法有微扰理论（如 MPn）方法、组态相互作用（configuration interaction）方法、耦合簇（coupled cluster，CC）理论以及组合方法 Gaussian-n 系列方法等。在众多后自洽场方法中，耦合簇方法从理论上通过对低激发和较高激发组态的展开系数进行合理耦合，并利用迭代求解非线性方程组，获得组态函数的展开系数和体系更加精确的能量。该方法为量子化学计算中最可靠的计算方法之一。

4.1.1.2 密度泛函计算方法

密度泛函理论是一种可被用于研究多电子体系电子结构的量子力学计算方法，它利用电子能量可以由电子密度唯一确定的性质（Hohenberg-Kohn 定理），对电子动能和势能进行平均化处理，并引入电子相关能的各种表达式，通过数值方法得到 Schrödinger 方程的近似解。密度泛函理论已经成为量子化学计算领域里最常用的方法之一。自 20 世纪 80 年代以来，广大物理学家对该理论不断改进，提升了理论计算精度，并且还拓展到了固体物理领域。密度泛函理论常通过 Kohn-Sham 方法来实现应用的。该方法通过引入单电子轨道（Kohn-Sham 轨道），并用于计算电子密度，与 Hartree-Fock 方程的形式相似，即单电子轨道的迭代求解方程。其中，可以用多种交换泛函代替 Hartree-Fock 的交换部分，并用相关泛函计算电子的动态相关能。实践表明，部分泛函可以使计算结果达到相当高的计算精度。然而，密度泛函缺乏系统的方法来提高精度，因此只能引入少量经验参数，从而提出各种各样不同的泛函，分别满足不同计算目的的需要。

当前常用的密度泛函方法主要有 B3LYP、B3PW91，这都是属于混合（杂化）泛函范畴，即交换能量的一部分采取 HF 的精确计算，另一部分由泛函表达式获取。这些泛函都包含几个经验参数，用小分子的可靠实验数据来拟合，然后扩展应用于所有体系。实践表明，在较大计算体系下，密度泛函理论计算所需时间相较于从头算的后 Hartree-Fock 计算方法会有大幅缩减,精度却与经典从头算计算方法 MP2 相当或更高。正是基于这一优越性,密度泛函理论在量子化学计算中已经得到了广泛应用,成为求解分子结构和能量的主要计算方法之一。

4.1.1.3　基组选择

在量子化学的计算中,无论 Hartree-Fock、后 Hartree-Fock 还是密度泛函,其单粒子函数目前都采取 Roothaan 的方法,向原子轨道(atomic orbital, AO)基集合做线性展开(linear combination of atomic obitals, LCAO)。同时,为了数学处理的方便,AO 基集合中的每个原子轨道一般还采取高斯函数的线性组合来构成。这种组合成的函数称为基组,组合形式越合理,组合项越多,基组就越大,计算精度也就越高。因此,基组选择的合理性对结果的精确度有着至关重要的影响,一般根据文献中所报道的前人的经验来选择。计算体系和计算目的的差异,需要选择不同类型及不同大小的基组。对于基组的选择,人们一般遵循的基本原则为在计算条件允许的情况下,尽可能选择较大的以及考虑了电子相关能(correlation consistent)所建立的基组。在计算过程中,通过使用大基组计算,还可以相应减小基组重叠误差(basis sets superposition error, BSSE)。

4.1.1.4　内禀反应坐标

当一个结构的简谐振动频率出现唯一虚频时,并不能直接证明计算获得的过渡态为所求解反应的过渡态。但它只是反应过程中的一个关键结构,在研究从过渡态出发变为产物或者回到反应物,也就是在揭示分子的旧键断裂、新键生成的过程中,结构变化与能量之间的关系,在获得完整势能面所需计算量较大的情况下,可以通过内禀反应坐标(intrinsic reaction coordinate, IRC)来进行判断正确的反应过程(过渡态连接了正确的反应物与生成物)。在 IRC 计算过程中,各原子的运动可近似为质点运动,此时原子的运动可以当作一个无限缓慢的准静态过程进行处理,从经典力学的角度出发,这一过程服从拉格朗日方程:

$$\frac{\mathrm{d}}{\mathrm{d}t}\left(\frac{\partial L}{\partial \dot{\xi}_i}\right)-\frac{\partial L}{\partial \xi_i}=0 \quad (i=1,2,\cdots,n) \tag{4-1}$$

式中:n 为分子的振动自由度,对于非线性分子,其振动自由度 $n=3N-6$,其中 N 为整个反应体系中原子核个数;ξ_i 和 $\dot{\xi}_i$ 分别为广义坐标和广义速度。式(4-1)的唯一解的表达式可以写成

$$\frac{\mathrm{d}}{\mathrm{d}t}\left(\frac{\partial L}{\partial \dot{\xi}_i}\right) = \sum_j \alpha_{ij}(\xi)\ddot{\xi}_j \tag{4-2}$$

式中：$\ddot{\xi}_i$ 为广义加速度。将式(4-2)代入式(4-1)，得

$$\sum_{j=1}^{3N-6} \alpha_{ij}(\xi)\ddot{\xi}_i + \frac{\partial E}{\partial \xi_i} = 0 \tag{4-3}$$

由于原子运动被近似为准静态过程，所以对于任何时刻都有初速度为零，即加速度方向与速度方向和位移方向一致。则有

$$\sum_j \alpha_{ij}\kappa\Delta\xi_j + \frac{\partial E}{\partial \xi_j} = 0 \tag{4-4}$$

即

$$\frac{\sum \alpha_{ij}(\xi)\Delta\xi_j}{\dfrac{\partial E}{\partial \xi_j}} = \text{常数} \tag{4-5}$$

式(4-5)所确定的原子运动轨迹就是内禀反应坐标，它表明了反应体系中原子的内禀运动。将其转化为直角坐标系，可得

$$\frac{m_\alpha \Delta X_\alpha}{\dfrac{\partial E}{\partial x_\alpha}} = \frac{m_\alpha \Delta Y_\alpha}{\dfrac{\partial E}{\partial y_\alpha}} = \frac{m_\alpha \Delta Z_\alpha}{\dfrac{\partial E}{\partial z_\alpha}} = \text{常数} \quad (\alpha = 1,\ 2,\ \cdots,\ N) \tag{4-6}$$

如果采用质权坐标，即

$$\xi_i = \sqrt{m_i x_i} \tag{4-7}$$

可得

$$\frac{\Delta\xi_1}{\dfrac{\partial E}{\partial \xi_1}} = \frac{\Delta\xi_2}{\dfrac{\partial E}{\partial \xi_2}} = \frac{\Delta\xi_3}{\dfrac{\partial E}{\partial \xi_3}} = \cdots = \frac{\Delta\xi_{3N}}{\dfrac{\partial E}{\partial \xi_{3N}}} \tag{4-8}$$

则式(4-8)即内禀反应坐标(IRC)的方程，这也是等势能面切平面的法线方程。

4.1.1.5 过渡态理论

过渡态理论(transition state theory，TST)也称活化络合物理论，最早是 20 世纪 30 年代由 Eyring 和 Polanyi 基于量子力学和统计力学提出的，能够相对完善地描述基元反应的反应过程。该理论认为只需获得如分子几何构型、振动频率、质量等基本参数，就可以计算求解相关反应的速率常数，因此该理论又被称为绝对反应速率理论。过渡态理论常可以被分为传统过渡态理

论和变分过渡态理论。

1) 传统过渡态理论

传统过渡态理论是结合反应势能面和动力学统计原理研究反应速率常数的一种简单的处理方法。该方法的运用是建立在以下 4 个基本假设之上:

(1) 将核运动和电子运动分开进行处理,把核看成在一定电子态的势能面上运动。

(2) 核运动做经典处理,忽略相对论效应和隧道效应。

(3) 反应体系遵循玻尔兹曼统计平衡分布规律。

(4) 全部的反应轨线都一次穿过分割面,不会再返回到反应物区。

基于上述假设可知,传统过渡态理论主要适用于重原子、低碰撞能和高势垒的基元反应。基于传统过渡态理论的方法,反应速率的表达式可以写成:

$$k(T) = \sigma \frac{k_B T}{h} \frac{Q^{\neq}(T)}{Q^R(T)} e^{-\frac{E^{\neq}-E^R}{k_B T}} \tag{4-9}$$

式中:σ 为从反应物到产物所包含的通道数;k_B 为玻尔兹曼常数;h 为普朗克常数;Q 为单位体积的配分函数;E 为驻点结构的总能量;上标$\neq$和 R 分别为过渡态和反应物。

对于式(4-9)中的过渡态与反应物的配分函数,其主要包括电子运动(Q_e)、分子振动(Q_v)、分子转动(Q_r)以及分子平动(Q_t),具体表达式为

$$Q = Q_e \cdot Q_v \cdot Q_r \cdot Q_t \tag{4-10}$$

除了配分函数外,能量参数同样是求解反应速率的重要参数。驻点结构的总能量主要为电子能(E_e)、振动能(E_v)、转动能(E_r)和平动能(E_t)之和,即

$$E = E_e + E_v + E_r + E_t \tag{4-11}$$

根据式(4-9)可知,要获得基元反应的反应速率,其核心是求解基元反应的能垒以及过渡态和反应物的配分函数。通过量子化学计算,对相应的反应物和过渡态分子结构进行频率计算,即可获得相关参数。由于参数获取简单方便,传统过渡态理论被广泛应用于反应动力学研究之中。

2) 变分过渡态理论

在传统过渡态理论里,假设全部反应轨线都一次穿过分割面,但当产物通道的出口较窄且穿过过渡态分割面的反应轨线较多时,不能保证所有轨线都进入产物区完成反应,这与假设会存在较大差异。未到达产物区的轨线会再次穿过过渡态分割面返回到反应物区,进而形成瓶颈效应。

变分过渡态理论,主要是通过改变分割面位置的方法,使穿过分割面的轨线数最小,以此来消除瓶颈效应。以反应坐标 s 为变分参量对速率常数进行变分处理,通过选用变分体系自由能ΔG 的办法,选择在ΔG 最大时的 s 作为分割面。变分过渡态理论的具体计算公式可以写为

$$k^{\mathrm{GT}}(s,T)=\frac{\sigma Q^{\neq}(T)}{h\beta Q^{\mathrm{R}}(T)}\mathrm{e}^{-\beta V(s)} \tag{4-12}$$

式中:s 为反应坐标;$\beta=(k_{\mathrm{B}}\cdot T)^{-1}$;$V(s)$ 为反应势能面曲线。在给定温度 T 下,对 $k^{\mathrm{GT}}(s,T)$变分求得极小值,则得到的正则变分过渡态理论的速率常数表达式可以写为

$$k^{\mathrm{CVT}}(T)=\min_{s}k^{\mathrm{GT}}(s,T)=k^{\mathrm{GT}}(s_{\neq}^{\mathrm{CVT}},T) \tag{4-13}$$

式中: $s_{\neq}^{\mathrm{CVT}}$ 为正则变分过渡态的位置,即

$$\frac{\partial k^{\mathrm{GT}}(s,T)}{\partial s}\Big|_{s=s^{\neq}}=0$$

根据统计力学原理,反应物与活化络合物的平衡常数可以表述为

$$K^{\neq}(s,T)=\frac{Q^{\neq}(s,T)}{Q^{\mathrm{R}}(T)}\mathrm{e}^{-\beta V(s)} \tag{4-14}$$

则反应速率常数与反应平衡常数之间的关系表达式为

$$k(s,T)=\frac{\sigma}{\beta h}K^{\neq}(s,T) \tag{4-15}$$

在标准状态下,反应标准自由能的变化可以写成

$$\Delta G=-RT\ln[K^{\neq}(s,T)/K^{0}] \tag{4-16}$$

式中:K^0为单位因子,其单位为$(\mathrm{mol}\cdot\mathrm{cm}^{-3})^{1-n}$,其中 n 为反应物个数。对式(4-16)变形,得

$$K^{\neq}(s,T)=K^{0}\mathrm{e}^{-\frac{\Delta G(s,T)}{RT}} \tag{4-17}$$

对于二级反应,即 $n_f=2$ 时,此时反应速率的表达式可以写为

$$k(s,T)=\frac{\sigma}{\beta h}K^{0}\mathrm{e}^{-\frac{\Delta G(s,T)}{RT}} \tag{4-18}$$

变分过渡态理论,是以反应速率常数 $k(s,T)$ 对反应坐标 s 变分求 $k_{\min}(s,T)$, 则有

$$\frac{\partial k(s,T)}{\partial s}\Big|_{s=s_0}=0 \tag{4-19}$$

即

$$\frac{\partial \Delta G(s,T)}{\partial s}\bigg|_{s=s_0}=0 \tag{4-20}$$

将分割面 s 置于 $\Delta G(s,T)$ 的最大值处，这种变分是在正则系综下所采用的正则变分函数，称为正则变分过渡态理论（CVT），其速率常数的表达式为

$$\begin{aligned} k(s,T) &= \frac{\sigma}{\beta h}K^0 \mathrm{e}^{-\frac{\Delta G(s,T)}{RT}} \\ &= \frac{\sigma}{h\beta}K^0 \mathrm{e}^{\left[-\beta V(s_0)+\ln\frac{Q^{\neq}(s_0,T)}{K^0 Q^{\mathrm{R}}(T)}\right]} \\ &= \frac{\sigma}{h\beta}\frac{Q^{\neq}(s_0,T)}{Q^{\mathrm{R}}(T)}\mathrm{e}^{-\beta V(s_0)} \end{aligned} \tag{4-21}$$

4.1.2　硼/氧体系反应机理

对于含硼冲压发动机，硼颗粒主要是与冲压空气中的氧气反应，因此运用量子化学计算方法修正和完善 B/O 反应体系模型，在计算过程中认为 B、BO、BO_2、B_2O_2、B_2O_3、O 及 O_2 为反应过程中反应物与产物。

采用密度泛函 B3LYP 方法在 aug-cc-pVTZ 基组水平下对反应过程中可能存在的各驻点（反应物、产物、中间体及过渡态）进行结构优化和频率计算，并运用 Sinha 等所建立的针对 Dunning 基组的频率校正因子，对各物质的振动频率进行校正。通过分析各分子的振动频率来验证所优化的物质类别，当该分子的振动频率均为正值时，认为该分子为稳定分子（反应物、产物、中间体）；当该分子有且只有一个虚频（频率值小于 0）时，认为该分子为过渡态。运用相同的算法对过渡态结构进行内禀反应坐标（IRC）计算，以确定过渡态是否正确地与两端相应的稳定分子相连，以此来确认各反应的路径。使用耦合簇算法 CCSD(T)，在相同基组下对每个驻点的单点能进行校正。上述计算工作将运用 Gaussian09 程序完成。

运用标准统计热力学方法以及计算获得的分子结构和校正后的单点能与振动频率，计算出标准状态（1atm）和 298.15K 下各反应物与产物的焓、熵和吉布斯自由能以及 200~3500K 范围内的热容，并拟合热容随温度变化函数。根据反应物和产物的焓值和吉布斯自由能，可计算获得的反应路径求解各反应的焓变（ΔH）和吉布斯自由能的变化（ΔG）。

在 B3LYP/aug-cc-pVTZ 水平下计算获得的 B/O 反应体系中各驻点的结构、对称性和电子态如图 4-1 所示，图中黑色为氧原子，灰色为硼原子。

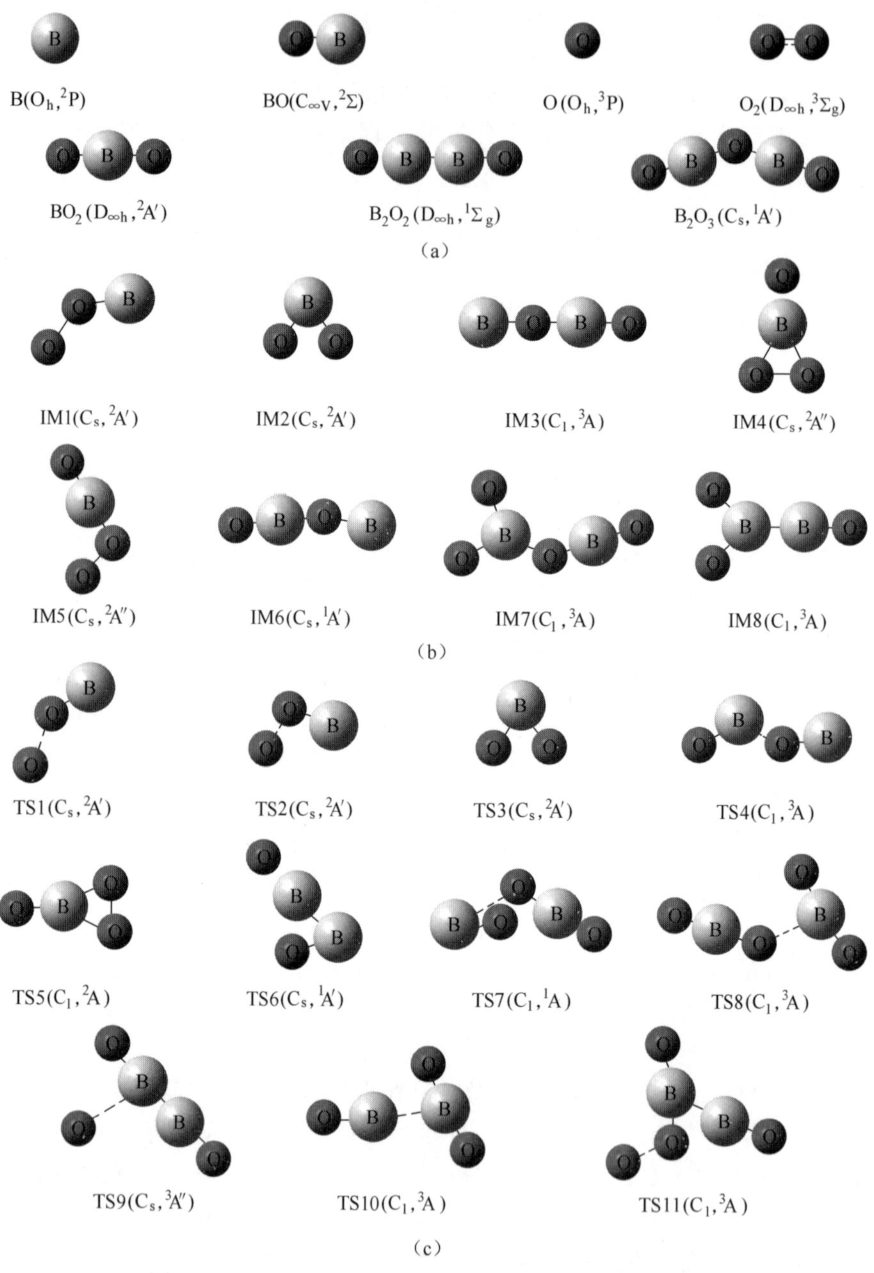

图 4-1　B/O 反应体系中各驻点的结构、对称性和电子态

(a)反应物和产物;(b)中间体;(c)过渡态。

图中各物质的频率均采用频率校正因子(0.9891)进行校正。通过这些物质的相关结构参数和振动频率,可计算各分子的配分函数,从而通过统计热力学的方法获得不同温度下的热容。

表4-1所示为B/O反应体系中各稳定物质结构(反应物、产物和中间体)经耦合簇法CCSD(T)校正后的零点能(E_{0K})以及标准状态和298.15K下的焓值、熵值以及吉布斯自由能。

表4-1 各驻点结构的热化学数据

物质	E_{0K}/(a.u.)①	$H_{298.15K}$/(a.u.)	$G_{298.15K}$/(a.u.)	$S_{298.15K}$/(cal·mol^{-1}·K^{-1})
B	-24.59709	-24.59473	-24.61114	34.54
O	-74.97522	-74.97316	-74.99048	36.46
BO	-99.86082	-99.85316	-99.87627	48.65
BO_2	-175.02159	-175.01774	-175.04322	53.64
B_2O_2	-199.88888	-199.88388	-199.91201	59.22
B_2O_3	-275.08870	-275.08313	-275.11617	69.59
O_2	-150.11831	-150.11500	-150.13827	49.00
IM1	-174.79312	-174.78882	-174.81742	60.23
IM2	-174.88293	-174.87898	-174.90714	59.28
IM3	-199.73042	-199.72576	-199.75521	62.01
IM4	-250.05298	-250.04790	-250.07979	67.16
IM5	-250.06178	-250.05683	-250.08853	66.77
IM6	-199.84869	-199.84350	-199.87416	64.55
IM7	-350.10104	-350.09423	-350.13232	80.20
IM8	-274.88617	-274.88025	-274.91524	73.67
TS1	-174.76955	-174.76449	-174.79485	63.94
TS2	-174.76890	-174.76500	-174.79325	59.49
TS3	-174.84616	-174.84235	-174.87039	59.05
TS4	-199.69992	-199.69450	-199.72736	69.18
TS5	-250.05305	-250.04862	-250.07924	64.47
TS6	-199.80339	-199.79822	-199.82878	63.10
TS7	-274.82901	-274.82289	-274.85748	72.85
TS8	-350.03167	-350.02902	-350.06877	83.55

续表

物质	E_{0K}/(a. u.)①	$H_{298.15K}$/(a. u.)	$G_{298.15K}$/(a. u.)	$S_{298.15K}$/(cal · mol^{-1} · K^{-1})
TS9	−274. 86270	−274. 85647	−274. 89282	76. 53
TS10	−274. 87130	−274. 86476	−274. 90235	79. 17
TS11	−349. 91177	−349. 88849	−349. 92755	82. 25

注：①1 a. u. = 627. 5095kcal · mol^{-1}。

为便于后续数值计算中热容参数的输入，利用与温度相关的四次多项式表达式对 200～3500K 温度范围内各稳定物质的热容数据进行拟合，具体拟合方程表达式为

$$C_{p,m}^{\theta} = a + bT + cT^2 + dT^3 + eT^4 \tag{4-22}$$

由于温度范围较广，在不同温度区间内热容变化率存在较大差距，因此采用单一温度区间进行拟合容易导致数据拟合精度出现较大偏差。为保证拟合精度，以 1000K 为分界线，将热容表达式分为高温区域(1000～3500K)和低温区域(200～1000K)两个部分，具体拟合数据见表 4-2。所有拟合表达式的相关系数均大于 0. 99。

表 4-2　各稳定物质的热熔拟合参数　　单位：J/(kg · K)

	物质	a	b	c	d	e
高温区域内(1000～3500K)	BO	26. 687	1.0672×10^{-2}	-0.4317×10^{-5}	0.7927×10^{-9}	-0.5451×10^{-13}
	BO_2	48. 252	1.4901×10^{-2}	-0.6265×10^{-5}	1.1819×10^{-9}	-0.8287×10^{-13}
	B_2O_2	60. 115	2.7103×10^{-2}	-1.0976×10^{-5}	2.0183×10^{-9}	-1.3895×10^{-13}
	B_2O_3	71. 693	3.6640×10^{-2}	-1.4944×10^{-5}	2.7612×10^{-9}	-1.9077×10^{-13}
	O_2	28. 661	0.8970×10^{-2}	-0.3701×10^{-5}	0.6891×10^{-9}	-0.4786×10^{-13}
低温区域内(200～1000K)	物质	a	b	c	d	e
	BO	30. 816	−0. 01575	0.4264×10^{-4}	-0.3116×10^{-7}	0.7128×10^{-11}
	BO_2	21. 666	0. 08980	-0.8391×10^{-4}	0.3481×10^{-7}	-0.4578×10^{-11}
	B_2O_2	21. 998	0. 21222	-3.9223×10^{-4}	3.6472×10^{-7}	-12.8992×10^{-11}
	B_2O_3	17. 831	0. 25935	-4.1491×10^{-4}	3.4972×10^{-7}	-11.6529×10^{-11}
	O_2	31. 423	−0. 02390	0.7559×10^{-4}	-0.7213×10^{-7}	2.3496×10^{-11}

根据 IRC 计算结果，B/O 反应体系主要由 23 个基元反应组成，其中有 11 个基元反应存在过渡态，具体各基元反应方程式及反应的活化能和能量变化值见表 4-3。

表 4-3　各基元反应方程式及反应的活化能和能量变化

序号	基元反应（过渡态）	$\Delta H\neq$ /(kcal/mol)	ΔH /(kcal/mol)	$\Delta G\neq$ /(kcal/mol)	ΔG /(kcal/mol)	$\Delta S\neq$ /[cal/(mol·k)]	ΔS /[cal/(mol·k)]
ER1	$B + O \longleftrightarrow BO$		-179.01		-172.34		-22.35
ER2	$B + O_2 \longleftrightarrow IM1$		-49.63		-42.68		-23.31
ER3	$IM1 \longleftrightarrow BO + O$ (TS1)	15.27	-23.53	14.16	-30.95	3.71	24.88
ER4	$IM1 \longleftrightarrow IM2$ (TS2)	14.95	-56.58	15.17	-56.30	-0.74	-0.95
ER5	$IM2 \longleftrightarrow BO_2$ (TS3)	22.99	-87.07	23.06	-85.39	-0.23	-5.64
ER6	$B + BO_2 \longleftrightarrow IM3$		-71.09		-63.28		-26.17
ER7	$IM3 \longleftrightarrow BO + BO$ (TS4)	19.62	12.20	17.48	1.68	-2.96	35.29
ER8	$BO + O \longleftrightarrow BO_2$		-120.12		-110.74		-31.47
ER9	$BO + O_2 \longleftrightarrow IM4$		-50.04		-40.94		-30.49
ER10	$IM4 \longleftrightarrow IM5$ (TS5)	-0.45	-5.60	0.35	-5.48	-2.69	-0.39
ER11	$BO + O_2 \longleftrightarrow IM5$		-55.64		-46.43		-30.88
ER12	$IM5 \longleftrightarrow BO_2 + O$		61.26		34.41		23.33
ER13	$BO + BO \longleftrightarrow IM6$		-86.08		-76.32		-32.75
ER14	$IM6 \longleftrightarrow B_2O_2$ (TS6)	28.41	-25.34	28.48	-23.75	-1.45	-5.33
ER15	$BO + BO \longleftrightarrow B_2O_2$		-111.42		-100.07		-38.08
ER16	$BO + BO_2 \longleftrightarrow B_2O_3$ (TS7)	30.13	-133.17	38.91	-123.42	-29.44	-32.70
ER17	$BO + BO_2 \longleftrightarrow B_2O_3$		-133.45		-122.19		-37.78
ER18	$BO_2 + BO_2 \longleftrightarrow IM7$ (TS8)	4.05	-36.87	11.09	-28.79	-23.73	-27.08
ER19	$IM7 \longleftrightarrow B_2O_3 + O$		23.81		16.11		25.85
ER20	$B_2O_2 + O \longleftrightarrow IM8$ (TS9)	0.36	-14.56	6.07	-8.00	-19.15	-22.01
ER21	$IM8 \longleftrightarrow BO + BO_2$ (TS10)	9.72	5.87	8.09	-2.67	5.50	23.12
ER22	$B_2O_2 + O_2 \longleftrightarrow B_2O_3 + O$ (TS11)	69.27	-36.02	77.01	-35.37	-25.97	-2.17
ER23	$O + O \longleftrightarrow O_2$		-105.85		-98.71		-23.92

4.1.3 硼/氧体系反应路径

根据表 4-3 中的计算结果，通过连续反应和并列反应可将表中 23 个基元反应进行整合，使反应中仅包含 7 个反应物和产物。在 23 个基元反应中，ER1、ER22 和 ER23 的 3 个反应路径中无中间体存在，这 3 个反应的反应势能剖面图如图 4-2～图 4-4 所示。由图可知，ER1 和 ER23 这两个反应为双原子反应，在反应过程中两个原子相互靠近，并最终形成一个稳定的双原子分子，在反应过程中，势能呈单调下降趋势。B_2O_2 分子与 O_2 分子的反应可经过过渡态 TS11 生成 B_2O_3 分子与 O 原子，该反应的能垒为 108.36kcal · mol^{-1}。在反应过程中，O_2 分子向 B_2O_2 分子靠近，O_2 分子中一个 O 原子与 B_2O_2 分子中的一个 B 原子成键，随后该原子与 B_2O_2 分子中的另一个 B 原子成键，在成键过程中，B_2O_2 分子中的 B—B 键以及 O_2 分子中的 O—O 键断裂，最终形成 B_2O_3 分子与 O 原子。

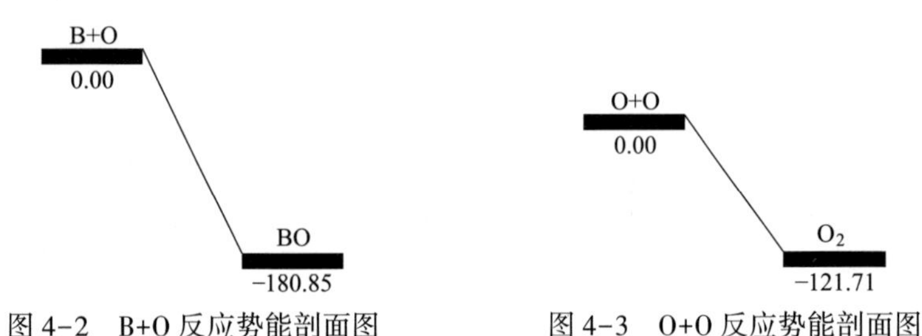

图 4-2　B+O 反应势能剖面图

图 4-3　O+O 反应势能剖面图

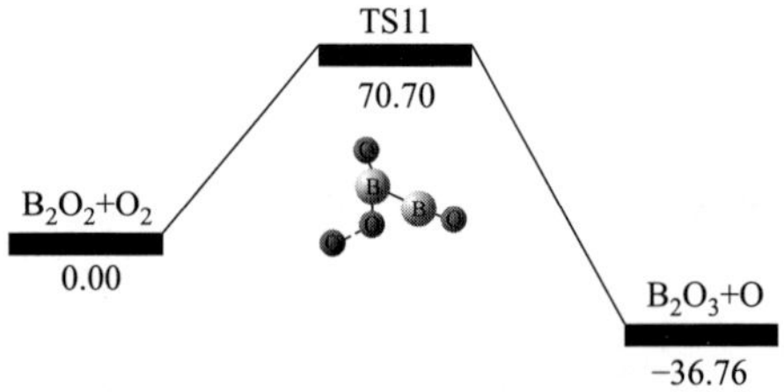

图 4-4　$B_2O_2+O_2$ 反应势能剖面图

除去上述 3 个基元反应，其余反应中均存在中间体结构，需要对剩余 20 个基元反应进行整合，以总包反应 $\Delta G<0$ 为正向反应，整合后的反应通道如下：

1) $B+O_2$ 反应通道

图 4-5 所示为 B 与 O_2 两个分子之间反应势能剖面图。首先 B 原子从

O_2 分子的一侧靠近 O_2 分子中的单个 O 原子，形成一个稳定的结构 IM1，随后中间 IM1 发生自反应，总共存在两条反应路径。一条路径是 IM1 中的 O—O 键的键长开始增加，经过过渡态结构 TS1，并最终分解生成 BO 分子与 O 原子，该反应的能垒为 13.66kcal · mol^{-1}；另一条路径则是在 O—O 键键长开始增加的同时，B 原子开始绕 O 原子转动，随后经过渡态 TS2，形成中间体 IM2，在这之后键角 O—B—O 开始增加，经过过渡态 TS3 后键角达到 180°，形成 BO_2 分子，在这条反应路径中总共存在 2 个过渡态，对应的能垒分别为 16.14kcal · mol^{-1}和 24kcal · mol^{-1}。

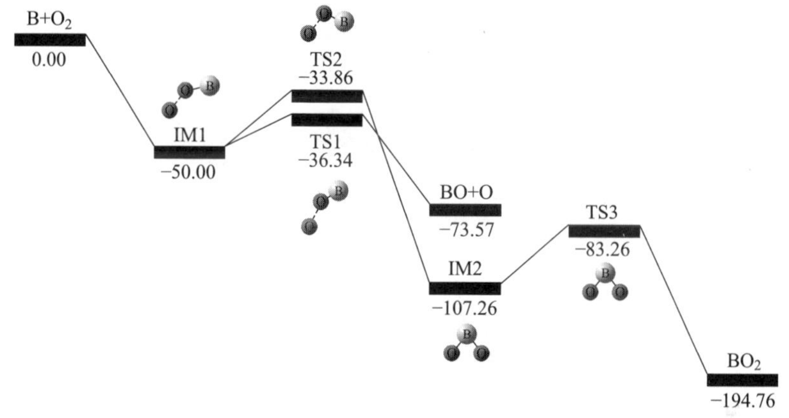

图 4-5　B+O_2 反应势能剖面图

利用玻尔兹曼因子对这两条反应路径进行近似估计，通过分支比来判断反应发生概率，具体计算公式为

$$\alpha = \exp[-(E_1 - E_2)/RT] \tag{4-23}$$

式中：α 为分支比；E_1 和 E_2 分别为 IM1 自反应时两条路径的活化能。当分支比越接近 1 就意味着这两个反应的活化能越相近，同时发生的概率就越高。图 4-6 所示为两条反应路径在 300～3500K 温度范围内的分支比，由图可知，这两条反应路径在温度区间范围内的分支比最小仅为 0.6，说明这两条反应路径活化能相近。因此，反应 B+O_2 ⟶BO+O 和 B+O_2 ⟶BO_2 在 B/O 火焰内为竞争反应，均会发生。

2）B+BO_2 ⟷BO+BO

图 4-7 所示为 B 与 BO_2 两个分子之间反应势能剖面图。该总包反应首先由 B 原子与 BO_2 分子化合生成中间体 IM3，随后 IM3 经历一个能垒为 23.28kcal · mol^{-1}的过渡态 TS4，并最终分解生成两个 BO 分子。在反应过程

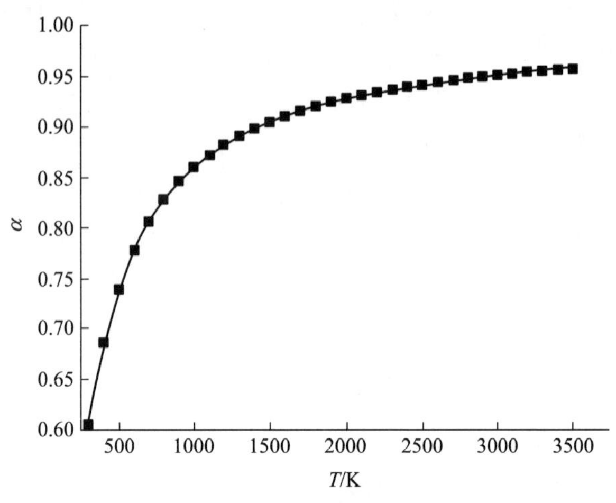

图 4-6　IM1 自反应两条反应路径分支比

中，首先 B 原子从 BO_2 分子的一侧靠近 BO_2 分子中的单个氧原子，在靠近的过程中，B—O 键的键长逐渐减小，B 原子与 O_2 分子的夹角逐步增加，此时 O—O 键的键长小幅增加。当 B—O 键的键长减小到 1.327Å 时形成一个稳定的结构 IM1；随后 O—O 键的键长明显增加，当增加到 1.669Å 时到达过渡态结构，之后 O—O 键的键长会继续增大，并最终形成 BO 分子与 O 原子的双分子结构。

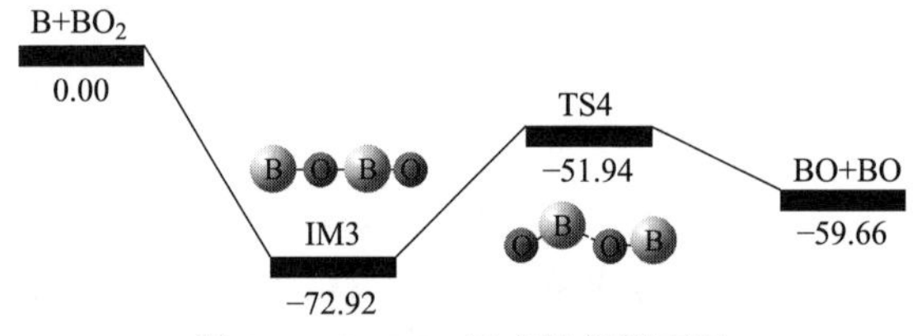

图 4-7　$B+BO_2$ 反应势能剖面图

3）$BO+O\longleftrightarrow BO_2$

图 4-8 所示为 BO 分子与 O 原子的反应势能剖面图。由图 4-8 可知，该反应存在两条反应路径生成 BO_2 分子。第一条反应路径是 BO 分子与 O 原子的直接反应，该反应为线性反应过程，O 原子从 B 原子一侧向 BO 分子平移，当 B—O 键的键长减小至 1.259Å，此时将会形成 BO_2 的分子结构。该反应通道的第二条反应路径为首先经历基元反应 ER2 的逆反应，以及 BO 分子与 O 原子反应，经过过渡态 TS1，形成 IM1 结构，随后的反应路径与

IM1 ⟶BO_2 的反应路径相同。运用分支比对该反应通道内的两条反应路径进行评估，由于第一条反应路径无活化能，因此 E1 取值为反应物和产物的能量差。由式(4-23)可知，当温度最大时计算获得的分支比最接近 1，取温度区间范围内的最大值 3500K，计算获得的分支比为 7.9×10^{10}，远大于 1，因此认为 BO+O ⟶BO_2 的反应路径主要为 BO 分子与 O 原子直接反应生成。

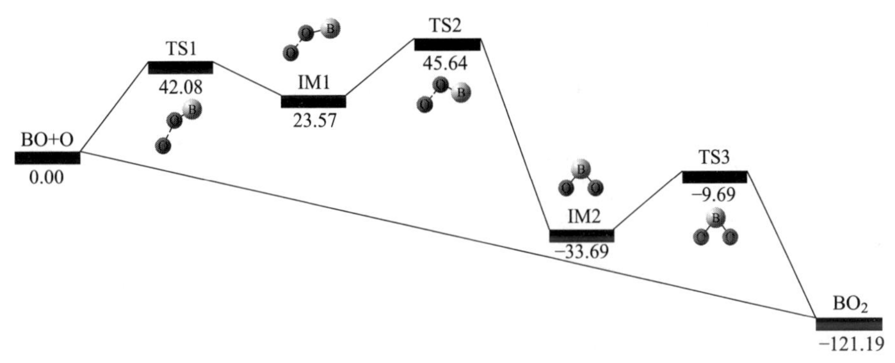

图 4-8　BO+O 反应势能剖面图

4）$BO+O_2 \longleftrightarrow BO_2+O$

图 4-9 所示为 BO 分子与 O_2 分子的反应势能剖面图。由图 4-9 可知，在反应过程中从反应物到中间体 IM5 的过程中存在两条反应路径：①通过 BO 分子与 O_2 分子反应生成 IM4，随后 IM4 经过能垒为 0.11kcal · mol^{-1} 的过渡态 TS5 后，最终生成 IM5。反应过程中，BO 分子从 B 原子一侧垂直靠近 O_2 分子，在靠近的过程中，O_2 分子中 O—O 键的键长小幅增加，并生成 IM4 结构，随后 IM4 结构中 B 原子与 O_2 分子中的一个 O 原子的键长逐渐增加，经过渡态结构 TS5 后，会形成稳定的中间体结构 IM5。②BO 分子从 O_2 分子一侧靠近，当 BO 分子中的 B 原子与 O_2 分子中靠近 B 原子一侧的 O 原子间间距减小至 1.365 Å 时，形成 IM5 结构。当反应进行到 IM5 后，通过吸收反应释放的能量，IM5 中的 O—O 键开始分离，并最终形成 BO_2 分子和 O 原子。

由于在反应 $BO+O_2$ ⟶IM5 中存在有两条反应路径，因此需要用分支比来确定反应路径，根据式(4-23)计算所得的分支比如图 4-10 所示。由图可知，在温度小于 500K 时，反应分支比不到 0.001，远小于 1，此时反应 BO+O_2 ⟶IM5 的主要由基元反应 ER11 占主导地位。然而随着温度的上升，分支比逐渐增大，当温度超过 1500K 时，分支比已大于 0.1，即两条反应路径开始出现竞争，此时总包反应 $BO+O_2$ ⟶BO_2+O 由这两条反应路径共同控

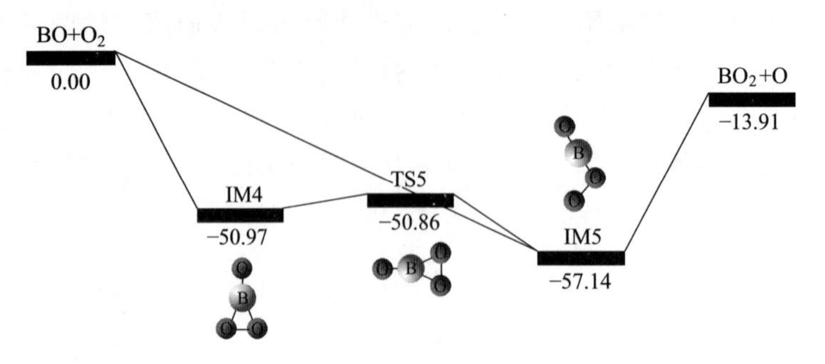

图 4-9　$BO+O_2$ 反应势能剖面图

制。由于硼颗粒燃烧所需环境温度较高,超过 1600K,因此认为硼燃烧过程中同时受这两条反应路径控制。

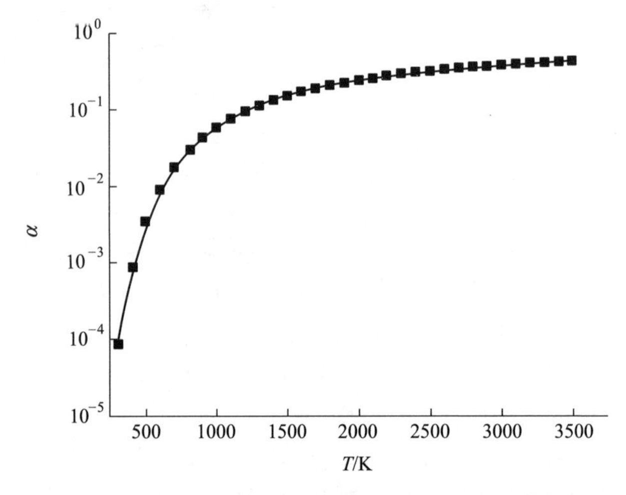

图 4-10　反应 $BO+O_2 \longrightarrow IM5$ 的两条反应路径分支比

5) $BO+BO \longleftrightarrow B_2O_2$

图 4-11 所示为 BO 分子与 BO 分子的反应势能剖面图。由图 4-11 可知,该反应存在有两条反应路径:①通过 BO 分子与 BO 分子反应生成 IM6,随后 IM6 经过能垒为 28.29kcal · mol^{-1} 的过渡态 TS6 后,最终生成 B_2O_2。在反应过程中,首先一个 BO 分子中的 B 原子会与另一个 BO 分子中的 O 原子相互靠近,当这两个原子之间的键长缩减至 1.326Å 时,会形成中间体 IM6,随后 IM6 结构中两个 B 原子中间的 O 原子沿外侧 B 原子开始旋转,同时两个硼原子之间的距离逐渐减小,在经过渡态 TS5 结构后,最终转变成

B_2O_2 分子结构。②两个 BO 分子直接生成 B_2O_2 分子，在反应过程中两个 BO 分子中的 B 原子直接相向而行，当 B—B 键的键长减小到 1.628Å 时，直接生成 B_2O_2 分子结构。

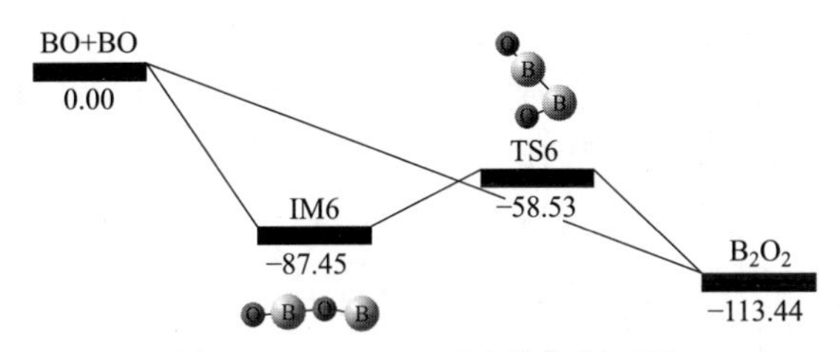

图 4-11　BO+BO 反应势能剖面图

通过分支比来确定反应的主导机理，计算获得的在最高温度 3500K 下的分支比仅为 1.38×10^{-3}，远小于 1，因此认为反应 BO+BO ⟶ B_2O_2 主要由 BO 分子与 BO 分子直接反应占主导。

6）BO+BO_2 ⟷ B_2O_3

图 4-12 所示为 BO 分子与 BO_2 分子的反应势能剖面图。由图 4-12 可知，该反应存在有两条反应路径：①通过 BO 分子与 BO_2 分子经过能垒为 $30.12kcal\cdot mol^{-1}$的过渡态 TS7 后，到达 B_2O_3 结构；②BO 分子与 BO_2 分子直接反应生成 B_2O_3 分子。两条反应路径均是 BO 分子中的 B 原子与 BO_2 分子中一侧的 O 原子相互靠近，所不同的是在有过渡态的反应路径中，BO 分子与 BO_2 分子是由异面相交结构，经空间旋转形成 B_2O_3 分子结构的，而直接反应路径则是两个分子在同一平面上通过平移形成最终结构的。在温度为 3500K 的条件下计算获得的分支比仅为 1.69×10^{-12}，远小于 1，因此认为该反应主要由 BO 分子与 BO_2 分子的直接反应占主导。

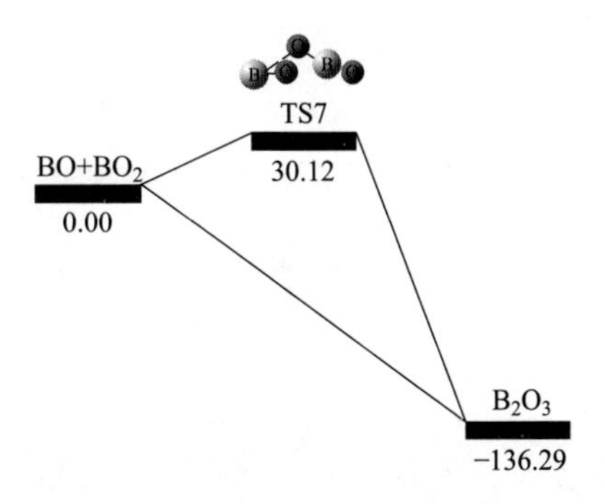

图 4-12　BO+BO_2 反应势能剖面图

7）$BO_2+BO_2 \longleftrightarrow B_2O_3+O$

图 4-13 所示为 BO_2 分子与 BO_2 分子的反应势能剖面图。在反应过程中首先一个 BO_2 分子中一侧的 O 原子与另一个 BO_2 分子中的 B 原子相互靠近，同时该 BO_2 分子将不再保持线性结构，O—B—O 角开始减小。当两个原子之间的距离减小到 2.078Å 时，达到过渡态结构 TS8，对应的能垒为 3.91kcal/mol。随后 B—O 键的键长与 O—B—O 键角继续减小，并最终形成 IM7 结构。随后在与 3 个 O 原子相连的 B 原子一侧，外侧一个 O 原子逐渐脱落，并最终转化成为 B_2O_3 分子与 O 原子。

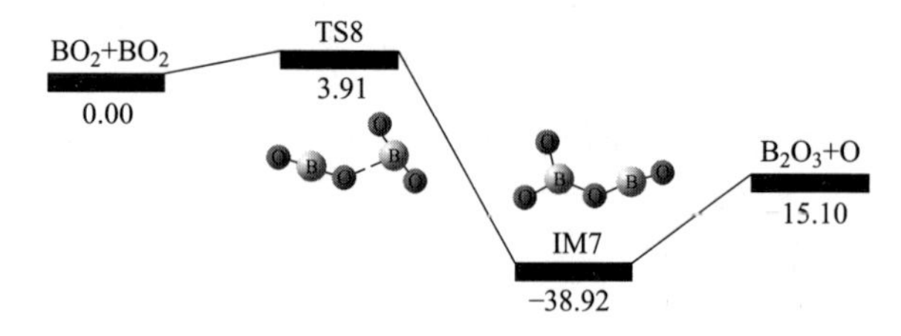

图 4-13　BO_2+BO_2 反应势能剖面图

8）$B_2O_2+O \longleftrightarrow BO+BO_2$

图 4-14 所示为 B_2O_2 分子与 O 原子的反应势能剖面图。该反应存在有两个过渡态，首先是 O 原子向 B_2O_2 分子中的一个 B 原子靠近，在靠近的过程中，B_2O_2 分子逐渐由线性结构向非线性结构转变，当 O 原子与 B 原子之间的间距减小到 2.364Å 时，达到过渡态结构 TS9，对应的能垒为 1.04kcal/mol。经过过渡态 TS9 后，形成中间体 IM8，随后 IM8 中的 B—B 键开始断裂，键长不断增加，最终经过过渡态 TS10，生成 BO 分子与 BO_2 分子，反应的能垒为 10.84kcal/mol^{-1}。

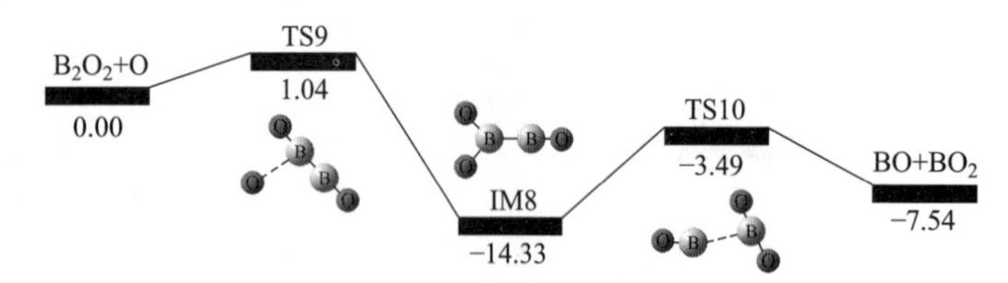

图 4-14　B_2O_2+O 反应势能剖面图

根据上述反应路径及其主导机理，去除中间体，可以构建相应的总包反应，具体反应如表 4-4 所示。

表 4-4　B/O 体系总包反应化学式

基元反应序号	化学反应式	对应的基元反应
GR1	$B + O \longleftrightarrow BO$	ER1
GR2	$B + O_2 \longleftrightarrow BO + O$	ER2 + ER3
GR3	$B + O_2 \longleftrightarrow BO_2$	ER2 + ER4 + ER5
GR4	$B + BO_2 \longleftrightarrow BO + O$	ER6 + ER7
GR5	$BO + O \longleftrightarrow BO_2$	ER8
GR6	$BO + O_2 \longleftrightarrow BO_2 + O$	ER9+ER10+ER12 与 ER11+ER12 共同作用
GR7	$BO + BO \longleftrightarrow B_2O_2$	ER15
GR8	$BO + BO_2 \longleftrightarrow B_2O_3$	ER17
GR9	$BO_2 + BO_2 \longleftrightarrow B_2O_3 + O$	ER18 + ER19
GR10	$B_2O_2 + O \longleftrightarrow BO + BO_2$	ER20 + ER21
GR11	$B_2O_2 + O_2 \longleftrightarrow B_2O_3 + O$	ER22
GR12	$O + O \longleftrightarrow O_2$	ER23

4.1.4　硼/氧反应动力学

根据上节提出的 B/O 体系反应路径,对于有过渡态的基元反应,使用高精度算法 CCSD(T)/aug-cc-pVTZ 对 4.1.3 节计算得到的最小能量路径上的各特征点进行单点能校正,主要包括反应物、产物、过渡态以及反应路径上所选取的一些点的靠近过渡态的点;对于没有过渡态的基元反应,则根据上节所分析的分子反应过程,首先采用柔性的势能曲面扫描,获取最小能量的反应路径,随后同样采用 CCSD(T)/ aug-cc-pVTZ 对反应路径上的反应物、产物以及路径中间一些点进行单点能校正,所用计算均采用 Gaussian09 程序。

使用 VKLab 程序,对各基元反应在温度区间为 300~3500K 的反应速率进行求解。由于反应体系中并无 H 原子,隧道效应并不显著,因此在求解反应速率中不考虑隧道效应,各基元反应的反应速率常数将用正则变分过渡态理论进行求解。在此基础之上,通过连续反应的反应速率求解方法,求解 4.1.3 节总结的各总包反应的反应速率常数,从而得到 B/O 反应动力学模型。

4.1.4.1 含过渡态基元反应速率常数

表 4-4 中给出了筛选后的 B/O 反应体系，共计 20 个基元反应，其中 ER3、ER4、ER5、ER7、ER10、ER18、ER20、ER21 和 ER22 这 9 个反应为有过渡态的反应，其余反应无过渡态。

图 4-15 所示为 CCSD(T)/aug-cc-pVTZ 单点能校正后的反应路径上所取点的单点能随内禀反应坐标 IRC 的变化曲线图。由图 4-15 可知，经过高

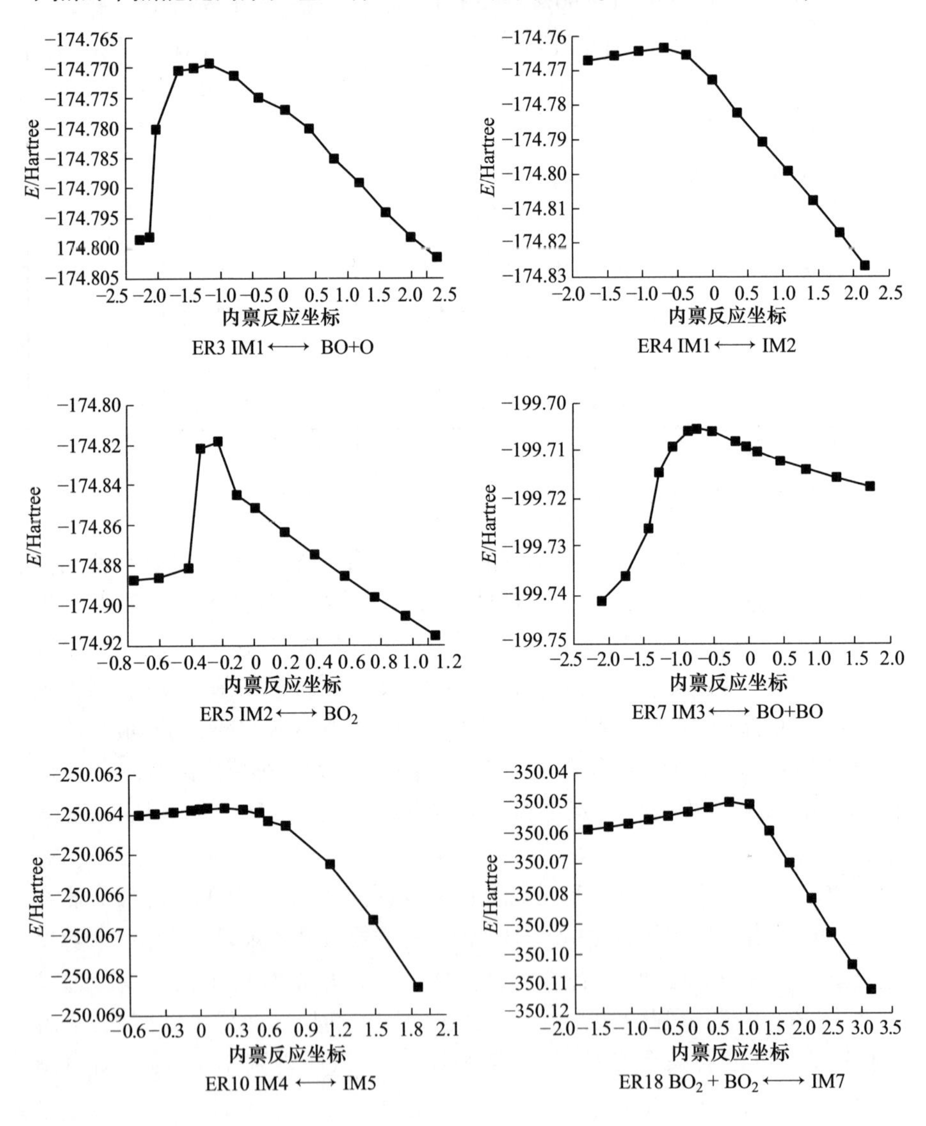

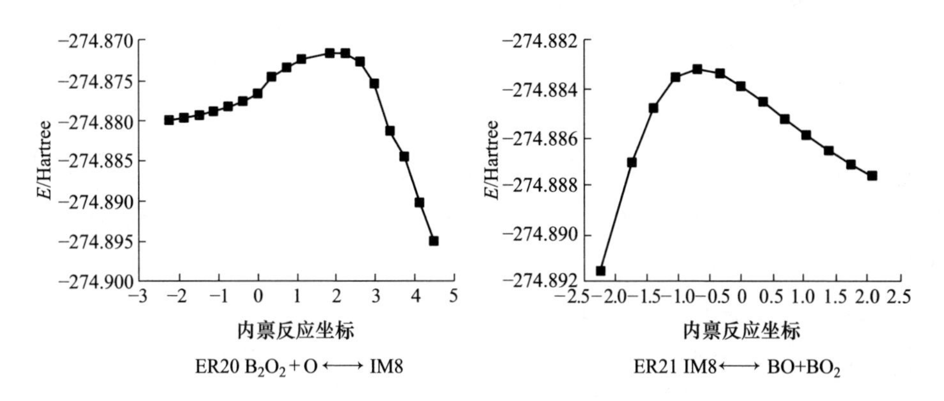

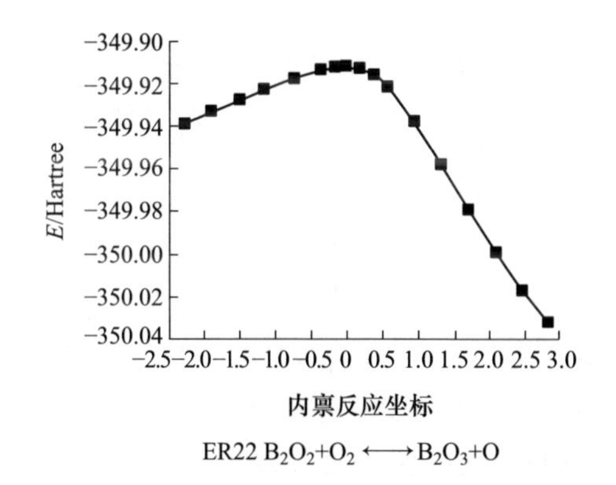

图 4-15　高级别算法校正后的势能曲线

（图中 E 为哈特里能量，1Hartree = 2625. 5kJ/mol）

精度算法校正后的反应势能面形状与 IRC 曲线基本保持一致，但是有部分反应的能垒坐标发生了偏移，其中 ER20 的偏移量最大，坐标偏移了约 2. 24(amu)$^{1/2}$ · bohr(1amu≈1. 66×10^{-27}kg，1bohr = 0. 52918Å)。产生偏移的主要原因是采用的算法级别不同，会导致相对应分子结构的能量驻点产生较大的改变。

依据校正后的能量曲线，分别使用传统过渡态理论以及正则变分过渡态理论对含有过渡态的各基元反应的反应速率常数进行计算，计算的温度区间为 300~3500K，反应速率常数单位为$(\mathrm{mol/cm^3})^{1-n}$/s，其中 n 为反应物个数。将计算获得的速率常数用三参数表达形式，即 $k = AT^{\beta}e^{(-E_a/T)}$ 形式进行拟合，拟合结果见表 4-5。

表 4-5　B/O 体系含过渡态基元反应速率表达式

基元反应序号	正反应			逆反应		
	A	β	$E_a/R/K$	A	β	$E_a/R/K$
ER3	5.29×10^{12}	0.03	8.95×10^{3}	4.62×10^{-15}	0.93	2.12×10^{4}
ER4	8.20×10^{12}	0.03	1.07×10^{4}	3.80×10^{12}	0.23	3.87×10^{4}
ER5	7.54×10^{12}	0.12	8.24×10^{3}	1.39×10^{15}	−0.34	5.19×10^{4}
ER7	7.93×10^{18}	−1.32	1.15×10^{4}	4.93×10^{-12}	−0.13	6.48×10^{3}
ER10	5.61×10^{12}	−0.04	1.74×10^{2}	2.79×10^{12}	0.10	2.63×10^{3}
ER18	1.86×10^{-12}	−0.02	3.92×10^{3}	3.42×10^{18}	−1.65	2.14×10^{4}
ER20	8.79×10^{-12}	0.23	2.34×10^{3}	5.84×10^{15}	−0.70	9.33×10^{3}
ER21	4.00×10^{18}	−1.50	5.99×10^{3}	4.30×10^{-13}	0.37	3.63×10^{3}
ER22	2.60×10^{-18}	1.74	5.24×10^{4}	4.69×10^{-16}	1.34	7.03×10^{4}

图 4-16 所示为有过渡态各基元反应正向反应速率常数随温度变化图。由图 4-16 可知,除反应 ER10 外,基于过渡态理论和正则变分过渡态理论所计算获得的所有基元反应的速率常数均随着温度的上升而增加,反应速率呈现正温度效应,与各反应的活化能相对应。对于基元反应 ER10,基于正则变分过渡态计算得到的动力学参数满足正温度效应,但利用标准过渡态理论计算获得的速率常数变化趋势与之相反,出现这一现象的原因主要是过渡态左侧曲线几近平坦,但右侧曲线呈现势能快速下降趋势,与无能垒反应势能面曲线相类似。

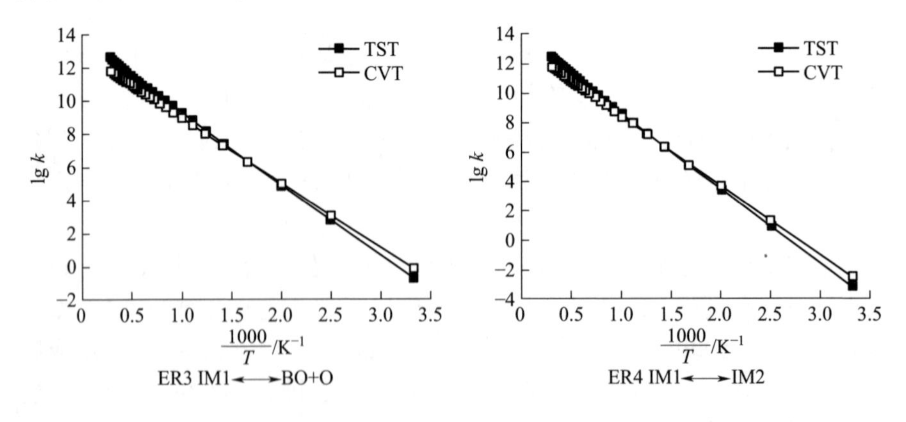

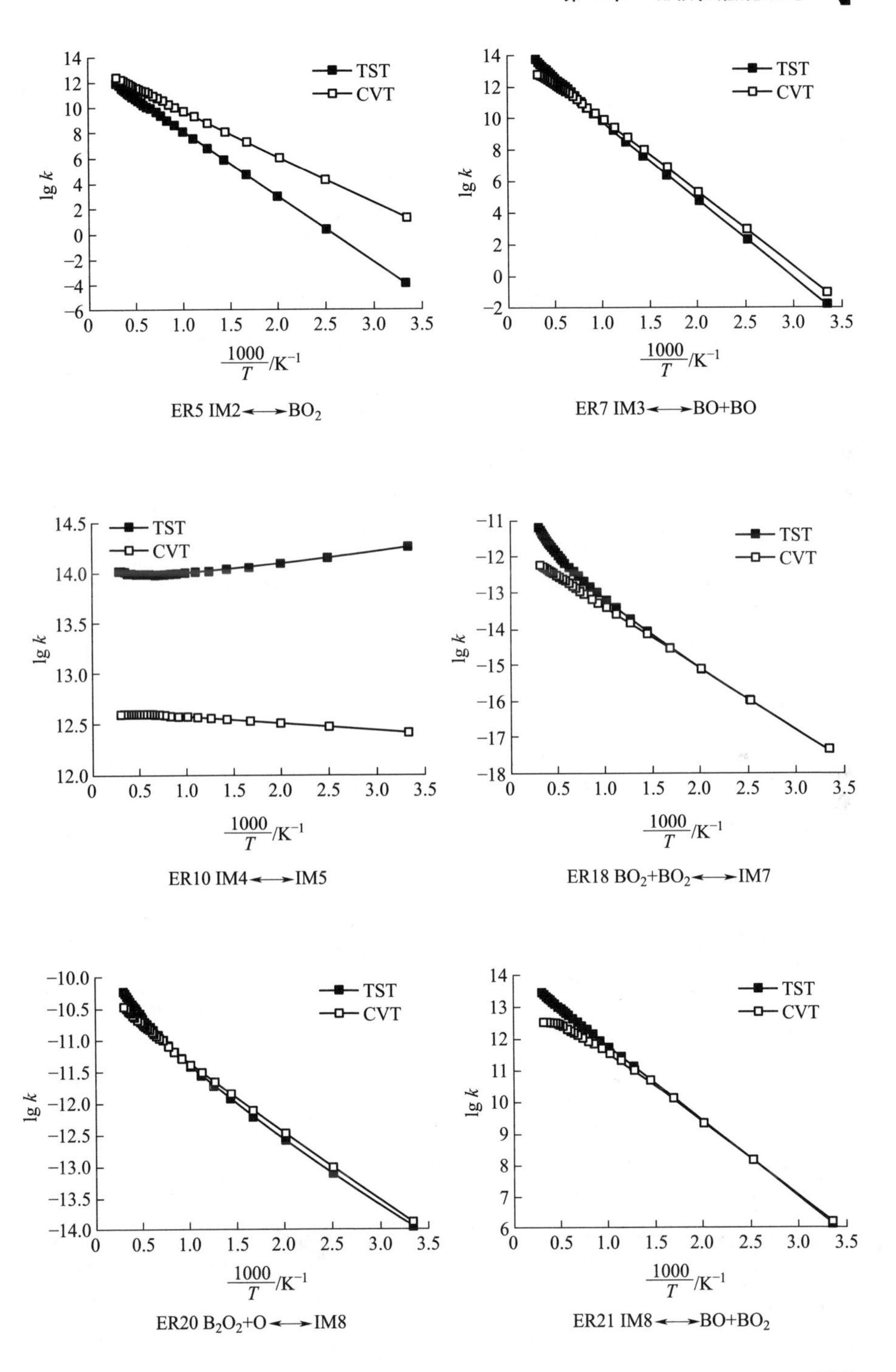

TST
CVT
lg k
1000/T /K^-1
ER5 IM2⟷BO2
ER7 IM3⟷BO+BO
ER10 IM4⟷IM5
ER18 BO2+BO2⟷IM7
ER20 B2O2+O⟷IM8
ER21 IM8⟷BO+BO2

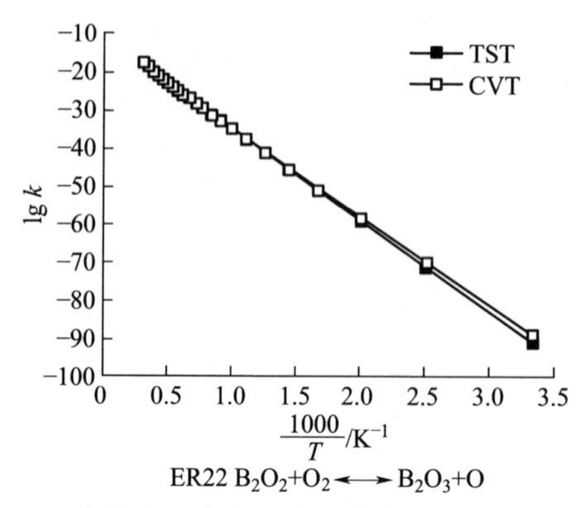

图 4-16　有能垒反应的反应速率常数随温度变化曲线

4.1.4.2　不含过渡态基元反应速率常数

对于无过渡态的基元反应，其反应速率求解流程与 4.1.4.1 节所述一致，即首先用高级别算法对柔性扫描获得的势能面中所选取的点进行单点能校正，再次利用微正则变分过渡态理论对反应速率常数进行求解。图 4-17 所示为采用 CCSD(T)/aug-cc-pVTZ 单点能校正后的反应路径上所取点的单点能随分子键长的变化曲线图。

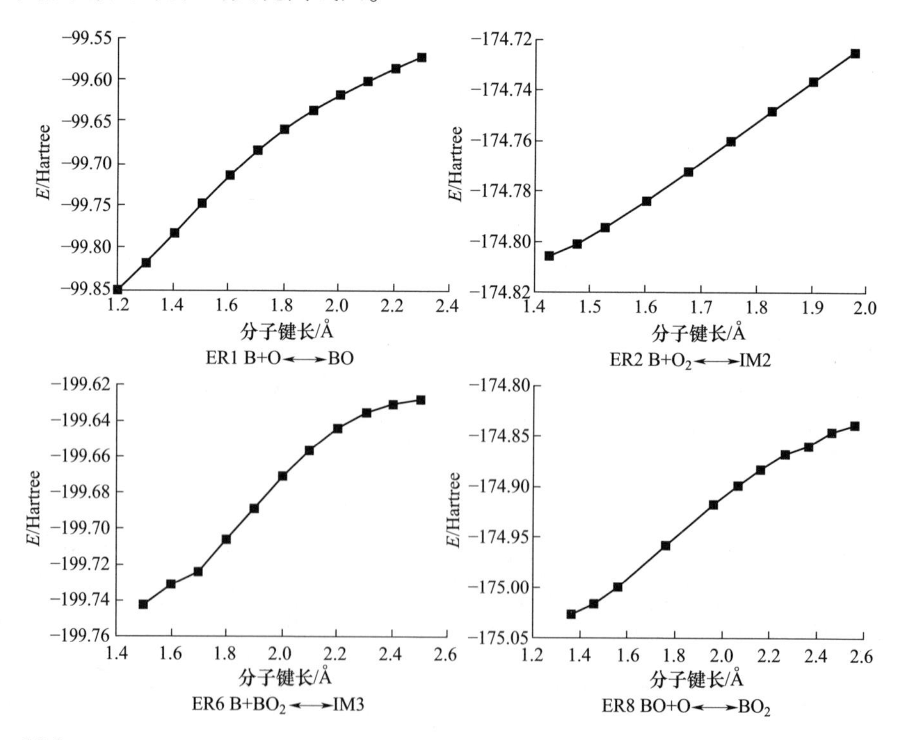

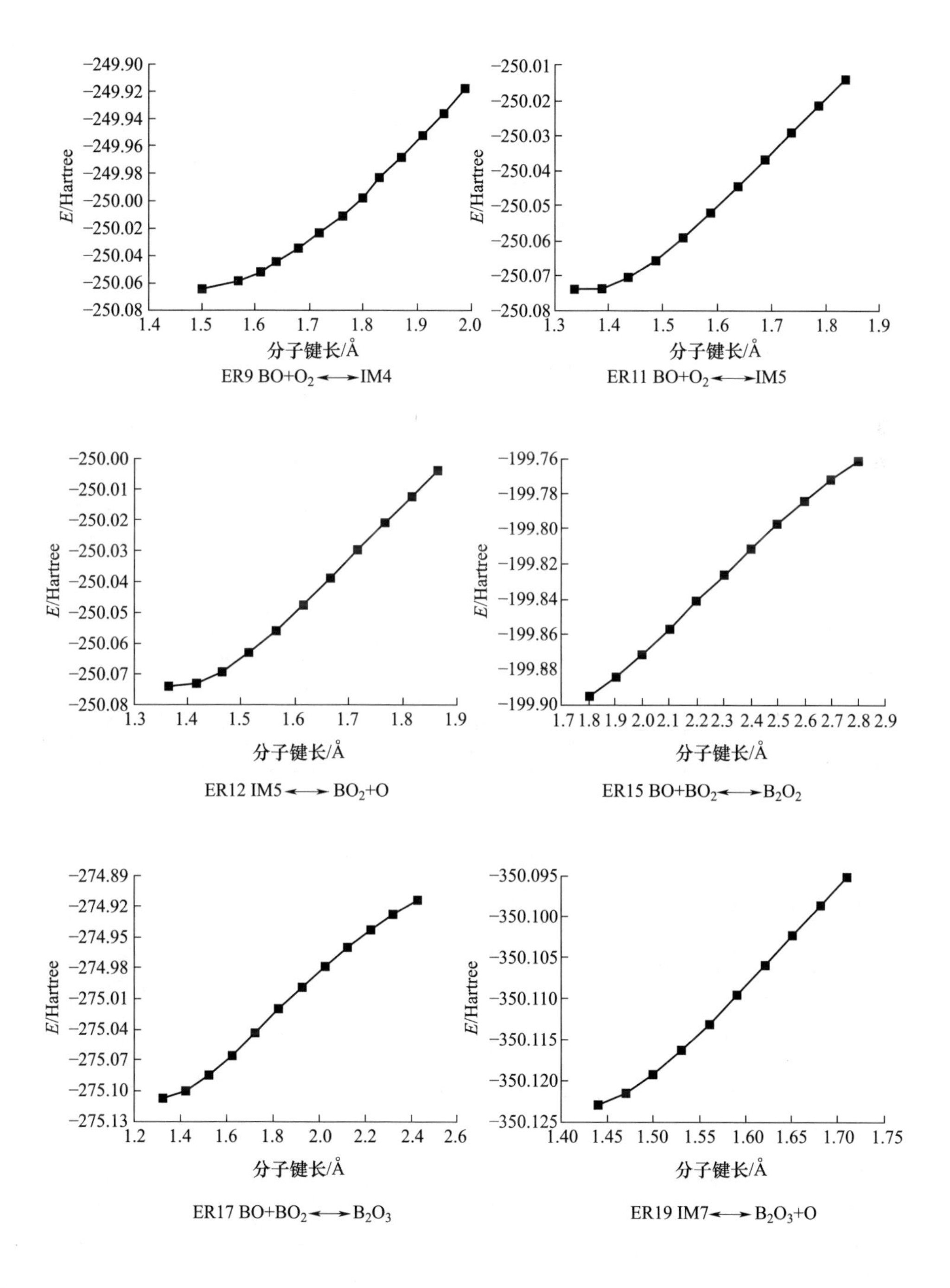

ER9 $BO+O_2 \longleftrightarrow IM4$　　ER11 $BO+O_2 \longleftrightarrow IM5$

ER12 $IM5 \longleftrightarrow BO_2+O$　　ER15 $BO+BO_2 \longleftrightarrow B_2O_2$

ER17 $BO+BO_2 \longleftrightarrow B_2O_3$　　ER19 $IM7 \longleftrightarrow B_2O_3+O$

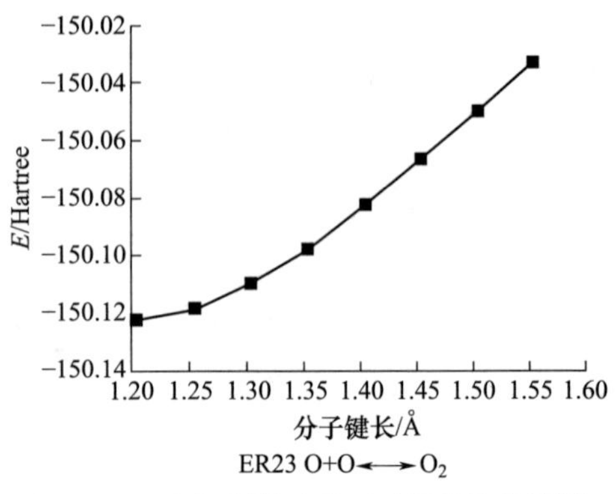

图 4-17　高级别算法校正后的势能曲线图

依据校正后的势能曲线,使用微正则变分过渡态理论对含有过渡态的各基元反应的反应速率常数进行计算,计算的温度区间为 300~3500K,反应速率常数单位为$(\mathrm{mol/cm^3})^{1-n}/\mathrm{s}$,其中 n 为反应物个数。将计算获得的速率常数用三参数表达形式,即 $k=AT^{\beta}\mathrm{e}^{(-E_a/T)}$ 形式进行拟合,拟合结果见表 4-6。图 4-18 所示为无过渡态各基元反应正向反应速率常数随温度变化图。

表 4-6　B/O 体系不含过渡态基元反应速率表达式

基元反应	正反应			逆反应		
	A	β	E_a/R/K	A	β	E_a/R/K
ER1	1.81×10^{-12}	0.50	-4.34×10^{3}	1.80×10^{12}	0.55	8.41×10^{4}
ER2	6.92×10^{-15}	1.15	-2.08×10^{3}	4.05×10^{12}	0.34	1.30×10^{4}
ER6	4.02×10^{-12}	0.12	-7.57×10^{2}	6.66×10^{13}	0.13	3.34×10^{4}
ER8	8.83×10^{-17}	1.48	-4.48×10^{2}	8.55×10^{12}	0.32	5.90×10^{4}
ER9	2.20×10^{-17}	1.17	-7.96×10^{2}	3.71×10^{14}	-0.63	2.37×10^{4}
ER11	2.06×10^{-19}	2.06	-7.05×10^{3}	1.73×10^{12}	0.39	1.99×10^{4}
ER12	1.95×10^{12}	0.35	1.81×10^{4}	2.18×10^{-14}	0.88	1.73×10^{4}
ER15	2.17×10^{-21}	2.56	-1.28×10^{4}	2.92×10^{12}	0.47	4.19×10^{4}
ER17	3.85×10^{-19}	1.74	-6.96×10^{3}	9.95×10^{11}	0.39	5.81×10^{4}
ER19	6.84×10^{12}	0.10	1.17×10^{4}	9.89×10^{-17}	1.54	1.14×10^{4}
ER23	1.66×10^{-12}	0.50	-4.49×10^{3}	1.72×10^{12}	0.48	4.73×10^{4}

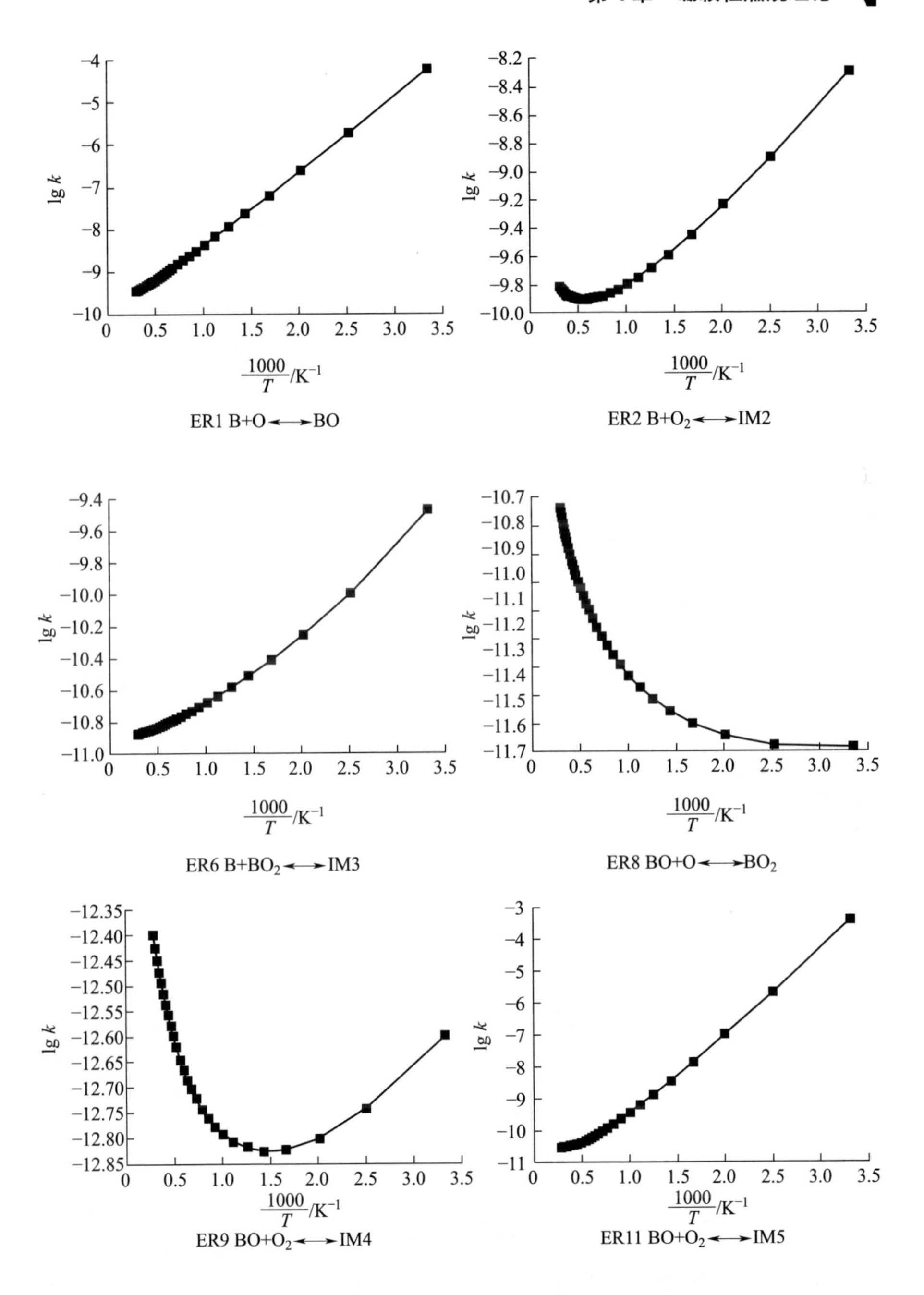
lg k
$\frac{1000}{T}$/K^{-1}
ER1 B+O ⟷ BO
ER2 B+O_2 ⟷ IM2
ER6 B+BO_2 ⟷ IM3
ER8 BO+O ⟷ BO_2
ER9 BO+O_2 ⟷ IM4
ER11 BO+O_2 ⟷ IM5

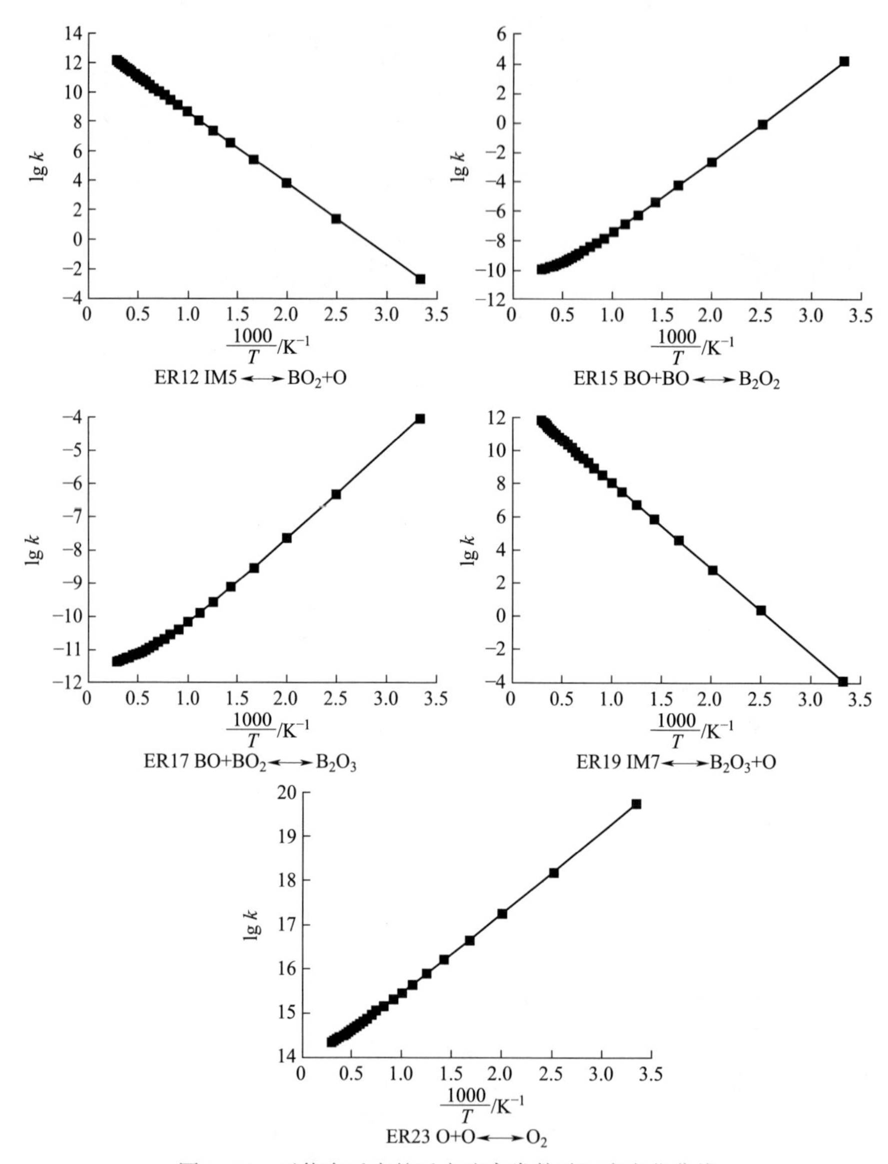

图 4-18　无能垒反应的反应速率常数随温度变化曲线

4.1.5　硼/氧体系反应动力学模型

由 4.1.3 节构建的总包反应可知，所构建的总包反应大多为 2 个或 3 个基元反应所构成的连续反应，利用稳态近似法求解各总包反应的反应速率。

以总包反应 GR2 和 GR3 的正向为例，给出了相应总包反应计算方法。

对于含有 2 个基元反应的总包反应 GR2 的正向反应，可通过其产物生成率来描述反应速率，具体表达式为

$$\frac{\mathrm{d}[BO][O]}{\mathrm{d}t}=k_{GR2,f}[B][O_2] \tag{4-24}$$

式中：$k_{GR2,f}$为总包反应 GR2 的正向反应速率。

在 GR2 反应过程中总共包含有 3 个单向反应 $B+O_2\longrightarrow IM1$、$IM1\longrightarrow B+O_2$ 和 $IM1\longrightarrow BO+O$。根据这 3 个反应，可以获得中间体 IM2 的净生成率：

$$\frac{\mathrm{d}[IM1]}{\mathrm{d}t}=k_{ER2,f}[B][O_2]-k_{ER2,r}[IM1]-k_{ER3,f}[IM1] \tag{4-25}$$

式中：$k_{ER2,f}$、$k_{ER2,r}$和 $k_{ER3,f}$分别为基元反应 ER2 正、负反应速率和 ER3 的正向反应速率。

假定在初始快速的过渡期后，[IM1]达到稳定状态，即 $\mathrm{d}[IM1]/\mathrm{d}t=0$，此时式(4-25)可改写成 IM1 的浓度表达式：

$$[IM1]=\frac{k_{ER2,f}}{k_{ER2,r}+k_{ER3,f}}[B][O_2] \tag{4-26}$$

根据反应 $IM1\longrightarrow BO+O$，对于 GR2 的产物生成率，则有

$$\frac{\mathrm{d}[BO][O]}{\mathrm{d}t}=k_{ER3,f}[IM1] \tag{4-27}$$

将式(4-26)代入式(4-27)，可得

$$\frac{\mathrm{d}[BO][O]}{\mathrm{d}t}=\frac{k_{ER2,f}\cdot k_{ER3,f}}{k_{ER2,r}+k_{ER3,f}}[B][O_2] \tag{4-28}$$

将式(4-24)代入式(4-28)，可以获得反应 GR2 的正向反应速率，表达式为

$$k_{GR2,f}=\frac{k_{ER2,f}\cdot k_{ER3,f}}{k_{ER2,r}+k_{ER3,f}} \tag{4-29}$$

对于含有 3 个基元反应的总包反应 GR3 的正向反应，其产物生成率的表达式与反应 GR2 相同，即

$$\frac{\mathrm{d}[BO_2]}{\mathrm{d}t}=k_{GR3,f}[B][O_2] \tag{4-30}$$

在反应 GR3 的反应过程中总共包含有 5 个单向反应：$B+O_2\longrightarrow IM1$，$IM1\longrightarrow B+O_2$，$IM1\longrightarrow IM2$，$IM2\longrightarrow IM1$ 以及 $IM2\longrightarrow BO_2$。根据这 5 个反应，可以获得中间体 IM1 和 IM2 的净生成率：

$$\frac{\mathrm{d}[IM1]}{\mathrm{d}t}=k_{ER2,f}[B][O_2]-k_{ER2,r}[IM1]-k_{ER4,f}[IM1]+k_{ER4,r}[IM2] \tag{4-31}$$

$$\frac{\mathrm{d}[IM2]}{\mathrm{d}t}=k_{ER4,f}[IM1]-k_{ER4,r}[IM2]-k_{ER5,f}[IM2] \tag{4-32}$$

假定[IM1]与[IM2]可在极短的时间内达到稳定状态，即 $\mathrm{d}[IM1]/\mathrm{d}t=\mathrm{d}[IM2]/\mathrm{d}t=0$，此时式(4-31)和式(4-32)可改写成关于 IM1 和 IM2 浓度的表达式：

$$k_{ER2,f}[B][O_2]=(k_{ER2,r}+k_{ER4,f})[IM1]+k_{ER4,r}[IM2] \tag{4-33}$$

$$k_{ER4,f}[IM1]=(k_{ER4,r}+k_{ER5,f})[IM2] \tag{4-34}$$

联立求解式(4-33)和式(4-34)，得

$$[IM2]=\frac{k_{ER2,f}\cdot k_{ER4,f}}{(k_{ER2,r}+k_{ER4,f})(k_{ER4,r}+k_{ER5,f})-k_{ER4,f}\cdot k_{ER4,r}}[B][O_2]$$

则反应 GR3 正向反应的产物生成率为

$$\frac{\mathrm{d}[BO_2]}{\mathrm{d}t}=\frac{k_{ER2,f}\cdot k_{ER4,f}\cdot k_{ER5,f}}{(k_{ER2,r}+k_{ER4,f})(k_{ER4,r}+k_{ER5,f})-k_{ER4,f}\cdot k_{ER4,r}}[B][O_2] \tag{4-35}$$

反应 GR3 的正向反应速率为

$$k_{GR3,f}=\frac{k_{ER2,f}\cdot k_{ER4,f}\cdot k_{ER5,f}}{(k_{ER2,r}+k_{ER4,f})(k_{ER4,r}+k_{ER5,f})-k_{ER4,f}\cdot k_{ER4,r}} \tag{4-36}$$

由式(4-29)和式(4-36)整理可得，对于 2 个或 3 个连续反应所组成的总包反应的正向反应速率可以表达为

$$k^{\mathrm{II}}=\frac{k_{1,\mathrm{f}}\cdot k_{2,\mathrm{f}}}{k_{1,\mathrm{r}}+k_{2,\mathrm{f}}} \tag{4-37}$$

$$k^{\mathrm{III}}=\frac{k_{1,\mathrm{f}}\cdot k_{2,\mathrm{f}}\cdot k_{3,\mathrm{f}}}{(k_{1,\mathrm{r}}+k_{2,\mathrm{f}})(k_{2,\mathrm{r}}+k_{3,\mathrm{f}})-k_{2,\mathrm{f}}\cdot k_{2,\mathrm{r}}} \tag{4-38}$$

式中:k^{II}和k^{III}分别为含有 2 个和 3 个连续基元反应的反应速率。

总包反应 GR6 的反应速率由两条并列的连续反应所控制,其反应速率为两条连续反应的反应速率之和。

利用式(4-37)和式(4-38)对表 4-4 所列各总包反应速率常数进行求解,并运用三参数表达形式进行拟合,最终获得的各总包反应的反应速率见表 4-7。

表 4-7　B/O 体系各总包反应速率

基元反应序号	反应式	正反应			逆反应		
		A①	β	E_a/(kcal·mol^{-1})	A	β	E_a/(kcal·mol^{-1})
GR1	$B+O = BO$	1.09×10^{12}	0.50	−8.61	1.80×10^{12}	0.55	167.06
GR2	$B+O_2 = BO+O$	2.10×10^{14}	−0.31	−2.35	2.67×10^{11}	0.51	48.18
GR3	$B+O_2 = BO_2$	2.27×10^{13}	−0.07	−1.50	7.44×10^{9}	1.02	156.94
GR4	$B+BO_2 = BO+BO$	2.46×10^{12}	0.12	−3.07	2.52×10^{6}	1.57	54.48
GR5	$BO+O = BO_2$	5.28×10^{7}	1.48	−0.89	7.54×10^{12}	0.34	117.07
GR6	$BO+O_2 = BO_2+O$	2.58×10^{6}	1.62	−13.68	1.13×10^{10}	0.90	34.36
GR7	$BO+BO = B_2O_2$	1.31×10^{3}	2.56	−25.43	2.92×10^{12}	0.47	83.24
GR8	$BO+BO_2 = B_2O_3$	2.32×10^{5}	1.74	−13.83	9.95×10^{11}	0.39	115.43
GR9	$BO_2+BO_2 = B_2O_3+O$	1.46×10^{12}	−0.05	7.84	7.49×10^{10}	0.45	37.67
GR10	$B_2O_2+O = BO+BO_2$	7.65×10^{14}	−0.38	6.14	2.03×10^{8}	1.25	13.78
GR11	$B_2O_2+O_2 = B_2O_3+O$	1.57×10^{6}	1.74	104.13	2.82×10^{8}	1.34	139.65
GR12	$O+O = O_2$	9.98×10^{11}	0.50	−8.93	1.72×10^{12}	0.48	94.05

注:①指前因子 A 的单位为$(\mathrm{md/cm^3})^{1-n}/\mathrm{s}$。

4.2 硼颗粒燃烧特性及火焰结构

4.2.1 计算方法

为了深入研究硼颗粒火焰结构及影响规律，需要建立单个硼颗粒的燃烧计算方法。图 4-19 所示为单个硼颗粒的燃烧火焰计算域及边界类型，在计算过程中假设颗粒为球形，忽略重力场以及颗粒燃烧过程中的破碎现象。计算域采用二维轴对称模型，在计算过程中，计算边界取颗粒直径的 20 倍，即 $L_x = 20d_p$，$L_y = 10d_p$。

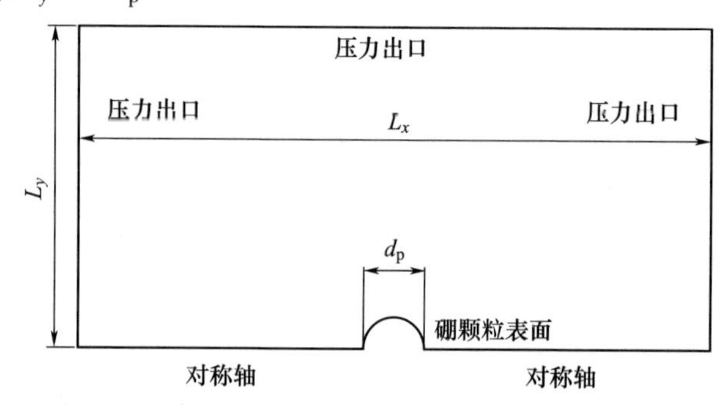

图 4-19　单个硼颗粒的燃烧火焰计算域及其边界类型

采用任意拉格朗日-欧拉(Arbitrary Lagrange-Euler-ALE)有限体积法描述二维可压缩流动，具体的计算域积分守恒型控制方程表达形式如下：

$$\frac{\partial \rho\varphi}{\partial t} + \nabla(\rho \boldsymbol{u} \varphi) = \nabla(\Gamma_\varphi \nabla\varphi) + S_\varphi \tag{4-39}$$

式中：ρ 为气体的密度；$\boldsymbol{u}$ 为气体矢量速度；φ 为通用变量；Γ_φ 为广义扩散系数；S_φ 为广义源项。通用变量 φ、广义扩散系数 Γ_φ 以及广义源项 S_φ 的表达式如表 4-8 所示。

表 4-8　所需求解的偏微分方程表达式

方程式	φ	Γ_φ	S_φ
质量守恒方程	1	0	0
x 方向动量方程	u	μ	$-\frac{\partial p}{\partial x} + S_x$
y 方向动量方程	v	μ	$-\frac{\partial p}{\partial y} + S_y$

续表

方程式	φ	Γ_φ	S_φ
能量守恒方程	T	$\lambda/C_{p,i}$	S_E
组分守恒方程	Y_i	$\rho D_{i,mix}$	S_i

表中,动量方程源项、能量方程源项和组分方程源项分别为

$$S_x = \frac{\partial}{\partial x}\left(\mu \frac{\partial u}{\partial x}\right) + \frac{\partial}{\partial y}\left(\mu \frac{\partial v}{\partial x}\right) + \frac{\partial}{\partial x}\left(\frac{\partial \mu_2 u}{\partial x} + \frac{\partial \mu_2 v}{\partial y}\right)$$

$$S_y = \frac{\partial}{\partial x}\left(\mu \frac{\partial u}{\partial y}\right) + \frac{\partial}{\partial y}\left(\mu \frac{\partial v}{\partial y}\right) + \frac{\partial}{\partial y}\left(\frac{\partial \mu_2 u}{\partial x} + \frac{\partial \mu_2 v}{\partial y}\right)$$

$$S_E = \mu\left\{2\left[\left(\frac{\partial u}{\partial x}\right)^2 + \left(\frac{\partial v}{\partial x}\right)^2\right] + \left(\frac{\partial u}{\partial y} + \frac{\partial v}{\partial x}\right)^2\right\} + \mu_2 \nabla^2 \boldsymbol{u} + \frac{\mathrm{d}p}{\mathrm{d}t} + q$$

$$S_i = w_i$$

式中:μ_2 为第二黏性系数,取值为 $\mu_2 = -2\mu/3$。

在计算过程中,对流项和扩散项均使用二阶迎风离散格式。气相物质满足理想气体状态方程,即

$$\rho = \frac{p}{RT} \tag{4-40}$$

通过气固界面的质量和能量守恒方程,来实现颗粒表面燃烧中间产物与环境气流的耦合,具体方程如下:

$$\rho_{\mathrm{g}} v = \rho_{\mathrm{B}} \dot{r}_{\mathrm{B}} \tag{4-41}$$

$$\dot{q}_{\mathrm{c}} + \dot{q}_{\mathrm{r}} = \dot{Q}_{\mathrm{B}} + \dot{H}_{\mathrm{B}} \tag{4-42}$$

式中:$\rho_{\mathrm{g}} v$ 为硼燃烧中间产物生成量与氧化剂消耗量的通量之和;ρ_{B} 为硼颗粒的密度,取值为 2370kg/m^3;$\dot{r}_{\mathrm{B}}$ 为硼颗粒的总表面燃烧速率;$\dot{q}_{\mathrm{c}}$ 和 $\dot{q}_{\mathrm{r}}$ 分别为对流与辐射换热源项;$\dot{Q}_{\mathrm{B}}$ 为硼颗粒升温所需的热量;$\dot{H}_{\mathrm{B}}$ 为硼颗粒表面反应放热量。

除了上述控制方程,还需添加相应的数学模型来描述反应过程中的化学反应过程,包括火焰内的气相反应、颗粒表面的气固异相反应以及燃烧产物的凝结过程。

在颗粒表面,颗粒的异相反应速率主要通过有限速率模型来控制,其速率公式服从三参数阿伦尼乌斯公式:

$$k_i = A_i T_{\mathrm{p}}^{\beta i} \mathrm{e}^{(-E_{\mathrm{a}_i}/R_{\mathrm{u}} T_{\mathrm{p}})} \tag{4-43}$$

式中：A_i、β_i和E_{a_i}分别为各表面反应的指前因子、温度指数和活化能；R_u为通用气体常数；T_p为颗粒的表面温度。各反应的速率参考 Zhou 模型，具体各参数取值见表 4-9。由于颗粒表面 BO 脱附的热解活化能小于 0，该反应极易发生，反应速率远高于表面异相反应速率以及 BO 在表面凝结的速率。为简化计算，在计算过程中认为颗粒表面 BO 的脱附速率无穷快，忽略燃烧过程中颗粒表面异相反应产物 BO 的脱附过程，认为反应生成的 BO 直接离开颗粒表面。

表 4-9　表面异相反应机理及反应速率参数

异相反应序号	表面反应	A/(cm/s)	β	E_a/(kcal/mol)
HR1	$B(s) + O \longrightarrow BO(c)$	727.20	0.5	0.0
HR2	$2B(s) + O_2 \longrightarrow BO(c) + BO$	0.643	0.5	1.0
HR3	$B(s) + O_2 \longrightarrow BO_2$	6.34×10^{-5}	0.5	0.0
HR4	$2B(s) + O_2 \longrightarrow B_2O_2$	40.576	0.5	1.0
HR5	$B(s) + BO_2 \longrightarrow BO(c) + BO$	0.556	0.5	4.5
HR6	$B(s) + BO_2 \longrightarrow B_2O_2$	2.78	0.5	5.0
HR7	$B(s) + B_2O_3 \longrightarrow B_2O_2 + BO$	379.32	0.5	0.0
HR8	$BO \longrightarrow BO(c)$	0.702	0.5	0.0
HR9	$BO(c) \longrightarrow BO$	0.2	1.0	-71.0

根据硼在氧气环境中的异相反应燃烧机理，式(4-41)中的颗粒表面的总燃烧速率可以表示为

$$\dot{r}_B = \sum_{i=1}^{7} k_i \left(\rho_g \frac{Y_j}{M_j}\right)^{\nu_i} \tag{4-44}$$

式中：ρ_g 为颗粒表面气体的密度；Y_j和 M_j分别为氧化性气体的质量分数和分子量；指数 ν_i 为反应中氧化性气体的化学质量系数。

对于硼颗粒燃烧过程中火焰内的气相反应，有关 7 个火焰内稳定物质的反应机理可以表述为

$$\sum_{j=1}^{7} \nu'_{ji} X_j \Leftrightarrow \sum_{j=1}^{7} \nu''_{ji} X_j \tag{4-45}$$

式中：ν'_{ji} 和 ν''_{ji} 分别为反应中反应物和产物的各组分化学当量系数；下标 j 表示的是组分序号；i 表示的是反应序号。

各物质组分的净生成速率为

$$\dot{\omega}_j = \sum_{i=1}^{12} (\nu''_{ji} - \nu'_{ji})\ q_i \tag{4-46}$$

式中：q_i 为第 i 个反应的过程变化率，其表达式为

$$q_i = k_{fi} \prod_{j=1} \left(\rho_g \frac{Y_j}{M_j}\right)^{\nu'_{ji}} - k_{ri} \prod_{j=1} \left(\rho_g \frac{Y_j}{M_j}\right)^{\nu''_{ji}} \tag{4-47}$$

各气相反应的正负反应速率常数 k_{fi} 和 k_{ri} 的表达式参考表 4-7。

根据含硼固体火箭冲压发动机和硼基粉末燃料冲压发动机的性能计算结果，当空燃比达到 20 以上时，发动机的理论比冲至少可以达到 1600s，此时发动机燃烧室内绝热燃烧温度最高为 2200K。然而，在标准状态下 B_2O_3 的沸点为 2316K，但在实际发动机工作过程中，其燃烧室内的温度将难以达到该温度，因此在燃烧室内势必会出现 B_2O_3 的凝结。由于 B_2O_3 的蒸发潜热较高（366.5kJ/mol），其凝结过程会释放大量热，进而影响硼颗粒的火焰温度及火焰内各反应的反应速率，因此在计算过程中需要考虑 B_2O_3 的凝结对颗粒火焰的影响，其凝结方程式为

$$B_2O_3 \Longleftrightarrow B_2O_3(l) \tag{4-48}$$

B_2O_3 蒸气中临界尺寸团簇的单位体积成核速率可以表示成为

$$J = \frac{\alpha}{1+\theta} \left(\frac{\rho^2_{B_2O_3,g}}{\rho_{B_2O_3,l}}\right)^2 \sqrt{\frac{2\sigma}{\pi m^3}}\, e^{-\frac{4\pi r_*^2 \sigma}{3k_B T}} \tag{4-49}$$

式中：α 为液体 B_2O_3 的凝结系数，取值为 0.03；θ 为非等温修正系数；$\rho_{B_2O_3,l}$ 和 $\rho_{B_2O_3,g}$ 分别为液相和气相 B_2O_3 的密度；σ 为液相 B_2O_3 的表面张力；m 是单个分子的质量；r_* 为凝结临界半径；k_B 是玻尔兹曼常数。

对于非等温修正系数 θ，可通过下式进行求解：

$$\theta = \frac{2(\gamma-1)}{(\gamma+1)} \left(\frac{h_{fg}}{RT}\right) \left(\frac{h_{fg}}{RT} - 0.5\right) \tag{4-50}$$

式中：h_{fg} 为不同压力下的蒸发比焓；由于冲压发动机燃烧室压力较低（≤0.5MPa），因此在计算过程中，γ 取值为 1.32。

液态 B_2O_3 表面张力在 500～2100℃的温度范围内的计算公式为

$$\sigma = 72.11 \times 10^{-3} - 33.38 \times 10^{-6} T + 70.57 \times 10^{-9} T^2 - 20.88 \times 10^{-12} T^3 \tag{4-51}$$

根据经典成核理论，在凝结系统处于过饱和状态下，则系统的吉布斯自由能变化方程为

$$\Delta G = 4\pi r^2 \sigma - \frac{4}{3}\pi r^3 \rho_{B_2O_3,l} R_u T \ln\left(\frac{p}{p_s}\right) \tag{4-52}$$

式中：r 为凝结液滴半径；p 为环境压力；p_s 为 B_2O_3 饱和蒸气压，其计算公式遵循 Clausius-Clapeyron 方程：

$$p_s = e^{(19.20-44471/T)} \tag{4-53}$$

当 ΔG 达到最大值时，凝结液滴半径达到临界值，即 $r = r_*$。保持环境温度和压力不变，对式(4-52)中的凝结半径进行求导，当导数为 0 时有最大 ΔG，此时可求得凝结临界半径 r_*：

$$r_* = \frac{2\sigma}{\rho_{B_2O_3,1} R_u T \ln(p/p_s)} \tag{4-54}$$

将液相 B_2O_3 按具有一定扩散能力的准气相进行处理，各物质组分输运参数见表 4-10。各气体组分的物性参数如扩散系数、黏度、导热系数等参数将依据表中的碰撞直径和 Lennard-Jones 特征能量通过动力学理论进行求解。参考 JANAF 热力学数据库，以 O_2 和 BO 的标准生成焓为基准，根据表 4-1 中各物质组分的焓值，计算获得各物质的标准生成焓见表 4-10。

表 4-10　各物质输运参数及计算获得的标准生成焓

物质	ε/k_B/K	σ^*/Å	H_0/(kJ/mol)
B	71.4	3.29	527.66
BO	241.9	3.68	0
BO_2	232.5	3.59	-281.20
B_2O_2	223.3	3.21	-466.29
B_2O_3	244.0	3.76	-838.54
B_2O_3(l)	240.0	3.00	1253.36
O	106.7	3.05	221.49
O_2	106.7	3.47	0
N_2	71.4	3.80	0

4.2.2　硼颗粒燃烧过程实验研究

为验证硼颗粒燃烧特性计算方法的准确性，需要通过单个硼颗粒的燃烧实验来验证。根据 4.2.1 节所述的计算方法，通过数值模拟可以获得颗粒燃烧过程中的各种物质组分分布、温度分布及各反应的反应速率等参数。然而在燃烧过程中一些微观细节参数，如反应速率、中间产物浓度等参数难以开展有效的在线诊断。为验证计算方法的准确性，用 BO_2 的组分浓度分布作为硼颗粒的火焰结构,与实验获得的硼颗粒火焰结构进行对比,在此基础上利用伪彩色测温与计算对比颗粒温度,验证计算的准确性。

4.2.2.1　实验系统

由于硼颗粒自身点火温度较高(>1650K),对于相对静止环境下的硼颗粒点火燃烧过程,其实验研究难度较高。为使实验环境温度可控,计划采用反应加热的方式制造高温富氧环境。图 4-20 所示为硼颗粒燃烧装置图和相应的实物照片,实验装置由预混腔、多孔陶瓷板、整流段及等离子点火器等组成。首先可燃气体与氧化剂分别喷注进入预混腔,经过预混腔出口处的多孔陶瓷板进行整流掺混,随后在整流段头部经等离子点火器点燃,高温气体在整流段内流动燃烧完全反应后,加热并点燃悬置于整流段出口处的硼颗粒。

(a)

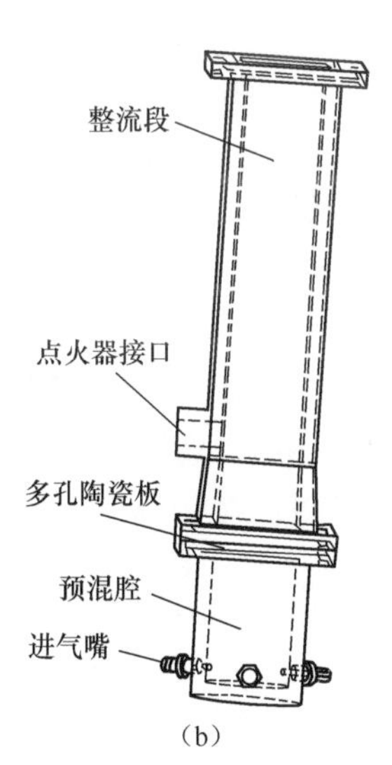

(b)

图 4-20　硼颗粒燃烧实验装置

(a)实物图;(b)三维结构图。

4.2.2.2　实验样品

由于晶体硼块硬度很大,难以在高温高速气流中进行固定。为此,为了便于在高速对流中固定颗粒,用硼含量为 96%的无定形硼粉,以水煤浆法制备硼颗粒,并将直径 0.8mm 直径的钨棒穿入硼颗粒之中用于固定硼颗粒,所制备的硼球粒径约为 5mm,样品如图 4-21 所示。该方法与对流下硼颗粒燃烧以及颗粒表面温度的诊断方法相类似,能更好地完成实验工作。

图 4-21 水煤浆法制备的硼颗粒

4.2.2.3 伪彩色法测量颗粒表面温度

光谱测温是依据受热物体的光效应来测量物体温度的方法，由于该种方法为非接触式测量，不会破坏颗粒燃烧火焰结构，且原则上无测量范围上限，因此是近年来颗粒燃烧过程中温度测量的主要手段之一。光谱测量法的研究对象包括两种类型：一种是气体辐射，如离子高温、自由基、中间体荧光等；另一种是凝相物质的热辐射。

当颗粒热源在高温下发出彩色光时，相机 CCD 彩色通道传感器接收到的信号强度可以表示为

$$\begin{cases} R = W\int_{300}^{700} r(\lambda)\varepsilon(\lambda)E(\lambda,T)\,\mathrm{d}\lambda \\ G = W\int_{300}^{700} g(\lambda)\varepsilon(\lambda)E(\lambda,T)\,\mathrm{d}\lambda \\ B = W\int_{300}^{700} b(\lambda)\varepsilon(\lambda)E(\lambda,T)\,\mathrm{d}\lambda \end{cases} \tag{4-55}$$

$$W = k\tau S \tag{4-56}$$

式中：$E(\lambda,T)$ 为黑体单波长的辐射强度；λ 为对应的波长；T 为温度；W 为与拍摄区域大小、曝光时间等因素相关的接收功率损耗函数；k 为常数；τ 为曝光时间；S 为像素点对应拍摄区域大小。

热源颗粒在相机中表现出来的色彩，只取决于热源颗粒自身的发射光谱，而颗粒发射光谱与颗粒自身的温度和发射率相关，因此可以基于图像处理的三基色测温法对颗粒温度进行测量。通过对上述方程进行数值求解，

可获得图像色品与温度的对应关系，如图 4-22 所示。采用该数值解对颗粒燃烧图像进行上色，即可获得颗粒燃烧的二维温度分布，实现对颗粒整体及局部的温度分析。

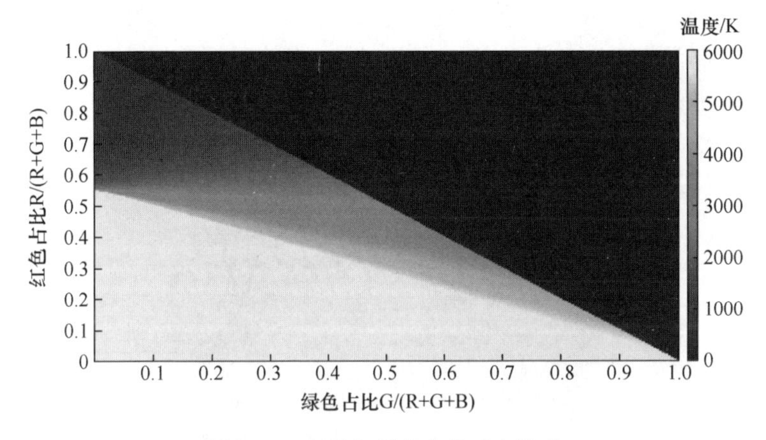

图 4-22　温度与图像色品对应关系

4.2.2.4　实验工况及准备工作

前期研究结果表明，水蒸气对硼颗粒的燃烧会有较为显著的影响，而本书主要研究的是硼在空气中的燃烧，为了营造干燥的燃烧环境，采用 CO/O_2 的富氧火焰。由于纯 CO 与 O_2 燃烧的火焰温度较高在流动过程中会增加热损，运用富氧混合气来代替纯氧气瓶可以有效控制燃烧环境温度。运用 CO 和富氧混合气（60% O_2 和 40% N_2）来模拟高温空气环境，CO 占气体总流量的 39%，混合气占比为 61%。通过热力计算，在该组分配比下，绝热燃烧温度为 2730.78K，各主要组分参数见表 4-11。

表 4-11　高温干燥环境中各主要组分参数

组分	CO	CO_2	O_2	其他
摩尔分数	0.09581	0.38996	0.20578	0.25643

由计算结果可知，环境中氧气的摩尔分数为 0.206，与空气中氧气含量相当，可以用于模拟高温空气环境。

在实验过程中，依据气体壅塞流动，通过控制进气管路最小通流面积和上游总压来控制气体流量，气体管路的通断则由电磁阀控制。电磁阀和等离子点火器的开关通过计算机按预先设置好的程序进行控制。

4.2.2.5 实验结果与理论分析

实验前先将制备好的粒径为 5mm 的硼颗粒置于装置出口高 7mm 处，随后依次启动气体供给系统、等离子点火器，点火器工作 10s 后停止。图 4-23 所示为点火器停止工作后所拍摄获得的硼颗粒火焰结构，由图 4-23 可知，硼颗粒在高温富氧气流下为逆向火焰结构，火焰呈绿色。在燃烧过程中显现出了明显的火焰面，说明此时硼颗粒燃烧主要受气相扩散过程控制。在硼颗粒绿色火焰外围还有一道黄色火焰，这主要是由悬挂硼颗粒的钨棒与高温氧气反应形成的。

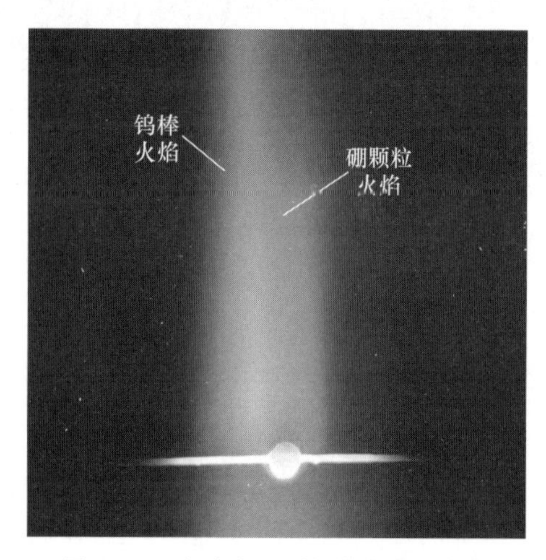

图 4-23　实验中硼颗粒燃烧火焰截图

图 4-24 所示为采用伪彩色测温法计算获得的硼颗粒燃烧过程中凝相温度云图。由图 4-24 可知，硼颗粒表面的火焰温度基本保持一致，约为 1600K。在颗粒迎风面侧边存在一个高温区，这可能是由于受钨棒干扰，影响气流流动，致使大量 B_2O_3 在颗粒迎风面两侧附近出现凝结现象，而 B_2O_3 的凝结释放热量较高，(从而使此处出现颗粒和凝相产物的辐射叠加，出现一个高温区域。颗粒左上侧出现一个约 300K 高温区域，)这主要是钨棒的氧化反应，生成大量 WO_3 的凝相辐射所致。在硼颗粒上方并未出现明显的高温区域，说明颗粒的火焰以气相为主。

由于高温环境是由 CO 与 O_2 反应，因此在对实验工况进行校核计算时需要考虑 CO 氧化反应动力学以及 B 与 CO_2 的反应动力学。CO 与 O_2 的反应动力学参数仍服从三参数拟合式，其参数如表 4-12 所示。

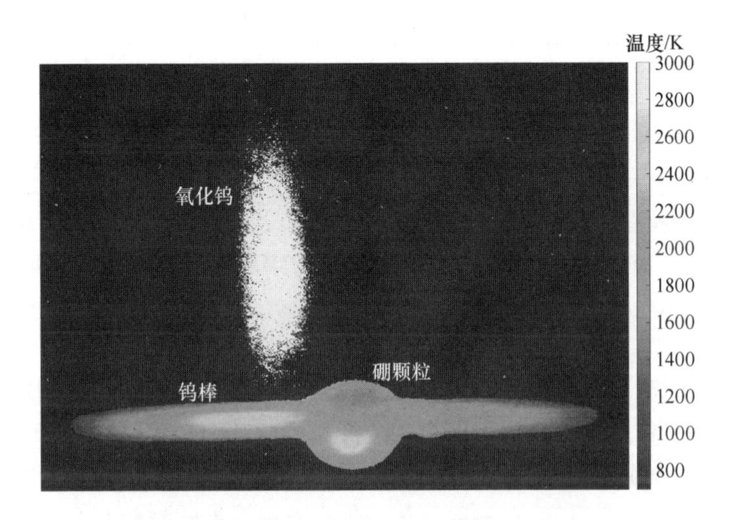

图4-24 伪彩色测温获得的燃烧实验凝相温度分布

表4-12 含CO和CO_2的反应速率表达式

化学反应式	A	β	E_a/(kcal/mol)
$CO+O+M = CO_2+M$	$6.02\times10^{14}(cm^6 \cdot mol^{-2} \cdot s^{-1})$	0	3.0
$CO+O_2 = CO_2+O$	$2.50\times10^{12}(cm^3 \cdot mol^{-1} \cdot s^{-1})$	0	47.8
$B+CO_2 = BO+CO$	$4.22\times10^{10}(cm^3 \cdot mol^{-1} \cdot s^{-1})$	0	0
$BO+CO_2 = BO_2+CO$	$1.60\times10^{10}(cm^3 \cdot mol^{-1} \cdot s^{-1})$	0	0

这些反应的逆反应速率可根据反应平衡常数进行计算,反应平衡常数K的表达式为

$$K = e^{-\Delta G/RT} \tag{4-57}$$

式中:ΔG为反应的吉布斯自由能变化值,其值为产物的标准吉布斯自由能与反应物的差值。反应物和产物的标准吉布斯自由能可以由各物质的标准焓和熵进行计算,计算公式如下:

$$G^0 = H^0 - TS^0 \tag{4-58}$$

式中:G^0、H^0和S^0分别为各物质的标准吉布斯自由能、标准焓和标准熵。BO和BO_2的值可在表4-1和表4-10中获得,CO和CO_2的标准焓、标准熵和输运参数可参考JANAF热力学数据库,具体数值如表4-13所示。

表 4-13　CO 与 CO_2 的热力学和输运参数

物质	H^0/(kJ/mol^{-1})	S^0/[J/(mol^{-1}·K^{-1})]	ε/k_B/K	σ_*/Å
CO	-110.53	197.66	91.7	3.690
CO_2	-393.52	213.79	195.2	3.941

由于颗粒在整流段内会出现热损,在计算过程中取 CO/O_2 富氧火焰温度为 2600K。图 4-25 和图 4-26 所示分别为实验工况下的数值仿真计算获得的组分(BO_2 和 O_2)和温度的分布云图,由于 BO_2 为硼颗粒燃烧火焰内主要的气相发光特征光谱,因此,在计算中采用 BO_2 的摩尔分数分布梯度来表征硼颗粒火焰,BO_2 和 O_2 的摩尔分数分布云图如图 4-25 所示。由图 4-25 可明显看出,仿真中也出现了明显的分界面,颗粒表面氧气浓度趋近于 0,表明颗粒燃烧处于扩散控制,计算获得的火焰锋面结构与实验结果基本保持一致。由仿真结果可知,在颗粒迎风面处有较高浓度的凝相 B_2O_3,证明该处确有明显的凝结过程而干扰温度计算。通过对比颗粒背风面温度验证计算精度,CFD 计算获得的背风面颗粒表面温度与伪彩色测温法获得的温度均为 1600K 左右,证明本章所采用的反应机理能准确预测硼颗粒燃烧过程,计算方案可行。

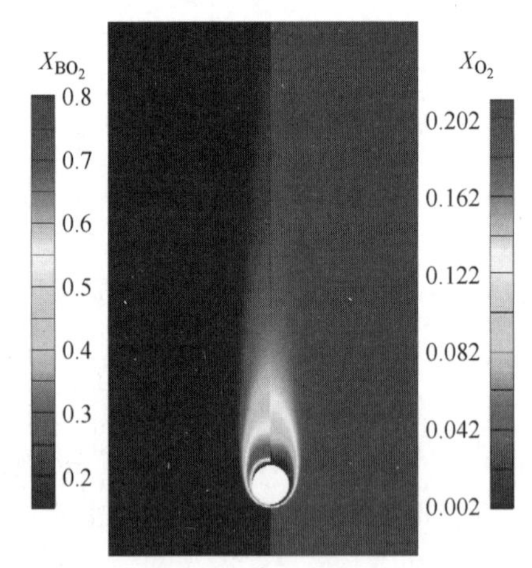

图 4-25　硼颗粒火焰内 BO_2 的摩尔分数 X_{BO_2} 和 O_2 的摩尔分数 X_{O_2} 云图

4.2.3　硼颗粒燃烧特性及火焰结构

硼颗粒燃烧特性的影响参数众多,其中粒径、环境温度、环境压力以及

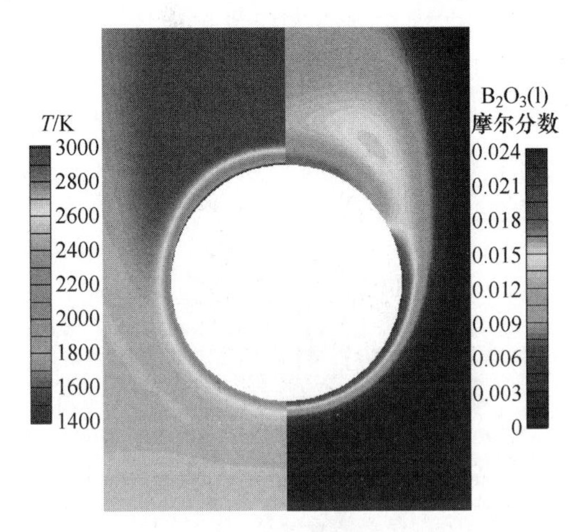

图4-26 硼颗粒燃烧温度分布云图

氧化剂浓度等参数均会对颗粒的火焰结构产生显著的影响。在实际冲压发动机工作过程中,燃烧室温度约为2000K,压力约在0.1~0.4MPa范围内。在本节计算过程中以颗径为1μm、环境温度2000K、环境压力0.1MPa、氧气质量分数0.23为基准工况,对不同环境温度和压力下的颗粒燃烧特性及火焰结构开展研究。

实验研究表明,BO_2是硼颗粒火焰内的主要物质组分,在计算过程中以BO_2的摩尔分数(X_{BO_2})云图来表征火焰结构。图4-27所示为基准工况下硼颗粒火焰内的温度和X_{BO_2}分布,由图4-27可知,在火焰内温度和X_{BO_2}的最大值均出现在颗粒表面,且沿轴线方向这两个参数逐渐减小。为了更好地对各工况下的火焰结构进行对比分析,在计算中,以BO_2的摩尔分数为5×10^{-6}为界限,即$X_{BO_2}=5\times10^{-6}$处为颗粒火焰前锋面。

图4-28所示为硼颗粒燃烧过程中火焰内各物质组分沿轴线的分布变化趋势,由图4-28可知,通过统计BO_2摩尔分数的变化趋势,在该工况下颗粒的火焰半径为11.75μm。由于粒径很小,总燃烧质量流量低,颗粒表面的质量源项增加量低,因此颗粒表面与环境中O_2的摩尔分数基本保持一致,仅比环境中O_2的摩尔分数约低1.5%,此时颗粒的燃烧主要由动力学所控制,火焰内的反应主要在颗粒表面发生,反应产物和中间产物的最大摩尔分数均出现在颗粒表面。虽然O同样为氧化剂,但其火焰内摩尔分数的最大值同样出现在颗粒表面,这主要是因为颗粒表面温度高,O_2在硼颗粒表面处

分解,而且多数燃烧中间产物在继续氧化过程中均会生成氧原子,从而提升颗粒表面 O 的含量。颗粒燃烧火焰中的液相 B_2O_3 是由气相 B_2O_3 凝结而成的,因此液相 B_2O_3 与气相 B_2O_3 摩尔分数的变化趋势保持一致。由于凝相 B_2O_3 含量较低,因此在燃烧过程中凝结反应对颗粒的表面反应和火焰温度分布基本无显著影响。

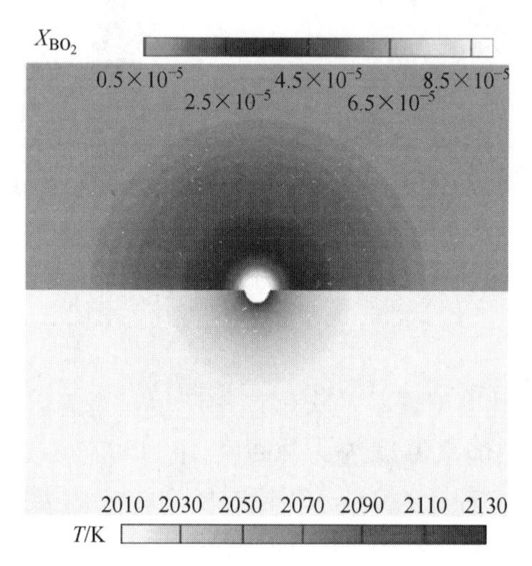

图 4-27 基准工况下单个硼颗粒燃烧过程中 BO_2 的摩尔分数 X_{BO_2} 和温度 T 分布

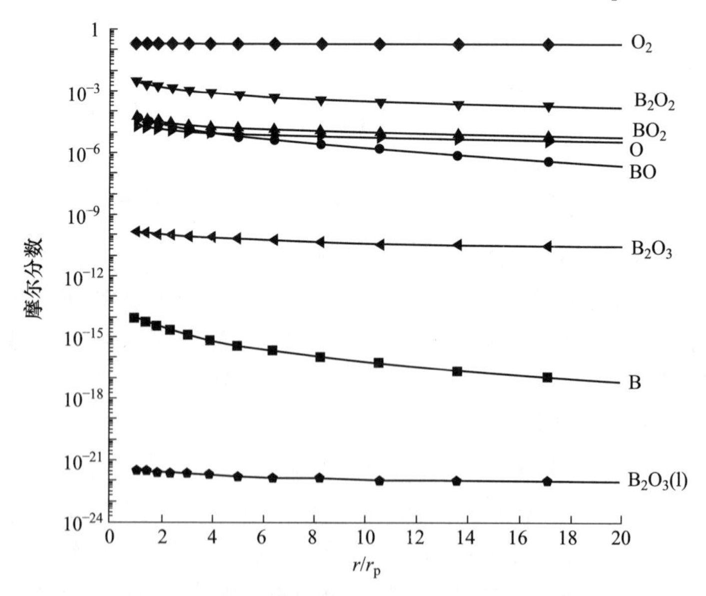

图 4-28 单颗粒燃烧各组分摩尔分数沿轴线变化曲线

(图中 r 为到颗粒球心的距离,r_p 为颗粒半径)

图 4-29 所示为颗粒表面各异相反应的反应速率。根据表 4-9 中所列的颗粒燃烧表面基元反应可知，硼颗粒表面的异相反应主要有 O、O_2、BO_2 和 $B_2O_3$4 种氧化剂组分，对比这 4 种物质的浓度以及各反应的动力学参数，由于颗粒表面 O_2 的含量远高于其余 3 种物质，且反应 HR4 具有较高的指前因子和较小的活化能，因此颗粒表面的燃烧主要由反应 HR4 控制，颗粒表面浓度最高的中间产物为 B_2O_2，该反应速率为 0.57kg/(m^2·s)。

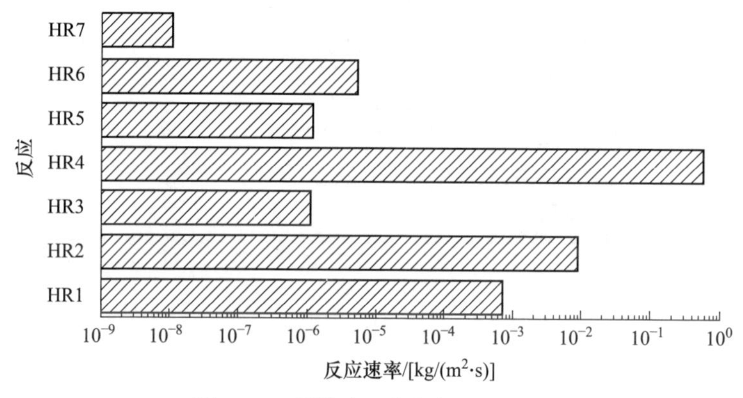

图 4-29　颗粒表面各气相反应速率

图 4-30 所示为颗粒表面各气相反应的反应速率，其中反应 GR13 对应的是为气相 B_2O_3 的凝结速率。B_2O_2 和 O_2 分别为颗粒表面含量最高的中间体和氧化剂，然而由表 4-7 中的动力学参数可知，该反应的活化能较大(104.13kcal/mol)，反应速率较低，导致该反应并不是火焰内的主要反应。根据计算结果和反应动力学参数可知，由于气相反应 GR6 和 GR10 具有较小的活化能，且这两个反应的反应物在火焰内含量相对较高，因此反应 GR6 和 GR10 为火焰内的主要反应。根据热力学计算结果可知，反应 GR6 和 GR10 的反应热分别为-45.17kJ/mol 和-46.05kJ/mol，由于表面反应 HR4 的反应热高达-236.91kJ/mol，远高于火焰内的主要反应 GR6 和 GR10，因此火焰内的最高温度出现在颗粒表面，且该温度主要由表面异相反应 HR4 决定。

反应 GR1、GR2、GR4、GR7 及 GR12 在火焰内为逆反应，这主要是由于这些反应的产物浓度远高于反应物的浓度所导致的。由于整体火焰内的温度并未达到 B_2O_3 的沸点(2316K)，因此在火焰内会出现 B_2O_3 的凝结现象，然而由于 B_2O_3 在火焰内较低的生成率，致使凝结反应速率较低，凝相 B_2O_3 的

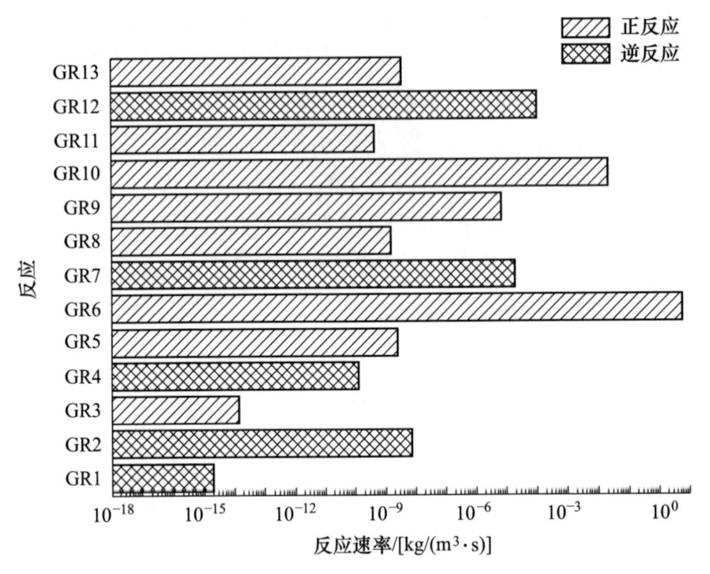

图 4-30　颗粒表面各气相反应速率

浓度也处于一个较低的水平。

4.2.4　环境压力影响规律

图 4-31 和图 4-32 所示分别为不同环境压力下的火焰内各组分摩尔分数和温度沿轴线变化曲线,计算压力分别为 0.1MPa、0.5MPa 和 1MPa。由图可知,随着压力的增加颗粒表面 O、BO_2 和 B_2O_3 的含量均呈明显的上升趋势,而 O_2 的含量在颗粒表面有明显的下降。由式(4-40)和式(4-44)可知,随着压力的上升,各基元反应速率上升,致使燃烧产物和中间产物的含量上升。对比基准工况下颗粒表面各氧化性气氛的摩尔分数可知,颗粒表面反应主要以反应 HR4 占主导,随着反应速率的上升,致使 O_2 消耗量增加,从而使颗粒表面 O_2 的含量随压力的增加而降低。在不同的环境压力下,火焰温度和 BO_2 摩尔分数的最大值仍出现在颗粒表面,火焰温度和 BO_2 摩尔分数两个参数沿轴线方向始终保持下降趋势。随着压力的增加,表面各异相反应速率上升,表面传热传质加剧,致使火焰温度和 BO_2 含量呈明显上升趋势。O 和 B_2O_3 的浓度沿轴线方向会呈现先增加后减小,在 3 倍颗粒半径处达到最大值,产生这一现象的主要原因是压力增加了表面反应 HR1 和 HR7 的速率,从而加速了 O 和 B_2O_3 的消耗速率,降低了表面 O 和 B_2O_3 的摩尔分

数。由于 B_2O_3 的含量始终处于较低的水平，凝相 B_2O_3 的生成量较小，对颗粒燃烧物无明显影响。

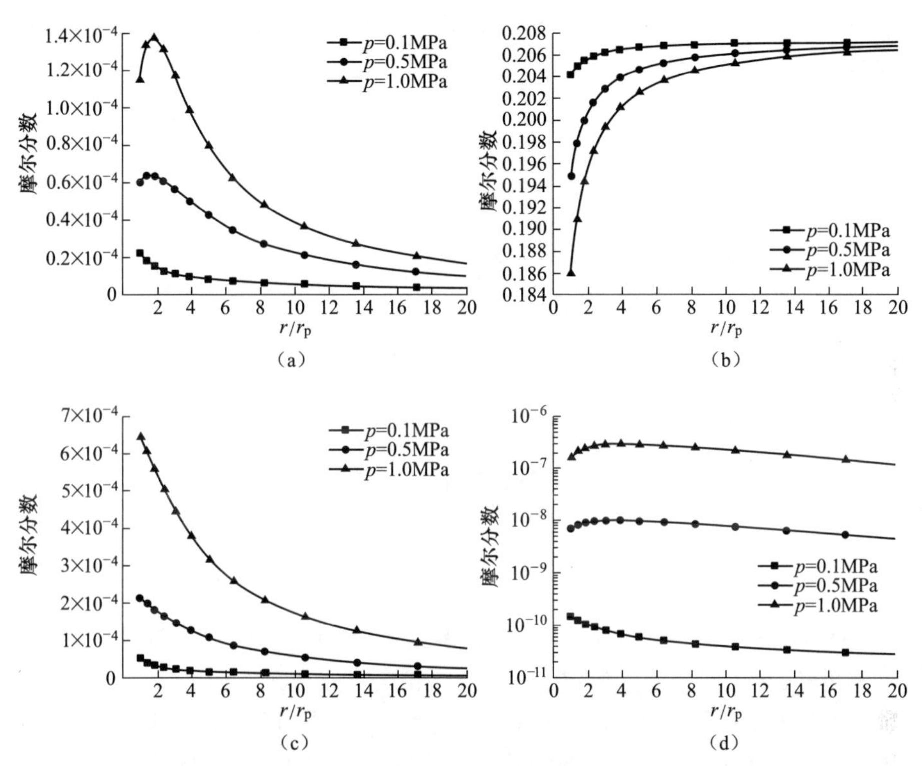

图 4-31　不同环境压力 p 下 4 种氧化剂的摩尔分数沿轴线变化曲线

(a) O 摩尔分数；(b) O_2 摩尔分数；(c) BO_2 摩尔分数；(d) B_2O_3 摩尔分数。

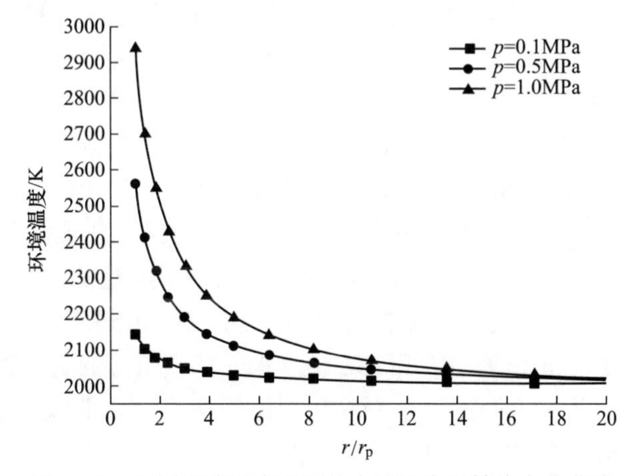

图 4-32　不同环境温度下颗粒火焰温度沿轴线变化曲线

图4-33所示为颗粒火焰半径随压力变化趋势。由图4-33可知,随着压力的增加,提升了BO_2浓度,从而增加了颗粒火焰半径。由于气体扩散系数与环境压力成反比,因此随着环境压力的增加,火焰半径上升幅度逐渐减弱。

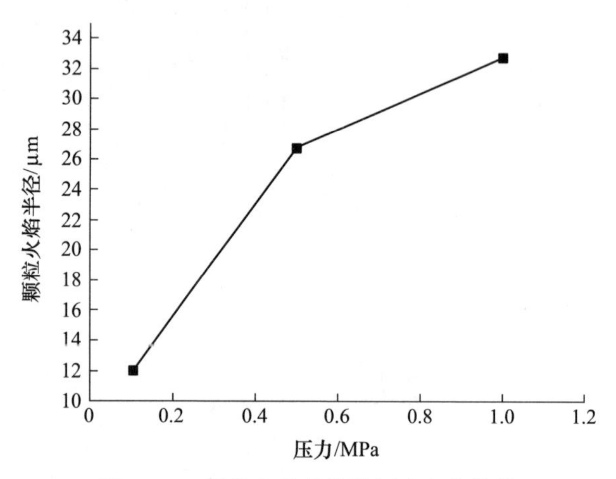

图4-33 颗粒火焰半径随压力变化趋势

图4-34所示为不同压力下颗粒表面各气相反应的反应速率。由图4-34可知,在不同压力下颗粒表面主要气相反应仍为反应GR6和GR10。随着压力的增加,反应GR12的逆向反应速率开始急剧上升,这主要是高温高压环境促进了O_2的分解。在颗粒表面除反应GR3和GR5外,其余各气相反应速率随压力的增加均呈现上升趋势,这主要是由压力加速气相反应所致的。对于反应GR3和GR5,从这两个反应的动力学参数可知,其逆向反应速率活化能均大于100kcal/mol,且温度指数均大于0,因此这两个反应的逆向反应速率会随着温度的上升而急剧上升。虽然在0.5MPa环境压力下颗粒表面温度已出现明显上升,然而由于除反应GR3外各含B的逆向反应速率上升、B_2O_2分解速率(反应GR7)的加剧及主导反应GR6速率的增加,使B、BO和O的含量出现明显上升而O_2的摩尔分数仅出现小幅下降,因此此时这两个反应仍能保持正向反应且反应速率出现上升趋势。而当压力继续上升时,BO_2的浓度出现明显增加,且反应GR3和GR5的逆反应速率也快速上升,从而使气相反应GR3和GR5在1MPa环境压力下变为逆向反应。

图4-35所示为不同压力下颗粒表面燃烧速率变化曲线。随着压力的增加,表明异相反应HR4的速率大幅上升,但上升幅度随压力的增加出现小

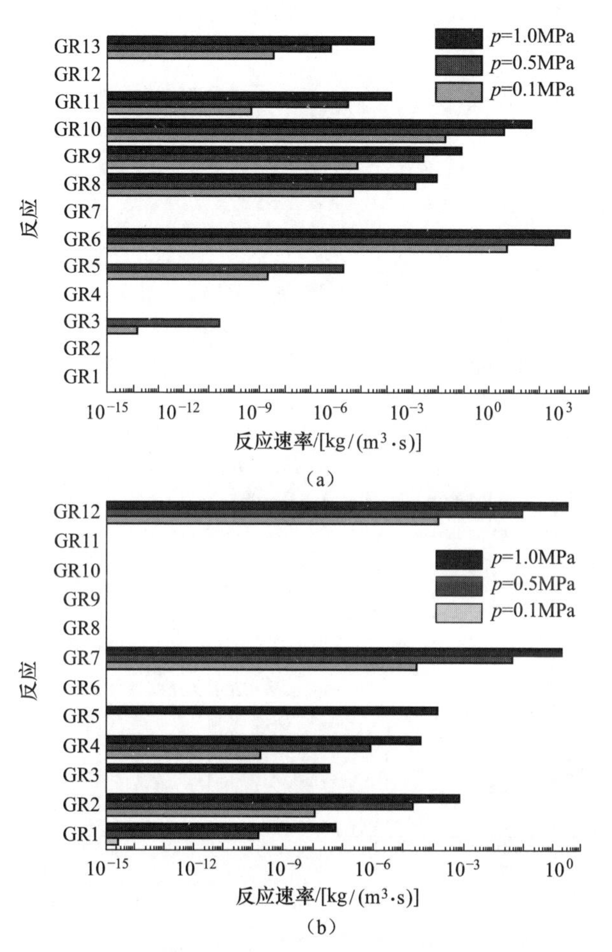

图 4-34 不同环境压力下颗粒表面各气相反应的反应速率

(a)正向反应;(b)逆向反应。

幅下降的趋势,这主要是由于反应速率的加剧增加了表面 O_2 的消耗,使颗粒燃烧开始逐渐转向扩散控制机理,从而削弱了压力对燃烧速率的影响。

4.2.5 环境温度影响规律

图 4-36 和图 4-37 所示分别为不同环境温度下的火焰内各组分摩尔分数和温度沿轴线变化曲线,环境温度分别为 1700K、2000K 和 2300K。由图可知,在不同的环境温度下,火焰温度和除 O_2 外所有氧化性气体物质摩尔分数的最大值均出现在颗粒表面,且沿轴线方向始终保持下降趋势。由于

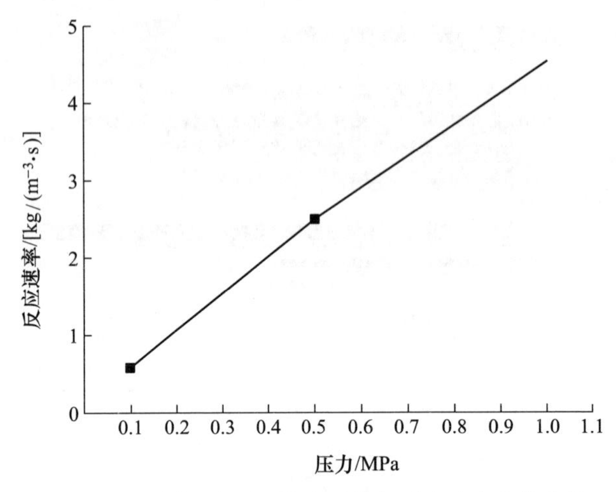

图 4-35　不同压力下颗粒表面异相反应速率变化曲线

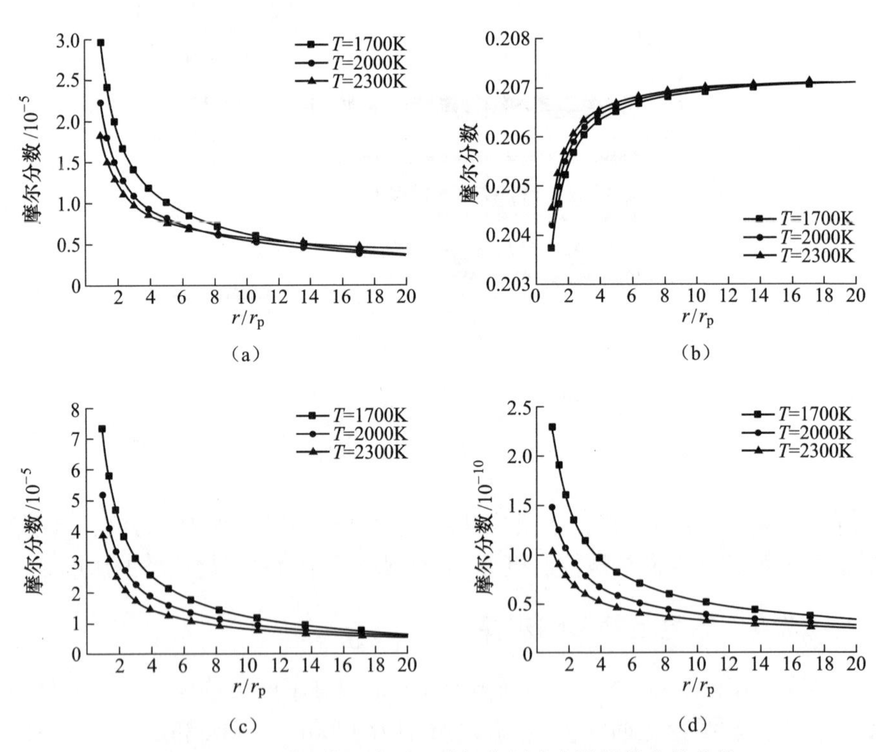

图 4-36　不同环境温度下四种氧化剂浓度沿轴线变化曲线

(a) O 摩尔分数;(b) O_2 摩尔分数;(c) BO_2 摩尔分数;(d) B_2O_3 摩尔分数。

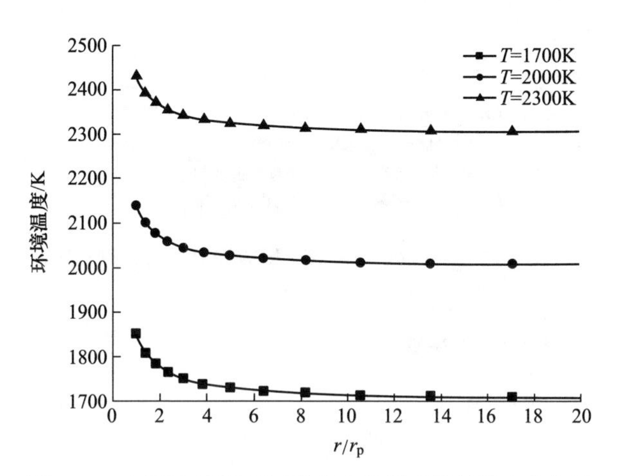

图 4-37　不同环境温度下颗粒火焰温度沿轴线变化曲线

环境温度较高,各气体的扩散系数升高,从而使在高温条件下颗粒表面存在更高含量的 O_2,而且各燃烧产物的摩尔分数出现不同程度的降低。由于火焰内各物质组分分布更均匀,因此火焰内的温度分布也较为均匀,高温环境中颗粒表面的温升速率略低。由于 B_2O_3 的含量较低,因此颗粒燃烧中不会出现液态氧化层附着颗粒表面阻碍燃烧的现象。

图 4-38 所示为不同环境温度下颗粒表面各气相反应的反应速率,由于多数气相反应其正向活化能小于 0 而逆向反应活化能均远大于 0,且高温气体下物质组分浓度分布更为均匀,因此大多数反应速率均随温度的上升而降低,因此部分反应在温度上升的过程中由正向反应转向逆反应。虽然反应 GR9 和 GR10 的活化能大于 0,但由于这两个反应活化能较低,温度指数小于 0,而且由于高温下各中间产物浓度较低,因此这两个反应也随温度的升高而降低。在众多反应中仅反应 GR11 的反应速率是随温度的上升而升高的,这主要是由于反应 GR11 的活化能较大且有较高的温度指数,因此该反应速率随着温度的上升而明显增加。由于温度的增加和 B_2O_3 浓度的降低,在颗粒表面 B_2O_3 的凝结速率也出现了下降。

图 4-39 和图 4-40 所示分别为不同环境温度下颗粒火焰半径、颗粒表面压力及颗粒表面各异相反应的速率随温度变化曲线。受高温气体扩散速率较大的影响,BO_2 浓度下降更为迅速,因此颗粒火焰半径随温度的升高而降低。由于粒径较小,燃烧产物释放量较低,因此在高温条件下颗粒表面压力仅小幅上升。根据式(4-40)、式(4-43)和式(4-44)可知,对于活化能为

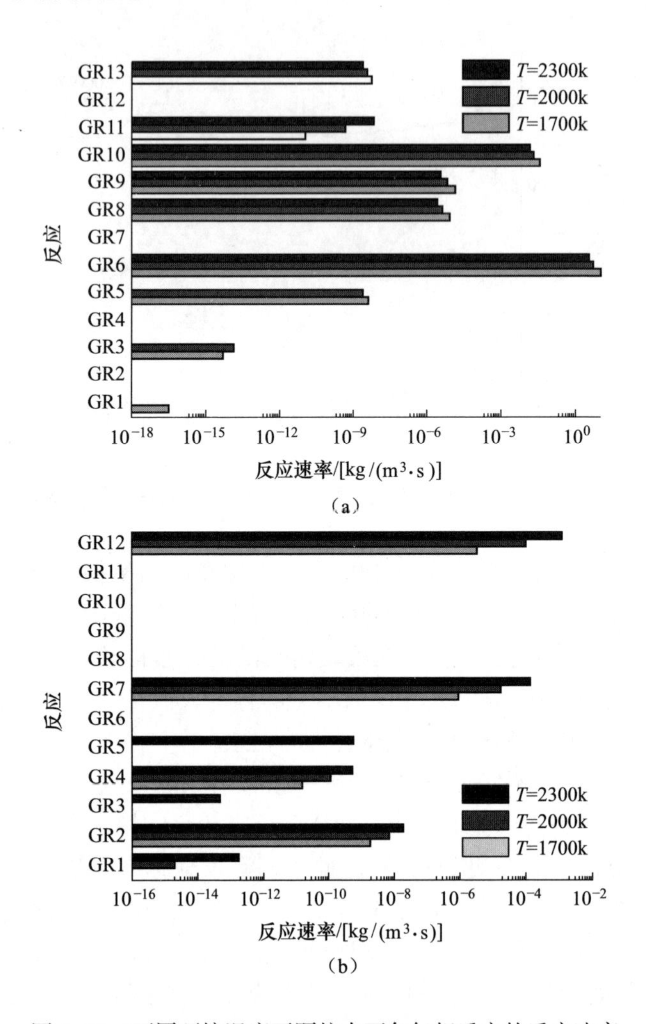

图 4-38　不同环境温度下颗粒表面各气相反应的反应速率
(a)正向反应;(b)逆向反应。

0 的表面异相反应,其反应速率与温度的-0.5 次方成正比,而且 O 和 B_2O_3 的表面浓度较低,因此反应 HR1 和 HR7 的反应速率会随着温度的升高而降低。在众多反应中,由于 O_2 浓度远高于其余氧化性气体,因此主导反应仍为反应 HR4。反应 HR4 的温度相关系数随温度变化曲线如图 4-41 所示,由于其反应活化能较小,因此该反应仅在温度 1000K 以下有明显上升,而当温度大于 1000K,其速率缓慢下降,在温度范围内(1500~2500K)其下降幅度仅约 8%。然而高温下颗粒表面有更高的 O_2 浓度和压力，但由于粒径较小，产物含量较低，压力上升幅度较弱，因此随着温度的升高，反应 HR4 的速率无明显变化。

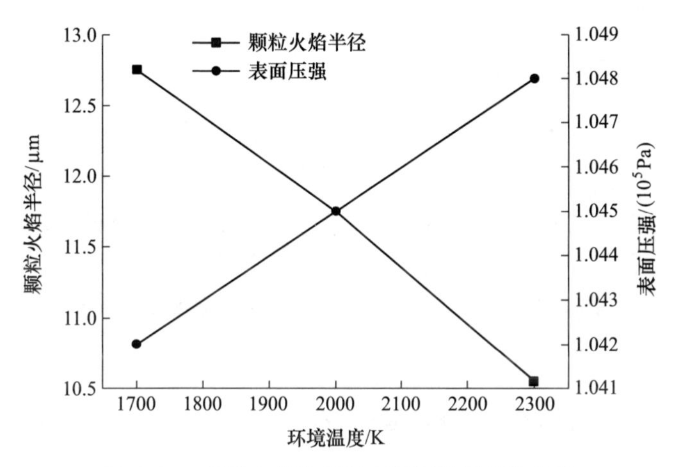

图 4-39　颗粒火焰半径和表面压强度变化趋势

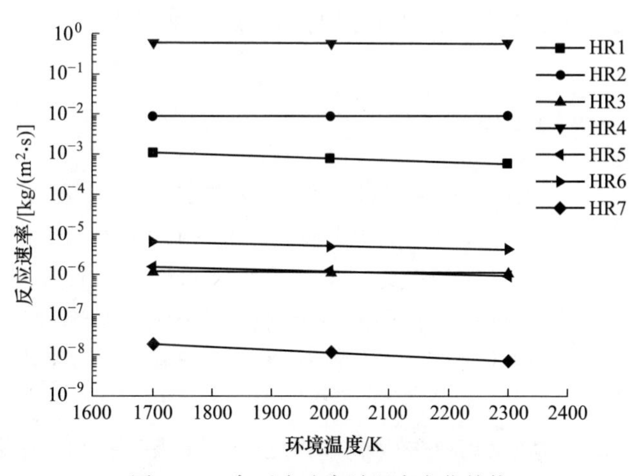

图 4-40　各反应速率随温度变化趋势

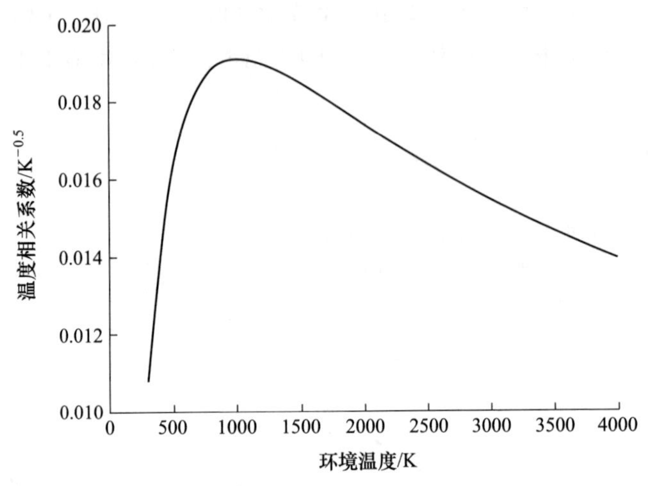

图 4-41　反应 HR4 的温度相关系数随温度变化曲线

4.3　硼颗粒点火燃烧模型

通过对硼颗粒燃烧特性的研究,获得了环境参数对硼颗粒燃烧的影响规律,揭示了不同状态下硼颗粒表面异相反应及火焰内气相反应的主导机理。本节将基于前期对于单个硼颗粒燃烧实验现象及相关模型,构建单个硼颗粒的点火燃烧物理模型,并通过与相关点火燃烧实验结果的对比验证模型精度。

4.3.1　模型假设

根据现有的实验研究结果,硼颗粒的点火燃烧过程主要分为点火延迟、第一阶段燃烧和第二阶段燃烧 3 个阶段,如图 4-42 所示。由于点火延迟和第一阶段燃烧均为硼颗粒和氧化层与氧化性气氛的耦合反应过程,因此在模型建立过程中主要依据氧化层的厚度将模型分成两个部分,当颗粒被氧化层覆盖时,此时为硼颗粒点火过程,而当氧化层被完全消耗后,颗粒将进入燃烧过程。

由于在粉末冲压发动机中燃烧室内的气相主要为空气,因此本节所建立的模型主要是硼在空气环境中的点火燃烧模型。在本节的研究过程中,对于单颗粒的点火燃烧模型主要有如下假设:

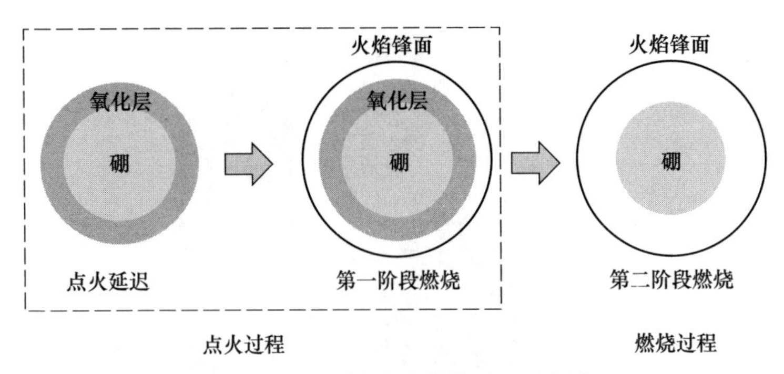

图 4-42　硼颗粒点火燃烧过程的划分

(1) 燃烧过程是准稳态的。

(2) 硼颗粒默认为整球形颗粒,颗粒表面被氧化层均匀覆盖。

(3) 环境气氛无法扩散至颗粒内部。

(4) 在燃烧过程中硼颗粒表面的温度分布均匀,且颗粒内部无温度梯度。

(5) 由于气体扩散速率远高于气固之间扩散,因此在模型中认为气相反应速率相较于颗粒表面异相反应为无穷快,可瞬间完成反应。

(6) 颗粒燃烧过程中各总包反应相互独立。

4.3.2　硼颗粒点火模型

对于硼颗粒的点火模型,其核心在于描述颗粒表面液态氧化层的剥除过程。在前期对于硼颗粒的点火实验中发现硼颗粒的氧化层并非单一结构,而且由多种物质混合而成,且分层分明,在低温状态下(773K)硼颗粒的氧化层 TEM 实验结果如图 4-43 所示。由图 4-43 可知,在低温环境下硼颗粒的氧化层呈现出一个三明治夹芯结构,氧化层内外表面为液态 B_2O_3,而中心位置则为硼在液态 B_2O_3 中的溶解产物$(BO)_n$。而当颗粒温度达到较高温度后会变为双层结构,在点火过程中存在氧化层结构的变化。

整个硼颗粒的点火过程将根据硼颗粒氧化层的结构类型分为两个部分。当氧化层结构处于三明治夹芯结构时,认为此时硼颗粒处于点火延迟阶段。而当氧化层外表面液态 B_2O_3 被完全消耗后,$(BO)_n$将暴露于环境之中,并开始蒸发出 B_2O_2。根据硼颗粒燃烧过程数值计算结果,发现 B_2O_2 为颗粒火焰内的主要反应物,会与环境中的 O_2 发生氧化反应,生成大量 BO_2 和 B_2O_3 从而产生火焰,因此认为从颗粒氧化层转变为双层结构时,颗粒进

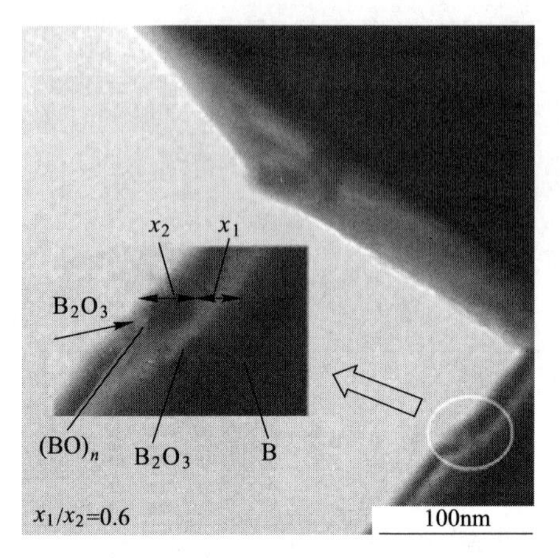

图 4-43　773K 环境下硼颗粒氧化层 TEM 实验

入第一阶段燃烧，而此时颗粒的温度为颗粒点火温度。

4.3.2.1　硼颗粒点火延迟模型研究

对于硼颗粒点火延迟阶段，在空气环境中，主要存在有 3 个反应：氧化层外表面液态 B_2O_3 的蒸发、外表面液态 B_2O_3 的生成及 O_2 的向内扩散反应。具体的反应机理如图 4-44 所示。由图 4-44 可知，首先硼在界面 1 处溶解于液态 B_2O_3 之中生成 $(BO)_n$，随后 $(BO)_n$ 与向内扩散的部分 O_2 发生反应，并在表面（界面 2）生成一层液态 B_2O_3，部分向内扩散且未被消耗的 O_2 会最终到达界面 1 处与硼发生反应，进而在此处重新生成液态 B_2O_3。为更好地对氧化层结构进行判断，引入变量 x_o 来描述氧化层表层液态 B_2O_3 的厚度，当 $x_o=0$ 时，颗粒完成点火延迟阶段进入第一阶段燃烧过程。

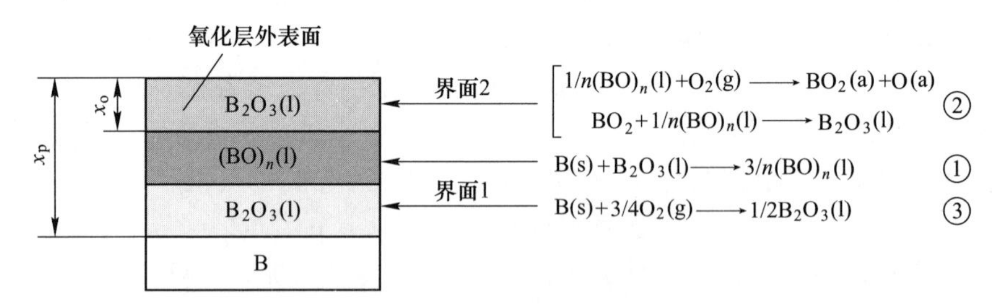

图 4-44　硼颗粒点火延迟阶段反应机理

由于 $(BO)_n$ 的生成及氧化过程为一个连续反应，因此将硼的溶解过程以及液态 B_2O_3 的生成过程整合成一个总包反应。由于在 $(BO)_n$ 氧化过程中所生成的O会与(BO)$_n$反应生成 BO_2,因此氧化层外表面液态 B_2O_3 的生成可以被视为是由氧化层内表面向外表面的迁移过程。整合上述反应,该总包反应化学反应式为

$$B(s) + O_2 \longrightarrow BO_2 + Q_1 \tag{4-59}$$

式中:Q_1 为反应热值,参考4.1节的热力学数据得,$Q_1 = -282.52\text{kJ/mol}$。

根据图4-44所示的反应机理,最外层氧化层的生成主要为(BO)$_n$与 O_2 的反应,利用折算薄膜理论考虑气流速度的影响,则该反应的反应速率为

$$R_1 = \frac{X_{BO}^0}{\dfrac{1}{\alpha_1 \nu_1 p_{O_2}} + \dfrac{2(r_p + x_p - x_o) M_{B_2O_3}}{\rho D}} \tag{4-60}$$

式中:X^0 为平衡摩尔分数;α_1 为化学反应速率;ν_1 为 Hertz-Knudsen 因子;p 为压强;r_p、x_p 和 x_o 分别为颗粒半径、氧化层总厚度以及最外层液态 B_2O_3 的厚度;M 为分子量;Nu 为努塞特数;ρD 为扩散系数参数,主要参数取值如下:

$$\alpha_1 = 0.035$$

$$\nu_1 = 7.84 T_p^{-0.5} \text{mol/(cm}^2 \cdot \text{s} \cdot \text{atm)}\ (T_p \text{ 为颗粒温度})$$

$$M_{B_2O_3} = 69.622\text{g/mol}$$

$$X_{BO}^0 = 0.0633[1 - \exp(483.24/T_p - 483.24/723)]$$

$$Nu = 2 + 0.6 \cdot Re^{1/2} \cdot Pr^{1/3} (Re \text{ 为雷诺数}, Pr \text{ 为普朗克数})。$$

由于外层液态 B_2O_3 的厚度较小,需要同时考虑反应产物在向内扩散的空气以及外层液态 B_2O_3 中的扩散,参考氧化层总厚度以及最外层液态 B_2O_3 的厚度,ρD 可以表示为

$$\rho D = \frac{x - x_o}{x} \rho_\infty D_{BO_2,\infty} + \frac{x_o}{x} \rho_{B_2O_3} D_{BO_2,B_2O_3} \tag{4-61}$$

式中:ρ_∞ 和 $\rho_{B_2O_3}$ 分别为环境气氛和液态 B_2O_3 的密度;$D_{BO_2,\infty}$ 和 D_{BO_2,B_2O_3} 分别为 BO_2 在环境气氛和液态 B_2O_3 中的扩散系数。其中,D_{BO_2,B_2O_3} 取值为 $1\times10^{-5}\exp(-8000/T_p)$,$D_{BO_2,\infty}$ 的值可通过标准二元扩散系数计算公式计算获得,计算标准计算公式为

$$D_{AB} = \frac{0.0266 T^{1.5}}{P M_{r,AB}^{0.5} \sigma_{AB}^2 \Omega_D} \tag{4-62}$$

根据模型假设,颗粒点火燃烧环境主要出于空气中,因此下标A和B分别代表空气和 BO_2 的参数,硼及其氧化物的参数参考表4-10。

液态 B_2O_3 的蒸发是硼氧化层剥除的主要因素,其蒸发反应化学式和速

率分别为

$$B_2O_3(l) \longrightarrow B_2O_3 + Q_2 \tag{4-63}$$

$$R_2 = \frac{p_{e,B_2O_3}}{\dfrac{1}{\alpha_2 \nu_2} + \dfrac{1}{\dfrac{Nu \cdot D_{B_2O_3,\infty}}{2R_u T_p r_p}}} \tag{4-64}$$

式中：R_u 为通用气体常数；p_e 为饱和蒸气压；B_2O_3 的饱和蒸气压 p_{e,B_2O_3} 的表达式为

$$p_{e,B_2O_3} = \exp\left(25.97 - 5.51 \times 10^{-3} T_p + 1.01 \times 10^{-6} T_p^2 - \frac{52175 - 4.71 T_p + 4.21 \times 10^{-4} T_p^2}{T_p}\right)$$

式(4-64)中其余各参数取值为

$$Q_2 = 376.65\text{kJ/mol}$$

$$\alpha_2 = 0.035$$

$$\nu_2 = 5.3 T_p^{-0.5} \text{mol/(cm}^2 \cdot \text{s} \cdot \text{atm)}$$

B_2O_3 的扩散系数($D_{B_2O_3,\infty}$)可由式(4-62)计算获得。

向内扩散的 O_2 不仅可以在界面 2 与$(BO)_n$反应，同时还能扩散至界面 1 与硼反应生成液态 B_2O_3。该反应的化学式和速率表达式为

$$B(s) + 3/4O_2 \longrightarrow 1/2B_2O_3(l) + Q_3 \tag{4-65}$$

$$R_3 = \frac{X_{O_2}}{\dfrac{4\pi x_p}{64.8 \times 10^8 T_p \exp(-22600/T_p) p} + \dfrac{n_3 r_p M_B}{\rho_{B_2O_3} D_{BO}}} \tag{4-66}$$

式中：$Q_3 = -611\text{kJ/mol}$；n_3 为化学反应式(4-65)中的当量比，取值为 2.22。液态 B_2O_3 在$(BO)_n$中的扩散系数 D_{BO} 的表达式为 $5.11 \times 10^{-5} \exp(-7500/T_p)$，其单位为 cm^2/s。

4.3.2.2 点火延迟模型控制方程

图 4-45 所示为硼颗粒点火延迟模型，该模型的详细反应见表 4-14。在点火延迟过程中，氧化层为 3 层结构，由内至外分别 B_2O_3、$(BO)_n$ 和 B_2O_3。在这个阶段氧化层的主要蒸发产物为 B_2O_3。该模型考虑了液态 B_2O_3 由内向外迁移的过程以及 O_2 向内扩散的过程。

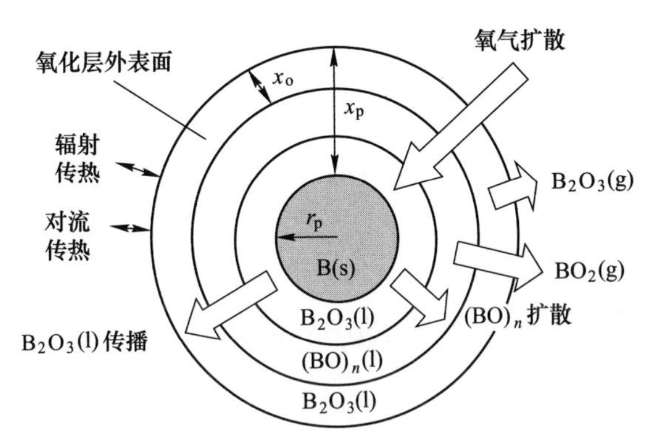

图 4-45　硼颗粒点火延迟模型

表 4-14　颗粒点火延迟阶段各反应

化学性反应式	反应描述	反应位置
$B(s) + B_2O_3(l) \longrightarrow 3/n(BO)_n(l)$	溶解	颗粒表面
$B(s) + 3/4O_2 \longrightarrow 1/2B_2O_3(l)$	气体扩散	
$3/n(BO)_n(l) + O_2 \longrightarrow BO_2(a) + O(a)$ $BO_2(a) + 1/n(BO)_n(l) \longrightarrow B_2O_3(l)$ $O(a) + 1/n(BO)_n(l) \longrightarrow BO_2$	与 O_2 反应	$(BO)_n(l)$和表层液态 B_2O_3
$B_2O_3(l) \longrightarrow B_2O_3$	蒸发	氧化层外表面

在点火延迟阶段,对于颗粒粒径变化、氧化层厚度变化及颗粒表面温度变化的控制方程为

$$\frac{\mathrm{d}r_p}{\mathrm{d}t} = (-\theta_o R_1 - \theta_i R_3)\frac{M_B}{\rho_B} \tag{4-67}$$

$$\frac{\mathrm{d}x_p}{\mathrm{d}t} = \left(\frac{1}{2}\theta_i R_3 - R_2\right)\frac{M_{B_2O_3}}{\rho_{B_2O_3}} \tag{4-68}$$

$$\frac{\mathrm{d}T_p}{\mathrm{d}t} = \frac{4\pi(r_p+x_p)^2[-\theta_o R_1 Q_1 - R_2 Q_2 - \theta_i R_3 Q_3 + h_c(T_\infty - T_p) + \sigma\varepsilon(T_\infty^4 - T_p^4)]}{\frac{4}{3}\pi r_p^3 \rho_B c_{p_B} + 4\pi r_p^2 x_p \rho_{B_2O_3} c_{p_{B_2O_3}}} \tag{4-69}$$

式中:h_c为对流换热系数;σ 为 Stefan-Boltzmann 常数;ε 为黑体辐射率; c_{p_B}、$c_{p_{B_2O_3}}$ 分别为 B 和 B_2O_3 的比热容,θ_i和 θ_o分别为环境中 O_2 扩散至硼颗粒表

面以及硼与$(BO)_n$在表面上的比重，这两个参数主要与扩散权重θ有关，其表达式分别为

$$\theta_i = \theta/2, \theta_o = 1 - \theta/2$$

权重θ的取值为0.375。式(4-67)~式(4-69)中其余参数取值及表达式为

$$\rho_B = 2.34 g/cm^3$$

$$M_B = 10.811 g/mol$$

$$\rho_{B_2O_3} = 1.84 g/cm$$

$$h_c = 1.46 \times 10^{-6} \cdot Nu \cdot T^{0.8}/(r_p + x_p) \ W/(cm \cdot K)$$

$$\sigma = 5.672 \times 10^{-12} W/(cm \cdot K^4)$$

$$\varepsilon = 0.84$$

$$c_{p_B} = 0.1 + 4.04 \times 10^{-6} T_p - 2.22 \times 10^{-6} T_p^2 + 4.26 \times 10^{-10} T_p^3 J/(g \cdot K)$$

$$c_{p_{B_2O_3}} = 1.853$$

由于$(BO)_n$表面有液膜覆盖，因此在点火延迟过程中存在有$(BO)_n$在外层液态B_2O_3内的扩散，该过程与最外层液态B_2O_3的蒸发将共同促进最外层B_2O_3的消耗，因此对于氧化层外表面液态B_2O_3的厚度x_o，其控制方程为

$$\frac{dx_o}{dt} = (\theta_o R_1 - R_2) \frac{M_{B_2O_3}}{\rho_{B_2O_3}} - \frac{X_{BO}^0 D_{BO}}{4\pi x_p} \tag{4-70}$$

4.3.2.3 硼颗粒第一阶段燃烧模型研究

随着颗粒温度的上升，B_2O_3的蒸发速率持续上升，氧化层最外层液相B_2O_3的消耗速率将会远大于生成速率，氧化层外表面液态B_2O_3将会被完全消耗，颗粒氧化层转变成双层结构，内层为B_2O_3，外层为$(BO)_n$，随着$(BO)_n$暴露于环境气氛之下，蒸发产物中将会出现B_2O_2，此时颗粒表面将会有火焰形成，使颗粒进入第一阶段燃烧过程。

与点火延迟阶段一致，在第一阶段燃烧过程中向内扩散的O_2同样会与$(BO)_n$发生反应并生成B_2O_3，然而受温度影响，液态B_2O_3的蒸发速率远大于其生成速率，因此在$(BO)_n$与O_2发生反应的同时还将存在有液态B_2O_3的蒸发现象，因此，该反应的总化学反应式为

$$B(s) + O_2 + B_2O_3(l) \longrightarrow BO_2 + B_2O_3 + Q_4 \tag{4-71}$$

式中：$Q_4 = 92.07 \mathrm{kJ \cdot mol^{-1}}$。该反应的反应速率与点火延迟阶段保持一致。

由于$(BO)_n$的表面难以出现液态 B_2O_3 的覆盖，因此$(BO)_n$将直接暴露于环境之中，而主要的蒸发产物也将转变为$(BO)_n$的蒸发产物。参考 Yeh 和 Kuo 的研究结果，认为$(BO)_n$的蒸发产物为 B_2O_2，则该蒸发过程的总反应化学式为

$$2/3\mathrm{B(s)} + 2/3\mathrm{B_2O_3(l)} \longrightarrow \mathrm{B_2O_2} + Q_5 \tag{4-72}$$

式中：$Q_5 = 302.99 \mathrm{kJ \cdot mol^{-1}}$。其反应速率为

$$R_5 = \frac{p_{\mathrm{e,B_2O_2}}}{\dfrac{1}{\alpha_5 \nu_5} + \dfrac{1}{\dfrac{Nu \cdot D_{\mathrm{B_2O_2},\infty}}{2R_{\mathrm{u}} T_{\mathrm{p}} r_{\mathrm{p}}}}} \tag{4-73}$$

式中，各主要参数如下：

$$P_{\mathrm{e,B_2O_2}} = 10^{6.609 - 72400/4.575 T_{\mathrm{p}}}$$

$$\alpha_5 = 0.03$$

$$\nu_5 = 6.06 T_{\mathrm{p}}^{-0.5} \mathrm{mol/(cm^2 \cdot s \cdot atm)}$$

B_2O_2 的扩散系数($D_{\mathrm{B_2O_2},\infty}$)可由式(4-61)计算获得。

根据 4.1 节的化学反应动力学模型，B_2O_2 并非硼的燃烧稳定产物，其极易被氧化成为 B_2O_3。由于颗粒点火阶段环境温度大多低于 B_2O_3 的沸点，因此产物大多为液态 B_2O_3，具体反应化学式为

$$\mathrm{B_2O_2} + 1/2\mathrm{O_2} \longrightarrow \mathrm{B_2O_3(l)} + Q_6 \tag{4-74}$$

式中：$Q_6 = -380 \mathrm{kJ \cdot mol^{-1}}$。由于 B_2O_2 直接与 O_2 反应生成 B_2O_3 的活化能较高，其生成途径主要为 B_2O_2 分解成 BO，随后由 BO 逐渐氧化成 B_2O_3，该反应主要发生在颗粒周围的气相区域内，因此认为该反应生成的液态 B_2O_3 不会附着于氧化层表面。

4.3.2.4　第一阶段燃烧模型控制方程

在第一阶段燃烧过程中，氧化层的结构为双层结构。液态 B_2O_3 在内层，$(BO)_n$在外层。$(BO)_n$的蒸发产物 B_2O_2 为主要的蒸发产物，同时还考虑了其氧化反应的放热影响。由于在液态 B_2O_3 向外转移的过程中出现蒸发，并被完全消耗。因此氧化层的蒸发产物中包含少量 B_2O_3。图 4-46 显示了硼颗粒的第一阶段燃烧模型。详细反应列于表 4-15 中。O_2 的向内扩散与硼的反应过程仍然存在。

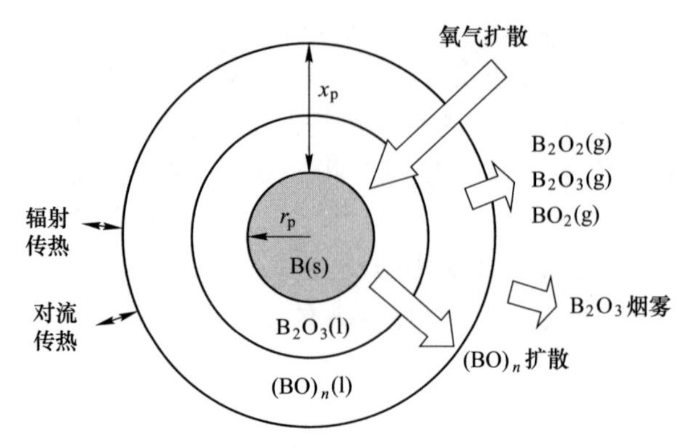

图 4-46　硼颗粒第一阶段燃烧模型

表 4-15　颗粒第一阶段燃烧过程各反应

化学性反应式	反应描述	反应位置
$B(s) + B_2O_3(l) \longrightarrow 3/n(BO)_n(l)$	溶解	颗粒表面
$B(s) + 3/4O_2 \longrightarrow 1/2B_2O_3(l)$	气体扩散	
$3/n(BO)_n(l) + O_2 \longrightarrow BO_2(a) + O(a)$ $BO_2(a) + 1/n(BO)_n(l) \longrightarrow B_2O_3$ $O(a) + 1/n(BO)_n(l) \longrightarrow BO_2$	与 O_2 反应	$(BO)_n(l)$和表层液态 B_2O_3
$2/n(BO)_n(l) \longrightarrow B_2O_2$ $B_2O_2 + 1/2O_2 \longrightarrow B_2O_3(l)$	蒸发	氧化层外表面

在第一阶段燃烧过程中，对于颗粒粒径变化、氧化层厚度变化以及颗粒表面温度变化的控制方程为

$$\frac{dr_p}{dt} = \left(-\theta_o R_1 - \frac{2}{3}R_5 - \frac{1}{2}\theta_i R_3\right)\frac{M_B}{\rho_B} \tag{4-75}$$

$$\frac{dx_p}{dt} = \left(\frac{1}{2}\theta_i R_3 - \frac{2}{3}R_5\right)\frac{M_{B_2O_3}}{\rho_{B_2O_3}} \tag{4-76}$$

$$\frac{dT_p}{dt} = \frac{4\pi(r_p+x_p)^2[-R_5(Q_5+Q_6)-\theta_o R_1 Q_4-\theta_i R_3 Q_3+h_c(T_\infty-T_p)+\sigma\varepsilon(T_\infty^4-T_p^4)]}{\frac{4}{3}\pi r_p^3\rho_B c_{p_B}+4\pi r_p^2 x_p\rho_{B_2O_3}c_{p_{B_2O_3}}} \tag{4-77}$$

4.3.3 硼颗粒燃烧模型

根据4.2节关于单个硼颗粒燃烧过程的数值计算，粒径和压力对燃烧过程的主导机理会有显著影响。当颗粒处于动力学控制阶段时，颗粒的燃烧产物主要为BO_2，其主要的异相反应为$2B(s)+O_2 \longrightarrow B_2O_2$；而当颗粒处于动力学与扩散组合作用机理时，颗粒表面反应则由$B(s)+O \longrightarrow BO$、$2B(s)+O_2 \longrightarrow B_2O_2$和$B(s)+B_2O_3 \longrightarrow B_2O_2+BO$ 3个反应共同控制；在纯扩散控制机理下颗粒的表面反应为$B(s)+B_2O_3 \longrightarrow B_2O_2+BO$和$B(s)+O \longrightarrow BO$控制。由于颗粒表面主导的气相反应为$BO+O_2 \longrightarrow BO_2+O$，因此认为颗粒表面的O主要来源于燃烧产物的氧化过程，O也可被视为燃烧产物，即颗粒表面主要有两种反应，一种是与环境中的氧化性气氛的反应(氧化反应)，另一种是颗粒与火焰内氧化性燃烧产物的反应(还原反应)。

4.3.3.1 硼颗粒氧化反应模型

根据4.2节的计算结果可知，在小粒径下硼颗粒表面的主要氧化反应为B与环境中O_2的异相反应，其化学反应式为

$$B(s) + 1/2O_2 \longrightarrow 1/2B_2O_2 + Q_7 \tag{4-78}$$

式中：$Q_7 = -21.9\text{kJ} \cdot \text{g}^{-1}$。在考虑气流速度影响下的反应速率为

$$R_7 = \frac{Y_{O_2}}{\dfrac{M_{O_2}}{M_\infty M_B k_1 P} + \dfrac{2n_7 r_p}{Nu \cdot \rho D_{B_2O_2,\infty}}} \tag{4-79}$$

式中：Y_{O_2}为氧气的质量分数；由于小粒径下硼的燃烧产物浓度较低，因此对于环境平均分子量默认等于空气分子量，即$M_\infty = 29\text{g/mol}$；$k$为该反应的速率常数，由于硼与$O_2$的反应众多，单纯用反应HR4的速率常数会导致结果偏低，因此该值仍选择U-K模型中的取值，其表达式为

$$k_7 = \begin{cases} 0.0625 \times 1519.77 \times \exp(-17583/T_p) & (T_p > 2450) \\ 31.5/\sqrt{T_p} \times \exp(-5630/T_p) & (1750 < T_p < 2450) \\ 1.57 \times 10^3/\sqrt{T_p} \times \exp(-32500/T_p) & (1600 < T_p < 1750) \end{cases} \tag{4-80}$$

k_7单位为$[(\text{mol}/(\text{cm}^2 \cdot \text{s} \cdot \text{atm})]$。其余各主要参数取值如下：

$$M_{O_2} = 32\text{g/mol}$$

$$M_B = 10.811\text{g/mol}$$

$$n_7 = 1.48$$

虽然反应 $BO+O_2 \longrightarrow BO_2+O$ 在颗粒表面有较高的反应速率，但由于其反应放热量较低，对颗粒表面温度无明显影响，因此在该模型中不考虑火焰的影响。

4.3.3.2 硼颗粒还原反应模型

在大颗粒粒径下，颗粒表面主导反应机理发生改变，硼与其燃烧产物的表面反应比重开始增加，因此需要引入双膜反应机理来描述燃烧产物浓度对颗粒燃烧影响。而且随着反应的加剧，颗粒表面燃烧产物的浓度逐渐增加，需要考虑斯蒂芬流对颗粒燃烧的影响。

以 B_2O_2 为中间产物构建了双模机理下的硼颗粒点火模型，认为在颗粒表面为硼的还原反应，即

$$B(s) + B_2O_3 \longrightarrow 3/2B_2O_2 + Q_8 \tag{4-81}$$

而在火焰锋面上的反应为

$$B(s) + 3/4O_2 \longrightarrow 1/2B_2O_3 + Q_9 \tag{4-82}$$

反应式(4-81)和式(4-82)中的反应热 Q_8 和 Q_9 分别为 12.1kJ/g 和 -38.9kJ/g。

认为 B_2O_2 和 O_2 完全反应消耗的界面为火焰锋面，因此硼颗粒表面和火焰锋面上的质量守恒方程：

在硼颗粒表面：
$$\dot{m}_B = \dot{m}_{B_2O_2} - \dot{m}_{B_2O_3,i} \tag{4-83}$$

在火焰锋面：
$$\dot{m}_B = \dot{m}_{B_2O_3,o} - \dot{m}_{O_2} \tag{4-84}$$

在考虑气流速度的影响下，对于硼颗粒表面上和火焰锋面上的 B_2O_3 以及火焰锋面上的惰性气体 N_2，有

$$\dot{m}_B = \frac{2Nu\pi r^2\rho D}{Y_{B_2O_3} + n_8\xi}\frac{dY_{B_2O_3}}{dr} \tag{4-85}$$

$$\dot{m}_B = \frac{2\pi Nu \cdot r^2\rho D}{Y_{B_2O_3} - (1 + n_9)}\frac{dY_{B_2O_3}}{dr} \tag{4-86}$$

$$\dot{m}_B = \frac{2\pi Nu \cdot r^2\rho D}{Y_{N_2}}\frac{dY_{N_2}}{dr} \tag{4-87}$$

式中：n_8 和 n_9 分别为反应式(4-81)和式(4-82)中的化学当量比，其值分别为 6.44 和 2.22。

令 $Y_{B_2O_3,s}$ 为颗粒表面 B_2O_3 的浓度，r_f 为火焰锋面半径，$Y_{B_2O_3,f}$ 和 $Y_{N_2,f}$ 为火焰前锋面上 B_2O_3 和 O_2 的质量分数，则边界条件为

$$Y_{B_2O_3}(r_p) = Y_{B_2O_3,s}$$
$$Y_{B_2O_3}(r_f) = Y_{B_2O_3,f}$$
$$Y_{B_2O_3}(r_\infty) = 0$$
$$Y_{N_2}(r_\infty) = Y_{N_2}$$
$$Y_{N_2}(r_f) = Y_{N_2,f}$$

对式(4-85)~式(4-87)进行积分,得

$$\dot{m}_B = 2\pi Nu \cdot \rho D \frac{r_s r_f}{r_f - r_s} \ln\left(\frac{n_8 + Y_{B_2O_3,f}}{n_8 + Y_{B_2O_3,s}}\right) \tag{4-88}$$

$$\dot{m}_B = -2\pi Nu \cdot \rho D r_f \ln\left[1 - \frac{Y_{B_2O_3,f}}{(1 + n_9)}\right] \tag{4-89}$$

$$\dot{m}_B = -2\pi Nu \cdot \rho D r_f \ln\left(\frac{Y_{N_2,f}}{Y_{N_2}}\right) \tag{4-90}$$

结合式(4-88)~式(4-90)可知,在求解过程中存在有 5 个未知数,分别为 $\dot{m}_B$、r_f、$Y_{B_2O_3,s}$、$Y_{B_2O_3,f}$和 $Y_{N_2,f}$,还需要补充方程才能对颗粒燃烧质量流量进行求解。利用组分守恒,在火焰锋面上各组分之和为 1,即 $Y_{B_2O_3,f}+Y_{N_2,f}=1$,结合上述方程,则硼颗粒的燃烧质量流率 R_8可表示成为与 $Y_{B_2O_3,s}$相关的函数,具体函数表达式为

$$R_8 = \frac{Nu \cdot \rho D}{2r_p} \ln\left[1 + \frac{(1 + n_8 + n_9)Y_{O_2} - n_9 Y_{B_2O_3,s}}{(n_8 + Y_{B_2O_3,s})n_9}\right] \tag{4-91}$$

对于化学反应动力学而言,硼颗粒燃烧的质量流量可以写为

$$R_8 = \frac{M_B M_g}{M_{B_2O_3}} k_8 P Y_{B_2O_3,s} \tag{4-92}$$

式中:k_8为反应式(4-81)中的反应速率常数表达式,综合考虑硼的各表面异相反应速率以及 BO 在表面的自反应放热影响。因此反应式(4-81)中的速率 k_8可修正为 $12.91\times T_p^{-0.5}\times\exp(-2517/T_p)$,其单位为 mol/(cm · s · atm)。对式(4-91)和式(4-92)进行迭代求解即可获得硼颗粒在组合作用机理下的燃烧质量流量。

4.3.3.3　硼的液滴燃烧模型

在颗粒燃烧过程中,当环境温度超过硼颗粒的熔点时,颗粒会进入液滴蒸发燃烧模型。引入折算薄膜理论修正气流速度影响,则硼蒸发燃烧反应式及反应速率为

$$B(l) + 3/4O_2 \longrightarrow \frac{1}{2}B_2O_3 + Q_{10} \tag{4-93}$$

$$R_{10} = \frac{Nu \cdot \lambda_{\infty}}{2c_{p_{\infty}} r_p} \ln\left[1 + \frac{-Y_{O_2}Q_O + c_{p_{\infty}}(T_0 - T_p)}{Q_a}\right] \tag{4-94}$$

式中：$Q_{10} = -38.9$kJ/g；Q_o 和 Q_a 分别为 B_2O_2 氧化生成 B_2O_3 和硼表面与 B_2O_3 还原反应的热值，参考 4.1 节的热力学数据，它们分别取值为 22.6kJ/g 和 12.1kJ/g；λ_{∞} 为环境气体导热系数；$c_{p_{\infty}}$ 为环境气体比热。

4.3.3.4 硼燃烧模型控制方程

根据硼颗粒燃烧的达姆科勒数 Da，在粒径为 75μm 时存在氧化反应与还原反应共存的现象，因此需要建立相应的判断准则去确定反应主导机理。在对硼还原反应迭代过程中会出现颗粒表面 B_2O_3 浓度大于火焰面上 B_2O_3 的浓度，因此通过 B_2O_3 在颗粒表面和火焰锋面上的浓度确定氧化反应所占比重 ξ，其表达式为

$$\xi = \frac{Y_{B_2O_3,f} - Y_{B_2O_3,s}}{Y_{B_2O_3,f}} \tag{4-95}$$

当颗粒完全熔化后（颗粒温度大于 2450K），颗粒的蒸发燃烧过程将开始启动，利用颗粒表面 B 的浓度 $Y_{B,s}$ 来区分硼表面反应与蒸发燃烧的权重，其表达式为

$$Y_{B,s} = \exp\left(\frac{\Delta H_{b,B}}{R_u T_b} - \frac{\Delta H_{b,B}}{R_u T_p}\right) \tag{4-96}$$

式中：$\Delta H_{b,B}$ 为硼的气化热，取值为 49.8kJ/g，T_b 为硼的沸点温度，其计算方程为

$$T_b = \left(T_{b,0}^{-1} - \frac{R_u}{\Delta H_{b,B}} \ln p\right)^{-1} \tag{4-97}$$

式中：$T_{b,0}$ 为标准状态下硼的沸点，其值为 4139K。p 为环境压力（atm）。

当 $\xi \geqslant 1$ 时，认为此时火焰内燃烧产物的组分沿轴向是呈下降趋势的，颗粒燃烧仅受氧化反应控制；当 $\xi \leqslant 0$ 时，认为此时仅受还原反应的扩散机理控制。根据计算获得的颗粒火焰面位置仅为 2 倍颗粒半径处，在还原反应中认为颗粒火焰锋面放热全被颗粒吸收升温，因此硼颗粒在硼第二阶段燃烧过程中，颗粒表面总燃烧速率 R_A 的表达式为

$$
R_A = \begin{cases} R_7 & (\xi \geqslant 1) \\ \xi R_7 + (1-\xi)R_8 & (\xi < 1) \end{cases} \quad (T_p \leqslant 2450)
$$
$$
R_A = \begin{cases} (1-Y_{B,s})R_7 + Y_{B,s}R_{10} & (\xi \geqslant 1) \\ (1-Y_{B,s})[\xi R_7 + (1-\xi)R_8] + Y_{B,s}R_{10} & (\xi < 1) \end{cases} \quad (T_p > 2450) \tag{4-98}
$$

由于硼颗粒燃烧过程中的表面主要产物始终为 BO_2，因此认为硼颗粒燃烧表面热值均简化为 $B(s)+O_2 \longrightarrow BO_2$ 的热值 Q_s，其值为 26.3kJ/g。硼颗粒的颗粒粒径和表面温度变化的控制方程为

$$
\frac{dr_p}{dt} = -\frac{R_A}{\rho_B} \tag{4-99}
$$

$$
\frac{dT_p}{dt} = \frac{4\pi r_p^2[R_A Q_s + h_c(T_\infty - T_p) + \sigma\varepsilon(T_\infty^4 - T_p^4)]}{\frac{4}{3}\pi r_p^3 \rho_B c_{p_B}} \tag{4-100}
$$

在硼颗粒的燃烧过程中，颗粒温度极易达到硼的熔点（2450K），此时会出现硼颗粒的熔化过程。而当颗粒温度超过硼的熔点时，硼的密度将变为 $2.08g/cm^3$。由于在相变过程中存在物性参数的明显变化，需要对硼颗粒的熔化过程进行数学描述，利用熔融指数 f_l，即硼颗粒燃烧吸热量与熔化热的比值来描述颗粒的熔化过程，当硼颗粒温度达到熔点后，熔融指数开始上升，当 f_l 从 0 开始上升至 1 时，认为颗粒在熔化过程所吸收的热量满足硼颗粒熔化热，颗粒完全熔化。熔融指数 f_l 的函数表达式为

$$
\frac{df_l}{dt} = \frac{4\pi r_p^2[R_A Q_s + h_c(T_\infty - T_p) + \varepsilon\sigma(T_\infty^4 - T_p^4)]}{\frac{4}{3}\pi r_p^3 \rho_{B(s-l)} \Delta H_{m,B}} \tag{4-101}
$$

式中：$\Delta H_{m,B}$ 为硼的熔化热，取值为 4639J/g；$\rho_{B(s-l)}$ 为硼颗粒熔化相变过程中的密度变化，其密度变化表达式为

$$
\rho_{B(s-l)} = 2.34 - 0.26 f^3 (g \cdot cm^{-3}) \tag{4-102}
$$

与熔化过程相同，当硼颗粒温度达到沸点时，运用沸腾指数 f_b 表征硼的沸腾过程，由于颗粒达到沸点时，$Y_{B,s}$ 为 1，此时颗粒仅受蒸发燃烧控制，因此沸腾指数 f_b 的表达式为

$$
\frac{df_b}{dt} = \frac{4\pi r_p^2[R_A Q_s + h_c(T_\infty - T_p) + \varepsilon\sigma(T_\infty^4 - T_p^4)]}{\frac{4}{3}\pi r_p^3 \rho_{B,l} \Delta H_{b,B}} \tag{4-103}
$$

式中：$\rho_{B,l}$ 为液态硼的密度，取值为 2.08g · cm^{-3}。当颗粒的沸腾指数达到 1 时，硼颗粒完全气化，由于假设气相反应可瞬间完成，因此认为此时颗粒完成燃烧过程。

4.3.4 模型验证

利用 Maeck 和 Semple 的实验对所建立的硼颗粒点火燃烧模型精度进行校验，具体实验环境参数如表 4-16 所示，计算结果与实验及其他模型数据的对比见表 4-17 和表 4-18。在本模型计算过程中，默认颗粒的初始氧化层厚度为半径的 1.3%，初温为 298K。当颗粒的氧化层由三层结构转变为两层结构时，颗粒进入第一阶段燃烧，对于第一阶段燃烧与第二阶段的燃烧的分界点，认为当颗粒温度大于颗粒的熔点（2450K）时，颗粒将会进入第二阶段燃烧。参数 f 为颗粒转入第一阶段燃烧时氧化层的厚度占初始氧化层厚度的百分比，T_i 为颗粒的点火温度，即氧化层结构转变时的颗粒的温度。

对比实验数据及现有精度较高的 Kalpakli 模型，计算获得的硼颗粒第一阶段与第二阶段燃烧时间与实验数据基本吻合，相较于 Kalpakli 模型，本书所建立的模型具有一定的优势。通过氧化层结构变化所计算获得的硼颗粒点火温度大约为 1990K，与实验得出的颗粒点火温度（1992K±16K）相吻合，证明点火温度的假设依据合理可靠。

表 4-16　实验主要环境参数

工况	环境温度/K	O_2 摩尔分数	CO_2 摩尔分数	CO 摩尔分数	N_2 摩尔分数	O 摩尔分数
1	2280	0.23	0.30	0.00	0.45	0.01
2	2430	0.20	0.33	0.01	0.43	0.01
3	2870	0.23	0.44	0.20	0.09	0.03
4	2490	0.28	0.35	0.03	0.32	0.01
5	2450	0.37	0.34	0.02	0.25	0.01

表 4-17　硼颗粒第一阶段燃烧时间与实验与经典模型对比

工况	粒径/μm	实验值	Kalpakli 模型	与 Kalpakli 模型的相对误差/ %	f/%	T_i/K	本书模型	与实验值的相对误差/%
1	34.5	4.4	4.4	0.00	81.37	1979.2	4.693	6.66
	44.2	5.5	5.7	3.64	79.43	1976.5	6.767	23.04

续表

工况	粒径/μm	实验值	Kalpakli 模型	与 Kalpakli 模型的相对误差/ %	f/%	T_i/K	本书模型	与实验值的相对误差/%
2	34. 5	4. 8	4. 0	−16. 67	87. 58	1980. 2	4. 399	−8. 35
	44. 2	5. 7	5. 6	−1. 75	86. 22	1977. 8	6. 410	12. 46
3	34. 5	3. 4	2. 6	−23. 53	93. 05	1997. 2	2. 802	−17. 59
	44. 2	5. 0	3. 8	−24. 00	92. 50	1992. 7	4. 132	−17. 36
4	34. 5	3. 6	3. 8	5. 56	85. 67	2000. 6	3. 421	−4. 97
	44. 2	7. 4	5. 4	−27. 03	84. 54	1996. 2	4. 986	−32. 62
5	34. 5	2. 1	3. 9	85. 71	81. 45	2012. 9	2. 994	42. 57
	44. 2	3. 3	5. 6	69. 70	80. 33	2007. 1	4. 365	32. 27

表 4-18　硼颗粒第二阶段燃烧时间与实验与经典模型对比

工况	粒径/μm	实验值	Kalpakli 模型	与 Kalpakli 模型的相对误差/%	本书模型	与实验值的相对误差/%
1	34. 5	16. 5	17. 1	3. 64	13. 493	−18. 22
	44. 2	20. 0	21. 3	6. 50	22. 256	11. 28
2	34. 5	15. 5	18. 8	21. 29	15. 811	2. 01
	44. 2	19. 0	24. 1	26. 84	26. 062	37. 17
3	34. 5	08. 0	11. 5	43. 75	11. 773	47. 16
	44. 2	14. 0	15. 0	7. 14	19. 483	39. 16
4	34. 5	10. 5	11. 4	8. 57	10. 161	−3. 23
	44. 2	16. 0	15. 6	−2. 50	16. 747	4. 67
5	34. 5	07. 5	09. 2	22. 67	07. 333	−2. 23
	44. 2	08. 5	12. 8	50. 59	12. 102	42. 38

以工况 1 中粒径为 34. 5μm 的颗粒燃烧过程为例，图 4−47 所示为颗粒质量和温度的变化曲线图。由图 4−47 可知，在 13ms 处颗粒质量消耗速率有明显增加，此时主要是颗粒氧化层被完全剥除。当颗粒被氧化层覆盖时，由于 O_2 向内扩散比重较低，且硼颗粒的氧化与溶解反应速率较低，因此在颗粒的点火过程中颗粒质量无显著变化。相对于颗粒的质量变化曲线，颗粒的温度变化过程可分为多个阶段，在颗粒氧化层未剥除之前，颗粒缓慢升

温,由于在此阶段颗粒温度与环境温度相差较大,且颗粒点火过程反应速率较低,因此颗粒的温升主要由颗粒与环境的换热主导,而当颗粒氧化层被剥除后,硼颗粒进入燃烧阶段,由于硼颗粒自身热值较高,且反应速率相较于点火过程明显上升,因此颗粒温度快速上升。而在颗粒燃烧过程中存在有两个温度台阶,这两个台阶分别对应硼颗粒的熔化过程和沸腾过程。

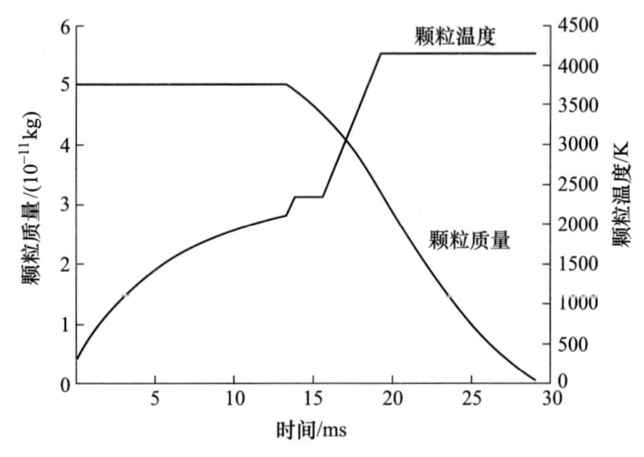

图 4-47　硼颗粒质量和温度变化曲线

图 4-48 所示为硼颗粒在点火过程中颗粒氧化层及其外层厚度的变化曲线图。在颗粒温度并未达到氧化层熔点时,没有任何反应发生,因此这两

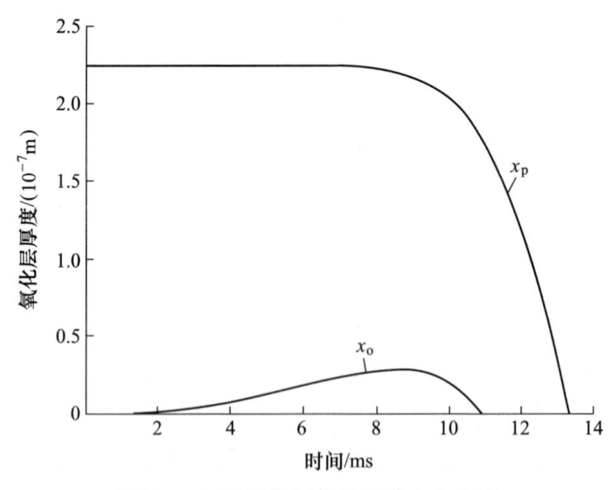

图 4-48　硼颗粒氧化层厚度变化曲线

个厚度均不发生变化。当达到熔点后，由于温度较低，氧化层的蒸发[反应式(4-63)]以及增厚[反应式(4-65)]速率相对较小，氧化层厚度无明显变化。由于氧化层内层向外迁移速率的温度敏感性较弱，在低温情况下其反应速率高于氧化层蒸发速率，外层氧化层厚度开始逐渐增加。随着温度的持续上升，氧化层的蒸发速率大幅提高，此时氧化层厚度出现明显降低，外层氧化层厚度也出现了下降并逐步被完全消耗。最外层氧化层所能达到的最大厚度约为颗粒氧化层初始厚度的 10%。

第5章 硼基粉末推进剂

硼基粉末燃料由于硼的较高能量特性以及两相流损失小(高温下燃烧产物为气相)等优异性能,被认为是具有很大应用潜力的粉末燃料。通过对粉末燃料进行改性处理,实现粉末燃料储存输运性能和点火燃烧性能的最优化,这也是研制出具有较高能量性能粉末燃料冲压发动机的前提,而其基础在于深入研究粉末燃料的点火燃烧机理。

5.1 硼镁粉末燃料筛选与制备

基于上述粉末燃料的预处理要求,本章将以现有硼颗粒点火燃烧促进方法为基础,辅以合理的制备方法,实现粉末燃料点火燃烧初期性能的提升以及小粒径硼粉的团聚。研究中首先通过理论分析和热力学计算确定满足粉末燃料冲压发动机需求的点火燃烧促进材料及其用量;其次选择相应的团聚方法对粉末燃料进行团聚处理,获得满足上述粉末燃料冲压发动机需求的粉末燃料;最后对制备的粉末燃料的各项指标进行分析和测试。

5.1.1 点火燃烧促进材料选择

硼虽然具有很高的质量热值和体积热值,但其能量往往不能完全释放,这主要是由硼颗粒自身的点火燃烧性能决定的。研究表明,硼颗粒表面被氧化层(三氧化二硼)覆盖,由于氧化硼沸点较高,约为 2338K,导致硼颗粒点火阶段氧化层消耗速率较低,从而增加了硼颗粒的点火延迟时间、提高了颗粒的点火温度(1900K)。此外,硼的高沸点(4139K),导致硼颗粒在燃烧过程以气-固表面异相反应为主,相比铝、镁等颗粒的气-气均相反应,相同条件下硼颗粒的完全燃烧需要更长的时间。表 5-1 和表 5-2 分别给出了常见金属及其氧化物的物理性质。

表5-1　常见金属物理性质

元素	原子量	密度/(g/cm^3)	熔点/K	沸点/K	燃烧热/(kJ/mol)	气化热/(kJ/mol)	耗氧量/g
Li	6.94	0.535	452	1609	596.09	135.96	1.16
Be	9.01	1.86	1558	3243	611.16	309.35	1.77
B	10.81	2.37	2347	4139	1264.17	535.81	2.22
Mg	24.3	1.74	923	1366	702.11	136.13	0.66
Al	26.98	2.70	933	2720	1670.59	284.44	0.88

表5-2　常见金属氧化物物理性质

氧化物	分子量	密度/(g/cm^3)	熔点/K	沸点/K
Li_2O	29.88	2.01	2100	2643
BeO	25.01	3.01	2843	4533
B_2O_3	69.62	1.85	733	2338
MgO	40.43	3.58	3073	3853
Al_2O_3	101.86	3.97	2318	3253

近年来,国内外研究者在提高硼颗粒的点火燃烧性能方面做了大量研究工作,并提出了多种点火燃烧促进材料。一种改性材料是以Mg、Ti、Zr等可燃金属为代表的添加剂,利用此类金属较低的点火温度和优异的燃烧性能,在点火阶段迅速释热从而快速提升硼颗粒的温度,促进其点火和燃烧,同时这些金属还能与氧化硼发生化学反应,促进硼颗粒表面氧化层的剥除,与此同时生成低燃点的硼化物。另一种改性材料为LiF、硅烷等可以与氧化层发生化学反应的物质,从而加速硼颗粒表面氧化层的剥除速度,促进硼与氧气的接触,改善硼颗粒的点火、燃烧性能。还有一种改性材料为AP、KP、HTPB等含能材料,这类物质燃点低,燃烧时可以放出大量的热从而提高硼颗粒温升速率,达到促进硼颗粒点火、燃烧的目的。

研究表明,以上预处理材料均能提升硼颗粒点火燃烧性能,但是对于粉末燃料冲压发动机而言,其燃烧室火焰的稳定主要是由粉末燃料与冲压空气在燃烧室头部燃烧产生大量高温燃气并形成回流区实现的。这就要求粉末燃料在点火燃烧初期能够快速放热使燃烧室头部温度迅速提高。

对比以上三种点火燃烧促进材料,LiF、硅烷等虽然能与氧化层发生化学反应,促进氧化层快速剥除,但在粉末燃料点火燃烧时并不能迅速在燃烧室头部形成高温区域,从而不利于发动机燃烧室内的火焰稳定;而 AP、KP 等长期暴露在空气环境中容易吸湿结块,不利于粉末燃料的长期保存,此外 AP、KP 等自身含氧量高、高温下易热解的性质对粉末燃料的安全性会带来一定隐患;HTPB 等则由于其自身较低的燃速也不能在粉末燃料点火阶段快速释热;相比而言,Mg、Ti、Zr 等金属燃料点火延迟短、点火温度低。燃速快的可燃金属则能够在粉末燃料点火燃烧初期快速释热,从而有助于在粉末冲压发动机燃烧室头部形成高温区域,更有利于粉末燃料发动机的火焰稳定,其中由于镁具有熔点低、点火延迟短、热值高、工艺性能好、价格低廉等特点而最有应用前景,故我们初步选定金属镁作为粉末燃料的主要点火燃烧促进材料。

在确定镁作为硼基粉末燃料的点火燃烧促进材料后,还需进一步确定硼镁粉末燃料中镁的含量。研究表明,镁在促进硼颗粒的点火燃烧方面具有积极作用,镁的添加能够显著降低硼的着火温度,但当硼镁混合物中镁的质量分数超过 20%后,随着镁含量的增加,点火温度变化不再明显。此外,由于镁的沸点相对较低(1366K),硼镁粉末燃料中蒸发出来的镁蒸气会在颗粒表面与氧气发生气相反应,从而阻碍硼颗粒与氧气表面异相反应的发生,推迟硼颗粒的着火时间,因此过量的镁并不一定能促进硼的燃烧。

又由于镁的热值低于硼,过多的镁会导致粉末燃料能量的降低,在确定硼镁粉末燃料中镁的质量分数时,还应该结合镁含量对粉末燃料冲压发动机比冲性能的影响进行讨论分析,从发动机性能的角度分析硼镁粉末燃料中镁含量的最佳取值区间。因此,通过热力计算给出不同镁含量时镁粉粉末燃料冲压发动机的比冲、密度比冲、燃烧室温度等随空燃比的变化规律,并对比液体燃料冲压发动机和固体火箭冲压发动机,从发动机比冲性能的角度确定粉末燃料中镁的质量分数。

本章计算使用的热力计算软件为 CEA,用于计算的液体燃料为 RP-1,固体燃料为铝镁贫氧推进剂 FR_DC 及含硼贫样推进剂,其中 FR_DC 的组分为 20%铝、20%镁、40% AP、20% HTPB,含硼贫氧推进剂的组分为 40%硼、40%AP、20%HTPB,表 5-3 给出了不同燃料的密度。

表 5-3 不同燃料的密度

燃料	B	Mg	RP_1	铝镁贫氧推进剂	含硼贫氧推进剂
密度/(g/cm^3)	2.37	1.74	0.78	1.65	1.887

计算中所选定的发动机理论工作条件为：①冲压发动机燃烧室压强为 0.4MPa；②飞行高度为 10km；③飞行马赫数为 3；④喷管出口压强等于环境压强，为 26437Pa。在发动机密度比冲计算中，硼镁粉末燃料的装填密度取其基体密度的 60%。图 5-1～图 5-3 分别给出了发动机比冲、发动机密度比冲和燃烧室温度随空燃比的变化规律。

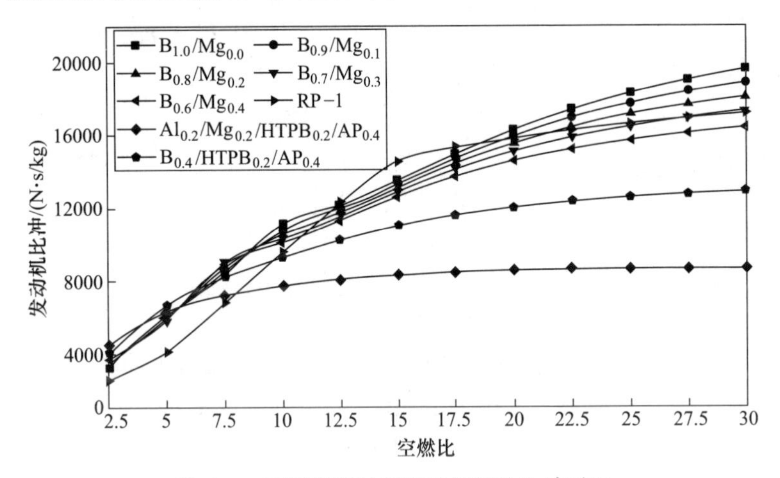

图 5-1　不同燃料冲压发动机理论比冲对比

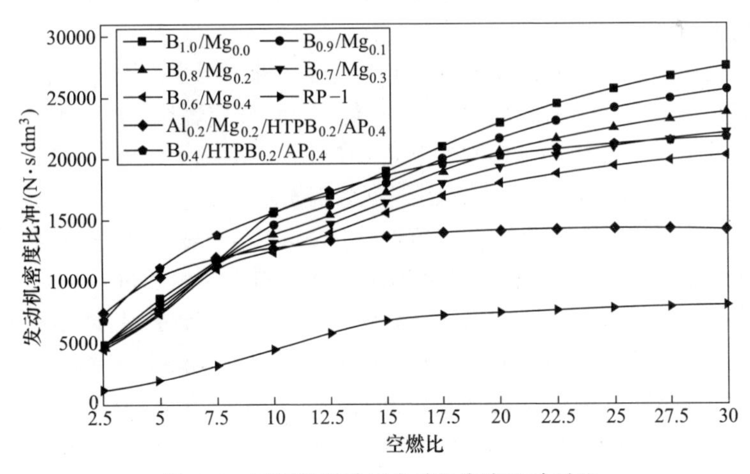

图 5-2　不同燃料冲压发动机密度比冲对比

从图 5-1 可以看出，在空燃比 2.5～30 的范围内，发动机理论比冲随着空燃比的提高而增大。在相同空燃比条件下，随着粉末燃料中镁含量的增

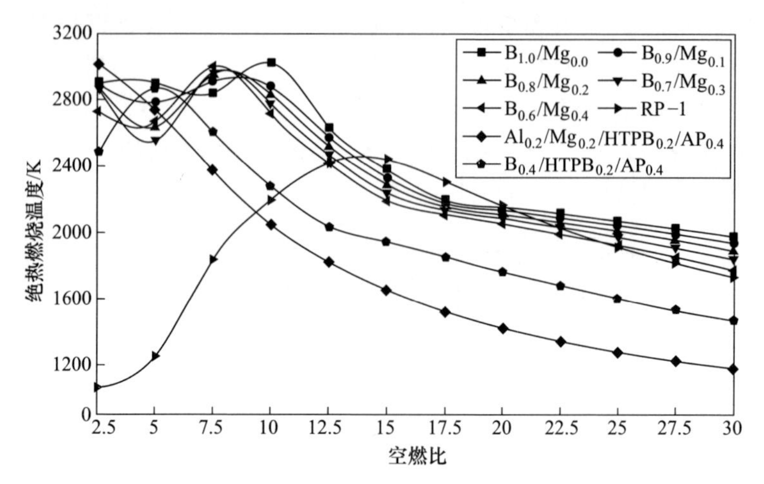

图 5-3 不同燃料绝热燃烧温度随空燃比的变化

加发动机理论比冲降低,即硼镁粉末燃料冲压发动机的比冲与粉末燃料中的镁含量成反比。当空燃比小于 8 时,不同镁含量下硼镁粉末燃料的比冲随空燃比提高会出现若干个拐点,这是因为空燃比很低时,镁和硼均不能完全燃烧,导致随着空燃比的提升不同样品的比冲变化趋势也不相同。直至空燃比增加到能够使粉末燃料完全燃尽,各样品理论比冲随空燃比的变化趋势才趋于稳定。

硼镁粉末燃料冲压发动机的理论比冲明显要高于以铝镁贫氧推进剂和含硼贫氧推进剂为燃料的固体火箭冲压发动机,以空燃比 20 为例,此时即便是镁含量 40%的硼镁粉末燃料,其 14581N · s/kg 的理论比冲也要高于含硼贫样推进剂(12023N · s/kg)和铝镁贫氧推进剂(8565N · s/kg)。随着空燃比的进一步提高,当空燃比超过 20 时,镁含量低于 30%的硼镁粉末燃料冲压发动机比冲将高于以 RP-1 为燃料的液体燃料冲压发动机。

从图 5-2 不同燃料冲压发动机密度比冲对比可以看出,硼镁粉末燃料冲压发动机的密度比冲要远高于以铝镁贫氧推进剂为燃料的固体火箭冲压发动机和以 RP-1 为燃料的液体燃料冲压发动机。类似地,当空燃比达到 20 左右,镁含量低于 30%的硼镁粉末燃料冲压发动机的密度比冲高于以含硼贫氧推进剂为燃料的固体火箭冲压发动机。由于 RP-1 密度仅为 0.78g/cm^3,因此其密度比冲较低。

对于冲压发动机来说,由飞行状态变化所引起的发动机空燃比变化是不可忽略的,从图 5-3 绝热燃烧温度随空燃比的变化趋势可以看出,当空燃比小于 20 时,硼镁粉末燃料冲压发动机燃烧室均能保持在 2000K 以上的较高温度,这对燃烧室内的火焰稳定和燃料的持续稳定燃烧具有积极作用。而 RP-1 则只在恰当比附近维持在较高温度,在其他空燃比下燃烧室温度迅速降低。铝镁贫氧推进剂和含硼贫氧推进剂也只在较小的空燃比范围内能维持较高的温度,随着空燃比的提高,其燃烧室温度也会快速降低,当飞行状态变化导致发动机空燃比发生较大变化时,有可能会导致燃料燃速变慢,甚至发动机熄火。因此从发动机燃烧室火焰稳定的角度来看,硼镁粉末燃料具有较大的优势。

通过以上分析可以看出,硼镁粉末燃料冲压发动机在发动机比冲性能和燃烧室工作稳定性方面均优于传统冲压发动机,而当镁的质量分数低于 0.3 时,发动机在比冲和密度比冲方面具有更为突出的优势,所以,初步选定硼镁粉末燃料中镁的添加量为质量分数在 0.3 以内。

5.1.2　粉末燃料制备

5.1.2.1　原料

硼单质主要以晶体硼和无定形硼两种同素异形体形式存在,其中晶体硼为灰色晶体,而无定型硼则为棕色粉末。其 SEM 照片分别如图 5-4 和图 5-5 所示。可以看出,晶体硼具有规则的结构,表面也更加平整。无定形硼颗粒粒度更小,主要由亚微米尺寸的微小颗粒硼聚团形成,颗粒表面更加不规则,具有非常大的表面积,能够有效地吸收能量。因此化学性质也更为活泼,更加适合作为燃料,相比晶体硼更易于点火和燃烧,在硼镁粉末燃料的制备中应尽量选择无定形硼粉。

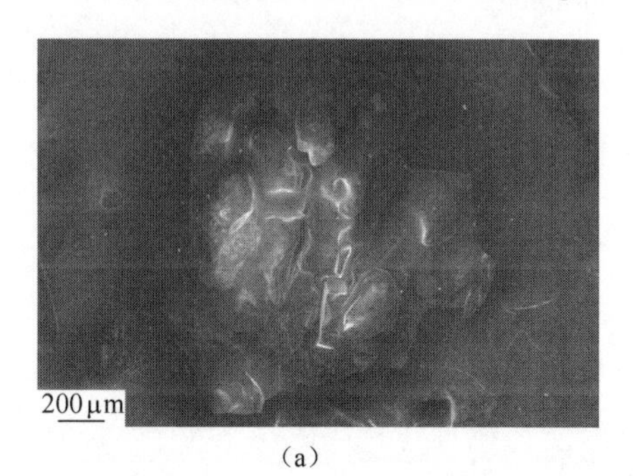

(a)

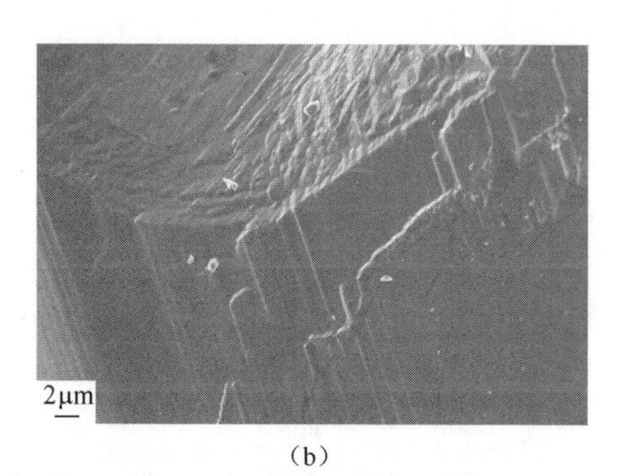

(b)

图 5-4　晶体硼 SEM 照片

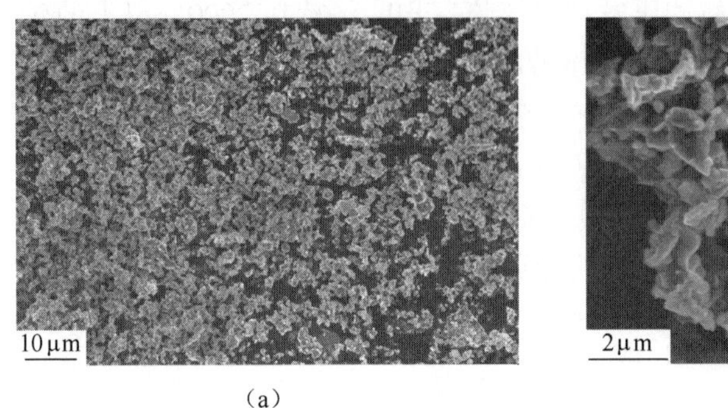

(a)

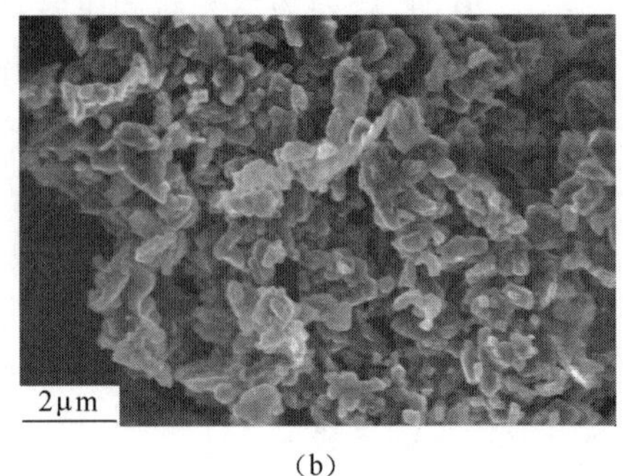

(b)

图 5-5　无定形硼 SEM 照片

由 Young 等的研究成果可知,当硼颗粒粒径大于 1μm 时,通过减小粒径的方法对提高硼的燃烧速率具有比较明显的作用;当硼颗粒粒径小于 1μm 时,继续减小粒径对燃速的提升效果已不再明显。因此,使用粒径较小的无定形硼粉作为粉末燃料的原料,该无定形硼粉购置于辽滨精细化工有限公司,其粒度分布如图 5-6 所示,平均粒径 $d_{0.5}$为 2.429μm,成分见表 5-4。

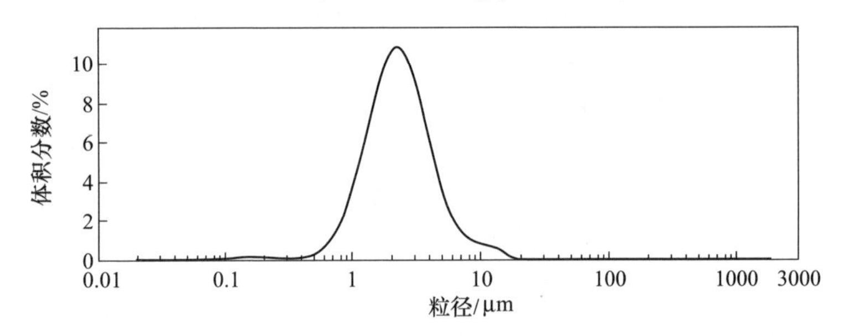

图 5-6　实验用无定型硼粒度分布

表 5-4　硼粉主要成分

成分	硼	水溶性硼	水	镁	其他
含量/%	96.22	0.48	0.24	1.46	2.6

实验中使用的镁粉购置于上海水田材料科技有限公司,纯度为 99.9%,镁颗粒 SEM 照片如图 5-7 所示,可以看出镁颗粒具有较高的球形度,且表面光洁。研究表明,镁在固态、液态与气态形式下与氧气发生反应的速率相差很大,镁在温度达到熔点或沸点后其氧化速率与熔化之前相比会突然增加。而考虑到环境参数相同,粒径越小,其比表面积越大,与气相热交换越迅速,

颗粒单位质量的热吸收量也就越多,颗粒升温越迅速,颗粒会很快达到沸点使气相反应发生的时间提前,进而有利于硼镁粉末燃料内硼的点火燃烧。硼镁粉末燃料制备中选择粒度25μm的镁粉作为硼镁粉末燃料的点火燃烧促进材料。图5-8为实验用镁颗粒粒度分布。

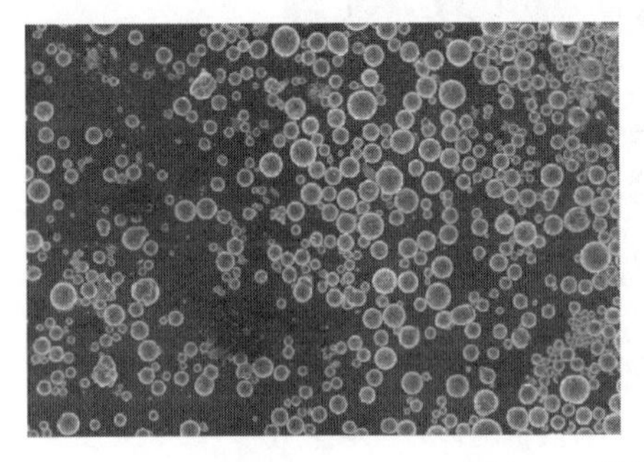
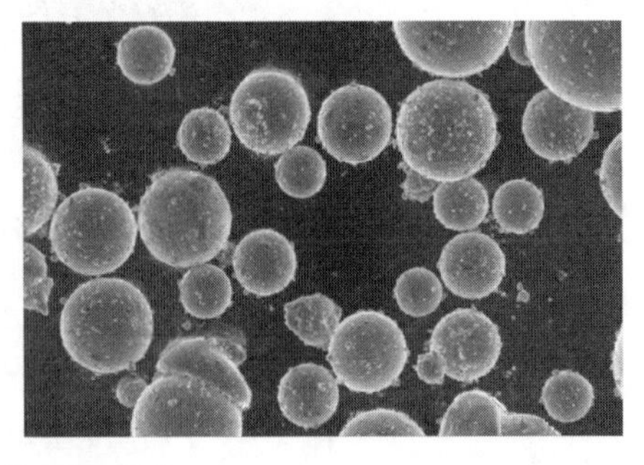

图5-7　镁颗粒SEM照片

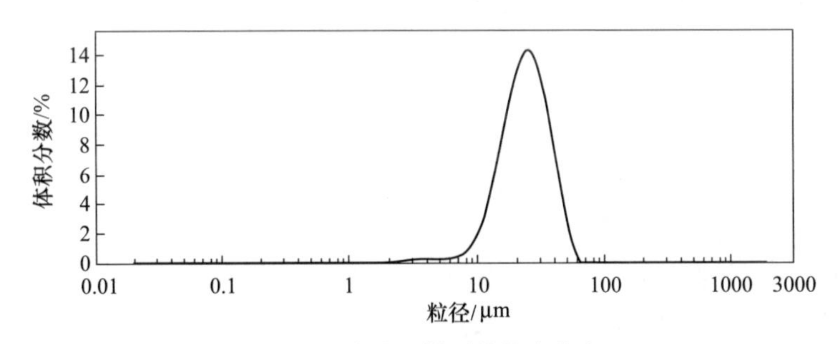

图5-8　实验用镁颗粒粒度分布

5.1.2.2　制备方法

在选定镁作为硼镁粉末燃料的改性材料及其含量之后,还需进一步确定硼镁粉末燃料内镁与硼的组合方式。这是因为硼和镁可以以 MgB_2 化合物、硼镁机械混合物及硼镁合金等形式存在,研究表明,通过机械混合的金属混合物相比其他存在形式能够在点火燃烧时表现出更高的活性。因而在后续研究中通过对小粒径的硼颗粒和镁颗粒进行机械混合的方式制备硼镁粉末燃料。

由于无定形硼颗粒表面粗糙、形状更加不规则,颗粒与颗粒之间的黏聚性影响也更为明显。而研究表明由无定形硼粉构成的悬浊液其内部硼颗粒可以在不需要胶黏剂的情况下依赖颗粒之间的黏聚性形成稳定的团聚颗粒,图5-9所示为相关文献中研究者通过干燥无定型硼粉的悬浊液所制备的团聚体,直径为2.5~3mm,其研究中使用的无定形硼粉粒径为1μm。因此我们也采用类似的制备无定型硼粉悬浊液的方法实现对小粒径无定形硼粉的团聚。

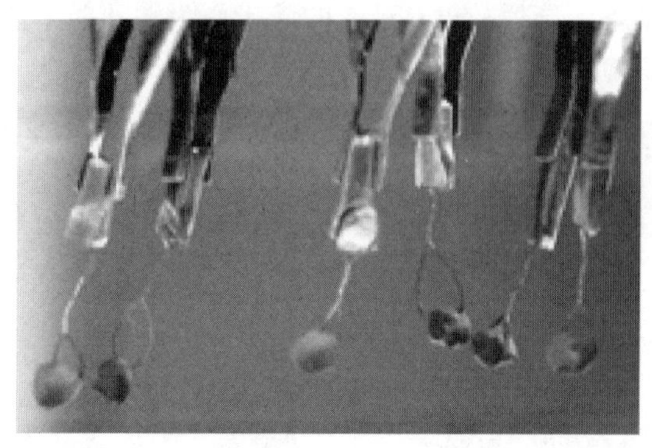

图5-9 干燥无定型硼粉悬浊液所制备的团聚体

结合以上分析,根据实验室现有条件及以往的粉末推进剂制备经验,我们提出一种利用无定形硼颗粒自身的黏聚性,采用机械搅拌及颗粒团聚的方法制备硼镁粉末燃料的方法。

采用该方法所制备的硼镁粉末燃料中,由于没有胶黏剂的加入,一方面可以有效提高硼镁粉末燃料内硼的含量;另一方面在进行硼镁粉末燃料燃烧的各项性能测试和研究时,能够在排除其他物质干扰的前提下获得镁对硼镁粉末燃料的影响。此外,依靠颗粒自身黏聚形成的团聚体内部存在一定的缝隙,如图5-10所示,在点火过程中,环境中的氧气可以扩散至团聚体

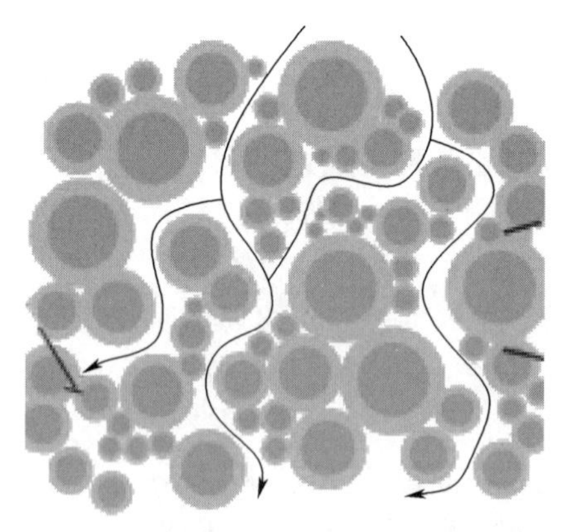

图5-10 团聚体内部气体扩散通道示意图

内部的颗粒表面,从而促进团聚体的点火过程;而在燃烧阶段,依靠颗粒自身黏聚性形成的团聚体则更容易离散成小颗粒进行燃烧,从而有利于能量的快速释放。

具体实验步骤如下:

(1) 首先将镁粉和硼粉按照一定的质量比放入乙酸乙酯溶液,表5-5给出了乙酸乙酯的物理性质,通过机械搅拌使溶液形成镁颗粒与硼颗粒的悬浊液。

表5-5 有机溶剂信息表

有机溶剂	分子式	沸点/℃	同H_2O的相对密度
乙酸乙酯	$C_4H_8O_2$	77.2	0.90

(2) 将悬浊液置于水浴环境并继续搅拌,水浴温度设置为65℃,低于乙酸乙酯的沸点,确保乙酸乙酯以较低的速率蒸发,从而有利于悬浊液内镁颗粒与硼颗粒的均匀混合。

(3) 继续搅拌直到悬浊液达到合适的湿度要求后,利用挤出滚圆法进行团聚造粒。

(4) 对造粒得到的团聚物在真空恒温箱内进行固化处理,恒温箱温度为80℃,以确保乙酸乙酯能够快速挥发,固化时间为48h。

(5) 最后对固化后的硼镁粉末燃料进行粒径筛分,获得粒径分别为40~61μm、98~125μm和150~200μm的硼镁粉末燃料。

采用上述方法依次制得镁含量为0、10%、20%、30%,镁粒径$d_{0.5}$为25μm的硼镁粉末燃料,如表5-6所示。

表5-6 硼镁粉末燃料样品列表

硼质量分数/%	镁质量分数/%	Mg粒径($d_{0.5}$)/μm
100	0	25
90	10	
80	20	
70	30	

5.1.3 硼镁粉末燃料物理性质

硼镁粉末燃料的制备中主要考虑了粉末燃料在粉末冲压发动机燃烧室内点火燃烧初期点火燃烧性能的改善以及堆积装填密度的提升。因此,首先从颗粒微观形貌和颗粒密度两个方面对各硼镁粉末燃料样品进行对比分析。

5.1.3.1 微观形貌

图 5-11(a)所示为团聚处理之前的原始硼粉,图 5-11(b)所示为团聚处理后的硼镁粉末燃料颗粒,可以看出,经过团聚处理的硼镁粉末燃料颗粒形状更为规则,具有一定的球形度,且颗粒之间的结块现象明显消失,颗粒之间黏性明显降低。

图 5-11 硼镁粉末燃料团聚处理前后对比

(a)团聚处理前;(b)团聚处理后。

图 5-11(b)中团聚体内部的局部结构进行放大,如图 5-12 所示。从团聚处理后的硼镁粉末燃料的 SEM 照片可以看出,团聚体内部大部分颗粒之间黏结得较为紧密,但仍存在着一定缺陷,部分颗粒内部出现了一些小的空洞。这主要是因为在机械混合过程中由于硼颗粒的形状不规则、粒径小造成颗粒之间相互干扰和干涉,阻碍颗粒形成最紧密堆积,使团聚体内部空隙率变大。

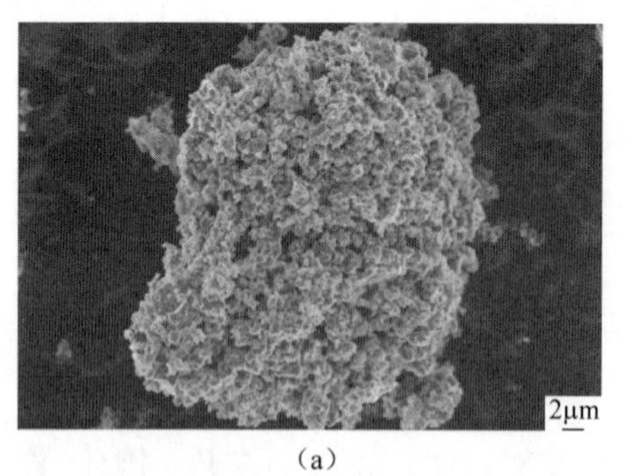

(a)

(b)

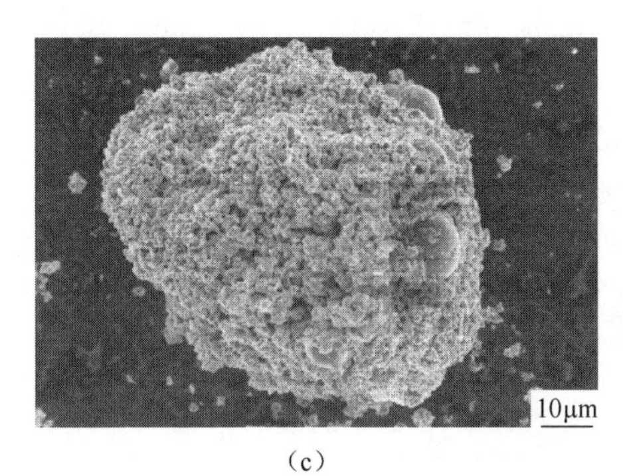

(c)

(d)

图5-12 团聚处理后硼镁粉末燃料SEM照片

(a)例1燃料;(b)例1燃料表面放大;(c)例2燃料;(d)例2燃料表面放大。

5.1.3.2 颗粒密度

固体颗粒的密度包括真实密度和堆积密度两种。对硼镁粉末燃料样品真实密度的测量结果如表5-7所示。

表5-7 硼镁粉末燃料样品真实密度

样品名称	B单质	Mg单质	100% B团聚	90% B团聚	80% B团聚	70% B团聚
真实密度/(g/cm^3)	2.37	1.74	2.04	1.96	1.90	1.84
理论密度/(g/cm^3)	2.37	1.74	2.37	2.307	2.244	2.181
孔隙率	—	—	0.139	0.150	0.146	0.156

堆积密度也叫装填密度,是指在温度一定的条件下,颗粒或者粉末状的固体物质装填入容积一定的容器中,通过称量装填前后容器的质量变化计算得到装填的粉末质量,再通过该质量和该容器的容积之比求得。

对于粉末燃料冲压发动机而言,粉末燃料的高装填率是实现发动机高体积比冲的基础。在发动机的工作过程中粉末燃料是在气流拖曳力的作用下从粉末燃料储箱中流出,处于振实状态的粉末燃料由于粉末相互之间作用力较大,不易流化输送,目前在粉末燃料冲压发动机的研究中,粉末燃料供应系统中的粉末燃料处于自由装填状态。因而我们在测量粉末燃料装填密度时以自由装填状态的粉末燃料为研究对象。

为更好地评估不同镁含量对粉末燃料装填密度的影响,我们先对96硼粉的自由装填密度进行了测量,测量结果显示其装填密度仅为$0.603g/cm^3$,装填率仅为0.258,远低于理想等径颗粒粉体的装填率

0.632。分析原因主要是无定形硼颗粒形状十分不规则,颗粒之间存在各种相互干扰导致的。

表5-8~表5-11给出了不同硼镁粉末燃料样品的装填密度和装填率,可以看出经过团聚处理后的硼镁粉末燃料装填率达到了0.4左右,比96B提升了50%左右。这一方面是因为搅拌团聚过程中增加了粉体之间的紧密程度;另一方面团聚后颗粒经过滚圆造粒过程也提高了硼镁粉末燃料的球形度[图5-11(b)]。

表5-8　镁含量0%时不同粒径下硼镁粉末燃料的装填密度

样品粒径/μm	40~61	98~125	150~200
堆积密度/(g/cm^3)	0.758	0.854	0.798
装填率	0.372	0.419	0.391

表5-9　镁含量10%时不同粒径下硼镁粉末燃料的装填密度

样品粒径/μm	40~61	98~125	150~200
堆积密度/(g/cm^3)	0.724	0.829	0.810
装填率	0.369	0.423	0.413

表5-10　镁含量20%时不同粒径下硼镁粉末燃料的装填密度

样品粒径/μm	40~61	98~125	150~200
堆积密度/(g/cm^3)	0.707	0.819	0.792
装填率	0.372	0.431	0.417

表5-11　镁含量30%时不同粒径下硼镁粉末燃料的装填密度

样品粒径/μm	40~61	98~125	150~200
堆积密度/(g/cm^3)	0.732	0.797	0.775
装填率	0.398	0.433	0.421

可以看出即便是相同镁含量的硼镁粉末燃料,其装填率也存在差异,主要体现在随粒径的变化上。图5-13给出了各硼镁粉末燃料样品装填率与粒径的关系随着粉末推进剂粒径从小到大的变化关系,装填率随粒径的增大先增大然后再减小,说明存在着一个合适的粒径使粉末燃料装填密度达到最大。对于本实验结果来说,使粉末推进剂颗粒装填密度达到最大的粒径为98~125μm。

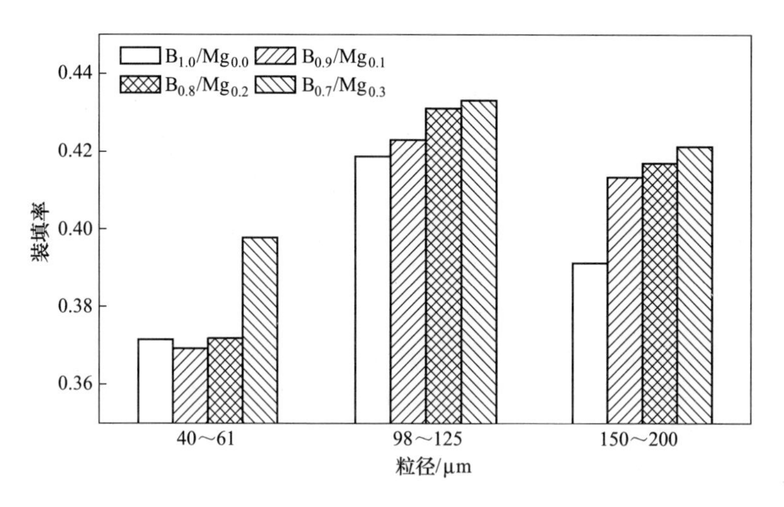

图 5-13　各硼镁粉末燃料样品装填率与粒径的关系

粉末燃料高效装填的相关研究表明，通过使用球形度更好的颗粒以及多级配粒径装填的方法能够有效提高粉末燃料的装填效率。相关文献通过理论分析了多级混合粉体中粒级组分数与装填率的关系，如图 5-14 所示。因此，对于本书中单一粒径装填率为 0.4 的硼镁粉末燃料，通过粒径多级级配的方法很容易实现 0.6 的装填率，这进一步验证了 5.1.1 节硼镁粉末燃料冲压发动机性能计算中假设粉末燃料装填率为 0.6 是合理的。

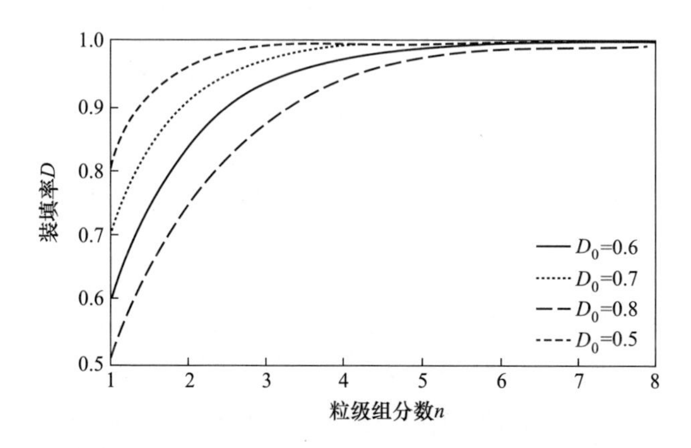

图 5-14　多级混合粉体中粒级组分数与装填率的关系

5.1.4 硼镁粉末燃料热氧化特性

5.1.4.1 热反应特性实验方法

本章热分析实验采用德国耐驰公司的TG/DSC同步热分析仪,该仪器能同时测量质量变化和放热率的变化。该同步热分析仪主要包括进排气系统、称重系统、加热与测温系统。进气部分包括3路,实验中总进气量控制为80mL/min,其中保护气流量控制为20mL/min用于保护天平免受各种腐蚀性物质的侵蚀,进气流量可根据实验要求进行调节。炉体加热方式为电加热,最高加热温度可达1800K,但受加热方式限制,系统最高升温速率为50K/min。在样品称量时采用瑞士Mettler公司生产的高精度分析天平,型号是Toledo AB135-s。

5.1.4.2 实验条件

实验样品依次为团聚处理获得的镁含量不同的硼镁粉末燃料样品及原始硼粉样品,环境压强0.1MPa、空气气氛,升温速率为20K/min。

为了保证实验的重复性,实验中各个样品用量均为(2±0.05)mg。在实验开始前首先通入一定时间气体,以吹除上次实验的残余气体,保证实验气氛的纯度。

为研究镁含量对硼镁粉末燃料热氧化特性的影响,对团聚处理获得的4种燃料样品进行编号,并分别命名为$B_{1.0}/Mg_{0.0}$、$B_{0.9}/Mg_{0.1}$、$B_{0.8}/Mg_{0.2}$和$B_{0.7}/Mg_{0.3}$,对应配方如表5-12所示。

表5-12 样品名称及配方

样品名称	$B_{1.0}/Mg_{0.0}$	$B_{0.9}/Mg_{0.1}$	$B_{0.8}/Mg_{0.2}$	$B_{0.7}/Mg_{0.3}$
质量分数	100%硼	90%硼、10%镁	80%硼、20%镁	70%硼、30%镁

5.1.4.3 实验结果分析

图5-15所示为各个硼镁粉末燃料样品TG曲线。由样品的TG曲线可以看出,不同样品的热氧化特性虽然存在一定差异,但总体上可以分为以下3个阶段:

第一阶段,$300K<T<1000K$,从加热开始到温度达到1000K之前,在这一阶段样品的增重速率变化缓慢。从图5-15中可以看出,在加热初期$B_{1.0}/Mg_{0.0}$和$B_{0.9}/Mg_{0.1}$的热重曲线表现出不同程度的失重过程,这主要是样品中吸附的水分挥发导致的,而对于样品$B_{0.8}/Mg_{0.2}$和$B_{0.7}/Mg_{0.3}$,由于其镁含量比较高,加热过程中镁氧化的增重速率要大于水分挥发的失重速率,所以

其热重曲线并未表现出失重过程。此后，在温度到达 1000K 之前，所有样品的热重曲线均呈现出缓慢上升趋势，这说明此时样品内存在一定程度的氧化反应，对比不同样品热重曲线上升速率，可以看出增重速率会随着样品中镁含量的增加而提高，由于镁的氧化过程为放热反应，因此，硼镁粉末燃料中镁的加入促进了加热初始阶段样品的氧化。但对比 $B_{0.8}/Mg_{0.2}$ 和 $B_{0.7}/Mg_{0.3}$ 的热重曲线，可以发现两个样品增重速率的差异并没有 $B_{0.9}/Mg_{0.1}$ 和 $B_{0.8}/Mg_{0.2}$ 的差异明显，但这并不能证明镁含量从 20%增加到 30%对硼镁粉末燃料氧化的促进作用要低于镁含量从 10%增加到 20%，这是因为热重实验中，样品往往是堆积在坩埚中，最先被氧化的是处于表面的颗粒，而处于样品中下部的颗粒难以与空气充分接触，氧化程度较低，最终表现为两个样品之间的增重速率差异不明显。这从另一个角度说明了随着热重实验的进行，样品 $B_{0.9}/Mg_{0.1}$、$B_{0.8}/Mg_{0.2}$ 和 $B_{0.7}/Mg_{0.3}$ 之间由镁含量不同导致的实验现象的差异会被缩小。

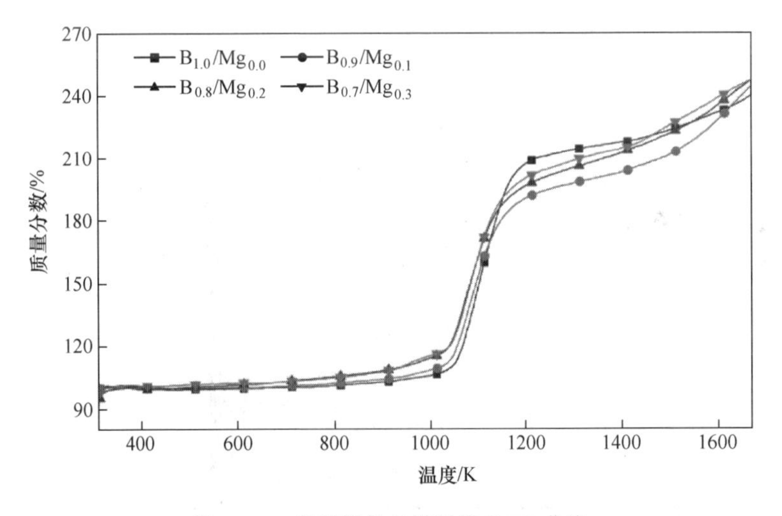

图 5-15　各硼镁粉末燃料样品 TG 曲线

第二阶段，1000K<T<1200K，这一温度区间内样品质量快速增加，这是因为随着温度的升高，样品与氧气的氧化反应速率会加快，最终表现为样品增重速率快速增加。但是随着温度的进一步升高，热重曲线会出现拐点，各个样品的增重速率降低，这是因为随着氧化反应的进行，样品中氧化产物的质量分数会逐渐增大，反应生成的氧化产物会覆盖在样品表面，从而阻止了样品的继续快速氧化。横向对比 4 组样品的热重曲线可以看出，各个曲线出

现拐点的温度各不相同,热重分析中将这一温度称为起始温度,起始温度可以利用热分析方法中常用的 TG-DTG 切线法求得,样品 $B_{1.0}/Mg_{0.0}$、$B_{0.9}/Mg_{0.1}$、$B_{0.8}/Mg_{0.2}$ 和 $B_{0.7}/Mg_{0.3}$ 热重曲线的起始温度依次为 1053.15K、1042.15K、1035.25K 和 1026.05K。图 5-16 给出了起始温度(表 5-13)随镁含量的变化曲线,从中可以看出随着样品中镁含量从 0 增加到 30%,热重曲线的起始温度从 1053.15K 下降到 1026.05K,这说明硼镁粉末燃料中镁的增加有利于提升样品在热重条件下的点火性能,降低其点火温度。从图 5-15 中相同温度下不同样品的质量变化率可以看出,温度 1130K 时样品 $B_{1.0}/Mg_{0.0}$的质量增加率会超过其他 3 个样品,这是因为虽然镁的加入能提升粉末燃料的氧化速率,但是由于镁的耗氧量较低(单位质量镁的耗氧量为 0.66,单位质量硼的耗氧量为 2.22),镁的加入降低了样品 $B_{0.9}/Mg_{0.1}$、$B_{0.8}/Mg_{0.2}$和 $B_{0.7}/Mg_{0.3}$的平均耗氧量,所以其增重率低于样品 $B_{1.0}/Mg_{0.0}$。

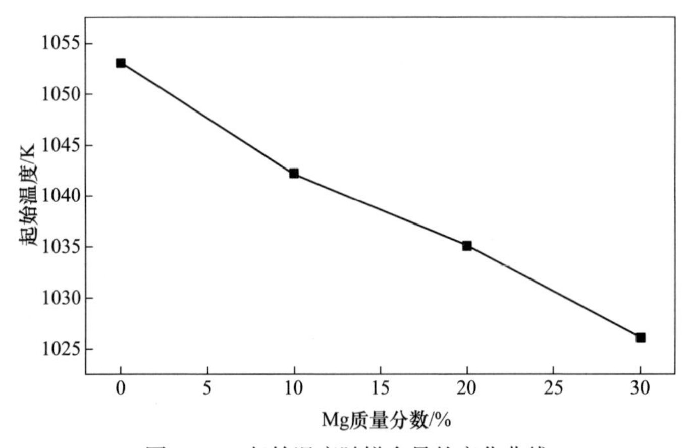

图 5-16 起始温度随镁含量的变化曲线

表 5-13 各样品起始温度

样品编号	1	2	3	4
起始温度/K	1053.15	1042.15	1035.25	1026.05

第三阶段,$T>1200$K,样品的增重速率的缓慢变化阶段。随着热重反应的进行,样品已经经历了较长时间的氧化,样品表面氧化产物也越来越厚,阻碍了内部颗粒与氧气的接触,最终导致化学反应速率越来越慢。值得注意的是,温度超过 1400K 之后,3 个含镁样品的热重曲线均出现了明显的增重速率加快现象,且其质量增加率都逐渐超过了不含镁样品 $B_{1.0}/Mg_{0.0}$。研

究表明，硼颗粒点火燃烧过程中表面的液体氧化硼（熔点为723K）是阻碍硼高效燃烧的主要原因，而此时含镁样品中镁氧化生成的固态氧化镁（熔点为3070K）沉积在颗粒表面，可以有效阻碍氧化硼液膜的形成速度，有利于样品中硼与氧气的接触，使硼的氧化率提升。表5-14给出了热重实验结束时各个样品的增重率，这说明，在热重实验的温度范围内，硼镁粉末燃料中镁的加入能提高样品中硼的氧化程度。

表5-14　各样品最终增重率

样品编号	1	2	3	4
最大增重率/%	140.46	145.13	147.86	147.40

图5-17所示为各个样品的DSC曲线，可以看出热重实验开始后，4个样品均表现为吸热过程，这是由样品中所吸附的水分蒸发导致的。此后，随着温度的上升，4个样品的DSC曲线都出现了比较明显的放热峰，由对应温度下的TG曲线分析可以推断放热峰的出现应该与样品的快速氧化有关。值得注意的是，随着加热温度的升高，在3个含镁样品，即$B_{0.9}/Mg_{0.1}$、$B_{0.8}/Mg_{0.2}$和$B_{0.7}/Mg_{0.3}$的DSC曲线中都依次出现了一小一大两个放热峰，在小的放热峰出现之前可以观察到明显的镁吸热熔化过程，镁的熔点为923K，研究表明，镁在熔化前后与氧气的表面反应速率会发生较大变化，因此可以推断小的放热峰的出现与镁的快速氧化有关。结合TG曲线的分析结果可以判断大的放热峰的出现与硼的氧化过程突然加速有关。横向对比含镁样品

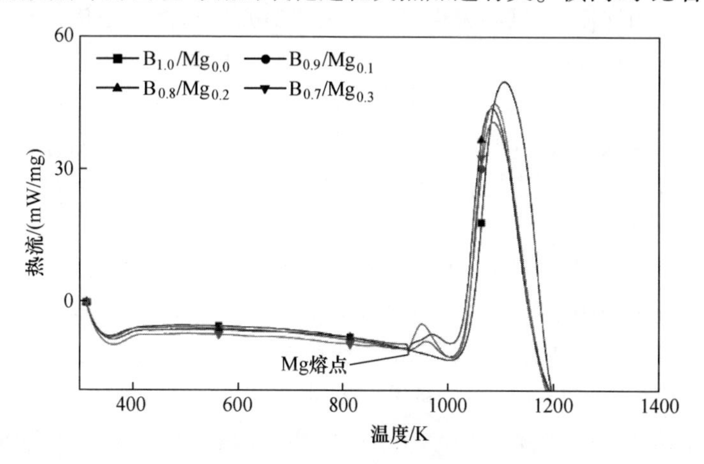

图5-17　各硼镁粉末燃料样品DSC曲线

与不含镁样品中硼快速氧化对应放热峰的出现时间，可以发现样品 $B_{0.9}/Mg_{0.1}$、$B_{0.8}/Mg_{0.2}$和 $B_{0.7}/Mg_{0.3}$中硼的快速氧化起点要早于样品 $B_{1.0}/Mg_{0.0}$，即镁的加入提前了硼的快速氧化起始时间。由于 DSC 曲线中放热峰所对应的面积代表了样品氧化过程的放热量，所以样品 $B_{1.0}/Mg_{0.0}$的累积放热量要大于样品 $B_{0.9}/Mg_{0.1}$、$B_{0.8}/Mg_{0.2}$和 $B_{0.7}/Mg_{0.3}$，这是因为镁的质量热值为 24.74kJ/g，明显低于硼的质量热值 57.96kJ/g，所以样品中镁的加入会导致硼镁粉末燃料热值的降低。

5.2 硼镁粉末燃料燃烧特性

5.2.1 燃烧实验装置及诊断方法

5.2.1.1 实验装置

金属颗粒燃烧研究中常用的燃烧器主要包括热重分析仪、激波管、激光点火器、平面燃烧器和高温燃烧系统等。热重分析仪加热速率较慢，一般情况下其升温速率最高只能达到数十摄氏度每分钟，常用于颗粒的热氧化特性研究。激波管与激光点火器虽然都能实现快速升温，但激波管内颗粒的运动难以控制，从而导致沿程采样难以实现且在线光学诊断难度较大。激光点火器虽然易于实现样品采集，但其点火燃烧机理与实际发动机环境下颗粒点火燃烧机理存在较大差异。平焰燃烧器虽然具有易于进行光学诊断和在线采样的优点，但其高温火焰区域主要由碳氢火焰与氧的燃烧维持，高温火焰区域面积较小，火焰与环境气氛存在较大的温度梯度和组分梯度，当颗粒运动离开火焰区域后，颗粒周围气氛的组分和温度都会发生较大变化，不利于颗粒点火燃烧机理的研究。高温燃烧系统具有炉内温度分布均匀、炉内气氛可调、易于实现在线光学诊断的优点，缺点在于炉内温度上限较低（1900~2100K）。

基于以上关于各种颗粒点火实验装置优缺点的分析，并结合粉末燃料冲压发动机内硼镁粉末燃料点火燃烧过程的特点，本文以高温燃烧系统为基础，设计并加工了图 5-18 所示的粉末燃料点火燃烧实验系统。该系统可较好地模拟粉末燃料冲压发动机燃烧室内冷态硼镁粉末燃料的点火燃烧过程，并且能够同时实现光学诊断和在线采样，可较好地应用于硼镁粉末燃料的点火燃烧研究。装置主要包括高温燃烧系统、粉末燃料供给系统、水冷系统等，以下对各个子系统分别进行介绍。

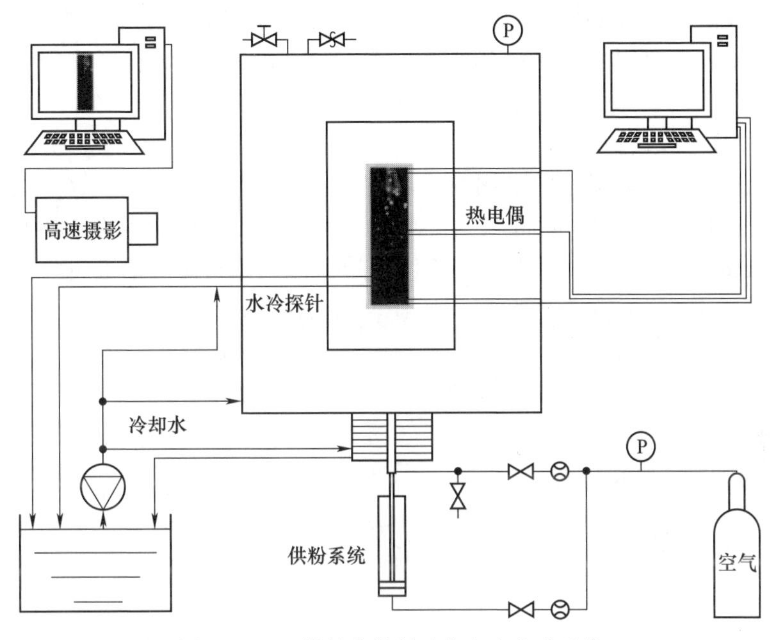

图 5-18　硼镁粉末燃料动态点火实验系统

1）高温燃烧系统

高温燃烧系统可实现炉内最高温度 1900K 长时间持续稳定工作，高温燃烧系统内气氛可通过接入不同气源进行调节，系统内压力通过压力传感器进行实时监测。在实验过程中，硼镁粉末燃料由炉子下底面中心处以一定初速度喷射进入高温区。炉内沿颗粒运动方向在高温区的不同高度处布置 B 型热电偶，以检测高温区不同高度的温度变化情况。

2）粉末燃料供给系统

粉末燃料供给系统的工作过程为，首先将实验样品放置于供粉系统上端的金属杆顶端，金属杆则一直处于冷却水的热防护状态下，此时颗粒初温可以近似为冷却水温度。实验开始时，对供粉系统气缸快速充气，利用其速度将粉末燃料弹射进入高温燃烧系统内。为保证实验重现性，每次动态点火燃烧实验中样品用量一致。而粉末燃料的弹射初速度可以通过调节进入气缸的气体流量进行调节。实验中可实现颗粒初速度 0~1.5m/s 范围内的调节。

3）水冷系统

水冷系统用于对高温燃烧系统和粉末燃料供给系统进行冷却，一方面防止实验过程中高温燃烧装置内的高温气体对实验装置造成损坏;另一方面通过对粉末燃料供给系统的冷却,能够确保硼镁粉末燃料在弹射进入高温燃烧装置之前不受高温燃烧装置内高温气体的影响。

5.2.1.2 诊断仪器

动态点火燃烧实验中采用的诊断仪器主要包含探针采样系统、高速摄影机。实验中采用 Phantom 公司的 Miro 340 高速摄像机拍摄粉末燃料的点火燃烧过程。实验中使用的 Miro 340 高速摄像机最高支持拍摄 800 帧/s 帧率的 2560 像素×1600 像素分辨率照片。硼镁粉末燃料动态点火燃烧实验中的具体拍摄参数为

分辨率:2560 像素×600 像素;

帧率:1000 帧/s;

曝光时间:10μs。

5.2.2 参数定义和实验工况列表

5.2.2.1 参数定义

为确保实验中获得真实有效的实验数据,实验中需要尽可能地保证样品颗粒输入参数的一致性,对于粉末燃料点火燃烧过程而言,其输入参数主要为镁含量和样品粒径,因此实验中要尽量避免粉末燃料相互黏结导致的初始粒径变化,即样品中的各个颗粒以独立的状态进入点火燃烧过程。实际研究中发现,在严格控制实验样品用量的情况下可以使样品中的各个颗粒在空间范围内相互独立,从而有效避免颗粒之间的相互黏结现象。这是因为样品内颗粒自身形状和粒径等存在差异,加之样品内颗粒之间的相互干涉导致颗粒在进入高温区域初期速度不一致,最终使颗粒运动过程中相对距离逐渐增大,从而在空间范围内相互独立。

与此同时,为了获得硼镁粉末燃料的最低点火温度,动态点火燃烧实验中采用逐步提高环境温度的方法进行研究,从而在获得硼镁粉末燃料最低点火温度的同时,得到不同环境温度下硼镁粉末燃料的点火延迟时间和燃烧时间。实验中通过高速摄像拍摄获得硼镁粉末燃料的点火燃烧过程的火焰形貌变化过程,通过图像处理获得硼镁粉末燃料的点火延迟时间 t_{ig} (ignition delay time)和燃烧时间 t_b (burning time)。

如图 5-19 所示,当粉末燃料颗粒由粉末供给系统末端喷出进入高温区域的瞬间认为点火开始,当颗粒群内部第一次发出亮光,即认为颗粒被点燃,此时间即为最短颗粒点火延迟时间,随后颗粒群内的颗粒会陆续被点

燃,此时连续记录多个颗粒的点火延迟时间。而颗粒燃烧时间的统计则相对复杂,对于粒径较大以及镁含量较低的团聚颗粒,其燃烧过程相对稳定,始终以单一颗粒形态进行燃烧,此时可通过颗粒追踪获得颗粒燃烧时间。而其他一些粒径较小或者镁含量较高的团聚颗粒,在点火燃烧过程中会进一步分散为众多小颗粒,此时燃烧时间通过统计崩散后燃烧区域内小颗粒完全燃烧所需要的时间而获得。

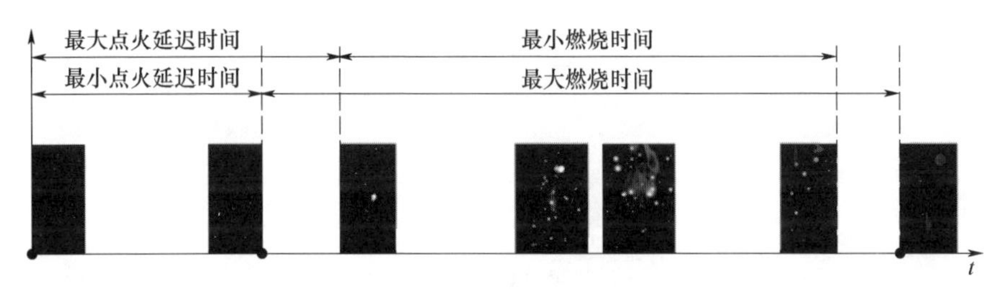

图 5-19 点火延迟时间和燃烧时间统计方法

5.2.2.2 实验工况列表

本章中所使用的硼镁粉末燃料以无定型硼粉为基体材料,通过添加镁粉改性和颗粒团聚,达到改善粉末燃料颗粒储存输运特性和提升点火燃烧性能的目的。硼镁粉末燃料粒径作为颗粒点火燃烧的重要输入参数,直接影响颗粒的温升速率,对于团聚颗粒,颗粒粒径还会影响到团聚物的孔隙率、比表面积等参数,造成不同粒径硼镁粉末燃料点火燃烧特性的不同。所以对团聚处理制备的硼镁粉末燃料样品进行粒径筛分,分别获得粒径 40~61μm、98~125μm 和 150~200μm 的实验样品。

表 5-15 详细给出了用于点火燃烧实验的粉末燃料样品。其中样品 1~样品 12 分别对应镁粒径($d_{0.5}$)为 25μm、镁含量为 0~30%的粉末燃料样品。

为保证实验的重现性,实验中主要控制参数见表 5-16。

5.2.3 点火燃烧过程分析

通过观察硼镁粉末燃料颗粒点火燃烧过程的火焰形貌演变历程,可以更直观地认识不同硼镁粉末燃料样品的点火燃烧特性。而通过火焰形貌特征的研究还能为硼镁粉末燃料点火燃烧机理分析奠定基础。对硼镁粉末燃料动态点火燃烧实验的结果进行系统性的分析总结,发现硼镁粉末燃料内镁含量、镁粒径及其自身粒径大小都会对其燃烧过程的火焰形貌特征造成影响。但不同样品点火燃烧过程中的火焰形貌演变历程总体可以分为两大

表 5-15　实验样品列表

样品编号	样品	样品粒径/μm	Mg 粒径($d_{0.5}$)/μm
1	$B_{1.0}/Mg_{0.0}$	40~61	25
2		98~125	
3		150~200	
4	$B_{0.9}/Mg_{0.1}$	40~61	
5		98~125	
6		150~200	
7	$B_{0.8}/Mg_{0.2}$	40~61	
8		98~125	
9		150~200	
10	$B_{0.7}/Mg_{0.3}$	40~61	
11		98~125	
12		150~200	

表 5-16　实验参数

环境温度/K	样品初速/(m/s)
1693	0.8~1.0

类:一类是以聚团状态进行燃烧的聚团火焰形态;另一类是在燃烧中表现出微爆(micro-explosion)现象的微爆燃烧火焰形态。下面将分别以硼镁粉末燃料燃烧过程中表现出的这两种火焰形态为出发点对其点火燃烧过程进行详细分析讨论。

5.2.3.1　聚团燃烧火焰

实验中共观察到两种类型的聚团燃烧的火焰形态:一种是以样品 $B_{1.0}/Mg_{0.0}$为代表的纯硼团聚物的聚团燃烧火焰形态;另一种是以含镁样品 $B_{0.8}/Mg_{0.2}$为代表的硼镁粉末燃料的聚团燃烧火焰形态。

图 5-20 给出了样品 $B_{1.0}/Mg_{0.0}$的火焰形貌演变历程。此类样品的特点是不含镁,完全由无定型硼团聚而成。

实验结果显示,对于粒径 40~61μm、98~125μm 和 150~200μm 的 $B_{1.0}/Mg_{0.0}$样品,点火燃烧过中火焰形貌的特征和演变历程基本相同。所以此处仅以 40~61μm 粒径的 $B_{1.0}/Mg_{0.0}$样品火焰形貌特征和演变历程为代表进行讨论和分析。图 5-20 实验中所使用的样品粒径为 40~61μm,虽然在严格控

图 5-20　$B_{1.0}/Mg_{0.0}$样品火焰形貌演变历程

制喷射样品质量的情况下能够保证样品内颗粒在空间离散开，但是从 $t=0$ms 和 $t=63$ms 可以看出，样品 $B_{1.0}/Mg_{0.0}$在喷射进入高温燃烧系统后还存在少量颗粒相互结团的现象。这是因为冷态样品进入高温区域后，在高温空气的对流加热和辐射加热下，样品温度迅速提高，样品内部硼颗粒表面覆盖的三氧化二硼开始熔化。由于液态三氧化二硼具有较大的表面张力和黏性，部分相互干涉的颗粒在表面张力和黏性的共同作用下逐渐聚集，最终导致样品 $B_{1.0}/Mg_{0.0}$内部分颗粒相互黏结形成较大颗粒（$t=63$ms）。

随着颗粒温度的进一步提高，部分样品会呈现出炽热状态并被率先点燃（$t=78$ms）。样品随之进入剧烈的燃烧状态。颗粒表面先呈现出明亮的绿色火焰（$t=118$ms），随后火焰强度会逐渐减弱（$t=218$ms），最终伴随着微弱火焰缓缓熄灭（$t=410$ms）。一般认为，硼燃烧过程中表现出的绿色火焰与硼燃烧的中间产物 BO_2 有关。

图 5-21 所示为通过图像处理提取出的样品 $B_{1.0}/Mg_{0.0}$点火燃烧过程中单个团聚颗粒的火焰形貌变化。研究表明，单颗粒硼在空气中燃烧表现出典型的两个燃烧阶段。第一阶段是在氧化层的包裹下颗粒缓慢升温，颗粒变得炽热发亮但随后又趋于熄灭的过程，随着颗粒温度的进一步提高，颗粒进入第二阶段燃烧，硼颗粒表面变得明亮且持续时间更长。但是图 5-21 中样品 $B_{1.0}/Mg_{0.0}$的燃烧过程中并未观察到这一典型现象，这是因为团聚物的初始粒径为 150~200μm，而由于部分颗粒之间的黏结作用，点火燃烧时实际

粒径甚至达到了 400~500μm,此时样品内包含了数百个甚至上千个无定形硼颗粒。在点火过程中团聚体内部的硼颗粒并不是同时点燃,颗粒与颗粒之间相互影响,最终造成团聚颗粒的点火机理与单个硼颗粒存在较大区别。

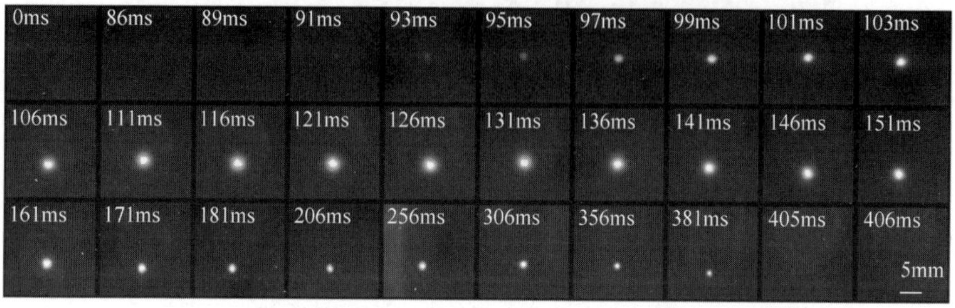

图 5-21　$B_{1.0}/Mg_{0.0}$样品点火燃烧过程中单个团聚颗粒的火焰形貌变化

从图 5-21 可以看出,团聚颗粒从冷态到逐渐发红发光的炽热状态需要经历较长时间升温过程。从开始点火($t=0$ms)到颗粒周围出现明显火焰($t=101$ms)共耗时 101ms,占到整个颗粒点火燃烧时间的 1/4,此时间即为团聚颗粒的点火延迟时间。随后伴随着明亮的绿色火焰颗粒进入剧烈燃烧状态($t=103$ms),在颗粒绿色火焰周围可以观察到微弱的黄色区域。由于硼在空气里燃烧的最终产物为氧化硼,而实验中环境温度为 1673K,远低于三氧化二硼的熔点 2338K,因此可以推断,这一微弱黄色区域的形成与反应最终产物三氧化二硼的凝结有关。颗粒燃烧中一般认为火焰锋面代表了颗粒燃烧反应区与环境气体的边界,所以此黄色区域内即为硼的燃烧反应区,黄色区域的边缘则对应团聚物燃烧的火焰锋面。

图 5-22 所示为以含镁样品 $B_{0.8}/Mg_{0.2}$(150~200μm)为代表的硼镁粉末燃料的聚团燃烧火焰形态演变历程。与样品 $B_{1.0}/Mg_{0.0}$焰形貌演变历程相似,这一类样品的火焰形貌特征也表现为聚团燃烧过程,但不同之处在于样品燃烧初期会有明亮的白色火焰。为进一步分析该样品的火焰形貌演变历程,对团聚颗粒进行追踪,通过图像处理技术获得单个团聚物的完整火焰形貌变化过程,如图 5-23 所示。为与图 5-21 中颗粒火焰形貌相对比,图 5-23 中颗粒也为初始粒径 150~200μm 的样品黏结形成,此时颗粒初始尺寸约为 500~700μm,稍大于图 5-21 中颗粒,颗粒初始几何形状为不规则多面体。与图 5-21 中火焰类型中的颗粒不同,由于样品含镁的缘故,此时颗粒在加热过程中并未出现图 5-21 中逐渐发光($t=89$ms)到炽热($t=99$ms)

的现象，而是伴随着强烈的白光（100～102ms）直接点燃并进入燃烧状态，这一特征与镁点火燃烧的特征相符合。而点火延迟时间占到整个颗粒点火延迟时间的大约 1/5，短于第一类火焰中的 1/4。可以看出镁的加入不仅对硼镁粉末燃料的点火过程的火焰形貌特征产生了影响，也对其火延迟时间产生了影响。

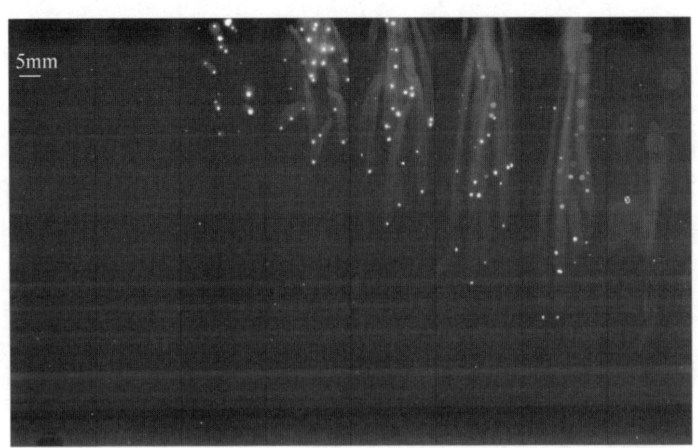

图 5-22　$B_{0.8}/Mg_{0.2}$样品火焰形貌演变历程

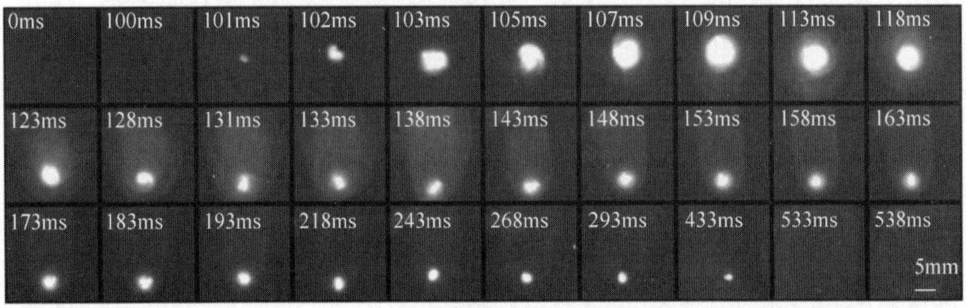

图 5-23　$B_{0.8}/Mg_{0.2}$样品点火燃烧过程中单个团聚颗粒的火焰形貌变化

随后颗粒进入剧烈燃烧状态，在此阶段内，硼镁粉末燃料经历了团聚体内部镁与空气的燃烧到团聚体内部镁和硼同时与空气燃烧的过渡阶段，而与此同时颗粒表面的强烈白色火焰也逐渐减弱并转变为绿色火焰。样品在燃烧初始阶段主要发生的反应为团聚物内镁和空气的燃烧。这是因为镁在空气中具有比硼更低的点火温度和更高的反应速率，在团聚物受热升温的过程中，镁会逐渐熔化、蒸发并从团聚物内部的缝隙逸出在颗粒表面附近发

生气相反应 $2Mg(g)+O_2(g)$ ══ $2MgO(s)$。加之反应生成的氧化镁熔点极高(3853K),为固相,燃烧产物气流不足以将其排走,故而在紧贴颗粒表面形成面积较大的白色火焰(103~118ms),此时火焰形貌受颗粒自身运动影响也比较大。随后由于颗粒自身温度的进一步提升以及团聚物内镁含量的降低,氧气得以扩散到团聚体表面与团聚物内的硼发生反应。随着硼逐渐进入燃烧状态,火焰颜色也逐渐发生变化(118~138ms),发出绿光。

由于团聚物含镁的缘故,相比样品 $B_{1.0}/Mg_{0.0}$ 所表现出的单颗粒燃烧状态(图 5-21),样品 $B_{0.8}/Mg_{0.2}$ 核心区域火焰亮度更高、尺寸更大。与此同时,在火焰锋面以内即颗粒燃烧的反应区内,样品 $B_{0.8}/Mg_{0.2}$ 的亮度也更高,说明其反应区内有更多的凝相产物生成。随后燃烧强度开始快速降低($t=$ 218ms),绿色火焰逐渐变成暗红色并最终随着硼颗粒的耗尽而熄灭($t=$ 538ms)。

5.2.3.2 微爆燃烧火焰

该类火焰形貌的演变历程主要以团聚物燃烧过程中表现出的微爆现象为主。典型样品是镁粉粒径为 25μm 的中小粒径(98~125μm、40~61μm)含镁样品 $B_{0.9}/Mg_{0.1}$、$B_{0.8}/Mg_{0.2}$ 和 $B_{0.7}/Mg_{0.3}$。

对于镁粉粒径为 25μm 的中小粒径(40~61μm)含镁样品 $B_{0.9}/Mg_{0.1}$,其点火燃烧过程的火焰形貌变化过程如图 5-24 所示。虽然样品燃烧过程也出现了象征硼燃烧的绿色火焰,但其火焰形貌演变历程与上述聚团燃烧火焰形貌(图 5-20 和图 5-22)截然不同。

样品喷射进入高温区域的初期即被点燃,样品的点火延迟时间大幅缩短。随着团聚物温度的继续升高,含镁样品内的镁颗粒率先被点燃,发生反应 $2Mg(s,l)+O_2(g)$ ══ $2MgO(s)$。由于液态镁和氧的反应速率很高,团聚物系统内热量不断累积并快速升温,样品内的镁达到过热极限,因此在燃烧过程中逐步表现出微爆燃烧现象,如图 5-24 所示,当 $t=45$ms 时,样品燃烧过程中相继出现的 3 次明显微爆现象(见图中 1~3)。在微爆燃烧现象的崩散作用下,团聚的粉末燃料样品得以快速离散,以更小的粒径进入燃烧状态。

在样品发生爆燃的初期其燃烧火焰就呈现出明显的绿色,这说明随着镁的爆燃,硼颗粒随即被点燃,并不存在明显的滞后,这与样品中使用的无定型硼粉粒径较小有很大关系。崩散后的颗粒在经过剧烈燃烧后也并不会马上熄灭,而是伴随着微弱的火焰逐渐熄灭。

通过以上分析可以看出,在硼镁粉末燃料的动态点火燃烧过程中,不同

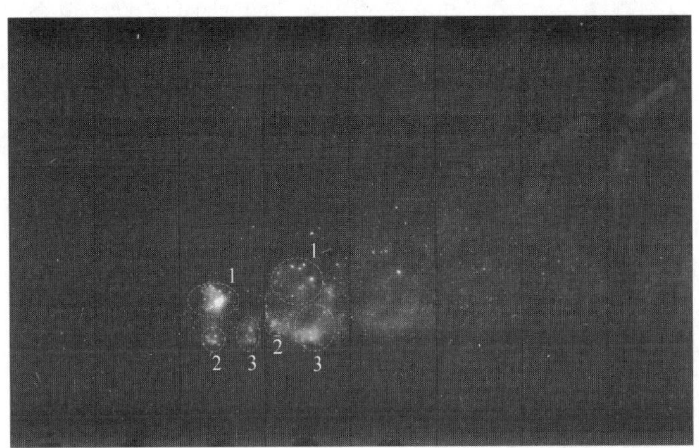

图5-24　$B_{0.9}/Mg_{0.1}$样品火焰形貌演变历程

样品之间由于镁含量、镁粒径和自身粒径的差异会产生截然不同的火焰形貌，即团聚燃烧火焰形貌和微爆燃烧火焰形貌。从能量释放的角度来看，聚团燃烧火焰代表缓慢的能量释放过程，而微爆燃烧则代表了快速的能量释放。而关于不同火焰形貌的分布规律及其形成机理将在后面的研究中详细讨论和分析。

5.2.4　点火延迟与燃烧时间

上节详细分析了硼镁粉末燃料在动态点火燃烧过程中所表现出的不同火焰形貌及其变化历程，为揭示硼镁粉末燃料的点火燃烧机理奠定了基础。然而，粉末燃料的点火延迟时间以及燃烧时间等才是定量评价硼镁粉末燃料点火燃烧性能的关键参数。因此，本节在对粉末燃料点火延迟时间和燃烧时间定量分析的基础上比较各参数对粉末燃料燃烧性能的影响。

5.2.4.1　点火延迟时间

在动态点火燃烧实验条件下，颗粒的点火延迟时间主要由颗粒自身温升速率决定，具体到硼镁粉末燃料，影响其温升速率的主要因素有粉末燃料表面氧化反应放热、蒸发潜热和颗粒外表面上的热传导、辐射换热以及颗粒尺寸大小（颗粒粒径）等。其中，颗粒表面氧化反应放热、蒸发潜热与硼镁粉末燃料内各组分的含量有关。而颗粒外表面上的热传导以及辐射换热与环境温度具有较大关系。因此，本节将在不同环境温度下条件分别从硼镁粉末燃料镁含量及颗粒粒径对各样品点火延迟时间影响的角度进行讨论分析。

由于影响硼镁粉末燃料点火延迟时间和燃烧时间的参数众多,在进行分析讨论时不可避免地存在变量之间的交叉。而样品粒径作为颗粒燃烧的重要参数,对颗粒的升温速率甚至点火燃烧机理都会产生较大的影响。因此,本书在硼镁粉末燃料点火延迟时间和燃烧时间的讨论中,将硼镁粉末燃料按样品粒径分为40~61μm、98~125μm 和 150~200μm 3 类。

1) 40~61μm 硼镁粉末燃料

图 5-25 所示为样品粒径 40~61μm 时,样品 $B_{1.0}/Mg_{0.0}$、$B_{0.9}/Mg_{0.1}$、$B_{0.8}/Mg_{0.2}$和 $B_{0.7}/Mg_{0.3}$的点火延迟时间随环境温度的变化曲线。

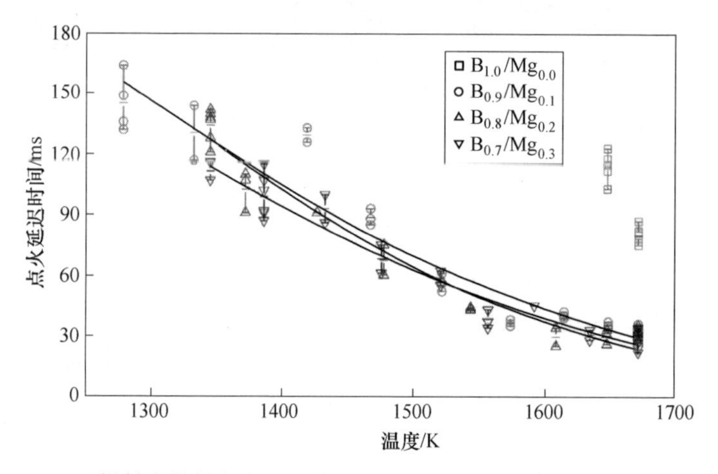

图 5-25 硼镁粉末燃料点火延迟时间随环境温度的变化关系(D=40~61μm)

从图 5-25 可以看出,含镁样品 $B_{0.9}/Mg_{0.1}$、$B_{0.8}/Mg_{0.2}$、和 $B_{0.7}/Mg_{0.3}$的点火温度明显低于不含镁样品 $B_{1.0}/Mg_{0.0}$的点火温度,其中含镁样品的点火时环境温度约为 1279~1346K,不含镁样品为 1649K。研究表明镁在空气中的点火温度为 923K,硼颗粒在空气环境中的点火温度为 1900K。相比之下,4 种样品的点火临界环境温度介于镁和硼的点火温度之间。值得注意的是,不含镁样品 $B_{1.0}/Mg_{0.0}$的点火临界环境温度约为 1640K,低于单颗粒硼的点火温度,这与团聚硼颗粒点火温度研究结果一致。

随着环境温度的提高,各含镁样品的硼镁粉末燃料点火延迟时间从 1279K 时的 132~164ms 缩短到 1673K 时的 26~38ms。而随着样品内镁含量的增加,样品点火延迟时间略有缩短,但不同镁含量样品之间差异不大。由于样品内镁的点火温度较低,因此镁含量较多的样品会率先被点燃。不含镁样品 $B_{1.0}/Mg_{0.0}$ 的点火延迟时间要明显大于 $B_{0.9}/Mg_{0.1}$、$B_{0.8}/Mg_{0.2}$ 和

$B_{0.7}/Mg_{0.3}$的点火延迟时间，当环境温度为 1649K 时，样品 $B_{1.0}/Mg_{0.0}$的点火延迟时间为 103～123ms，远大于含镁样品的 26～38ms。

当环境温度高于 1570K 以后，环境温度对含镁样品硼镁粉末燃料的点火延迟时间影响程度降低。可以认为硼镁粉末燃料的点火延迟时间服从指数分布，采用指数函数表达式对其拟合，可以得到硼镁粉末燃料点火延迟时间与环境温度的关系，见表 5-17。

表 5-17　硼镁粉末燃料点火延迟时间 t_{ig}与环境温度 T_g 的关系

样品	表达式	系数		
		a	b	c
$B_{0.9}/Mg_{0.1}$	$t_{ig} = e^{a+bT_g+cT_g^2}$	2.45327	0.00683	-3.75629×10^{-6}
$B_{0.8}/Mg_{0.2}$		5.47188	0.00287	-2.44003×10^{-6}
$B_{0.7}/Mg_{0.3}$		23.20446	−0.02137	6.08701×10^{-6}

2）98～125μm 硼镁粉末燃料

图 5-26 所示为样品粒径 98～125μm 时，样品 $B_{1.0}/Mg_{0.0}$、$B_{0.9}/Mg_{0.1}$、$B_{0.8}/Mg_{0.2}$和 $B_{0.7}/Mg_{0.3}$的点火延迟时间随环境温度的变化曲线。

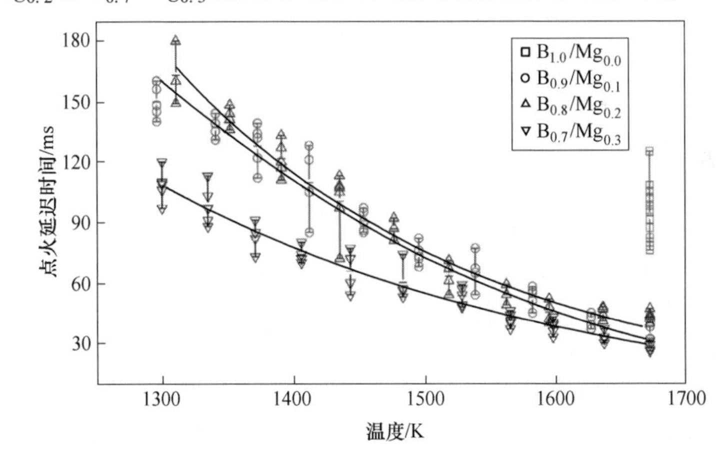

图 5-26　硼镁粉末燃料点火延迟时间随环境温度的变化关系（D=98～125μm）

含镁样品 $B_{0.9}/Mg_{0.1}$、$B_{0.8}/Mg_{0.2}$和 $B_{0.7}/Mg_{0.3}$的点火临界环境温度约为 1297～1312K，不含镁样品 $B_{1.0}/Mg_{0.0}$的点火临界环境温度约为 1649K。不含镁样品 $B_{1.0}/Mg_{0.0}$ 的点火延迟时间要明显大于 $B_{0.9}/Mg_{0.1}$、$B_{0.8}/Mg_{0.2}$ 和 $B_{0.7}/Mg_{0.3}$的点火延迟时间，当环境温度为 1679K 时，样品 $B_{1.0}/Mg_{0.0}$才能被点燃，此时其点火延迟时间为 76～125ms。

类似地，随着环境温度的提高，各含镁样品的硼镁粉末燃料点火延迟时间从 1297K 时的 97~180ms 缩短到 1673K 时的 26~47ms。

对于粒径 98~125μm 的硼镁粉末燃料而言，温度为 1300K 时，样品 $B_{0.7}/Mg_{0.3}$的点火延迟时间为 97~120ms，样品 $B_{0.8}/Mg_{0.2}$为 140~160ms，而样品 $B_{0.9}/Mg_{0.1}$为 149~180ms。可以发现样品 $B_{0.7}/Mg_{0.3}$的点火延迟时间要明显短于样品 $B_{0.9}/Mg_{0.1}$和 $B_{0.8}/Mg_{0.2}$，但是随着环境温度的上升，这一差距会逐渐缩小，环境对含镁样品点火延迟时间的影响程度降低。

同样地，采用指数函数对其点火延迟时间与环境温度进行拟合，关系见表 5-18。

表 5-18　硼镁粉末燃料点火延迟时间与环境温度的关系

样品	表达式	系数		
		a	b	c
$B_{0.9}/Mg_{0.1}$		2.03701	0.0079	-4.31778×10^{-6}
$B_{0.8}/Mg_{0.2}$	$t_{ig} = \mathrm{e}^{a+b}T_{g} + cT_{g}^{2}$	11.32379	-0.00519	3.49604×10^{-6}
$B_{0.7}/Mg_{0.3}$		11.19425	-0.00497	3.7758×10^{-7}

3）150~200μm 硼镁粉末燃料

图 5-27 所示为样品粒径 150~200μm 时，样品 $B_{0.9}/Mg_{0.1}$、$B_{0.8}/Mg_{0.2}$和 $B_{0.7}/Mg_{0.3}$的点火延迟时间随环境温度的变化曲线。

实验中发现对于粒径 150~200μm 的样品 $B_{1.0}/Mg_{0.0}$，已无法在现有实验条件下记录到其完整的点火燃烧过程，因而只对含镁样品 $B_{0.9}/Mg_{0.1}$、$B_{0.8}/Mg_{0.2}$和 $B_{0.7}/Mg_{0.3}$进行该粒径下的讨论。此时，样品 $B_{0.9}/Mg_{0.1}$、$B_{0.8}/Mg_{0.2}$和 $B_{0.7}/Mg_{0.3}$的点火临界环境温度为 1277~1297K。

随着环境温度的提高，各含镁样品的硼镁粉末燃料点火延迟时间和环境温度关系也基本服从指数型函数的分布，采用指数函数对其点火延迟时间与环境温度关系进行拟合，关系见表 5-19。

表 5-19　硼镁粉末燃料点火延迟时间与环境温度的关系

样品	表达式	系数		
		a	b	c
$B_{0.9}/Mg_{0.1}$		1.70606	0.0077	-4.0477×10^{-6}
$B_{0.8}/Mg_{0.2}$	$t_{ig} = \mathrm{e}^{a+bT_{g}+cT_{g}^{2}}$	7.5806	-0.0012	-7.90765×10^{-7}
$B_{0.7}/Mg_{0.3}$		23.7146	-0.0226	6.33175×10^{-6}

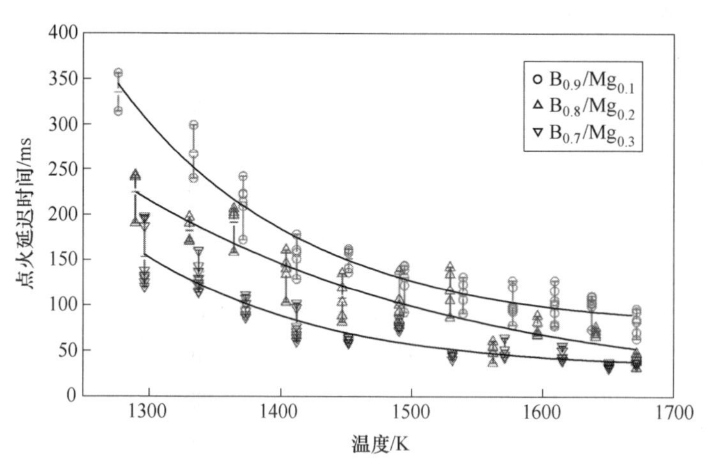

图 5-27 硼镁粉末燃料点火延迟时间随环境温度的变化关系(D=150~200μm)

类似地,随着样品内镁含量的提高,硼镁粉末燃料点火延迟时间会大幅缩短,且各样品在同一温度下的点火延迟时间差异明显。例如,当环境温度为 1300K 时,样品 $B_{0.9}/Mg_{0.1}$ 的点火延迟时间为 314~356ms,样品 $B_{0.8}/Mg_{0.2}$ 为 190~243ms,而样品 $B_{0.7}/Mg_{0.3}$ 为 120~198ms。

横向对比各个粒径下硼镁粉末燃料点火延迟时间的差异,图 5-28 给出了环境温度 1673K 时各样品点火延迟时间和样品粒径的关系。可以看出随着粒径的增大,颗粒点火延迟时间逐渐增加。但是对于不同的样品,粒径对

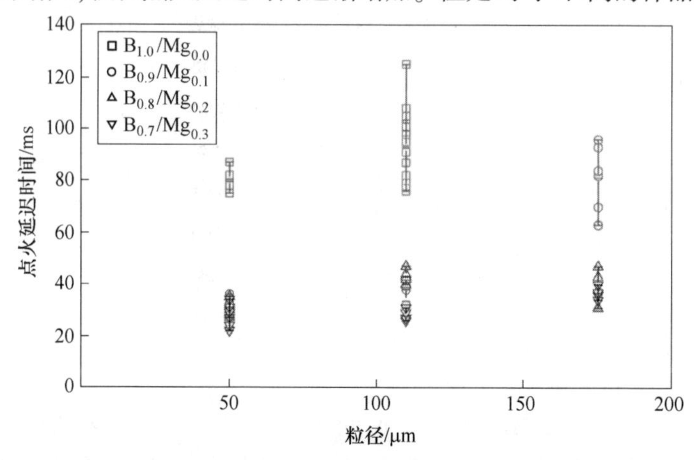

图 5-28 硼镁粉末燃料点火延迟时间随硼镁粉末燃料粒径的变化关系(T_g =1673K)

其点火延迟时间的影响程度差别很大。对于样品 $B_{1.0}/Mg_{0.0}$ 和 $B_{0.9}/Mg_{0.1}$，随着粒径的增大,其点火延迟时间增加明显;而对于样品 $B_{0.8}/Mg_{0.2}$ 和 $B_{0.7}/Mg_{0.3}$,其点火延迟时间受样品粒径影响并不是很大。

硼镁粉末在燃料点火过程中,样品的温升主要依赖与环境的对流换热 $h_c(T_g - T_p)$ 和辐射换热 $\sigma(T_g^4 - T_p^4)$,以及团聚体内部颗粒化学反应的热效应 $-\sum_{j=1}^{n} R_j \Delta H_{R,j}^{298}$ 。此时颗粒的温升速率可表示为

$$\frac{dT_p}{dt} \propto \left[-\sum_{j=1}^{n} R_j \Delta H_{R,j}^{298} + h_c(T_g - T_p) + \sigma(T_g^4 - T_p^4)\right] \Big/ \left(\frac{4}{3}\pi r_p^3\right) \tag{5-1}$$

不同样品之间由于镁含量的差异可能会导致团聚体内部化学反应热效应的较大差别,与对流换热和辐射换热对颗粒加热的作用机理不同。团聚体内部化学反应热效应可以使颗粒温度迅速提高,从而削弱粒径对颗粒温升速率的影响。

5.2.4.2 燃烧时间

5.2.4.1 节关于硼镁粉末燃料燃烧过程中火焰形貌的分析表明,硼镁粉末燃料点火燃烧过程中火焰形貌主要分为聚团燃烧火焰和微爆燃烧火焰两种。其中聚团燃烧耗时较长,不利于硼镁粉末燃料内能量的快速释放。而微爆燃烧则能够在较短的时间内完成燃烧,对发动机更为有利。因此本节关于硼镁粉末燃料燃烧时间的讨论中将结合样品对应的火焰形貌类型展开。

1）40~61μm 硼镁粉末燃料

图 5-29 所示为样品粒径为 40~61μm 时,硼镁粉末燃料的燃烧时间随环境温度的变化关系,并对各实验点的火焰形貌类型进行了分类。在实验温度范围内,样品 $B_{0.9}/Mg_{0.1}$、$B_{0.8}/Mg_{0.2}$ 和 $B_{0.7}/Mg_{0.3}$ 的燃烧时间受环境温度影响不大,这主要是因为硼颗粒一经点燃,颗粒温度会达到甚至超过硼的熔点 2450K,该温度要比实验条件下的环境温度高出很多,维持颗粒自身温度的热源来自颗粒的燃烧反应本身,所以环境温度的变化并不会对颗粒的燃烧过程造成很大影响。

不含镁样品 $B_{1.0}/Mg_{0.0}$ 的燃烧时间达到了 271~320ms,要明显大于含镁样品的燃烧时间(74~139ms)。这是因为含镁样品 $B_{0.9}/Mg_{0.1}$、$B_{0.8}/Mg_{0.2}$ 和 $B_{0.7}/Mg_{0.3}$ 在燃烧的初始阶段表现出了微爆现象,样品得以以更小粒径的颗

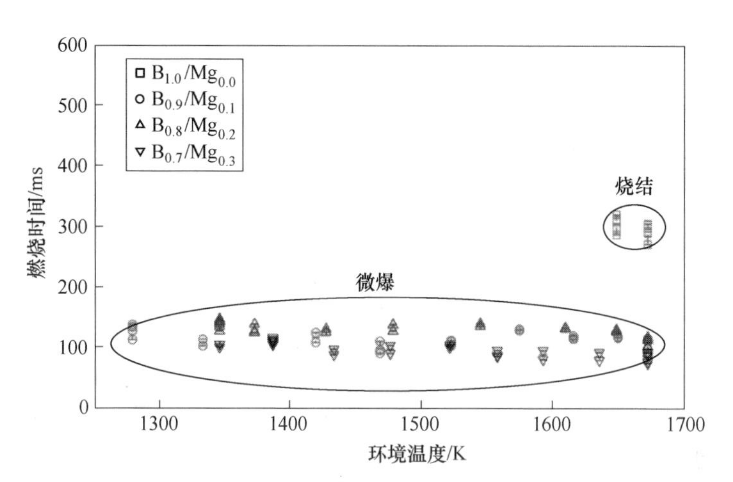

图 5-29　硼镁粉末燃料燃烧时间随环境温度的变化关系(D=40~61μm)

粒在空间范围离散开来,从而大大缩短了其燃烧时间。相同温度条件下,样品 $B_{0.7}/Mg_{0.3}$的燃烧时间相对最短,而样品 $B_{0.9}/Mg_{0.1}$和 $B_{0.8}/Mg_{0.2}$则略高,样品 $B_{0.9}/Mg_{0.1}$和 $B_{0.8}/Mg_{0.2}$之间相差不大。这是由于样品内硼含量差异导致的。

2) 98~125μm 硼镁粉末燃料

图 5-30 所示为样品粒径为 98~125μm 时,硼镁粉末燃料的燃烧时间随环境温度的变化关系。与 40~61μm 时类似,样品 $B_{0.9}/Mg_{0.1}$、$B_{0.8}/Mg_{0.2}$和 $B_{0.7}/Mg_{0.3}$的燃烧时间受环境温度影响不大。不含镁样品 $B_{1.0}/Mg_{0.0}$的燃烧时间要明显大于含镁样品的燃烧时间。不含镁样品的燃烧时间达到了 316~507ms。

而在含镁样品内,由于不同样品之间燃烧过程火焰形貌的差异,其燃烧时间也相差比较大。由于样品 $B_{0.9}/Mg_{0.1}$的燃烧火焰为聚团火焰,因而燃烧时间最长,为 183~234ms。样品 $B_{0.8}/Mg_{0.2}$处于两种火焰形貌的过渡阶段,其燃烧时间为 148~195ms。而样品 $B_{0.7}/Mg_{0.3}$由于发生微爆燃烧的原因,燃烧时间最短,为 145~177ms。此外,从图 5-30 中看出,对于发生微爆燃烧的实验样品品说,其燃烧时间的分布也更为集中。这主要是由于微爆后产生的小粒径颗粒燃烧时间差异不大导致的。

3) 150~200μm 硼镁粉末燃料

图 5-31 所示为样品粒径为 150~200μm 时,硼镁粉末燃料的燃烧时间随环境温度的变化关系。

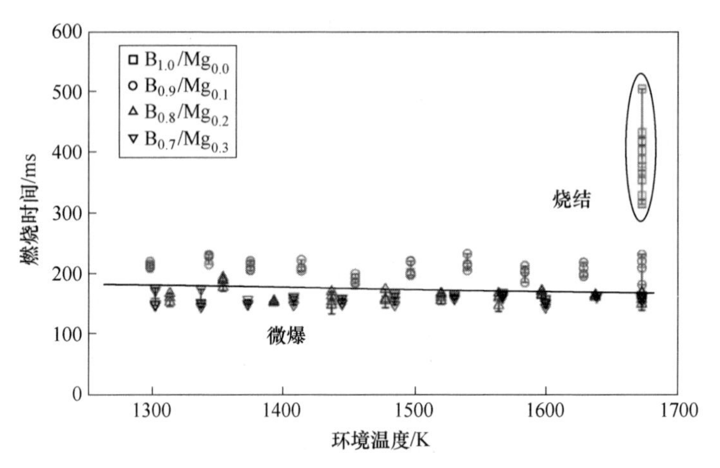

图 5-30 硼镁粉末燃料燃烧时间随环境温度的变化关系($D=98\sim125\mu m$)

由于受到样品粒径较大的影响,此时各实验点处的燃烧时间分布产生很大变化。具体表现为同一实验点处样品燃烧时间的分布更加分散,燃烧时间跨度更大。其中样品 $B_{0.9}/Mg_{0.1}$为 360~569ms,样品 $B_{0.8}/Mg_{0.2}$为 203~405ms,而样品 $B_{0.7}/Mg_{0.3}$为 113~341ms。图中虚线表示微爆燃烧和聚团燃烧的分界线。此时样品 $B_{0.9}/Mg_{0.1}$和 $B_{0.8}/Mg_{0.2}$都表现为聚团燃烧火焰形态,但由于样品 $B_{0.8}/Mg_{0.2}$中硼含量较低的缘故,其燃烧时间要相对较短。虽然此时样品 $B_{0.7}/Mg_{0.3}$的燃烧时间最短,在燃烧过程中也能表现出一定的微爆燃烧现象,但由于微爆强度较弱,对粉末燃料燃烧时间缩短的效果有限。

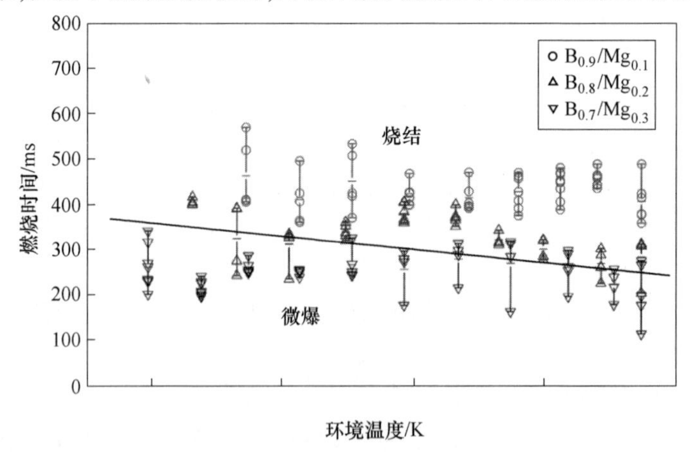

图 5-31 硼镁粉末燃料燃烧时间随环境温度的变化关系($D=150\sim200\mu m$)

图 5-32 给出了环境温度为 1673K 时各样品燃烧时间和样品粒径的关系,可以看出随着粒径的增大,颗粒燃烧时间逐渐增加。对于某一给定的样品,当其粒径比较小时,燃烧过程中易出现微爆现象,此时样品的燃烧时间分布相对集中。随着样品粒径的增大,燃烧过程会发生由微爆燃烧到聚团燃烧的过渡,从而使样品燃烧时间延长,同一粒径下的燃烧时间分布范围也更广。

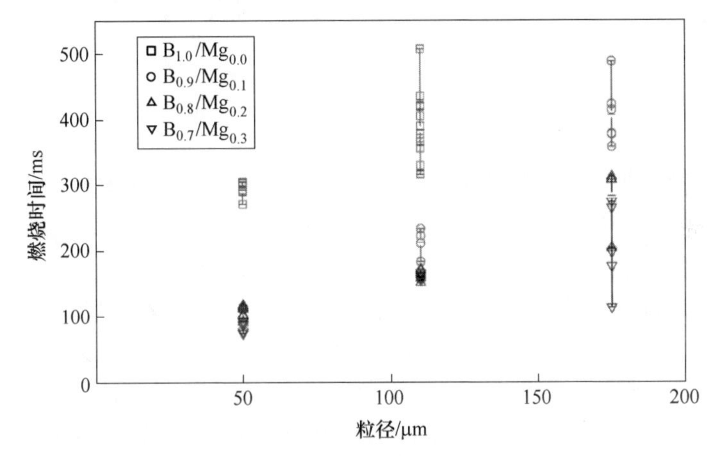

图 5-32　硼镁粉末燃料燃烧时间随硼镁粉末燃料粒径的变化关系(T_g = 1673K)

第6章 粉末发动机中的应用

粉末发动机燃烧室是粉末推进剂燃烧的主要场所,粉末推进剂燃烧性能决定了燃烧组织方式、燃烧室结构和尺寸参数。然而粉末发动机燃烧室中存在复杂的两相湍流流动,理论计算往往无法准确预测粉末推进剂燃烧性能,对发动机设计造成了一定的难度。随着计算机技术的发展,计算流体力学(CFD)方法在发动机燃烧室设计和性能研究领域应用越来越成熟。因此,基于粉末推进剂燃烧理论和模型,通过计算流体力学方法预计可以良好预测粉末推进剂在发动机环境下的流动和燃烧特性,获得粉末发动机性能影响规律,为粉末发动机设计提供指导。

粉末发动机主要分为两类:一种是同时携带粉末燃料和氧化剂(粉末、气体或液体)的粉末火箭发动机,如铝/高氯酸铵(Al/AP)粉末火箭发动机、Mg/CO_2 粉末火箭发动机等;另一种是只携带粉末燃料而以来流空气作为氧化剂的粉末冲压发动机,如 Al 基粉末冲压发动机。本章接下来将以这三种发动机为例,介绍不同粉末燃料燃烧理论在相应发动机中的应用。

6.1 铝/高氯酸铵粉末火箭发动机

Al/AP 粉末火箭发动机一般为典型的双组元粉末火箭发动机,氧化剂和燃料均为粉末。典型燃烧室结构如图 6-1 所示,主要由燃料入口、氧化剂入口、燃烧室、扰流环和喷管组成。燃烧室头部为两个环形入口,燃料 Al 粉末由中心环形入口喷入,氧化剂 AP 粉末从外环形入口喷入,内外环形入口母线间有 30°夹角,使 Al 粉末和 AP 粉末两股射流间发生互击,而实现较好的掺混。为了提高燃烧效率,可在燃烧室中部设置扰流环,为了避免发动机内过量的沉积,粉末发动机内扰流环不宜有太大角度的转折。因此,扰流环采用了收缩扩张型结构，收缩角和扩张角均设计为 30°，转折处都经过圆角平滑过渡。

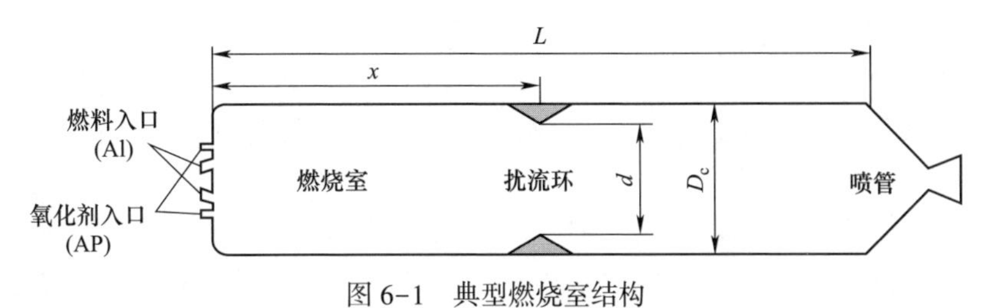

图 6-1　典型燃烧室结构

Al/AP 粉末火箭发动机工作时存在复杂的气固两相燃烧流动现象，AP 颗粒在大约 422K 开始发生分解反应，低于金属 Al 颗粒的着火点 923K。因此，进入燃烧室后 AP 颗粒率先分解，产生大量氧化性气体。而金属 Al 颗粒经流化气裹挟进入燃烧室后，在氧化性气氛中经历了离散、气固掺混、预热、着火、表面反应和蒸发燃烧等过程，并且这些过程相互耦合，对发动机工作性能具有明显影响。因此，本节基于第二章铝颗粒在燃气气氛下的燃烧模型，通过数值模拟方法研究了 Al/AP 粉末火箭发动机燃烧室内的燃烧流动特性，并研究了扰流环的影响规律。计算工况如表 6-1 所示。

表 6-1　计算工况表(一)

工况编号	扰流环有无	通径 d/mm	ε_d①	头部距离 x/mm	ε_x②
1	无	65	1	—	—
2	有	55	0.846	150	0.5
3	有	49	0.754	150	0.5
4	有	45	0.692	150	0.5
5	有	41	0.631	150	0.5
6	有	35	0.538	150	0.5
7	有	45	0.692	90	0.3
8	有	45	0.692	120	0.4
9	有	45	0.692	195	0.65
10	有	45	0.692	240	0.8

说明：

①ε_d 为扰流环通径与燃烧室内径之比；

②ε_x 为扰流环距头部距离与燃烧室圆柱段长度之比。

6.1.1 燃烧室流场分析

图 6-2 所示为有无扰流环时 Al 颗粒的运动轨迹。由图可知,未添加扰流环时(工况 1)Al 颗粒大部分集中在燃烧室中心区域;添加扰流环后(工况 4)部分 Al 颗粒向壁面靠近,并与壁面发生碰撞,在扰流环附近由于燃烧室横截面积减小燃气和颗粒的流动速度明显增加(图 6-3),颗粒存在一定的聚束效应。虽然部分颗粒的轨迹增长,但由于整体颗粒速度明显提升,颗粒在燃烧室的平均滞留时间发生了减小:工况 1 和工况 4 颗粒的平均滞留时间分别为 45.6ms 和 38.6ms。

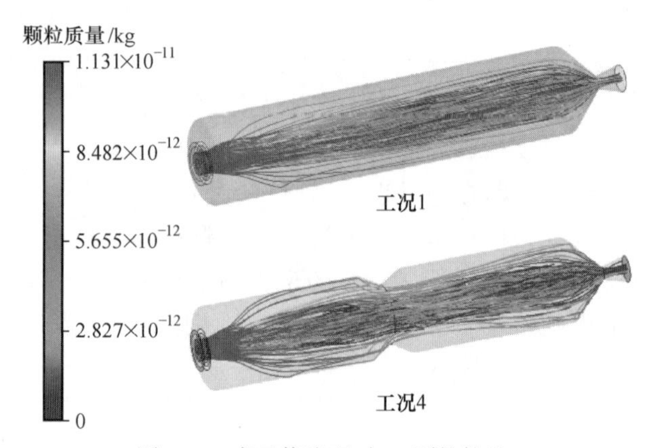

图 6-2　有无扰流环时 Al 颗粒轨迹

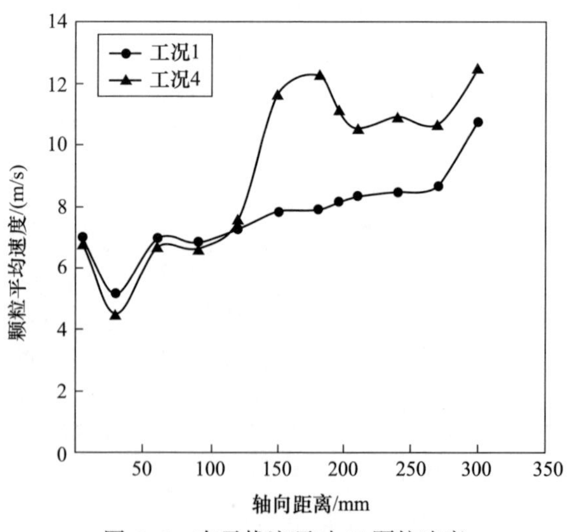

图 6-3　有无扰流环时 Al 颗粒速度

图6-4和图6-5所示分别为有无扰流环时Al颗粒与AP分解产生的O_2和H_2O的平均掺混度随轴向位置的变化。由图6-4和图6-5可知，Al颗粒与O_2和H_2O的平均掺混度大致相当，说明气固掺混度主要由颗粒的离散分布决定。由于颗粒惯性较大，颗粒在燃烧室中部以前掺混均匀性较差，

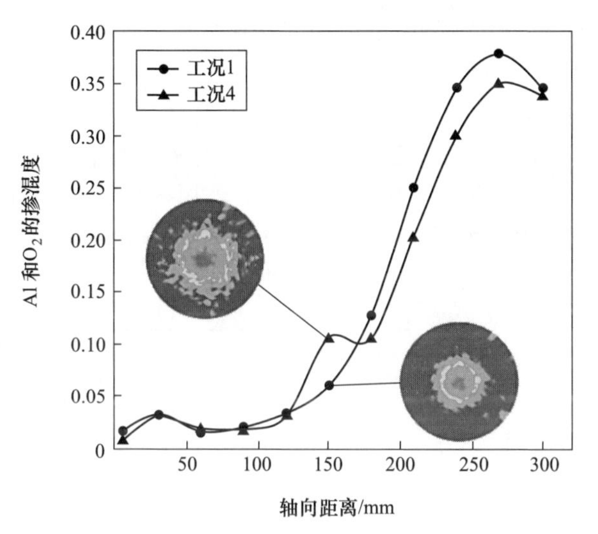

图6-4　有无扰流环时Al和O_2的掺混度

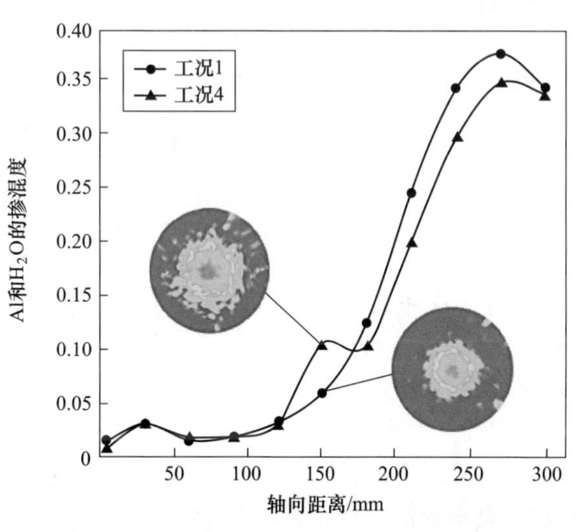

图6-5　有无扰流环时Al和H_2O的掺混度

在燃烧室中后部,在湍流等作用下颗粒逐渐离散开,实现较好的掺混。总的来说,由于颗粒惯性较大,粉末火箭发动机掺混水平较低,完全掺混距离较长。因此,实现颗粒和气相的均匀掺混是提高粉末火箭发动机工作性能的重要方法。

由图 6-4 和图 6-5 可知,通过添加扰流环可以明显提高扰流环附近的气固掺混度,但由于扰流环对固体颗粒存在明显的聚束效应,扰流环后方一定范围内的气固掺混度反而小于无扰流环状态。

图 6-6 和图 6-7 所示分别为有无扰流环时颗粒的雷诺数和努赛特数随轴向的变化曲线。由图 6-6 和图 6-7 可知,添加扰流环之后,流场中气流速度显著提升,流场和颗粒的流速差明显增大,从而导致颗粒雷诺数和颗粒努赛特数明显增加,颗粒和气相间的传热明显加强。

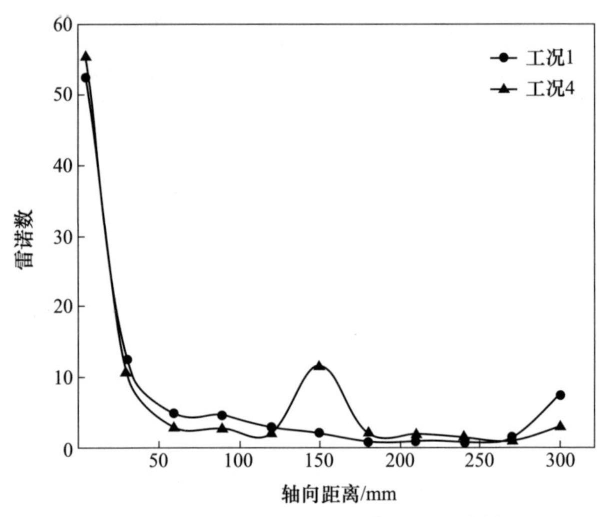

图 6-6 有无扰流环时 Al 颗粒的雷诺数

图 6-8 所示为有无扰流环时燃烧室温度 T 和颗粒温度 T_p 对比图。由图 6-8 可知,燃烧室的高温区域主要分布于燃烧室中后部区域,这个区域基本和掺混较好的区域基本吻合,进一步验证了气固两相良好掺混对发动机工作性能提升的重要性。结合图 6-2 和图 6-8 可知,Al 颗粒和 AP 颗粒以 300K 的初温分别从内外环形入口喷入燃烧室,随后从燃烧室的高温环境中吸收热量,颗粒温度逐渐提高。在距燃烧室头部大约 20mm 的位置,AP 颗粒温度提升至 422K 以上时,AP 颗粒率先发生分解反应,分解产物在距燃烧室头部大约 30mm 的互击点位置和 Al 颗粒发生局部掺混燃烧,但由于掺混度

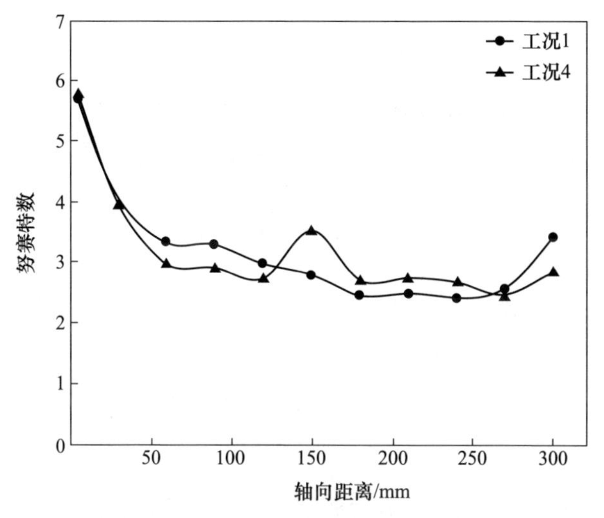

图 6-7　有无扰流环时 Al 颗粒的为努塞特数

有限,只有一部分颗粒被点着并燃烧释放出大量的热量,这些热量也大部分被未燃的 Al 颗粒吸收,Al 颗粒平均温度上升至 1000K 左右,蒸发产生少量的 Al 蒸气,因此,流场最高温度略微下降,总体处于较为缓慢的燃烧过程。在距离燃烧室头部大约 60mm 的位置,湍流的作用逐渐体现出来,气固掺混度开始迅速上升,大部分的 Al 颗粒开始发生较为剧烈的燃烧,最终在燃烧室中后部流场最高温度上升至约 3900K。

对比分析图 6-8(a)和图 6-8(b)可知,工况 4 通过在距头部 150mm 的位置添加扰流环,一方面提高了附近的 Al 颗粒掺混度;另一方面加强了颗粒和气相间的换热,使扰流环附近的 Al 颗粒蒸发燃烧得更加剧烈。相比工况 1,工况 4 的燃烧室尾部平均温度大约提高了 380K。

工况 1 对应的特征速度燃烧效率 η_c 为 70.82%;工况 4 对应的特征速度燃烧效率 η_c 为 80.35%,比工况 1 提高了 9.53%。因此,通过添加扰流环可以提高 Al/AP 粉末火箭发动机的燃烧效率。

6.1.2　扰流环通径的影响

图 6-9 统计了不同扰流环通径比对扰流环最小通径处的气固掺混度的影响。由图 6-9 可知,扰流环通径越小,颗粒与 O_2 和 H_2O 的掺混度越大,越有利于颗粒和气相间发生反应。

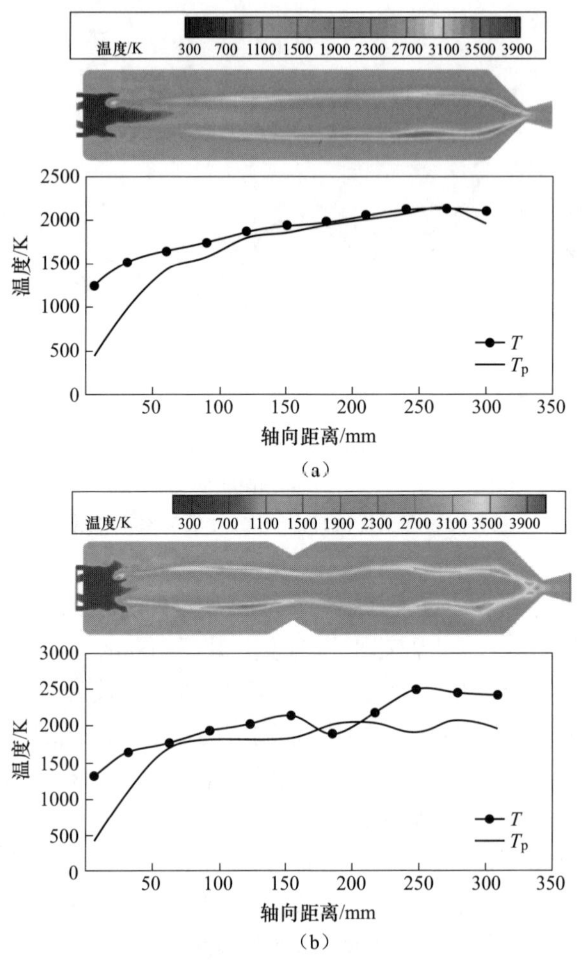

图 6-8 有无扰流环时燃烧室和颗粒的温度

(a) 工况 1;(b) 工况 4。

而从颗粒和气相间换热的角度,如图 6-10 所示,扰流环通径越小,颗粒雷诺数越大,努赛特数也越大。因此,减小扰流环通径,能有效加强颗粒和气相间对流换热,促进 Al 颗粒蒸发和燃烧,提高发动机的燃烧效率。

图 6-11 所示为布置不同通径的扰流环的发动机内温度对比图。工况 2、工况 4 和工况 6 中燃烧室最高温度依次为 3860K、4220K 和 4072K。由图 6-11 可知,随着扰流环通径的减小,燃烧室高温区范围不断增大。

图 6-12 所示为燃烧室特征速度燃烧效率随扰流环通径的变化曲线。

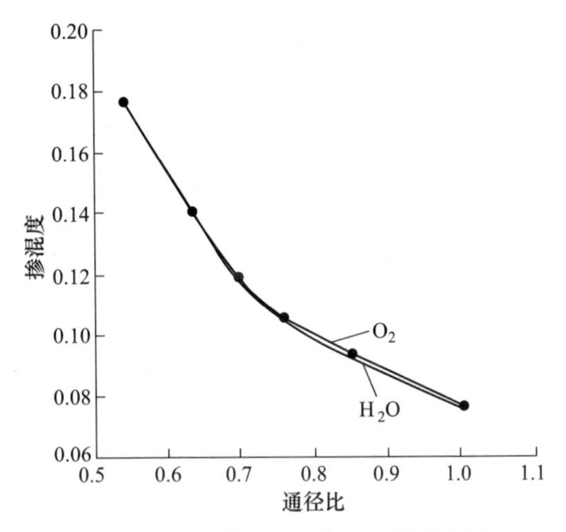

图 6-9　不同扰流环通径时颗粒掺混度

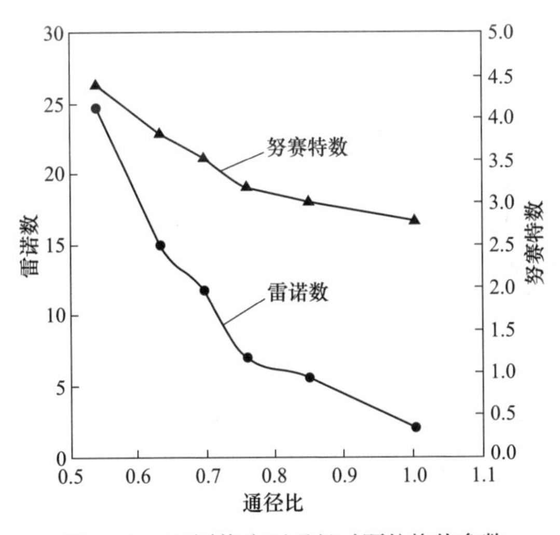

图 6-10　不同扰流环通径时颗粒换热参数

由图 6-12 可知,扰流环通径越小,特征速度燃烧效率越大。扰流环通径最小,通径比为 0.538 时,燃烧效率 η_{c^*} 提升得最多,达 12.6%。但从曲线的斜率可以看出,当扰流环通径比小于 0.6 时,减小扰流环通径对提高燃烧效率的效果越来越不明显。原因主要为:扰流环通径减小除了有上述有利影响,还会增加颗粒运动速度,减小颗粒在燃烧室的滞留时间,这些方面对燃烧效率的提高是不利的。

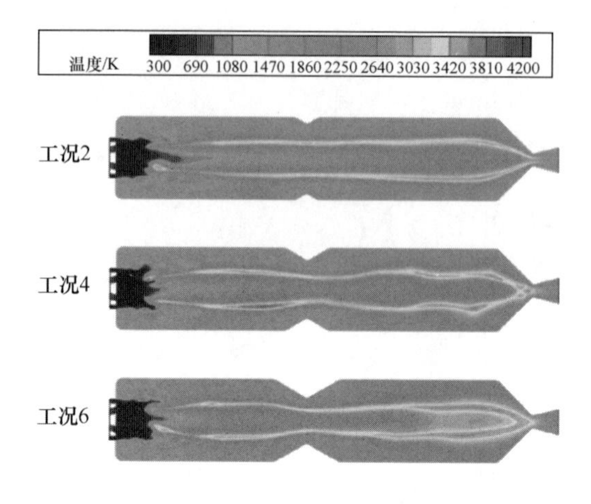

图 6-11　不同扰流环通径时燃烧室温度

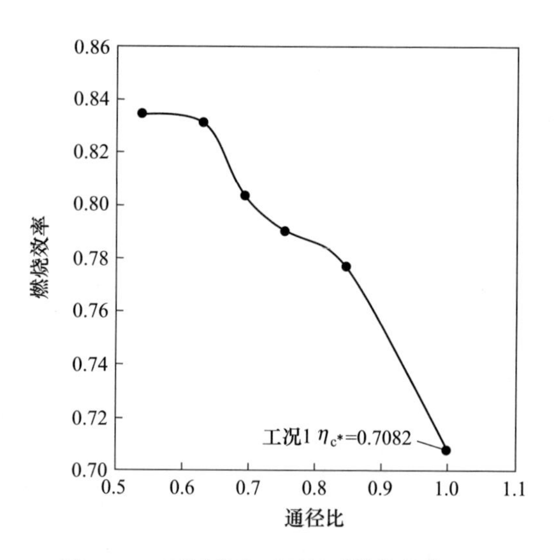

图 6-12　不同扰流环通径时燃烧效率 η_{c^*}

此外,随着扰流环通径的减小,扰流环壁面最高温度逐渐上升(工况 2、工况 4 和工况 6 对应的温度分别为 1734K、1804K 和 1923K),燃烧的凝相颗粒也会更多地撞击扰流环收敛部分甚至发生沉积,发动机热防护问题和比冲损失更加严峻。根据固体火箭发动机热防护经验,扰流环可以选用耐烧蚀的石墨材料。因此,在设计扰流环时,通径应在考虑热防护和颗粒沉积问题的基础上,尽量取小。

6.1.3　扰流环位置的影响

图 6-13 所示为不同扰流环位置条件下 Al 颗粒与 O_2 和 H_2O 的掺混度的相对变化率。由图 6-13 可知,随着扰流环位置的后移,颗粒掺混度相对变化率总体呈现减小的趋势。距离燃烧室头部越近,平均气固掺混度数值越小,扰流环带来的气固掺混度相对提升量越大。

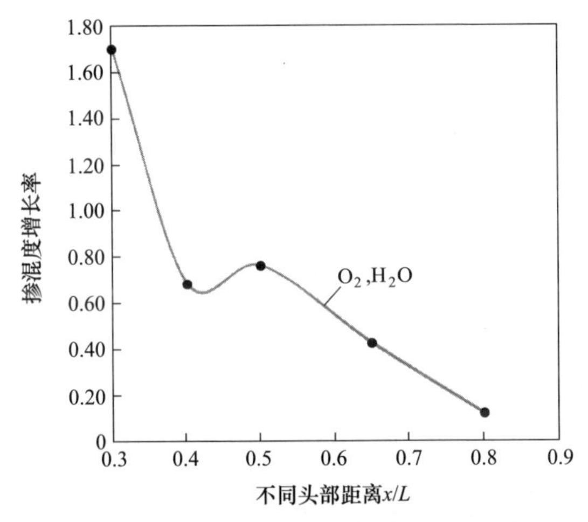

图 6-13　不同头部距离颗粒掺混度增长率

图 6-14 所示为不同扰流环位置条件下的雷诺数和努赛特数的相对变化率。由图 6-14 可知,随着扰流环位置后移,雷诺数和努赛特数的相对变化率不断增大,颗粒和气流间的换热效果越来越强烈。而在燃烧室尾部颗粒雷诺数和努赛特数的相对提升量略微减小,原因主要是与颗粒在燃烧室尾部平均直径明显减小有关,颗粒随流性增强,颗粒雷诺数一直变现为较小的数值。

图 6-15 所示为在不同扰流环位置时燃烧室温度对比图。工况 7、工况 4 和工况 10 的燃烧室最高温度依次为 3942K、4220K 和 3803K。由图 6-15 可知,随着扰流环的后移,高温区分布范围逐渐减小。特别是工况 10,温度明显低于前两个工况,高温区分布范围也相对前两个工况小。

图 6-16 所示为燃烧效率 η_{c*} 随扰流环位置的变化曲线。在靠近燃烧室头部,由于颗粒掺混度较小,通过在该位置添加扰流环可以迅速提高颗粒掺

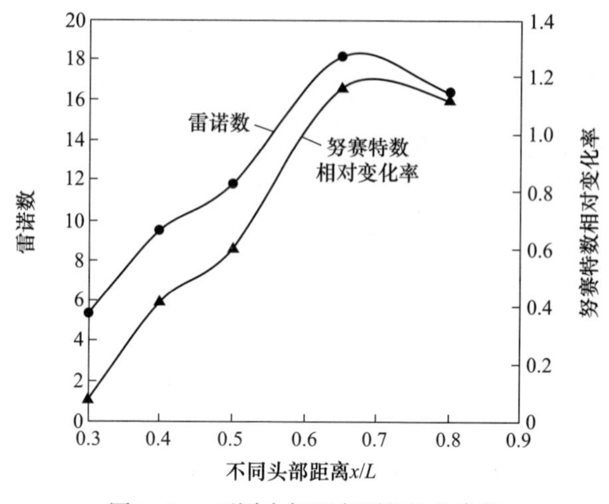

图 6-14　不同头部距离颗粒换热参数

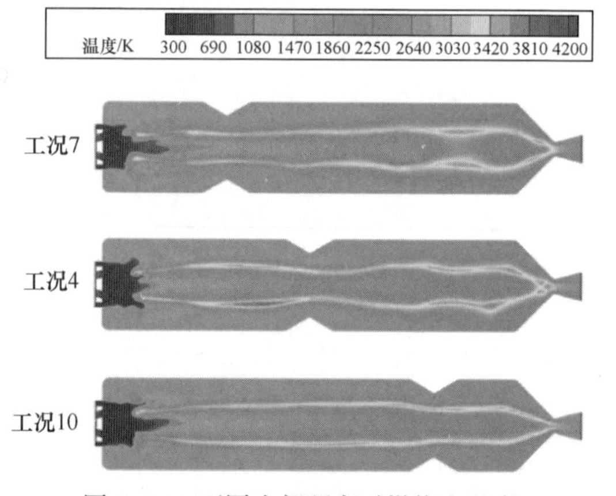

图 6-15　不同头部距离时燃烧室温度

混程度,并增强换热,从而更好地促进颗粒燃烧放热。因此,扰流环距燃烧室头部越近,燃烧效率 η_{c^*} 越高。但扰流环太靠近燃烧室头部是可能会影响到头部的喷注和稳焰结构,对粉末火箭发动机燃烧组织不利。因此,扰流环应布置在距离燃烧室头部 0.3~0.4 倍燃烧室长度的位置。对比图6-12和图6-16 可以看出,燃烧效率受扰流环的位置影响的敏感度要比扰流环通径要小得多。

根据上述数值研究,可以得到如下结论:

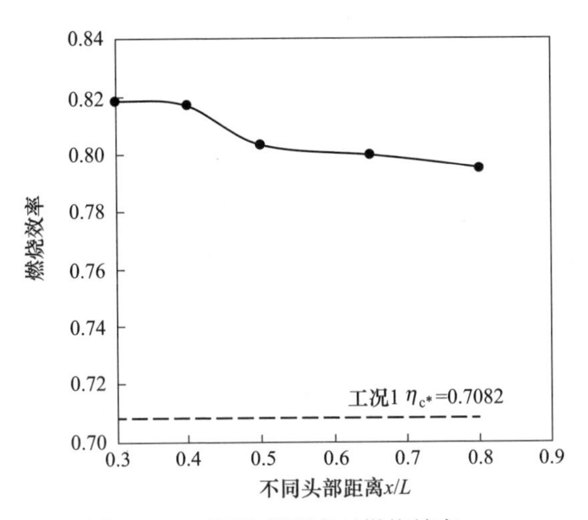

图 6-16　不同头部距离时燃烧效率 η_{c*}

（1）在 Al/AP 粉末发动机中添加扰流环可以明显增加扰流环附近的气固掺混度和换热强度，进而促进 Al 颗粒蒸发和燃烧并放出大量的热，从而提高燃烧室的燃烧效率。

（2）随着扰流环通径的减小，扰流环的作用越来越明显，气固掺混度和换热强度的提升量越来越大，燃烧室的燃烧效率 η_{c*} 越来越高。工况 1～工况 6 中，工况 6 的燃烧效率最高，为 83.46%。

（3）随着扰流环靠近燃烧室头部，扰流环的作用效果越来越好，气固掺混度的相对变化越来越大，燃烧室的燃烧效率 η_{c*} 越来越高。工况 4 和工况 7～工况 10 中，工况 7 的特征速度燃烧效率最高，为 81.88%。

（4）在粉末火箭发动机中设计扰流环时，扰流环通径尽量小，扰流环距燃烧室头部的距离与燃烧室长度之比取 0.3～0.4 为宜。

6.2　镁/二氧化碳粉末火箭发动机

由于粉末燃料多以高能金属燃料为主，因此其燃烧产物凝相含量较高。为了增加发动机做功工质和比冲性能，往往需要组织富氧燃烧，富氧条件下火焰温度低、燃烧室流速高，往往不利于点火、火焰稳定和推进剂能量的完全释放。Mg/CO_2 粉末火箭发动机存在典型的富氧燃烧，下面以该发动机为例，介绍粉末推进剂燃烧理论在预示火箭发动机燃烧性能方面的应用。

Mg/CO_2 粉末火箭发动机一般采用图 6-17 所示的燃烧组织方案。其中燃烧室分为预燃室和补燃室。为保证点火和稳焰性能,预燃室为富燃燃烧;为了提升发动机比冲性能,补燃室为富氧燃烧。预燃室中氧化剂存在两次喷注,一次为流化气,携带金属粉末自中心进气通道喷入燃烧室;二次进气从旋流进气通道喷入,与燃料再次掺混。补燃室中氧化剂通过侧向进气入口喷入,与补燃室燃烧产生的富燃燃气进行掺混,并完成燃烧过程。

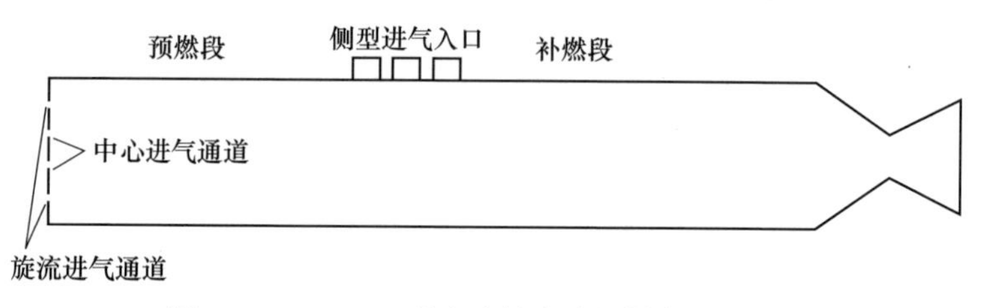

图 6-17　Mg/CO_2 粉末火箭发动机燃烧组织方案

头部喷注间距和预燃室氧燃比对发动机火焰稳定、燃烧效率等性能具有较大影响,需要开展细致研究。具体计算工况如表 6-2 所示,通过对比工况 1 和工况 2,研究不同头部进气通道间距对 Mg/CO_2 粉末火箭发动机燃烧室燃烧流动性能的影响;通过对比工况 1、工况 3 和工况 4,研究不同预燃室氧燃比对 Mg/CO_2 粉末火箭发动机燃烧室燃烧流动性能的影响。

表 6-2　计算工况表(二)

工况编号	进气通道间距/mm	头部氧燃比	镁粉/(g/s)	流化气/(g/s)	旋流进气/(g/s)	侧向进气/(g/s)
1	3	1. 125	12	3. 5	10	36
2	10	1. 125	12	3. 5	10	36
3	3	2. 125	12	3. 5	22	24
4	3	4. 125	12	3. 5	46	0

6. 2. 1　头部进气通道间距的影响

由于燃料镁粉和少量流化气从中心进气通道喷注,大量氧化剂 CO_2 从旋流进气通道喷入预燃室,两股射流相互碰撞融合,形成复杂的涡流结构。进气通道间距将极大地影响这种涡流结构,从而影响颗粒在预燃室滞留时间及其能量释放过程。

由图 6-18 可以发现,随着旋流通道与中心进气通道距离的增加,头部喷注器附近的低温区域变小。工况2中钝体火焰稳定器附近的温度要高于工况1,并且工况2中预燃室近壁面的高温区范围大于工况1。由此说明,过近的二次旋流进气,相当于给正在升温或者燃烧的颗粒补充了一次冷气,不利于颗粒点火燃烧,进而影响稳焰性能。

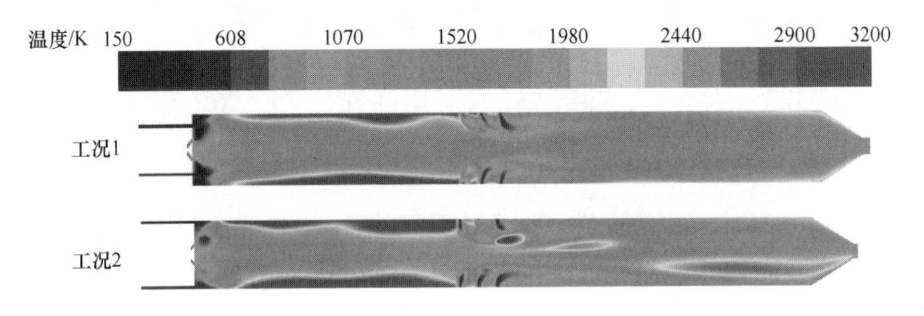

图6-18 燃烧室温度场云图

通过比较两个工况下的燃烧室温度场云图,还可以发现燃烧室预燃段近壁面区域温度过高,远远高于燃烧室中心轴线区域温度。在旋流进气的作用下,镁颗粒由于离心力更容易贴近燃烧室壁面,在燃烧壁面附近进行掺混燃烧,对燃烧室壁面热防护不利。

6.2.2 预燃室氧燃比的影响

由图6-19可见,随着燃烧室预燃段氧燃比的增大,预燃段的近壁面高温区范围越来越小,但是每个工况下近壁面区域的温度仍然高于中心轴线区域温度,原因在于随着旋流进气量的增多,多于化学恰当比情况下的氧化剂对高温燃气起到稀释降温的作用,氧燃比越大,预燃段混合燃气的温度越低,近壁面高温区范围也会越小。但是气体氧化剂从旋流通道出来进入燃烧室后一直贴壁旋转,金属粉末在离心力的作用下大多数分布在燃烧室近壁面区域,中心区域的镁粉浓度较低,因而出现了每种工况下燃烧室近壁面区域温度高于燃烧室中心轴线区域温度的现象。

可以发现工况3下,预燃段氧燃比为2(化学反应恰当比为1.833)时,钝体火焰稳定器后面的燃气温度最高,原因在于工况1下氧化剂含量过低,参与反应的金属镁粉少于工况3,而工况4中氧化剂含量过多,会对钝体火焰稳定器后面的高温燃气起到降温的作用,同时氧化剂含量多会导致气体流速快,使金属镁粉在燃烧室预燃段反应较少,这些因素共同造成了工况3下钝体火焰稳定器后面的回流燃气温度最高。

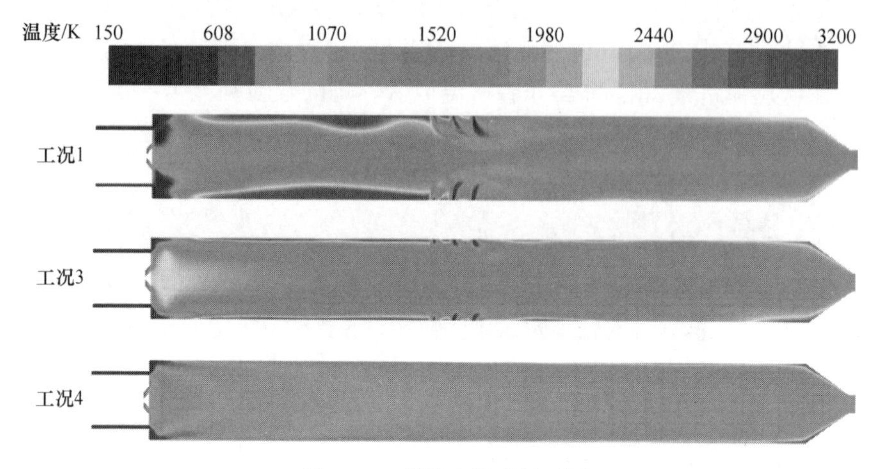

图 6-19 燃烧室温度场云图

观察工况 4 下燃烧室温度场云图可以发现在氧化剂全部从燃烧室头部进入的情况下,会导致燃烧室前半段整体温度较低,燃烧反应主要发生在燃烧室后半段;工况 3 下燃烧室整体平均温度最高,原因在于工况 3 下燃烧室预燃段发生的是化学恰当比反应,反应释放的热量最多,在侧向进气掺混的情况下,未燃镁粉又会进一步发生反应、释放热量;工况 1 下由于旋流气量较小,燃烧室发生富燃燃烧、释放热量较少,因此整体温度低于工况 3 下燃烧室的预燃段温度。几组温度场分布云图也共同说明了工况 3 和工况 4 下燃烧室燃烧效率高于工况 1 下燃烧室的燃烧效率,与粉末火箭发动机燃烧组织试验所获得结果基本吻合。

由图 6-20 可见,工况 1 下燃烧室预燃段内颗粒运动速度低,在 6m/s 左右,经过侧向进气段后颗粒运动速度升高至 20m/s 左右,分析认为预燃段内颗粒运动速度低是工况 1 下燃烧室预燃段沉积严重的一个重要原因。而在工况 3 和工况 4 下燃烧室预燃段内颗粒运动速度大大增加,预期燃烧室内沉积将减少,这一点也被发动机点火实验结果所验证。因此,燃烧室预燃段内颗粒运动速度是影响燃烧室内沉积状况的一个重要因素。比较 3 种工况下燃烧室前半段中的颗粒轨迹图可以发现,随着旋流进气量增多,颗粒运动速度越来越快。比较工况 1 和工况 3 下的颗粒轨迹速度图,可以发现在侧向进气流量较大的情况下,侧向进气对颗粒运动轨迹扰动的效果非常明显,分析认为由于侧向进气带来的颗粒运动轨迹的混乱也是造成工况 1 下燃烧室内预燃段沉积严重的重要原因。

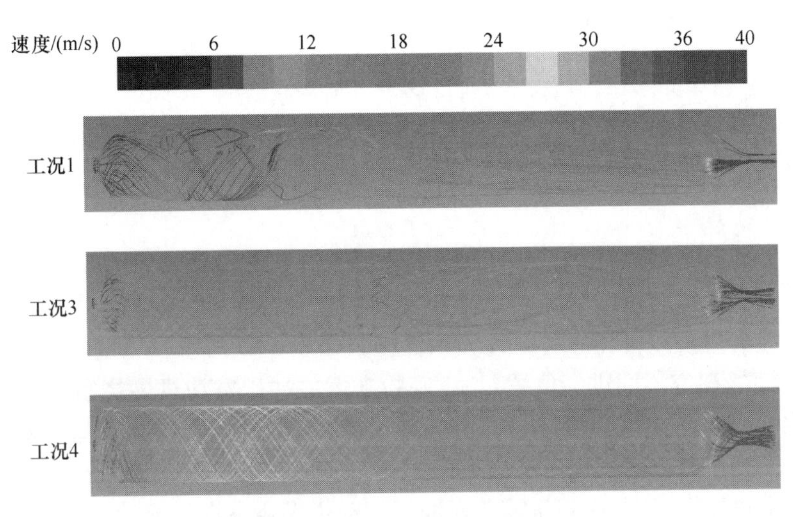

图 6-20 不同工况下颗粒轨迹速度图

由上述对于 4 种不同工况进行了粉末火箭发动机燃烧室内流场数值模拟研究,所得如下结论:

(1) 旋流通道与中心进气通道距离增加会造成金属粉末更多地在燃烧室近壁面区域发生燃烧反应,增加了燃烧室近壁面高温区域,此外,还扩大了燃烧室头部高温区。

(2) 在预燃段氧燃比为 1 : 1 的情况下,近壁面区域温度远远高于燃烧室中心轴线附近温度,会严重影响燃烧室的热防护,同时这种设计工况下燃烧室预燃段内的气流速度低,也会给燃烧室预燃段带来严重的沉积问题。

6.3 铝基粉末燃料冲压发动机

粉末冲压发动机以固体粉末为燃料,以冲压空气作为氧化剂和工质。其基本工作原理为:通过流量可调的粉末供给系统,将高能高密度的粉末燃料输送到燃烧室与冲压空气进行掺混、燃烧,释放热量,从而提高燃气总温。产生的高温燃气随后经喷管膨胀加速,由喷管出口高速排出从而产生推力。

常规的粉末推进剂有铝、镁、硼等。就比冲性能而言,铝粉介于镁粉和硼粉之间,但由于硼粉着火温度高,与空气火焰传播速度低等缺陷,Al 基粉末燃料冲压发动机便成为研究的热点。然而,冲压发动机燃烧室流场结构复杂,流动速度高,其燃烧组织难度较大。所幸 Al 颗粒在固体火箭发动机和粉末火箭发动机的燃烧室环境中点火燃烧特性研究较为广泛,相应的点火燃烧模型逐渐发展成熟,也进一步为 Al 基粉末燃料冲压发动机燃烧组织研究提供了理论基础。

因此,本节针对影响燃烧室流场参数的进气道进气位置、进气方式、喷注方式和流化气量四个因素开展了 Al 基粉末燃料冲压发动机燃烧室燃烧流动特性数值模拟研究。对应计算工况参数如表 6-3 所示。通过对比工况 1 和工况 2,研究不同进气位置对 Al 基粉末燃料冲压发动机燃烧室燃烧流动性能的影响;通过对比工况 1 和工况 3,研究不同进气方式对 Al 基粉末燃料冲压发动机燃烧室燃烧流动性能的影响;通过对比工况 1 和工况 4,研究不同粉末喷注方式对 Al 基粉末燃料冲压发动机燃烧室燃烧流动性能的影响;通过对比工况 1 和工况 5,研究不同流化气量对 Al 基粉末燃料冲压发动机燃烧室燃烧流动性能的影响。

表 6-3 计算工况表(三)

工况序号	进气位置/mm	进气方式	粉末喷注方式	流化气量/(g/s)
1	250	径向喷入	钝体突扩式	10
2	180	径向喷入	钝体突扩式	10
3	250	旋流喷入	钝体突扩式	10
4	250	径向喷入	环形通道旋流式	10
5	250	径向喷入	钝体突扩式	15

6.3.1 进气位置的影响

图 6-21 所示为工况 1 与工况 2 的计算温度云图。由于燃烧室头部设计为贫氧燃烧,其温度相比燃烧室其他部位较低,约为 1500~2000K,对粉末燃料主要起预热作用。而主要的放热反应集中在进气道上游以及下游区域。冲压空气射入燃烧室后与上游贫氧燃烧段预热的铝粉和铝蒸气相遇并燃烧放热,从而形成了进气道上游一层薄薄的高温区。而 90°导流角的进气道构型会在进气道下游形成一个范围较大的低速回流区,粉末燃料与冲压空气

在这个区域反应并放热,形成了进气道下游较大范围的高温区域。通过对比工况1与工况2计算温度云图发现,工况1的贫氧燃烧段温度略微高于工况2,且其进气道下游高温回流区温度也高于工况2。

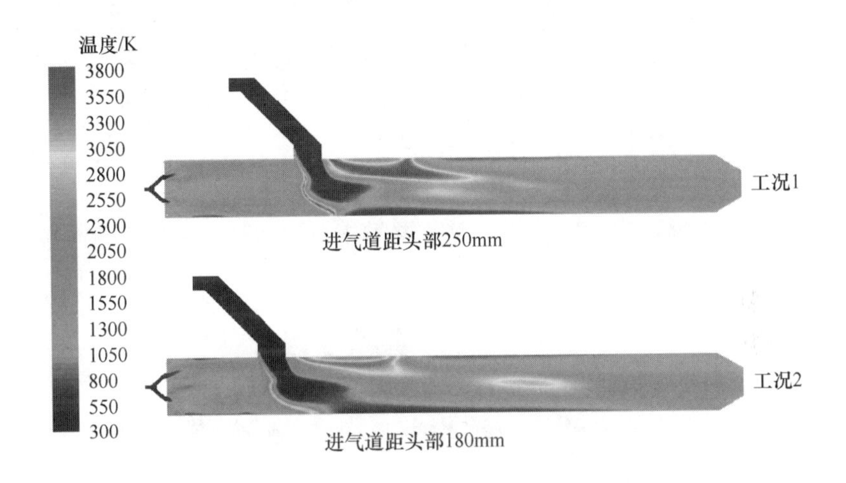

图6-21 工况1和工况2的计算温度云图

随着进气道位置后移,铝粉的贫氧燃烧段逐渐增长,因此铝粉的预热时间也随之加长,有利于发动机燃烧效率的提高。但贫氧燃烧段越长,沉积现象越严重,不利于燃烧效率的提高。因此,发动机受铝粉预热时间与沉积现象两方面影响,燃烧效率随进气道位置后移应当呈现先增后减趋势。通过对比图6-21中工况1与工况2计算温度云图发现,工况1的贫氧燃烧段温度明显高于工况2,且其进气道下游高温回流区温度也明显高于工况2。

燃烧室内颗粒温度分布如图6-22所示,由图6-22(a)、(b)可知,对比工况1与工况2的颗粒温度图可知,工况1燃料颗粒的温度上升速度略快于工况2,且工况1的贫氧燃烧段更长,因此工况1的燃料颗粒在温度升至1700K左右时才与冲压空气相遇并产生反应,而工况2燃料颗粒在温度攀升到1500K左右时即与冲压空气相遇。图6-22(c)、(d)所示颗粒温度随轴向距离变化趋势进一步证明了以上观点,工况1与工况2的燃料颗粒大部分是从轴向距离0.05m处开始快速升温,并在0.1m处趋于平稳。工况1的颗粒温度稳定在1250~1750K,工况2的颗粒温度稳定在1000~1600K。由铝颗

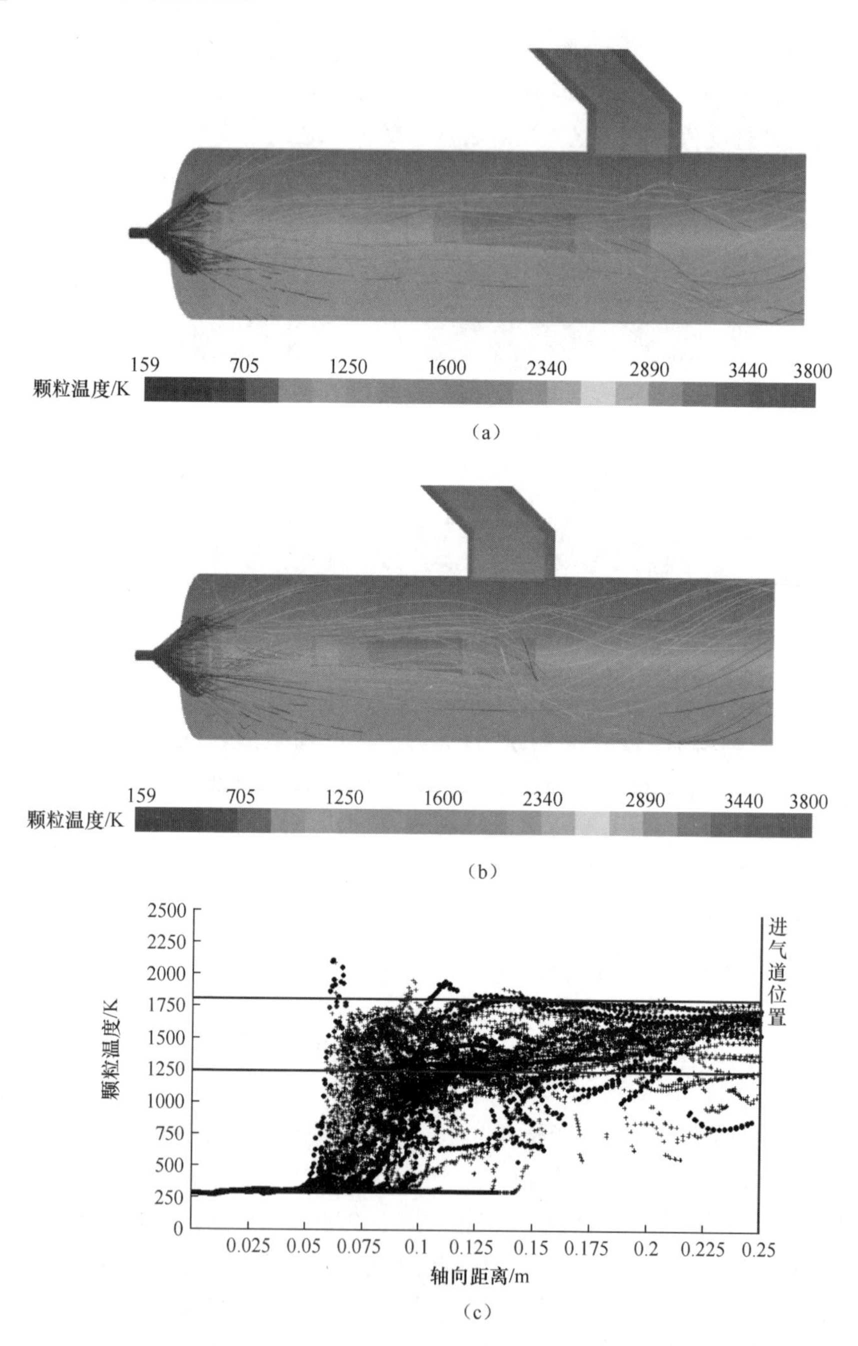

159
705
1250
1600
2340
2890
3440
3800
颗粒温度/K
(a)
159
705
1250
1600
2340
2890
3440
3800
颗粒温度/K
(b)
2500
2250
2000
1750
1500
1250
1000
750
500
250
0
颗粒温度/K
0.025
0.05
0.075
0.1
0.125
0.15
0.175
0.2
0.225
0.25
轴向距离/m
进气道位置
(c)

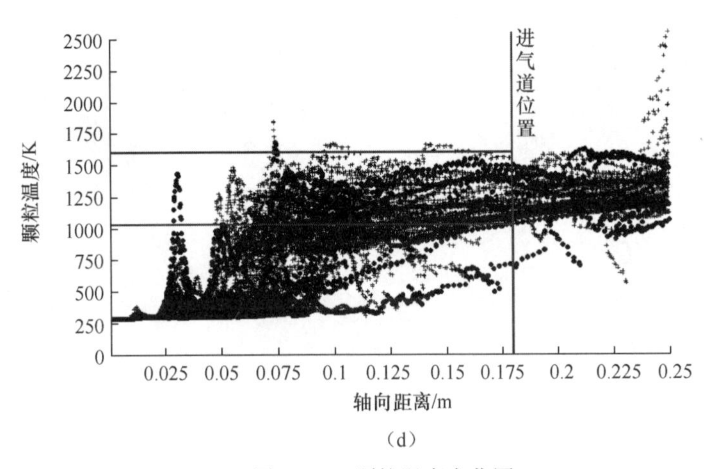

(d)

图 6-22　颗粒温度变化图

(a)工况 1 进气道位置 250mm 颗粒温度图;(b)工况 2 进气道位置 180 颗粒温度图;
(c)工况 1 颗粒温度-轴向距离图;(d)工况 2 颗粒温度-轴向距离图。

粒燃烧理论可知,铝颗粒燃烧特性以蒸发燃烧为主。铝颗粒在其温度到达900K 左右时开始蒸发,温度越高蒸发速率越快。工况 1 的铝颗粒从轴向距离 0. 1m 处即被加热到 1750K 并持续蒸发至 0. 25m 处与冲压空气相遇并燃烧,而工况 2 的铝颗粒从 0. 1m 处被加热到 1600K 并持续蒸发至 0. 18m 处与冲压空气相遇,无论是从颗粒预热的温度上看,还是从时间上看,工况 1 的预热效果都优于工况 2。因此,其与冲压空气相遇时,参与燃烧放热反应的铝蒸气也更多,导致工况 1 的贫氧燃烧段与高温回流区的温度都比工况 2 高,从而燃烧效率高于工况 2。

6. 3. 2　进气方式的影响

典型的冲压发动机采用双下侧进气结构,冲压空气一般沿着燃烧室径向进气,如图 6-23(a)所示。然而为了提高粉末颗粒在燃烧室滞留时间,有学者提出略微改进进气道与燃烧室装配方式,采用旋流进气方式,在燃烧室形成一股强烈的涡旋,提高颗粒在燃烧室的滞留时间,有望提高燃烧效率。然而实验研究表明,旋流进气方式会导致燃烧室熄火,可能是由旋流进气方式形成的流场破坏了原有的稳焰结构所致。

为了进一步分析其原因,对径向进气构型(冷态工况 1)与旋流进气构型(冷态工况 3)进行了发动机冷态数值模拟分析其流场特征,结果如图 6-24

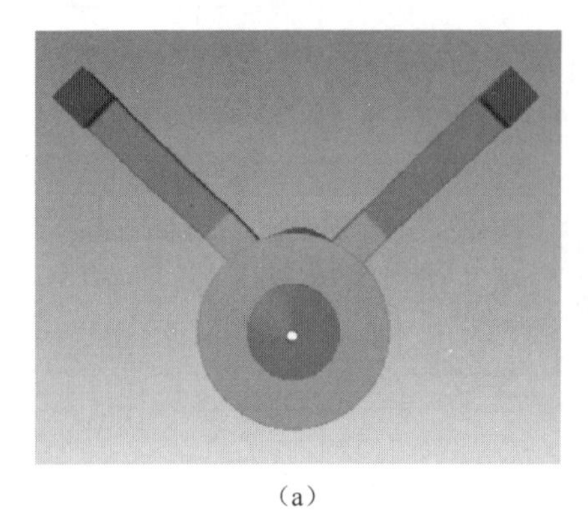

(a)

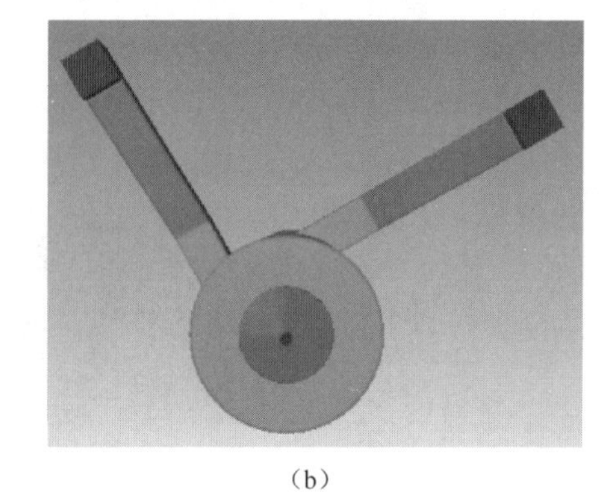

(b)

图 6-23 不同进气方式结构示意图

(a)径向进气方式;(b)旋流进气方式。

所示。由图 6-24 可知,在工况 1 径向进气构型中,燃料两相流在经过火焰稳定器喷入燃烧室后,速度迅速降低,同时在燃烧室头部形成了明显的低速回流区,进气道上游与下游也可以发现明显的回流区,这些回流区能起到很好的稳焰作用。而在工况 3 旋流进气构型中,燃料两相流经火焰稳定器喷入燃烧室后,迅速沿燃烧室壁面向下游流动。这是由于冲压空气经进气道切向进入燃烧室形成旋流后,会在燃烧室轴心区域形成强烈的反向气流,直通燃烧室头部火焰稳定器下游区域。这股反向气流一方面会直接破坏火焰稳定器中心的回流区流场;另一方面会对火焰稳定器喷出的燃料两相流起到加速作用,使其不能减速形成回流区。因此,旋流进气方式会使燃烧室头部流场变得非常规整,即沿发动机轴心区域存在一股反向气流,这股反向气流在抵达火焰稳定器下游后,又沿发动机壁面区域快速正向流动,破坏了燃烧室头部的低速回流区,导致发动机不能正常点火启动及稳定燃烧。

6.3.3 粉末喷注方式的影响

工况 1 (喷注方式为钝体式)和工况 4(喷注方式为旋流式)条件下燃烧室温度云图如图 6-25 所示。由图 6-25 可知,旋流式喷注方式在燃烧室头部的温度明显高于钝体式喷注方式,且其在进气道上游的高温区范围也比钝体式的大,可能是由于其燃料颗粒在燃烧室头部的滞留时间比钝体式的长。但旋流式喷注方式在进气道下游的高温区范围明显小于钝体式,掺混燃烧段平均温度也要低于钝体式,说明其铝颗粒蒸发出的铝蒸气总量并不高,因此其燃烧效率低于钝体式。

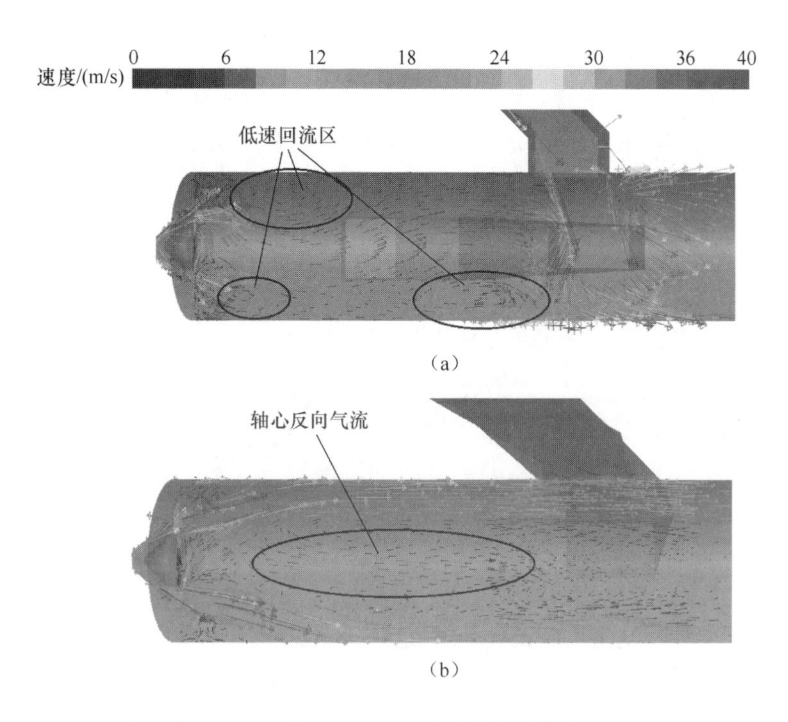

图 6-24　工况 1 和工况 3 冷态流场速度矢量图
(a)工况 1 径向进气燃烧室头部流场速度矢量图;(b)工况 3 旋流进气燃烧室头部流场速度矢量图。

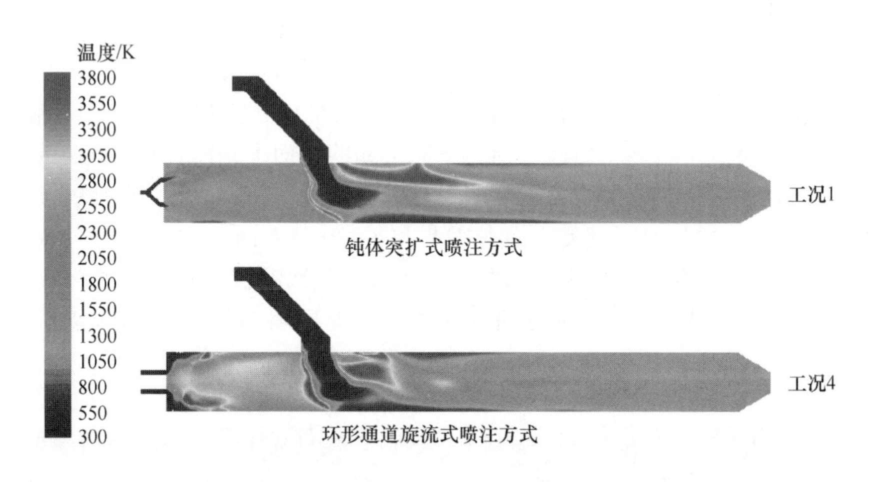

图 6-25　工况 1 和工况 4 温度云图

图 6-26 所示为工况 1 和工况 4 的颗粒速度图。由图 6-26 可知，旋流式喷注方式发动机内的颗粒速度低于钝体式喷注方式，其颗粒在燃烧室头部的速度仅为 6~9m/s，且颗粒轨迹呈旋流状，其颗粒速度在轴向的分量更低，这证明旋流式喷注方式发动机内燃料颗粒在燃烧室头部的滞留时间比钝体式的长。

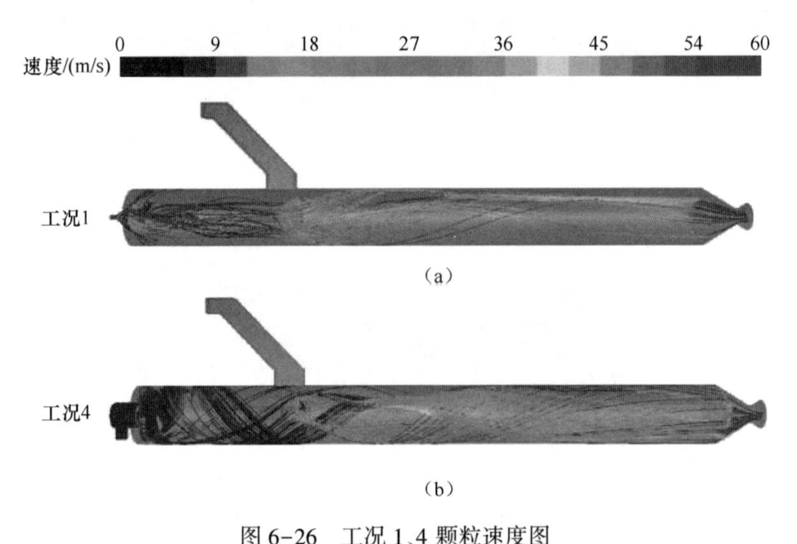

图 6-26　工况 1、4 颗粒速度图

(a)工况 1 钝体式喷注方式颗粒速度图；(b)工况 4 旋流式喷注方式颗粒速度图。

另外，采用钝体式喷注方式的发动机中，燃料颗粒在喷入燃烧室后，在燃烧室头部只有一小部分颗粒与壁面发生碰撞，大部分颗粒都比较靠近燃烧室轴心区域。而采用旋流式喷注方式的发动机中，燃料颗粒在喷入燃烧室后，在离心力作用下立刻被甩到燃烧室头部的壁面上，并沿壁面继续做旋流运动，其大部分颗粒都比较靠近燃烧室壁面区域，一方面导致燃料颗粒远离发动机轴心的高温区域使其预热效果更差，另一方面导致颗粒更容易与燃烧室壁面碰撞并形成沉积。这两个方面都会使铝颗粒蒸发出来的铝蒸气更少，导致旋流式喷注方式发动机的燃烧效率低于钝体式喷注方式发动机。

6.3.4　流化气量的影响

对工况 1 流化气量为 10g/s 和工况 5 流化气量为 15g/s 进行数值模拟，温度云图如图 6-27 所示。由图 6-27 可知，15g/s 流化气量工况的燃烧室头部温度略高于 10g/s 工况，且其掺混燃烧段的高温区范围要比 10g/s 流化气量工况大。可见增大流化气量会改变贫氧燃烧段空燃比，使该区域温度略微升高，对燃料颗粒的预热起到一定的积极作用，从而使铝颗粒蒸发出更多的铝蒸气参与之后的燃烧反应，同时加大流化气量使燃料颗粒的喷入速度更高，在与冲压空气混合后，形成了更大面积的高温区，从而提高了发动机的燃烧效率。

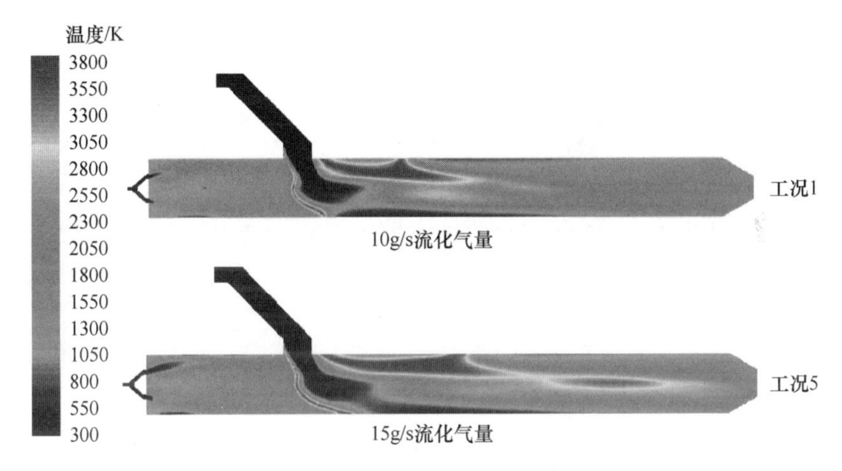

图 6-27　工况 1 和工况 5 温度云图

图 6-28 所示为工况 1、5 的颗粒速度图。由图 6-28 可见，10g/s 流化气量工况的燃料颗粒经火焰稳定器喷入燃烧室后的颗粒速度比 15g/s 流化气量工况的低，使颗粒滞留在贫氧燃烧段的时间更长，更容易形成沉积。而且 10g/s 流化气量工况的颗粒喷入燃烧室后向壁面扩张的角度也更大，有更多的颗粒与燃烧室壁面发生碰撞，同样会加剧沉积现象。沉积在数值模拟中表现为捕获和逃逸，计算结果显示，在捕获和逃逸区域面积及位置相同的情况下，10g/s 流化气量工况总燃料颗粒数为 72 个，共捕获和逃逸了 35 个，15g/s 流化气量工况总燃料颗粒数也为 72 个，但只捕获和逃逸了 27 个，说明流化气量的加大有利于减轻燃烧室头部的沉积情况，提高发动机的燃烧效率，与实验得出的结论相吻合。

通过上述数值模拟方法，能够从燃烧流动的机理方面进一步认识发动机燃烧过程，可得出以下结论：

(1) 进气位置的后移会导致贫氧燃烧段长度增加且温度升高，使燃料颗粒预热时间加长且效率更高，导致铝颗粒蒸发出的铝蒸气量增加，有利于提高发动机的燃烧效率。

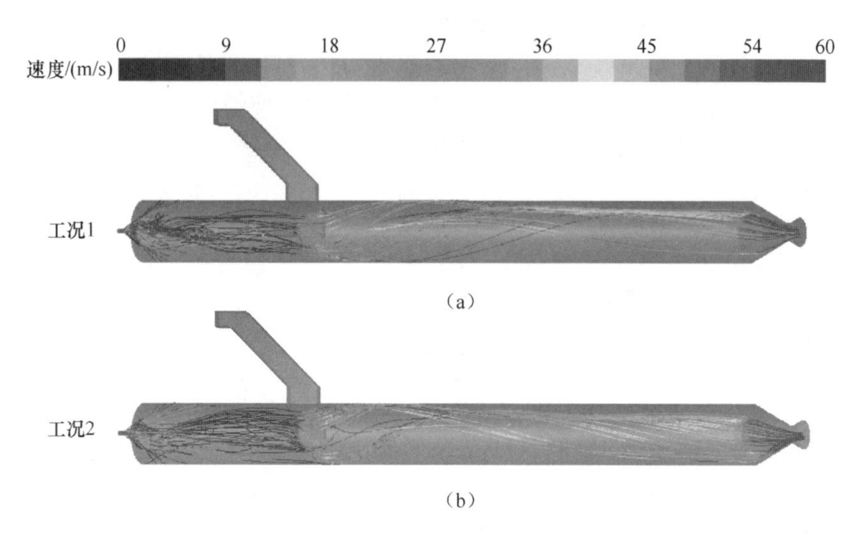

图 6-28　工况 1 和工况 5 颗粒速度图

(a)工况 1 流化气量 10g/s 颗粒速度图(35/72);(b)工况 5 流化气量 15g/s 颗粒速度图(26 /72)。

(2) 旋流进气方式会改变燃烧室头部流场,使其沿发动机轴心区域出现一股反向气流,这股反向气流在抵达火焰稳定器下游后,又沿发动机壁面区域快速正向流动,破坏了燃烧室头部的低速回流区,导致发动机不能正常点火启动及稳定燃烧。

(3) 采用环形通道旋流式喷注方式的发动机构型会使燃料颗粒在喷入燃烧室后立即被甩向燃烧室壁面并沿壁面附近区域向燃烧室下游移动,一方面导致燃料颗粒远离发动机轴心的高温区域,从而使其预热效果更差;另一方面导致颗粒更容易与燃烧室壁面碰撞并形成沉积,从而使其燃烧效率低于采用钝体式喷注方式的发动机构型。

(4) 所述的 Al 基粉末燃料冲压发动机构型中,适当加大流化气量一方面可以提高贫氧燃烧段空燃比,使该区域温度升高,改善燃料颗粒的预热效果;另一方面可以增加燃料颗粒喷入燃烧室的轴向速度,减轻燃烧室内的沉积现象。这两个方面都对提高发动机燃烧效率起到积极作用。

参 考 文 献

[1] 李悦．高温多组分环境铝颗粒随流点火燃烧机制及模型研究[D]．西安:西北工业大学,2019.

[2] 李超．硼镁粉末燃料点火燃烧机理及模型研究[D]．西安:西北工业大学,2018.

[3] 胡旭．硼颗粒群燃烧特性及火焰结构研究[D]．西安:西北工业大学,2020.

[4] 朱小飞．镁二氧化碳点火燃烧机理及碳沉积抑制研究[D]．西安:西北工业大学,2020.

[5] 信欣．铝粉燃料冲压发动机初步探索与研究[D]．西安:西北工业大学,2016.

[6] 蔡玉鹏．Mg/CO_2 粉末火箭发动机燃烧室初步设计及燃烧组织研究[D]．西安:西北工业大学,2017.

[7] 胡加明．Mg/CO_2 火箭发动机喷注雾化和燃烧性能研究[D]．西安:西北工业大学,2018.

[8] 郭宇．镁基粉末燃料制备方法及与 CO_2 燃烧特性研究[D]．西安:西北工业大学,2020.

[9] 岑可法,姚强,骆仲泱,等．高等燃烧学[M]．杭州:浙江大学出版社, 2000.

[10] 特纳斯．燃烧学导论:概念与应用[M]．北京:清华大学出版社, 2009.

[11] 许越．化学反应动力学[M]．北京:化学工业出版社, 2005.

[12] 杨涛,方丁酉,唐乾刚．火箭发动机燃烧原理[M]．长沙:国防科技大学出版社, 2008.

[13] 葛庆仁．气固反应动力学[M]．北京:原子能出版社, 1991.

[14] LI C, HU C, XIN X, et al. Experimental study on the operation characteristics of aluminum powder fueled ramjet[J]. Acta Astronautica, 2016, 129:74-81.

[15] LI Y, Hu C B, Deng Z, et al. Experimental Study on Multiple-pulse Performance Characteristics of Ammonium Perchlorate/Aluminum Powder Rocket Motor [J]. Acta Astronautica. 2017, 133: 455-466.

[16] LIC, HU C, ZHU X, et al. Experimental study on the thrust modulation performance of powdered magnesium and CO_2 bipropellant engine[J]. Acta Astronautica, 2018, 147: 403-411.

[17] LI Y, HU C, ZHU X, et al. Experimental study on combustion characteristics of powder magnesium and carbon dioxide in rocket engine [J]. Acta Astronautica, 2019, 155: 334-349.

[18] HU XU, XU Y H, Ao W, et al. Ignition model of boron particle based on the change of oxide layer structure [J]. Proceedings of the Combustion Institute, 2019, 37(3):3033-3044.

[19] Zhu X F, Li C, Guo YU, et al. Experimental investigation on the ignition and combustion characteristics of moving micron-sized Mg particles in CO_2[J]. Acta Astronautica, 2020, 169:66-74.

[20] Zhu X F, Li C, Wei R G, et al. Quantitative analysis of the carbon generation characteristics during Mg/CO_2 combustion: Implications for suppressing carbon deposition [J]. Aerospace Science and Technology, 2020, 103:105966. 1—105966. 11.

[21] 李悦, 胡春波, 胡加明, 等．粉末火箭发动机研究进展[J]．推进技术, 2018, 39(8): 1681-1696.

[22] 胡春波, 李超, 孙海俊, 等．粉末燃料冲压发动机研究进展 [J]．固体火箭技术, 2017, 40(3): 269-276.

[23] 胡加明, 胡春波, 李悦, 等．扰流环对粉末发动机燃烧流动影响的数值模拟[J]．航空动力学报, 2019,34(7): 1558-1567.

[24] 朱小飞, 胡春波, 胡加明, 等．氧化剂气量配比对 Mg/CO_2 发动机性能影响实验[J]．航空动力学报, 2019, 34(2): 479-485.

内 容 简 介

本书详尽介绍了几种典型的粉末推进剂，深入研究了铝基粉末推进剂、镁基粉末推进剂、硼颗粒和硼镁粉末推进剂的燃烧特性，清晰阐述了粉末推进剂反应热力学与反应动力学特性、火焰结构及其演变规律，详细分析了粉末推进剂的点火燃烧机理，着重论述并建立了相应的点火燃烧预测模型，初步探讨了粉末推进剂燃烧理论在 Al/AP 粉末火箭发动机、Mg/CO_2粉末火箭发动机、Al 基粉末燃料冲压发动机中的应用，反映了当前粉末推进剂领域的最新研究成果。

本书可供从事粉末推进剂燃烧、粉末发动机和金属粉末燃烧器研究的人员使用，也可作为相关高等院校有关专业本科生、研究生和教师的参考用书。

This book introduces several typical powder propellants in detail, deeply studies the combustion characteristics of aluminum based powder propellants, magnesium based powder propellants, boron particles and boron magnesium powder propellants, clearly expounds the reaction thermodynamics and reaction kinetic characteristics, flame structure and its evolution law of powder propellants, analyzes the ignition and combustion mechanism of powder propellants in detail. The corresponding ignition and combustion prediction model is emphatically discussed and established, and the application of powder propellant combustion theory in Al/AP powder rocket engine, Mg/CO_2 powder rocket engine and Al based powder fuel ramjet is preliminarily discussed. These studies reflect the latest research results in the field of powder propellant.

The book can be used by researchers engaged in powder propellant combustion, powder engine and powder metal burner. It can also be used as a reference book for undergraduates, postgraduates and teachers of relevant majors in relevant colleges and universities.

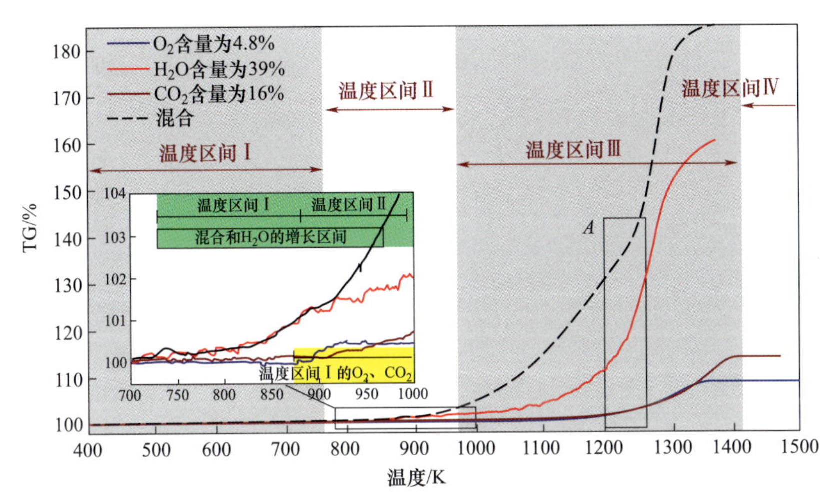

图 2-10　混合组分条件下与单一组分条件下 Al 颗粒氧化特性

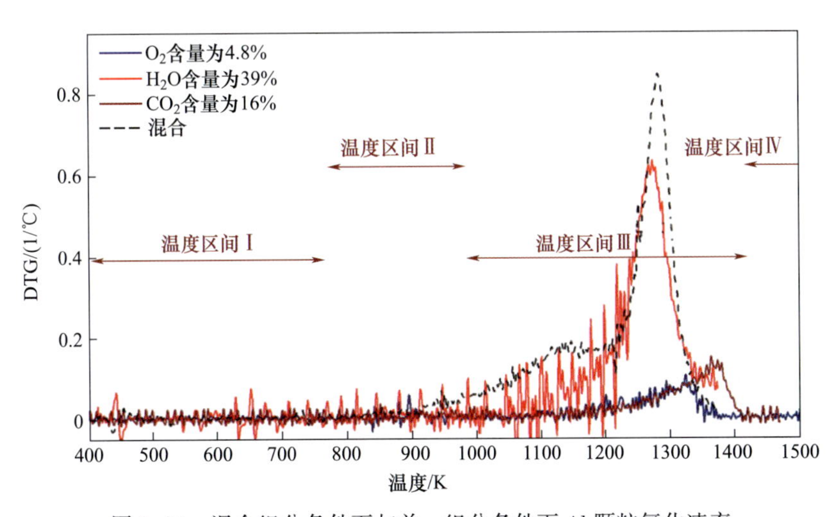

图 2-11　混合组分条件下与单一组分条件下 Al 颗粒氧化速率

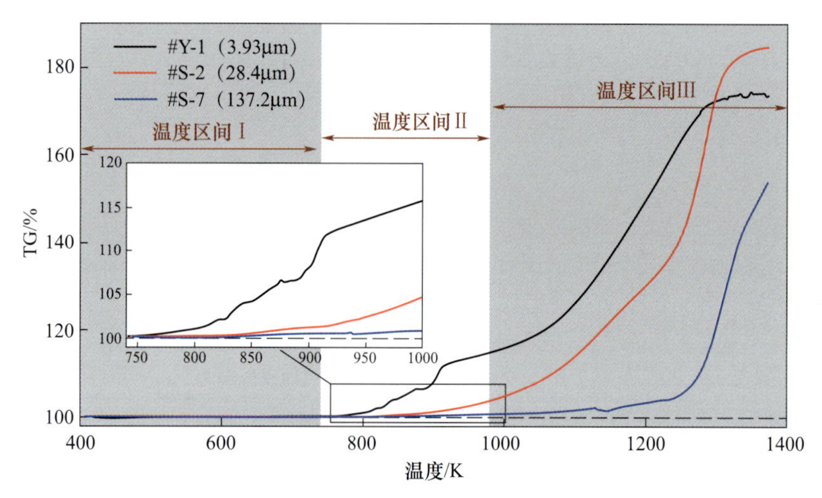

图 2-12　多组分燃气环境条件下粒径变化 TG 特性

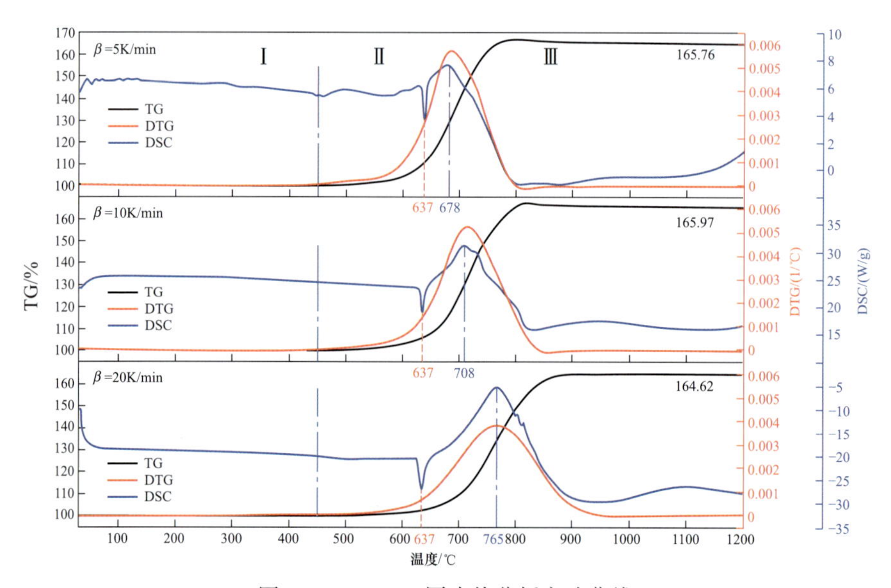

图 3-4　Mg/CO_2同步热分析实验曲线

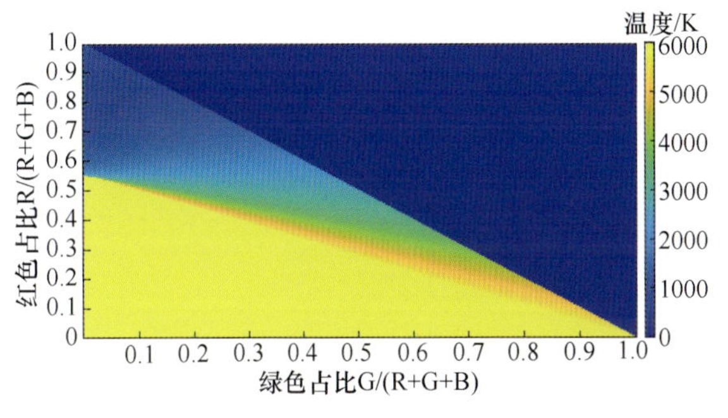

图 4-22 温度与图像色品对应关系

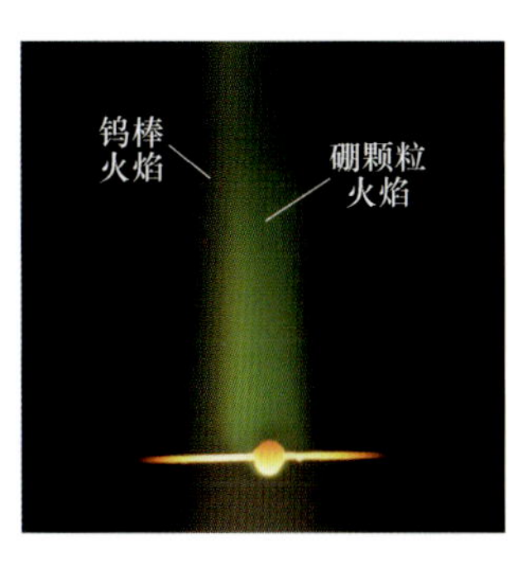

图 4-23 实验中硼颗粒燃烧火焰截图

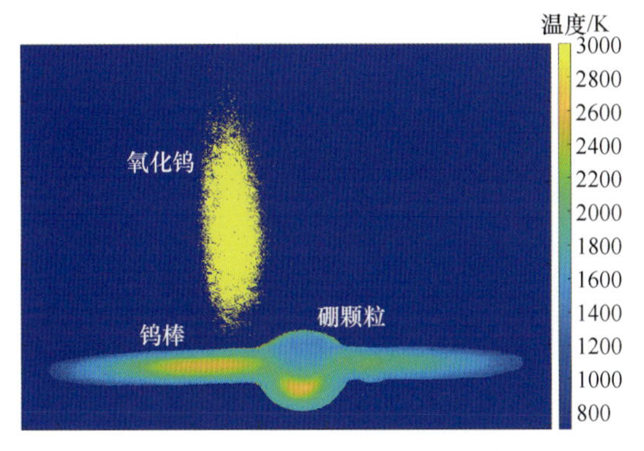

图 4-24 伪彩色测温获得的燃烧实验凝相温度分布

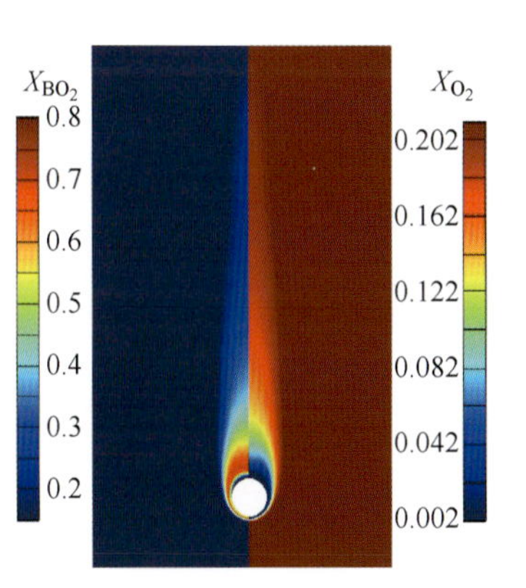

图 4-25 硼颗粒火焰内 BO_2 的摩尔分数 X_{BO_2} 和 O_2 的摩尔分数 X_{O_2} 云图

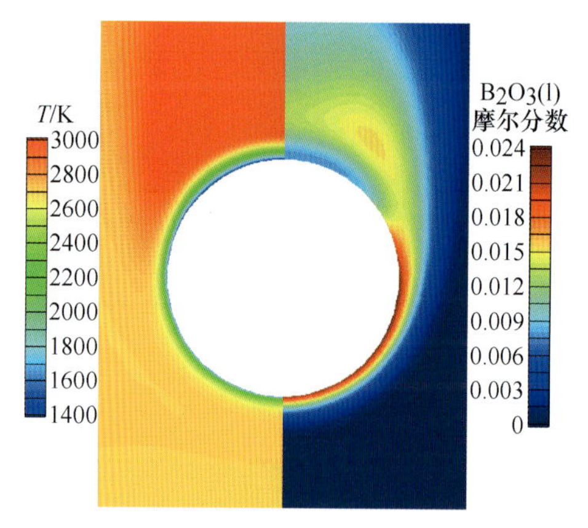

图 4-26　硼颗粒燃烧温度分布云图

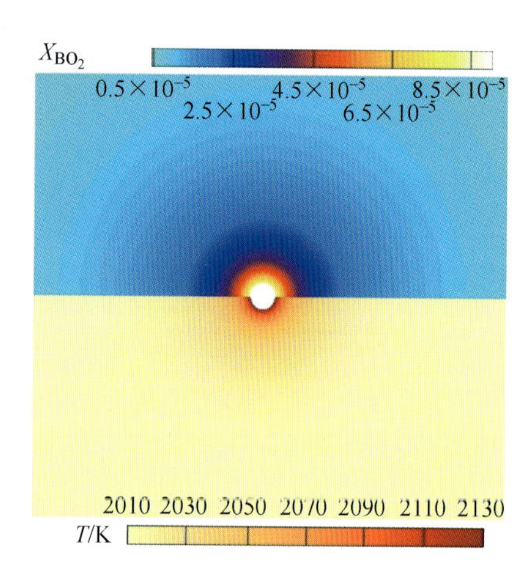

图 4-27　基准工况下单个硼颗粒燃烧过程中 BO_2 的摩尔分数 X_{BO_2} 和温度 T 分布

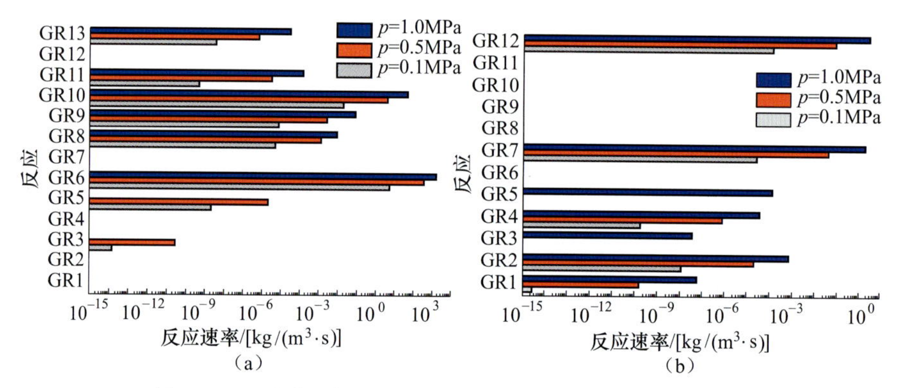

图 4-34　不同环境压力下颗粒表面各气相反应的反应速率

(a) 正向反应；(b) 逆向反应。

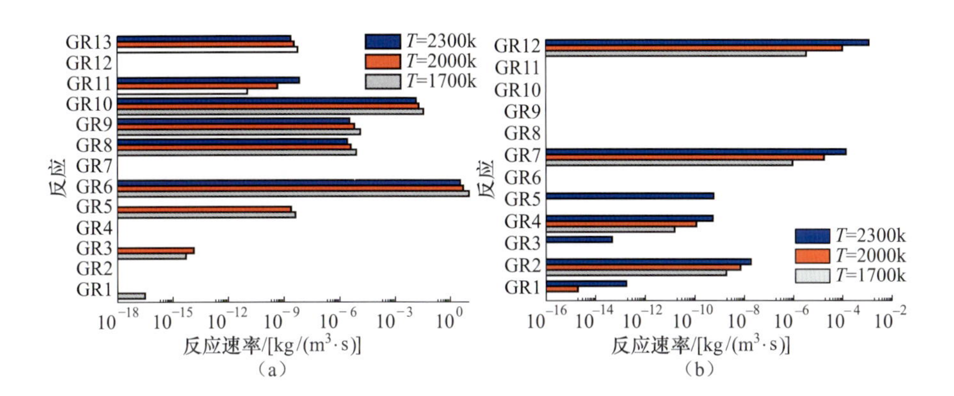

图 4-38　不同环境温度下颗粒表面各气相反应的反应速率

(a)正向反应;(b)逆向反应。

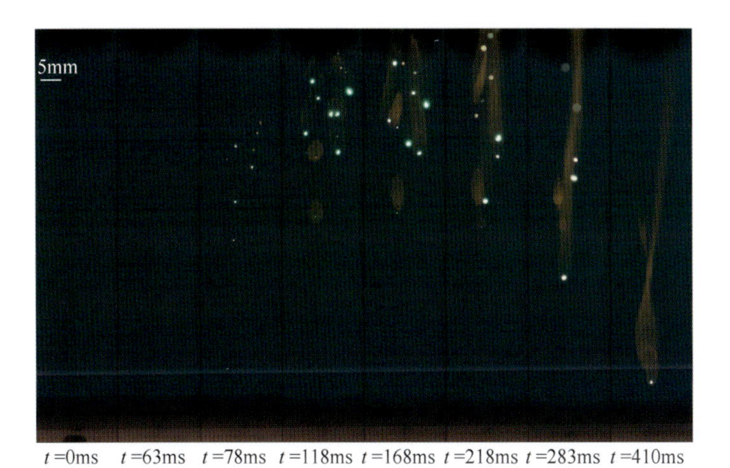

图 5-20　$B_{1.0}/Mg_{0.0}$样品火焰形貌演变历程

图 5-22　$B_{0.8}/Mg_{0.2}$样品火焰形貌演变历程

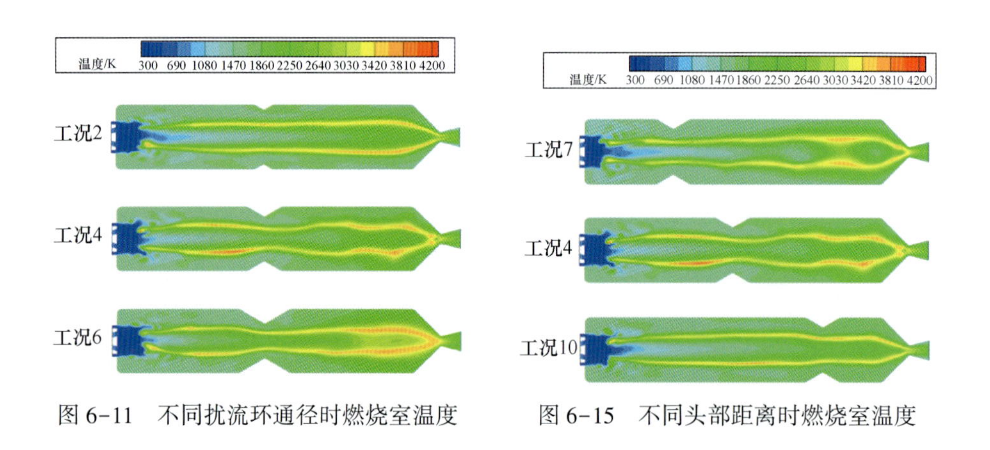

图 6-11　不同扰流环通径时燃烧室温度　　图 6-15　不同头部距离时燃烧室温度

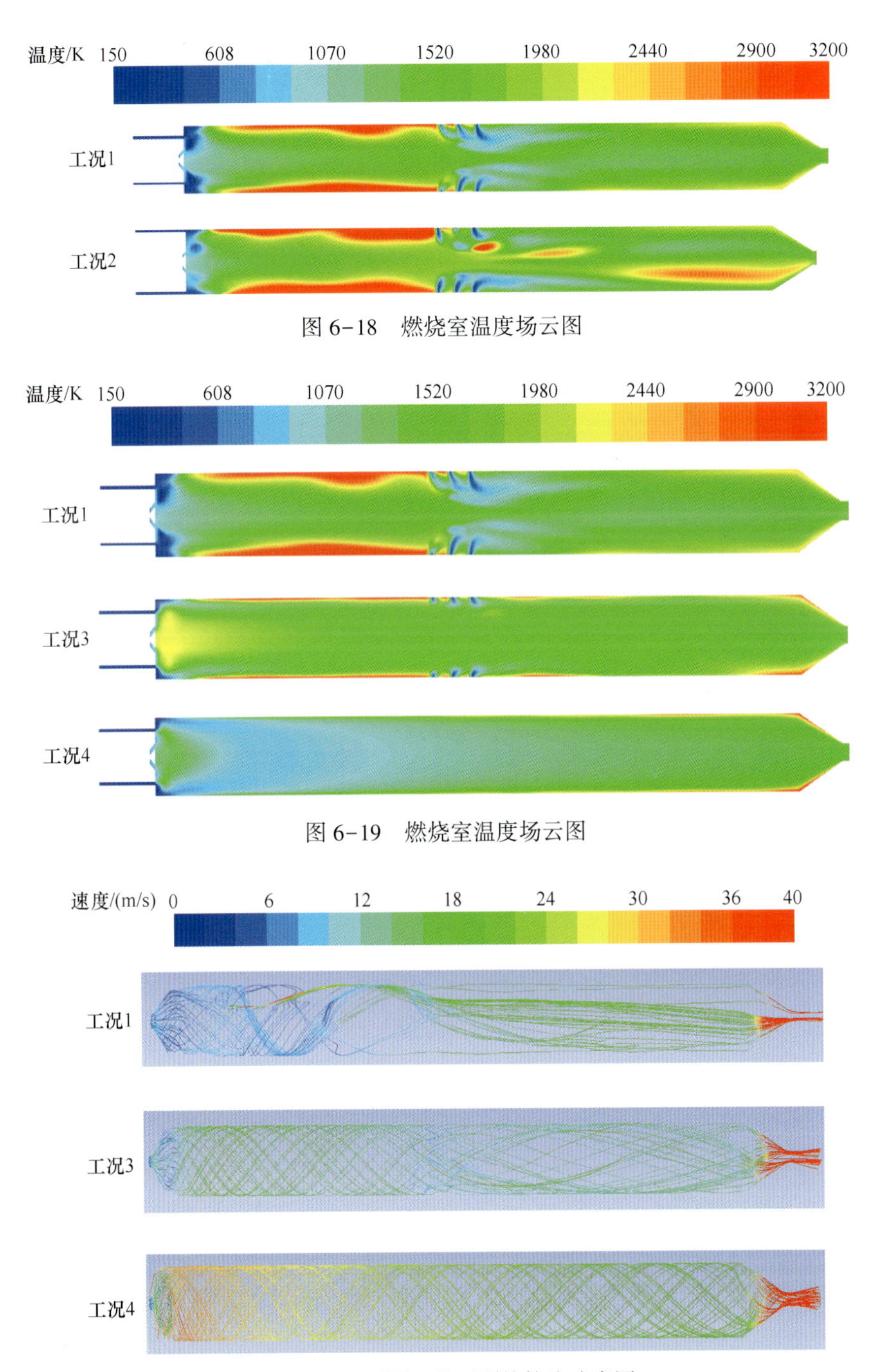

图 6-18　燃烧室温度场云图

图 6-19　燃烧室温度场云图

图 6-20　不同工况下颗粒轨迹速度图

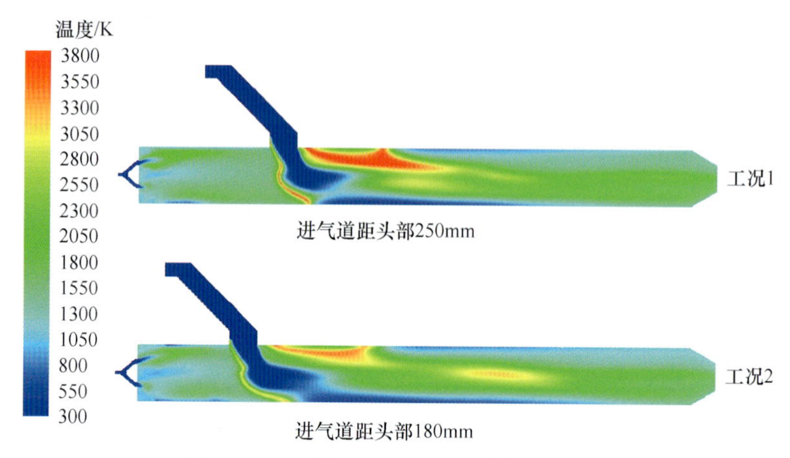

图 6-21　工况 1 和工况 2 的计算温度云图

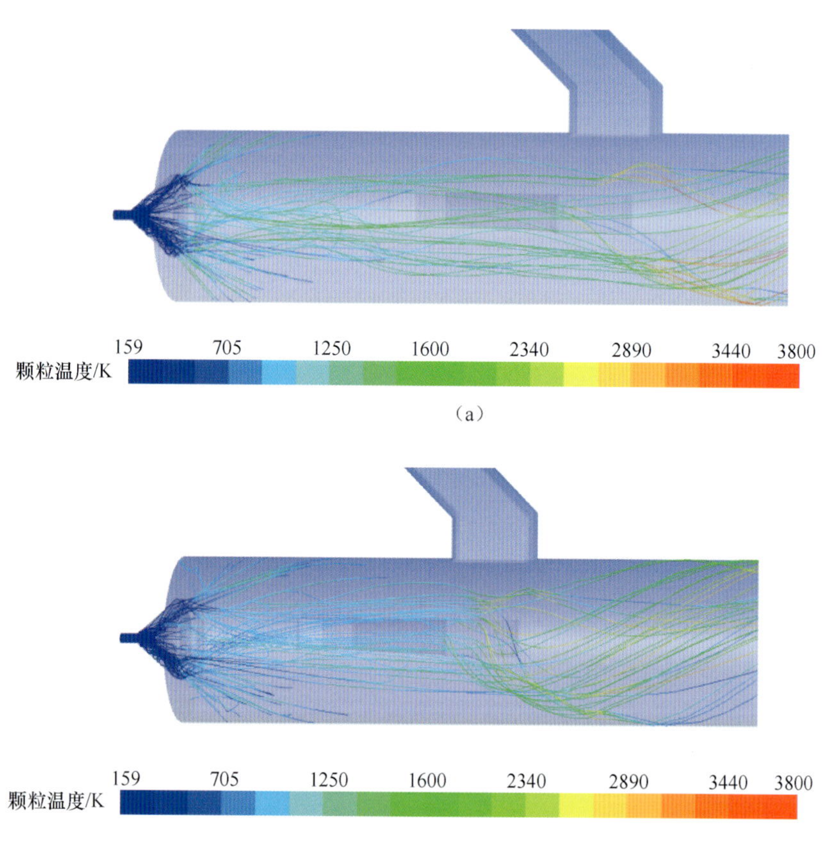

（a）

（b）

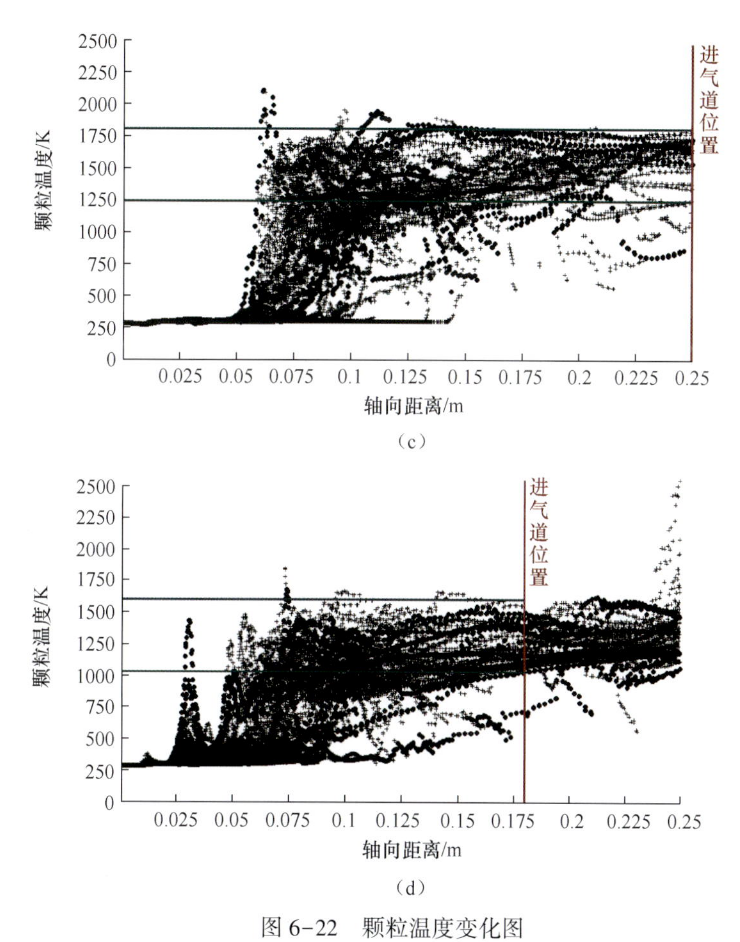

图 6-22　颗粒温度变化图

(a)工况 1 进气道位置 250mm 颗粒温度图;(b)工况 2 进气道位置 180 颗粒温度图;(c)工况 1 颗粒温度-轴向距离图;(d)工况 2 颗粒温度-轴向距离图。

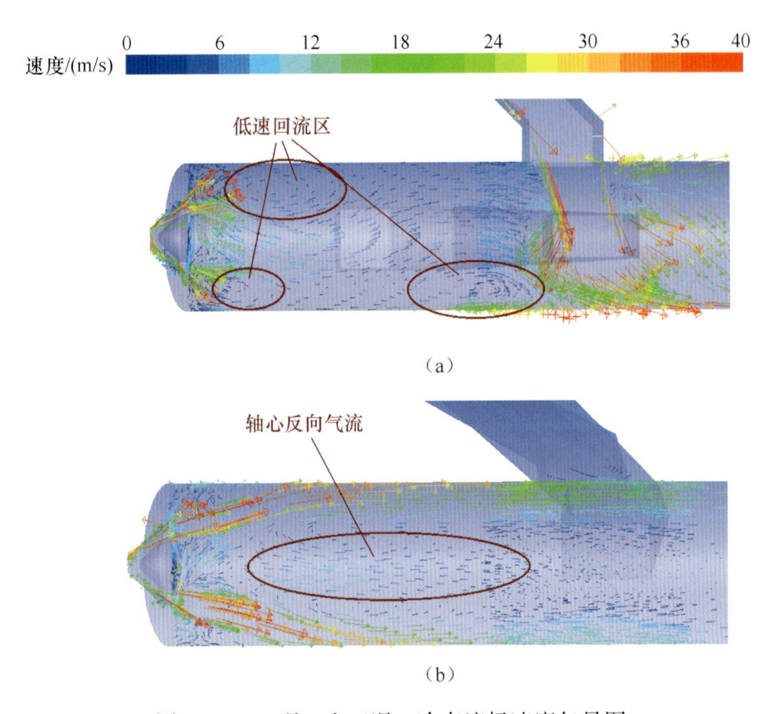

图 6-24　工况 1 和工况 3 冷态流场速度矢量图

(a)工况 1 径向进气燃烧室头部流场速度矢量图;(b)工况 3 旋流进气燃烧室头部流场速度矢量图。

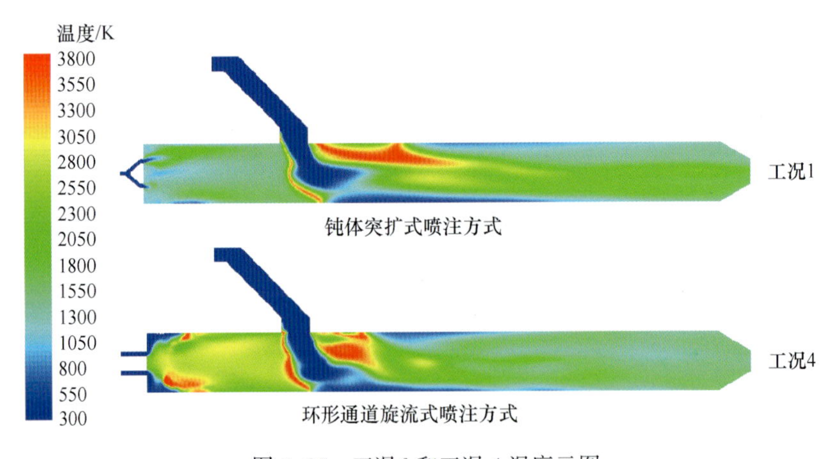

图 6-25　工况 1 和工况 4 温度云图

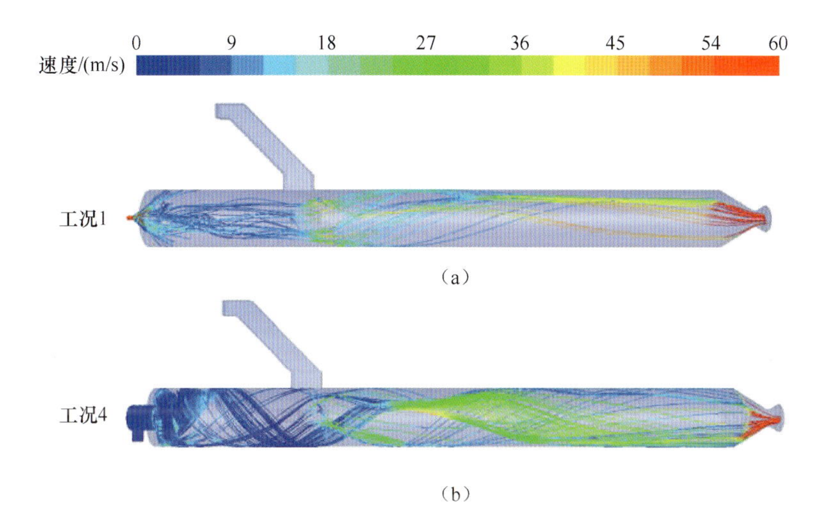

图 6-26　工况 1 、4 颗粒速度图

(a)工况 1 钝体式喷注方式颗粒速度图;(b)工况 4 旋流式喷注方式颗粒速度图

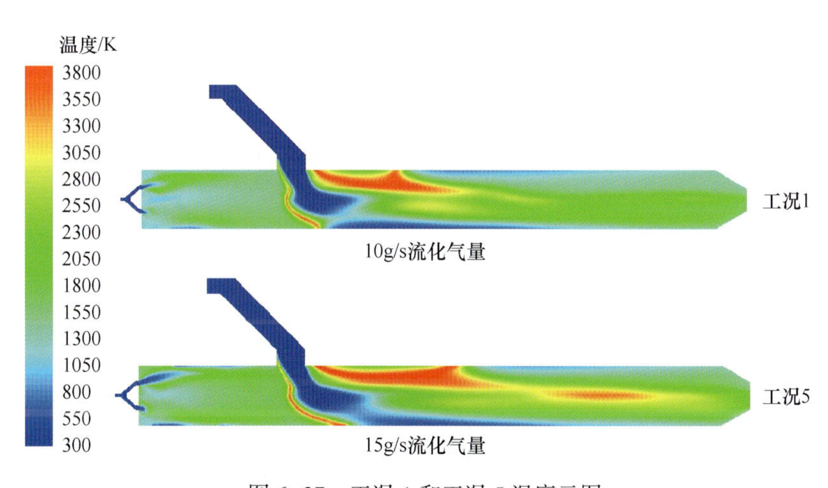

图 6-27　工况 1 和工况 5 温度云图

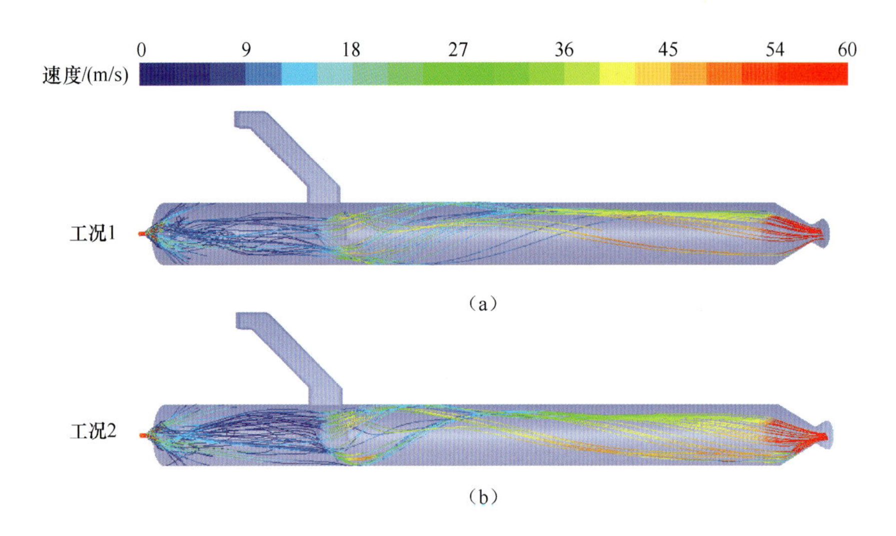

图 6-28　工况 1 和工况 5 颗粒速度图

(a)工况 1 流化气量 10g/s 颗粒速度图(35/72);(b)工况 5 流化气量 15g/s 颗粒速度图(26 /72)。